养殖致富攻略·疑难问题精解

养猪疑难

YANGZHU YINAN
300 WEN

300问

席克奇 齐 刚 付群莉 等 编著

中国农业出版社
北 京

内容简介

　　本书重点介绍了猪的品种与繁殖、猪的营养与饲料、仔猪的培育、种猪的饲养管理、猪的肥育、无公害养猪技术要点、猪常见病及其防治、猪场建设与饲养设备、家庭猪场的经营管理等方面内容。语言通俗易懂，内容简明扼要，注重实际操作，可供养猪生产者及畜牧兽医工作人员参考。

编者名单

编著者： 席克奇　齐　刚　付群莉
　　　　　赵立伟　毛冬梅　杨晓丹
　　　　　肖　寒　宋东磊

近年来，随着我国农村产业结构的调整和有关"三农"政策的落实，农村养猪业得到了长足发展，许多农民投资养猪生产，涌现出一大批家庭猪场，并逐步走上规模化养猪的道路。但是，目前养猪生产竞争激烈，受市场信息、产品价格、饲养技术、管理方法等诸多因素的影响，生产经营状况波折起伏。有些猪场经营得力、管理有方，在市场竞争中站稳了脚跟，获得了较大收益；而有些猪场经营不善，最终被迫停产。过去养猪生产中的经验教训提示我们：养猪生产是农业生产的一部分，赢利水平不是很高，但科技含量日趋增加，必须将生产技术与经营管理有机结合起来，其中，优良的品种是养好猪的前提，高效的生产技术是养好猪的保证，良好的信息沟通是占有市场的条件，合理的经营管理是获得赢利的关键。无论哪一个环节出现问题，都会给生产带来重大损失。因此，作为生产者，既要懂得生产技术，又要掌握各种信息，同时更要善于管理，这样才能立于不败之地。

为了适应和促进我国养猪业的发展，满足农村养猪的实际需要，使养猪生产向高产出、高效益、低消耗方向迈进，能够经得起市场经济的考验，并能在激烈的市场竞争中扩大生存、发展的空间，获得更大的经济效益，笔者总结了国内各地养猪场生产的成功经验，结合自身多年的工作体会，编写了《养猪疑难300问》一书。

本书结合目前农村生产条件和特点，遵循内容科学、语言通俗、注重实用的原则，以问答形式重点介绍了猪的品种与繁殖、猪的营养与饲料、仔猪的培育、种猪的饲养管理、猪的肥育、无公害养猪技术要点、猪常见病及其防治、猪场建设与饲养设备、家庭猪场的经营管理等方面内容，可供农村养猪户和基层畜牧兽医工作人员参考。

在本书的编写过程中，参考了一些学者、技术人员撰写的文献资料，在此向其致以诚挚的谢意。

由于编者的理论和技术水平有限，书中可能会出现一些疏漏和不妥，敬请广大读者批评指正。

目录
CONTENTS

前言

一、猪的品种与繁殖

1 猪有哪些生物学特性？

猪在进化过程中，由于自然选择和人工选择的作用，逐渐形成了某些与马、牛、羊等有所不同的特点。

（1）多胎高产，世代间隔比较短　猪一般 4～5 月龄性成熟，6～8 月龄就可以初次配种。猪的妊娠期短，只有 114 天左右。小母猪在 1 岁时（或更早）即可产仔。经产母猪一年能产两胎以上，每胎 10 头左右，一年可提供哺乳仔猪 20 头左右。若提早断奶或采用激素处理，母猪可年产 2.2～2.5 胎，每年提供哺乳仔猪 25～30 头。我国地方猪种的产仔数更多，分布在长江下游太湖流域的太湖猪是全世界猪种中产仔数优势明显的地方品种，其经产母猪每窝产仔数达 15～16 头。

猪的性成熟早、妊娠期短，因而世代间隔比马、牛、羊都短，一般 1～2 年一个世代。有的猪场采用头胎母猪留种，可缩短至 1 年一个世代，加速了猪群的更新和选育进展。

（2）生长期短，脂肪沉积能力强　和马、牛、羊相比，猪的胚胎生长期和出生后生长期最短，但生长强度最大。

由于胚胎生长期短，同胎仔猪数又比较多，故出生时发育不充分，头的比例比较大，四肢不健全，初生体重小（占成年体重 1% 以下），各系统器官发育不完善，对外界环境的抵抗力较差。

猪出生后，为补偿胚胎期内发育不足，出生后头两个月生长发育特别快。1 月龄体重为初生重的 5～6 倍，2 月龄体重为 1 月龄的

2～3倍。发育如此迅速，使其各系统器官趋向完善，能很快适应出生后的外界环境。猪在8月龄前生长速度仍然很快，后备猪在8～10月龄体重可达成年猪体重的40%左右，体长可达成年体长的70%～80%。在良好的饲养条件下，优良品种或杂交肥育猪的6月龄体重可达90～100千克。据研究，肥育新淮猪体重在53～81千克阶段日增重达704克，而体重达到81千克以后日增重渐趋下降，在体重达到150千克以后平均日增重只有300多克。

猪在生长初期骨骼生长强度大，在胴体中所占比例高。以后生长重点转移到肌肉上，最后迅速沉积到脂肪。据研究，肥育姜曲海猪在体重20千克阶段，骨重量占11.94%，肉占49.91%，脂肪占20.86%；而在体重90千克阶段，骨的重量占比下降到7.80%，肉为39.68%，脂肪上升到38.53%。

（3）具有杂食性，饲料转化率高　猪属杂食动物，其门齿、犬齿和臼齿均较发达，胃属于肉食动物的单胃与反刍动物的复胃之间的中间类型，因而能利用各种动植物和矿物质饲料。但猪不是什么食物都吃，有择食性，能辨别口味，特别喜爱甜食。猪具有坚强的鼻吻，好拱土觅食，因此，对猪舍建筑和饲料种植地有破坏性，也容易从土壤中感染寄生虫和某些传染病。

猪与肉用牛或羊比较，利用饲料实现增重的效能较高。例如，猪在生长期的料肉比通常为（3.5～4）：1，即喂给3.5～4千克的饲料可增长体重1千克，而1周岁阉牛在肥育期料肉比为（9～10）：1，羔羊在肥育期料肉比为（8～9）：1。

（4）耐热性差，嗅觉和听觉灵敏，视觉不发达　猪的汗腺退化，皮下脂肪层厚，体内热量不易大量散发，皮肤的表皮层较薄，被毛稀少，对光损伤的防护力较差。这些生理上的特点，使猪不耐热。

猪的适宜温度因日龄不同而异。肥育猪的适宜温度通常为20～23℃。哺乳仔猪由于体温调节机能不健全，极怕冷，适宜温度是：仔猪1～3日龄为30～32℃，4～7日龄为28～30℃，15～30日龄为22～25℃，20～30日龄为20～23℃。年龄较大的猪，若处在温

度为 30~32℃的环境下，直肠温度开始升高。若环境温度升高至
35℃、相对湿度为 65％ 或更高，则猪不能长期忍受。猪在较高的
温度下，为了散热，会在泥土或水中打滚，时时把潮湿的一侧身体
暴露于空气中，或用鼻拱泥土，躺在较凉的下层泥土上。

猪的嗅觉发达，仔猪出生后几小时便能鉴别气味。母猪能利用
嗅觉识别自己生下的仔猪，排斥别的母猪所生的仔猪。猪通过嗅闻
区别排粪尿处和睡卧处。有的猪进圈后调教不好，第一次在圈内某
处排粪尿，以后常在该处排粪尿。嗅觉在性机能中也有很大作用，
发情母猪闻到公猪气味，即使公猪不在，也会表现出"发呆"
反应。

猪的听觉器官灵敏，能区别声音强度、音调和节律，容易对呼
名、口令和声音刺激的调教养成习惯，利用这一特点，饲养员常可
进行各种调教。仔猪出生后几小时就对声音有反应，但到 2 月龄左
右才能分辨出不同声音刺激，到 3~4 月龄时就能较快地分辨出来。

猪的视觉很弱，对光线强弱和物体形象的分析能力不强，不靠
近物体看不见东西，常会跑错圈门，分辨颜色的能力也差。

猪对痛觉刺激特别容易形成条件反射。例如，利用电围栏放
牧，猪受到一两次微电击后，就再也不敢接触围栏了。猪的鼻端对
痛觉特别敏感，利用这一特点，用铅丝、铁链捆紧猪的鼻端，可固
定猪，便于打针、抽血等。

2 猪的经济类型是怎样划分的？

猪的经济类型是人们根据市场对瘦肉和脂肪的需求差异和不同
的饲养条件，经长期向不同方向选育而形成的，是品种向专门化方
向发展的产物。可分为脂肪型、瘦肉型和肉脂兼用型 3 种。

（1）脂肪型 这类猪的胴体脂肪含量高，背膘很厚，平均
4~5 厘米，最厚处可达 6~7 厘米，而瘦肉率很低，平均为 35％~
45％。其外形特点是：头大，下颌下垂而多肉，体躯宽深而稍短，
体长与胸围大致相等，全身肥满，四肢短粗。皮薄毛稀，肉质细
嫩，早熟，一般是在饲养条件较差或能量饲料比较充裕的情况下育

成的品种。如老型巴克夏猪，克米洛夫猪，东北的小荷包猪，以及南方的陆川猪、宁乡猪、内江猪等都属于这种类型。但近年来已逐渐被肉脂兼用型猪所代替。

（2）瘦肉型（腌肉型）　这类猪肥育期短，对饲料中蛋白质利用率高，一般6个月体重达90～100千克，胴体瘦肉率为55％～60％，背膘薄，平均为1.2～2.2厘米，6～7肋间膘最厚处也不超过3.5厘米。其外形特点与脂肪型相反，头小，体长，背腰平直或略弓，肌肉发达，腿臀丰满，体长往往比胸围长15～20厘米。

从国外引进的长白猪、大约克夏猪、汉普夏猪、杜洛克猪，以及我国培育的三江白猪、新淮猪等都属于瘦肉型品种。

（3）肉脂兼用型（鲜肉型）　这类猪的外形特点和产肉性能介于脂肪型和瘦肉型之间，以生产鲜肉为主，瘦肉和肥肉约占胴体的50％，背膘厚为4～5厘米。我国大部分猪种属于这一类型。

不同类型猪生产肉脂比例的大小虽然由它的遗传因素所决定，但也受饲养条件和肥育期长短的影响。例如，瘦肉型猪若延长肥育期，并喂给大量含碳水化合物丰富的饲料，胴体中瘦肉比例就会减少，相应的脂肪含量就会增加。

③ 我国主要有哪些地方品种猪？

（1）东北民猪　原产于东北和华北部分地区，分大民猪、二民猪、荷包猪3种类型。其被毛全黑，头中等大，面直长，耳大下垂，单脊，腹围大，四肢粗壮，后躯斜窄。冬季密生绒毛，猪鬃良好，乳头7～8对（彩图1-1）。性成熟早，4月龄左右出现初情期，发情征候明显，配种受胎率高，有较强的护仔性。在公、母猪体重为50～60千克时开始配种，平均头胎产仔11头左右，3胎以上产仔12～14头。耐粗饲，但饲料利用率低。肌肉不丰满，皮过厚，因而影响了肉用价值。

1949年以来东北三省利用民猪，分别与约克夏猪、苏白猪、克米洛夫猪和长白猪杂交，培育出哈白猪、新金猪、东北花猪和三江白猪，这些新品种猪基本上保留了民猪抗寒性强、繁殖力高和肉质好的特点。

（2）金华猪 主要产于浙江省金华地区的东阳、义乌等地。其体躯中部和四肢为白色，头颈和臀尾为黑色，故俗称"两头乌"。体型较小，耳中等大、下垂，额面有皱纹，背略凹，腹稍下垂，臀较倾斜（彩图1-2），乳头8对左右，头型有"寿字头"和"大鼠头"两类。

成年公猪体重为140千克左右，母猪体重为110千克左右。

金华猪的优点是产仔多，农村养猪一般在5月龄（体重为25～30千克）开始配种，初产母猪平均产仔数为10～11头，3胎以上可产13～14头，母性好，早熟易肥，屠宰率高，皮薄骨细，肉质细嫩，脂肪分布均匀，适于腌制火腿和咸肉。但体型不大，仔猪初生重小，生长慢，后腿不够丰满。

（3）太湖猪 主要分布于长江下游的江苏、浙江和上海交界的太湖流域，有二花脸、枫泾、梅山、嘉兴黑猪等多个地方类群。其体型稍大，头大额宽，额部和后躯有明显皱褶，耳特大、软而下垂，近似三角形，背腰微凹，胸较深，腹大下垂，臀宽倾斜，四肢稍高，卧系散蹄，被毛稀疏，毛色全黑色或青灰色，也有四蹄或尾尖为白色的（彩图1-3），乳头8～9对，产仔数为12～15头，高者达20头以上，成年公、母猪体重分别为140和115千克。

太湖猪的优点是产仔多，性情温驯，母性强，早熟易肥，但后躯发育差，后臀不丰满，四肢较软，增重较慢。

20世纪70年代以来，以太湖猪为母本，以约克夏猪、苏白猪、长白猪为父本的杂交组合在生产中广泛应用，三元杂交以杜×（长×太）杂交组合最受欢迎，瘦肉率可达53%以上。

（4）两广小花猪 分布于广东省和广西壮族自治区相邻的浔江、西江流域的南部。被毛稀疏，毛色为黑白色，除头、耳、背、腰、臀为黑色外，其余均为白色，黑白交界处有4～5厘米黑皮白毛的灰色带。体型较小，具有头短、颈短、耳短、身短、脚短和尾短的特点，故有"六短猪"之称。额较宽，有"〈〉"形或菱形皱纹，中间有白斑三角星，耳小向外平伸。背腰宽广凹下，腹大拖地，体长几乎与胸围相等（彩图 1-4）。乳头 6～7 对。成年公猪体重在 130 千克左右。两广小花猪性成熟较早，小母猪 4～5 月龄、体重不到 30 千克时开始第一次发情，多在 6～7 月龄、体重达到 40 千克后开始配种。经产母猪窝平均产仔 12.48 头，平均初生窝重 7.76 千克，60 日龄平均断奶仔猪数 9.13 头，平均窝重 68.97 千克。

（5）内江猪　原产于四川省内江地区，其体型大、被毛全黑色，鬃毛粗长，头大短宽，鼻孔极短，额部有深皱纹，耳大下垂，背宽微凹，腹围较大，乳头 6～7 对（彩图 1-5），农村饲养的母猪一般在 6 月龄时开始配种，初产母猪平均产仔 9 头左右，3 胎以上产仔 10～12 头，成年公、母猪体重分别为 160 和 145 千克。

内江猪的优点是生长发育快、性情温驯，仔猪哺育率高，耐粗饲，适应性强，肥育性能好，但皮厚，影响其猪肉品质。

以内江猪为父本，无论与我国北方的民猪、八眉猪，西南高原地区的乌金猪、藏猪等地方品种，或与北京黑猪等培育品种进行二元杂交，其一代杂种猪的日增重和饲料报酬均有一定优势。在产区利用内江猪为母本，与长白猪、苏白猪、巴克夏猪等品种进行杂交，一代杂种猪的日增重和饲料利用率的优势均较明显，其中长白猪与内江猪的配合力较好。

（6）荣昌猪　原产于四川省荣昌和隆昌等地，其体型较大，除两眼四周或头部有大小不等的黑斑外，其余均为白色。头大小适中，面微凹，耳中等大、下垂，额面皱纹横行、有漩毛，体躯较长，背腰微凹，腹大而深，臀部稍倾斜，四肢结实，鬃毛洁白、刚韧，乳头 6～7 对（彩图 1-6）。农村饲养的母猪一般在 6～7 月龄开始配种，初产母猪平均产仔 6～7 头，3 胎以上产仔 10～11 头，成年公、母猪体重分别为 100 和 90 千克。

用中约克夏猪、巴克夏猪、长白猪做父本与荣昌猪杂交，一代杂种猪均有一定杂种优势，其中长×荣的配合力较好。用汉普夏、杜洛克与荣昌猪进行杂交，一代杂种猪瘦肉率可达 54%。

（7）合作猪　产于甘肃和青海一带，属于高原小型放牧猪种。其体型似椭圆形，毛色较杂，一般四肢、腹部、背腰多为白色，少数初生仔猪具有棕黄色条纹，但随年龄增长而消失，头狭小，呈锥形，额面无明显皱纹，耳小直立，体躯短窄，背腰平直或稍拱起，腹小微垂，蹄小坚实，体质强健，乳头一般有5对左右（彩图1-7），经产母猪产仔4～7头。成年公、母猪体重为30千克左右。

合作猪的优点是采食能力强，对高寒气候及粗放管理的生活条件适应性强。皮薄，后腿发达，肉质好（多用于制作腊肉）。猪鬃粗长，量多质优。但体型小，生长速度慢，肥育期长，繁殖力低。

（8）陆川猪 原产于广西壮族自治区陆川等地。其身躯矮短，额有横纹且多有白斑，面略凹或平直，耳小向外平伸，背腰宽而凹陷，腹大拖地，臀短倾斜，尾粗大，四肢粗短，多卧系，后腿有皱褶，被毛短细、稀疏，除头、耳、背、臀和尾为黑色外，其余为白色，乳头6～7对（彩图1-8），产仔10头左右，成年公、母猪体重分别为100和75千克。

陆川猪的优点是早熟易肥，生长发育快，繁殖力、泌乳力强，耐粗饲，适应性好。但体型较小，大腿欠丰满。

（9）八眉猪 原产于甘肃平凉和庆阳等地，分大八眉猪和二八眉猪两种。其体型中等，头较狭长，耳大下垂，额面有纵行"八"字皱纹，腹稍大，四肢结实，乳头为6对左右（彩图1-9），产仔10～12头。

八眉猪的优点是性情温驯、耐粗饲、抗病力强、鬃毛良好，但腹大下垂、生长发育慢、屠宰率低。

（10）宁乡猪 产于湖南省宁乡等地，其毛稀而短，为黑白花，体躯上部多为黑色，下部为白色。头大小中等，额面有形状和深浅不一的横行皱纹，耳较小、下垂，颈短宽，多有垂肉，背腰宽，背线多凹陷，腹大下垂，臀宽微倾斜，四肢粗短，乳头6～7对（彩图1-10），产仔10头左右。成年公、母猪体重分别为150和125千克。

宁乡猪的优点是耐粗饲、早熟易肥、脂肪蓄积能力强、皮薄、骨细、肉嫩，但腹大拖地、耐寒性差。

在农村养殖中，以宁乡猪为母本、中约克夏猪为父本进行二元杂交，普遍受到群众欢迎。

（11）香猪　主要产于贵州省从江县和广西壮族自治区的怀江县，是典型的地方品种。其体躯矮小，毛色多全黑。头较直，额部皱纹浅而少，耳小而薄，略向两侧平伸或稍下垂，身躯短，背腰宽，微凹，腹大丰圆、下垂，后躯较丰满。四肢短细，后肢多卧系，乳头5～6对（彩图1-11），母猪初情期4月龄，初产母猪产仔4～6头，3胎以上产仔6～8头。

4　我国主要有哪些培育品种猪？

（1）哈白猪　原产于黑龙江省哈尔滨一带，由约克夏猪、苏白猪等与当地民猪杂交育成，属肉脂兼用型品种。其被毛全白色，头中等大小，耳直立、前倾，面微凹，胸宽而深，背腰平直，腿臀丰满，四肢健壮，体质结实（彩图1-12）。母猪乳头6～7对，一般在8月龄、体重90～100千克时配种，产仔10～12头。公猪在10月龄、体重120千克左右时配种。成年公、母猪体重分别为220和175千克，屠宰率为72.6%。

哈白猪性情温驯，繁殖力高，适应性强，抗寒耐粗，生长快，耗料少。

（2）新金猪　产于辽宁省普兰店（原新金县）等市县，由巴克夏公猪与本地民猪杂交育成。属肉脂兼用型品种，全身大部分为黑色，其余部分表现为"六白"（鼻端、四肢下部和尾稍为白色）或不完全"六白"。体躯结构匀称，头中等大小，颜面稍弯曲，两耳直立稍前倾，背腰平直，臀略斜，四肢健壮，蹄质结实（彩图1-13）。母猪乳头6对以上，5～6月龄达性成熟，一般在9～10月龄、体重100千克左右时初配，产仔11头左右。公猪性成熟期为5～6月龄，一般在9～10月龄开始利用。成年公、母猪体重分别为200和160千克，屠宰率为74%。

新金猪性情温驯，易于管理，早熟易肥，饲料利用率高，胴体品质好。

（3）新淮猪　产于江苏省，由约克夏与当地淮猪杂交育成。其被毛纯黑色，但体躯末端有少量白斑，头稍长，嘴角平直或微凹，耳中等大、向前下方倾垂，背腰平直，腹稍大但不下垂，臀略斜，四肢强壮（彩图1-14）。母猪乳头7对以上，90～100日龄达初情期，产仔11头左右。成年公、母猪体重分别为200和150千克，屠宰率为68％。

新淮猪耐粗饲，适应性强，产仔多，但经济性较差。

（4）三江白猪　产于东北三江平原，由长白猪与民猪杂交育成，属瘦肉型品种。其被毛全白色，头轻嘴直，耳下垂，背腰宽平，腿臀丰满，四肢健壮，蹄质结实（彩图1-15）。母猪初情期约在4月龄，初产母猪产仔10头左右，经产母猪产仔12头左右。成年公、母猪体重分别为250～300和200～250千克。

三江白猪生长发育快，饲料转化率高，抗寒能力强，胴体瘦肉率高、品质好。

（5）上海白猪　原产于上海市闵行区和宝山区，由约克夏、苏白猪与当地猪杂交育成。其被毛白色，中等体型，头面平直或微凹，耳中等大小、略向前倾、背腰宽，腹稍大，四肢健壮，腿臀丰满，体质结实（彩图1-16）。母猪乳头7对左右，多于8～9月龄、体重90千克开始配种，产仔数11～13头。成年猪多在8～9月龄、体重100千克开始配种。成年公、母猪体重分别为250和180千克，屠宰率70％。

上海白猪生长发育快，繁殖力强，饲料转化率高。

（6）北京黑猪　由巴克夏猪、约克夏猪、苏白猪与当地黑猪杂交育成。其全身被毛呈黑色，中等体型，头大小适中，两耳向前上方直立或平伸，面微凹，额较宽，背腰宽平，四肢健壮，腿臀丰满，体质结实，结构匀称（彩图1-17）。乳头7对以上，初产母猪产仔10头左右，经产母猪平均产仔11～12头。成年公、母猪体重分别为250和180千克，屠宰率为70％～72％。

（7）湖北白猪　原产于湖北武昌地区，是通过大约克夏×长白×本地猪杂交和群体继代建系方法，闭锁繁育而育成的，是我国培育的瘦肉型品种之一。其全身被毛呈白色，个别猪眼角、尾根有少许暗斑，头较轻、大小适中，鼻直稍长，耳向前倾或下垂，背腰平直，中躯较长，后腿较丰满，肢蹄较结实（彩图1-18）。母猪乳头6对以上，初情期为122日龄左右，发情持续期为6天左右。初产母猪产仔数平均为10.5头，经产母猪产仔数平均为12.5头。成年公、母猪体重分别为250～300和200～250千克，屠宰率为72％～73％。

湖北白猪繁殖力强，瘦肉率高，肉质好，生长发育快，能耐受高温、湿冷气候条件，是开展杂交利用的优秀母本品种。

5 我国主要有哪些引进品种猪？

（1）长白猪　原产于丹麦，是世界上最著名的瘦肉型品种。其全身被毛呈白色，头小，鼻嘴狭长，耳前伸或下垂，身腰长，背平直而稍呈弓形，后躯发达，腿臀丰满，整个体型呈前窄后宽的楔子形（彩图1-19）。乳头7～8对，产仔数为11头左右。成年公、母猪体重分别为210～250和180～200千克，屠宰率为71％～73％，胴体瘦肉率58％以上。

长白猪生长发育快、饲料利用率高、瘦肉率高、杂交效果好，但不耐寒、适应性较差。引入我国后经多年驯化饲养，适应性有所提高，分布范围日益扩大。随着内销和外贸对瘦肉型猪生产的迫切要求，在开展猪的二元或多元杂交利用和提高瘦肉率方面，长白猪已成为重要的父、母本品种。

（2）大约夏猪　原产于英国，是世界上著名的瘦肉型品种。其被毛白色，头颈较长，颜面微凹，耳大，稍向前直立，身腰长，背平直而稍呈弓形，四肢高而强健，肌肉发达，乳头6～7对（彩图1-20），产仔11头左右。成年公、母猪体重分别为250～300和230～250千克，屠宰率为71％～73％。

大约克夏猪具有生长发育快、饲料利用率高、胴体瘦肉多（瘦肉率达61％）、产仔多、配合力好等优点，以大约克夏猪为父本与本地母猪进行二元杂交，杂种优势明显。

（3）杜洛克猪　　原产于美国，属瘦肉型品种。其体型高大，被毛红棕色，个体间有浓淡之分，头小，颜面微凹，耳中等大小，略向前倾，体躯宽深，背略呈弓形，四肢粗壮，腿臀部肌肉发达丰满（彩图1-21）。经产母猪产仔11头左右，成年公、母猪体重分别为350和240千克，屠宰率为71%～73%，胴体瘦肉率60%～65%。

杜洛克猪生命力强，容易饲养，生长肥育快，饲料报酬高，产肉性能好。该品种猪在我国饲养繁殖状况良好，在商品猪生产中，利用该品种猪进行二元或三元杂交，对提高肥育猪胴体瘦肉率有明显效果。

（4）皮特兰猪　　原产于比利时，是由法国贝叶杂交猪与英国巴克夏猪进行回交，然后再与英国大白猪杂交育成的，是目前在欧洲流行的瘦肉型品种。

皮特兰猪被毛呈灰白色并带有不规则的深黑色斑点，偶尔出现少量棕色毛。头部清秀，颜面平直，嘴大且直，耳中等大小、略向前倾。体躯宽深而较短，肌肉特别发达，四肢短（彩图1-22）、骨骼细，平均窝产仔猪10头左右。与其他品种猪杂交，能显著提高杂交后代的瘦肉率。据报道，90千克体重皮特兰生长肥育猪胴体瘦肉率66.9%，日增重700克。

该品种猪具有肌肉发达、胴体瘦肉率高、背膘薄的特点，但繁殖力不高，后期增重较慢（商品肉猪90千克以后生长速度显著降低），且应激反应严重，肌肉纤维较粗，肉质较差。

（5）汉普夏猪　　原产于美国，属瘦肉型品种。头和中、后躯被毛黑色，肩部、前肢围绕着一条白色被毛带，头大小适中，耳直立，嘴直长，体躯略长于杜洛克猪，背宽大略呈弓形，体质强健，结构紧凑（彩图1-23），经产母猪产仔10头左右，成年公、母猪体重分别为315～410和250～340千克，屠宰率为70%～75%，胴体瘦肉率达60%以上。

汉普夏猪生长发育快、抗逆性强、饲料报酬高、胴体品质好，但产仔数较少。在我国养猪生产中，一般利用汉普夏猪作为二元或多元杂交的父本。

（6）巴克夏猪 原产于英国，于清代末年开始输入我国。我国早期引进的巴克夏猪体躯丰满而短，是典型的脂肪型品种。20世纪70年代以后进口的巴克夏猪体型已有所改变，趋于兼用型。该品种猪于20世纪中期在我国养猪生产中的杂交利用较广泛，对促进我国猪种改良曾起到一定作用。

巴克夏猪全身被毛大部分为黑色而带有"六白"特征，即鼻端、四肢下部和尾稍为白色。头短而凹，嘴略向上翘，耳小前倾，背腰平直，肋骨开张，四肢粗壮，体质强健，性情温驯（彩图1-24）。成年公、母体重分别为220～320和200～225千克，产仔7～8头，屠宰率为80%左右。

（7）苏白猪 原产于苏联，属肉脂兼用型品种。该品种猪在我国猪的杂交利用上，曾一度产生过较大的影响，以其为父本与各地地方品种的母猪杂交，可获得明显的杂交优势。在杂交培育品种方面，苏白猪是利用面较广、贡献较大的品种之一。

苏白猪全身被毛白色，头较大，嘴中等长，颜面微凹，体躯宽深，臀宽平，大腿丰满，四肢健壮，体质结实，适应性较强（彩图1-25）。成年公、母猪体重分别为300～350和220～250千克，产仔11～12头，屠宰率为73.6%。

6 养猪生产中为什么要避免近亲繁殖？

近亲繁殖是指血缘关系相近的公、母猪之间的交配，如父女、母子、兄妹、姐弟、祖父孙女、祖母孙子、叔父侄女、姑母侄儿或同父异母、同母异父子女猪之间的交配等。因为近亲群体的基因组合相近，所以近亲繁殖的作用是加快遗传基因的纯合，能将祖代的性状在较少的世代内固定下来。但基因纯合后，使基因的非加性效应减少，而隐性有害基因纯合会表现有害性状。因此，近亲繁殖除育种时为达到某种目的使用外，一般在生产上不用，因为其害处很大：

（1）降低繁殖力 近亲交配繁殖使母猪产仔数减少、仔猪成活率降低。据试验，同一窝公、母猪交配，平均每窝产仔7.8头，成活 4.75 头；而血缘关系很远的公、母猪交配，平均每窝产仔 10.86 头，成活 10.13 头。

（2）抑制后代发育　近亲交配繁殖的后代体型变小、体质变弱，生长缓慢，对外界不良环境的抵抗力降低。据试验，同是约克夏猪，近亲繁殖的仔猪在 60 日龄时的平均断奶体重为 11.15 千克，而非近亲繁殖的仔猪为 13.26 千克。

（3）降低后代利用饲料的能力　据试验，近亲繁殖的仔猪每增重 1 千克需要耗费的饲料比同样条件下非近亲繁殖的仔猪要多 20%～30%。

（4）后代易出现畸形怪胎或死胎　如有的仔猪没肛门，鼻孔合并，头大水肿，四肢发育不全，没耳朵，无被毛，少尾巴，瞎眼睛等。

总之，近亲繁殖的害处很大、很多，有时不能立即表现出来，但时间久了，害处就越来越重，越来越明显。生产中为避免近亲繁殖，可采取如下措施：

其一，定期倒换或交换种公猪。一般种公猪使用 2 年后，猪群中就有了许多它的后代，就不能再使用了，必须将种公猪倒换一次，可采用场与场之间或户与户之间互相交换非亲缘同一品种种公猪，或交换精液进行更新的方法。

其二，做好繁殖记录，在此基础上做好选育工作。要防止公猪偷配，更不能将公、母猪混群饲养、合群放牧，避免乱配。

7 如何编制和识别种猪的耳号？

在养猪生产中，为了便于记载和鉴定种猪的血缘关系、发育状况及生产性能，通常要对种猪进行编号。编号的标记方法很多，如剪耳法，即在仔猪初生时，利用耳号钳在猪耳朵上的不同部位剪出缺口。每一个缺口代表着一个数据，将几个数据相加，即求出所编号码的数字。一般在最末尾的一个号是单号（1、3、5、7、9）的为公猪，双号（0、2、4、6、8）的为母猪。为了加大编号的数字，有时还在耳中打洞。各地猪的编号不一，下面介绍生产中常见的两种方法。

（1）左大右小，上一下三的剪法　见图1-1。如为种母猪编制184号，其耳号剪法见图1-2。

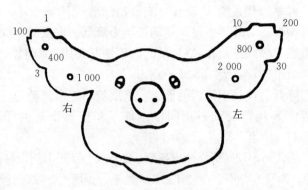

图1-1　猪耳号剪法一

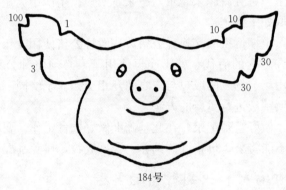

184号

图1-2　猪耳号剪法二

其中，右耳尖为100，左耳下缘两个缺口相加为60，上缘两个缺口相加为20，右耳上下各一个缺口相加为4，即得184号。

（2）一、三为号，左小右大，上大下小的剪法　见图1-3。如为种公猪编制1705号，其耳号剪法见图1-4。

其中，右耳上缘缺口数据为1 000，下缘3个缺口数据相加为300＋300＋100＝700，左耳下缘3个缺口数据相加为1＋1＋3＝5，即得1705号。

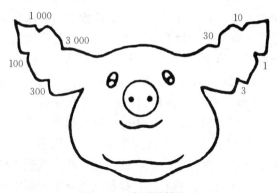

图1-3　猪耳号剪法三

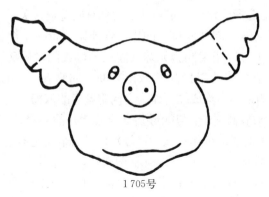

1 705号

图1-4　猪耳号剪法四

8 如何进行种猪的选择？

为了克服种群内个别缺点，增加种群中优秀个体比例，保证品种纯度，提高猪群生产性能，在猪的育种过程中，对种猪的选择十分重要。

（1）种猪选择的方法

① 个体选择　个体选择就是根据种猪本身的一个或几个性状的

表型值来选择。应用个体选择法，其选择效果与被选择性状的遗传力有着密切的关系。对于具有中等以上遗传力的胴体品质和生长速度等性状进行个体表型选择有效。例如，对种公猪采用活体测膘仪或测膘尺进行背膘测定，可以提早取得测定结果，提高优良种公猪的利用效率。因此，这种方法简单、有效，有一定的实用价值。

②　系谱选择　系谱选择是根据其父本或母本、双亲以及有亲缘关系的祖先表型值进行选择。因此，这种选择方法必须有祖先的性能记录和详细的系谱。系谱选择在实践中应用不太广泛，但在个体发育的早期阶段，如仔猪断奶时期，对一些尚未表现的性状或者对诸如产仔数、泌乳力、断奶仔猪数和断奶窝重等母本所具有，而公猪本身不表现的这些繁殖性状，往往利用祖先的性能来选择（大多数是利用母亲的资料）。

③　同胞选择　由于亲本与其子女具有同等遗传关系，可以通过测定全同胞兄妹（同父同母）的生产性能来评价一个个体的种用价值。同样，也可以用半同胞兄妹（同父异母或同母异父）的生产性能表现对一个个体的遗传品质做出判断。同窝 3 头（1 公、1 母和1 阉公）供测猪的平均成绩可作为全同胞鉴定的依据；同一公猪（或母猪）的 9 头后裔［3 个与配母猪（或公猪）的后裔，3 公、3 母和3 阉公］的平均成绩可作为该公（母）猪后裔半同胞鉴定的依据。由于同胞资料较早获得，可以进行早期选择，不但可以在本身没有表型记录时进行选择，甚至在个体出生前即可做出初步估计。对繁殖力、泌乳力等公猪本身不表现的性状，以及屠宰率、胴体品质等不能或不易活体度量的性状，同胞选择更有其重要意义。

④　后裔测验　在条件一致的情况下，对亲本的后裔进行比较测验，按后裔的平均成绩来评定亲本的方法，称为后裔测验。这里所说的后裔就是子女猪。后裔测验主要应用于种公猪，也可用于鉴定母猪。具体测定方法是，从被测公猪和 3 头以上与配母猪所生的后裔中每窝选出 3 头（1 公、1 母和 1 阉公）共 9 头后裔，测定其生产成绩，作为鉴定的依据。同窝 3 头仔猪的平均成绩，可作为鉴定母猪的依据。后裔测验的准确性高，故此法已被广泛采用。

⑤ 合并选择　合并选择就是兼顾个体表型值与个体亲属表型值进行选择。从理论上讲，合并选择利用了两方面的信息，因而准确性是较高的。这种选择就是根据个体的本身资料，并结合同胞资料进行的选择。具体做法是，对公猪本身进行测定的同时，对其他两头同胞（同父同母）也进行测定。此法可对公猪的种用价值尽早地做出评价。

（2）种猪选择的内容

① 种公猪的选择

Ⅰ. 外形鉴定　对种公猪外观要求是：头壮额宽，胸宽深，背宽平，体躯深长，后腿、臀丰满发达，骨骼粗壮，四肢有力，体质结实，整个体型符合品种特征要求。

Ⅱ. 繁殖机能　对公猪繁殖机能的选择要做到以下几点：第一，生殖器官不正常的公猪应淘汰；第二，要对精液品质进行检查；第三，要求种公猪性征表现明显，性机能旺盛。淘汰没有性欲的公猪，但需注意公猪的调教，经调教仍不能交配的才能淘汰。

Ⅲ. 主要经济性状　第一，生长速度。测定体重 20～90 千克（地方品种猪测定结束体重可适当小些）或断奶至 6 月龄阶段平均日增重（克/日）。第二，饲料利用效率。测定 20～90 千克或断奶至 6 月龄阶段每 1 千克增重的饲料消耗。第三，6 月龄时的活体背膘厚度。具体测定方法是，测定肩胛角后上方、胸腰椎结合部和腰荐结合部距背中线 4～6 厘米处（因品种而异），共 3 点膘厚，取其均值作为背膘厚的指标，种公猪生长速度、饲料转化率和背膘的选择标准因不同品种而异，但至少要达到本品种的标准。我们也可以用上述 3 个性状构成选择指数，根据指数的大小进行选择。

② 种母猪的选择

Ⅰ. 外形鉴定　母猪的选择也要进行外貌鉴定，母猪的乳头要整齐，有效乳头不少于 14 个。淘汰有异常乳头（内翻乳头、瞎乳头、小乳头）的个体。外生殖器正常，四肢强健，体躯要有一定的深度。

Ⅱ. 繁殖性能　后备猪一般在 7～8 月龄配种。此时主要淘汰发情缓慢或因患繁殖疾病不能作种用的母猪。当母猪有繁殖成绩后，要重点选择产活仔数多、泌乳力强和断奶窝重（42 日龄）大的母猪。对产仔数很低、哺育率差、断奶窝重小的母猪，根据具体情况予以淘汰。

9 如何进行种猪的选配？

在养猪生产中，通过选种可以选出优良的公母猪，但同时还要做好选配工作。选配就是对猪配种对象加以人为控制，使优秀个体获得更多的交配机会，并使优良基因更好地重新组合，促进猪群的改良和提高。选配能创造必要的变异，为培养新的理想型猪创造条件；选配能稳定遗传性，使理想的性状固定下来；选配还能把握变异的方向，权衡公、母猪的优缺点，适宜的选配可以克服缺点，巩固优点。选择亲和力强的公、母猪配种，可获得理想的后代。种猪的选配方法主要有以下几种：

（1）品质选配　品质选配就是考虑交配双方品质对比的选配。一般品质指体质、体型、生物学特性、生产性能、产品质量等方面，也可指遗传品质。根据猪的品质对比，可分为同质选配和异质选配。

① 同质选配　同质选配是选用性能和外形相似的优秀公、母猪配种，以期获得与公、母猪相似的优秀后代。同质选配的作用主要是使亲本的优良性状稳定地遗传给后代，使优良性状得以保持与巩固，并在猪群中增加具有这种优良性状的个体。

② 异质选配　异质选配可分为两种情况，一种是选择具有不同优良性状的公、母猪配种，以便获得兼有双亲不同优点的后代。例如，选择分别具有体躯长与腿围大性状的公、母猪交配，其后代表现体躯长、腿围大。另一种是选择同一性状但优劣程度不同的公、母猪（一般公猪优于母猪）配种，以期后代能取得较大的改进和提高。例如，有些优良母猪在某一性状上欠佳，可选一头在这个性状上特别优异的公猪与之交配，给后代加入了优良基因，使其后

代的该性状有所改善。

（2）亲缘选配　亲缘选配是一种根据交配双方亲缘关系的远近来进行选配的方法。如双方有较近的亲缘关系（共同祖先的总代数不超过 6 代），称为近亲交配，简称近交；反之，称为非亲缘交配，简称远交。当猪群中出现优秀个体时，为了尽可能保持优秀个体的特性，揭露缺陷性有害基因，提高猪群的同质性，可采用亲缘选配。为了防止近交造成的遗传缺陷，如繁殖性能、生活力和生产力下降等近交衰退现象，应严格控制近交系数的增长。一般繁殖猪场和商品猪场应避免进行近交。

10 猪的经济杂交有什么好处？

猪的经济杂交属于生产性杂交，是根据当地现时的经济条件和市场对肉质的需求以及原地方品种的品质来选择相应的品种进行杂交，而获得生命力强和生产性能高的商品肉猪的一种杂交繁育方法。

通过这种方式获得的杂种猪生命力强，对生活条件比双亲适应性强，耐粗饲，饲料利用率高。因此，杂种后代比它的双亲生长快、省饲料。国内外生产实践和科学试验证明，猪的经济杂交是缩短肥育期、提高肥育率、节省饲料和降低饲养成本的有效措施之一，一般可增产 10%～20%。其次，杂交繁殖比纯种繁殖产仔多，而且仔猪初生重大，成活率高，断奶较早。另外，经济杂交的后代抗病力强，发病率低，畸形、缺损和致死、半致死现象减少，提高了群体的生产性能。

因此，畜牧业发达的国家和地区都将猪经济杂交作为提高养猪生产水平的一项主要措施。

11 什么是杂种优势？怎样度量？

将不同品种、品系和品群的猪进行杂交所产生的杂种后代，往往在生命力、日增重、饲料报酬等方面都超过其亲代平均值，这种现象叫杂种优势。杂种优势的大小用其相对指标杂种优势率来表示，其计算公式为：

$$杂种优势率(\%)=\frac{杂种一代某一性状平均值-双亲该性状平均值}{双亲该性状平均值}\times100\%$$

例如：本地猪的日增重为 180.5 克，内江猪的日增重为 225.1 克，巴克夏猪的日增重为 258.9 克，内本猪（即内江公猪和本地母猪交配所生的杂种一代）的日增重为 252.3 克，巴本猪（即巴克夏公猪与本地母猪交配所生的杂种一代）的日增重为 245.2 克，内巴本猪（即巴本杂种一代母猪和内江公猪交配所生的杂种猪）的日增重为 278.4 克，试计算：

（1）内本猪日增重的杂种优势率

$$杂种优势率(\%)=\frac{252.3-\left(\frac{225.1+180.5}{2}\right)}{\frac{225.3+180.5}{2}}\times100\%$$

$$=\frac{252.3-202.8}{202.8}\times100\%=24\%$$

（2）巴本猪日增重的杂种优势率

$$杂种优势率(\%)=\frac{245.2-\left(\frac{258.9+180.5}{2}\right)}{\frac{258.9+180.5}{2}}\times100\%$$

$$=\frac{245.2-219.7}{219.7}\times100\%=12\%$$

（3）内巴本猪日增重的杂种优势率

$$杂种优势率(\%)=\frac{278.4-\left[\frac{1}{2}\times225.1+\frac{1}{4}(258.9+180.5)\right]}{\frac{1}{2}\times225.1+\frac{1}{4}(258.9+180.5)}\times100\%$$

$$=\frac{278.4-222.4}{222.4}\times100\%=25\%$$

根据以上计算，内本猪、巴本猪、内巴本猪中哪种猪杂交效果好呢？

内巴本猪日增重的杂种优势率为 25%，高于内本猪和巴本猪，说明内巴本猪日增重杂种优势好，巴本猪日增重的杂种优势差。

12 什么是配合力？育种时为什么要进行配合力测定？

配合力是指某一种群（品种或品系）与其他种群杂交产生的后代所获得杂种优势的能力，分为一般配合力和特殊配合力。一般配合力是指某一种群与其他种群杂交时，杂交后代获得生产力的平均表现能力。所谓一般配合力良好，即说明该种群与其他不同种群杂交时均能获得较好的杂种优势，如在生产中，长白猪与我国许多地方品种猪和培育品种猪杂交，都获得了较好的杂种优势，这就说明长白猪的一般配合力较好。特殊配合力是指两个特定种群杂交时，杂交后代获得生产力的表现能力。所谓特殊配合力良好，即说明两个特定种群杂交时，能获得良好的杂种优势，如在生产中，利用内江猪为母本，分别与长白猪、苏白猪、巴克夏猪等品种进行杂交，虽然一代杂种猪的日增重和饲料利用率都有所提高，但以内江猪×长白猪最为明显，这就说明内江猪与长白猪杂交的特殊配合力较好。

当两个品种猪杂交时，若两个显性基因十分纯合，则新的显性基因将集中于子代，子代的某些性状优于父母代。对配合力好的组合应连续测定3～5年，测定时每年将场内外全部组合的材料加以综合系统分析，以便得出正确结论。配合力是可以遗传的，因此，配合力测定在猪育种和经济杂交工作中是非常重要的。

13 在猪的经济杂交中，获得杂种优势具有哪些规律？

猪的经济性状是由很多对不同遗传类型的基因决定的，因此杂交后并不是所有的经济性状都表现出杂种优势，不同的经济性状表现出的杂种优势也不尽相同。

（1）遗传力（遗传力是表示某一性状从上代向下代遗传的能力）低的性状容易获得杂种优势，遗传力高的性状不容易获得杂种优势。繁殖性状的遗传力偏低，说明了个体间繁殖性状上的差异主要受环境的影响，这类性状受非加性基因的控制，杂交时杂种优势明显。遗传力高的性状受加性基因的控制，杂交时杂种优势不太明显。

（2）近亲繁殖时容易退化的性状和生命早期表现的性状，杂交时容易显现杂种优势，如产仔数、仔猪初生体重、仔猪成活率和断奶窝重等。受饲养条件影响较大的性状，如背膘厚度、瘦肉率、眼肌面积等胴体性状，较难显现杂种优势。

（3）杂交所用亲本的差异程度越大，杂种优势越明显。一般来说，杂种优势表现的程度取决于杂交亲本的差异程度。因此，应选择在遗传、来源、亲缘关系等方面差异较大的品种或品系进行杂交，可得到良好的杂交效果。

根据杂种优势表现的程度不同，猪的经济性状可分为3种。

①容易获得杂种优势的性状　这类性状包括体质的结实性、产仔数、仔猪初生个体重和窝重、泌乳力、断奶个体重和窝重、仔猪成活率等，这类性状遗传力偏低，近交时退化严重，杂交时可获得明显的杂种优势。

②比较容易获得杂种优势的性状　这类性状包括生长速度和饲料利用率。这类性状遗传力属于中等，近交和杂交只有中等影响，表明受加性基因和非加性基因的影响也是中等。

③不容易获得杂种优势的性状　这类性状包括外形结构、胴体长、屠宰率、膘厚、瘦肉率、眼肌面积等。这类性状遗传力高，主要受加性基因的控制。

不同的经济性状受不同基因的制约，有些性状应采用纯繁选育改进，有些性状则应采取杂交的办法提高。在品种或品系内差异大、遗传力高的性状应采取纯种选育的方法；在品种或品系内差异小、遗传力高的性状，可首先通过品种或品系间杂交，促使其基因重新组合，随之进行选择；遗传力低的性状，应采取杂交的办法。因此，应根据所要改良和提高的性状，来确定繁育方法。

14 怎样正确利用现有杂种母猪？

早在 20 世纪 50 年代前，我国从国外引进了大约克夏、中约克夏和巴克夏等种猪，用来改良一些地方品种，经过长期选育，形成了一些培育猪种，如新金猪、哈白猪、上海白猪、北京黑猪等。从 20 世纪 50 年代初到 60 年代初，又相继引入了长白猪、苏白猪、克米猪、高加索猪和约克夏猪等，对我国各地的地方品种猪进行了广泛的杂交。20 世纪 60 年代，又兴起了南北猪种杂交的热潮，造成乱配，一杂再杂，导致猪群血统混乱，出现不少杂种群，直到目前仍分布在各个地区，并占养猪数量的较大比例。对大量的杂种猪群如何科学充分利用，是正确开展经济杂交的一个重要课题。

（1）对现有的杂种猪群进行调查研究，分类排队 每个地区，按杂种猪群的体形外貌和生产性能大致分出类别。一般为黑、白、花 3 种毛色。根据毛色可大致分析出各类毛色猪的主要血统。凡黑毛杂种猪，主要具有我国地方黑猪和巴克夏猪的血统；如果有白蹄、白尾尖、白前额，肯定是巴克夏猪占主要血统，如辽宁省的新金猪就属于这一类型。所有的白毛杂种猪，都属于约克夏、长白和苏白猪的杂种类群。凡耳中等大小、斜立、腿高、身躯较长、背腰宽深者，基本是大约克夏和苏白猪的杂种。大约克夏杂种在南方多见，苏白杂种在东北较多。至于花猪，血统更为复杂，至少具有 3 个以上品种血统，多为黑白猪杂交，或南北方猪的杂种间杂交乱配而产生的杂种猪。

（2）选优去劣，科学利用 在调查研究、分析排队的基础上，在各类杂种群中抽样测定瘦肉率，分析其产肉性能和增重速度，如瘦肉率达到 45％以上，日增重不低于地方品种猪，都可以继续用瘦肉型猪种与之杂交，利用杂交一代生产商品肉猪。据报道，长白（公）猪×内北猪，大约克夏猪×长通猪等，大致可获得瘦肉率为 48％～54％的商品猪。由此可见，不少杂种猪的瘦肉率在 40％～45％。如果经过杂交测定，瘦肉率在 45％以下的，说明原杂种猪本身瘦肉率达不到 40％，对这类杂种群应逐渐由优良地方母猪来替换，使其数量逐步减少，直到全部更新。从长远来看，血统不清的杂种猪都应该逐渐更新。

15 什么是二元杂交？

二元杂交又叫两品种杂交或单杂交，是养猪生产中以经济利用为目的，最简单、最实用、最普遍采用的一种杂交方式。它是选用两个不同品种猪分别作为杂交的父母本，只进行一次杂交，专门利用第一代杂种的杂种优势来生产商品猪。其特点是杂种一代无论公母，全部不作种用，不再继续配种繁殖，而全部经济利用（图1-5）。例如，用长白猪与金华猪杂交所产生的子一代长×金仔猪全部育成商品猪出售。

这种杂交方式简单易行，只需进行一次配合力测定即可，对提高肉猪的出肉率有显著效果。但这种杂交方法只能利用仔猪的杂种优势，不能充分利用母猪繁殖性能方面的杂种优势。因为用于繁殖的母猪都是纯种，而繁殖性能一般遗传力较低，杂种优势比较明显，不利

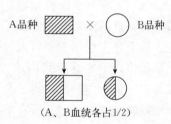

（A、B血统各占1/2）

图1-5 二元杂交示意

用这方面的杂种优势是很可惜的；另外，用于更新的种猪必须是纯种猪，因此，要经常维持一定数量的纯种母猪群，成本较大，这对养猪生产者来说是很不利的。

16 什么是三元杂交？

三元杂交也叫三品种杂交，即先选用两个品种猪杂交，产生在繁殖性能方面具有显著杂种优势的一代杂种母猪，再用第二个父本品种猪与其杂交，产生的后代全部作为商品猪肥育（图1-6）。

在杂交过程中，一般第一、第二父本利用瘦肉率高的品种，第二父本应选择生长发育快、肥育性能好的公猪。例如，在养猪

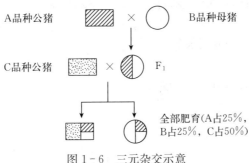

图1-6　三元杂交示意

生产中采用的杜×长×本、汉×长×本等杂交形式都属于三品种杂交。

三元杂交的杂种优势一般超过两品种杂交。其优点是杂种母猪在生活力和繁殖力上本身就有杂种优势，如产仔多、哺育能力强，有利于杂种仔猪的生长发育，杂种母猪再与第二个优良父本杂交，可获得经济价值更高的三品种杂种。如内江猪×（巴克夏猪×太谷本地猪），比巴克夏猪×太谷本地猪的平均日增重提高13.5%，每千克增重需饲料量减少3.5%。

三元杂交的缺点是需要3个品种的纯种猪源，而且需要2次配合力测定，虽然其杂种优势高于两品种杂交，但成本较高，而且三品种杂交利用了二品种杂交一代杂种为母本，遗传性不够稳定，易受生活条件的影响而改变，需要进行严格选择，否则，杂交效果不稳定。

17　什么是四元杂交？

四元杂交也叫四品种杂交，可分为两种形式。第一种形式是利用三品种杂交所得到的杂种母猪，再用另一品种的公猪进行杂交（图1-7）。第二种形式是用4个品种的猪，首先分别进行两两杂交，从后代中选留优良的个体后，再在两个杂种间进行杂交，又称为双杂交（图1-8）。

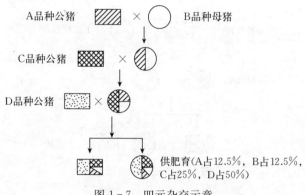

图1-7 四元杂交示意

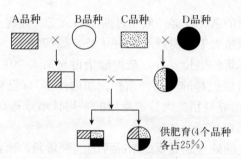

图1-8 双杂交示意

18 目前养猪生产中常见的杂交组合有哪些？

在养猪生产中，各地筛选出许多优秀的杂交组合，目前常见的杂交组合有以下几种：

（1）杜金猪、杜湖猪、杜浙猪、杜三猪、杜上猪 上述5个杂交组合分别以我国培育猪品种或品系新金猪、湖北白猪、浙江中白猪Ⅰ系、三江白猪、上海白猪为母本，与杜洛克公猪杂交生产商品猪。这些组合中我国地方猪种血缘比例在25%以下，分别是由沈阳农业大学、华中农业大学和湖北省农业科学院、浙江省农业科学院、黑龙江省红兴隆农场管理局、上海市农业科学院筛选的杂化组合。其日增重 600～700 克，饲料利用率（料肉比）为 3.2∶1 左右，胴体瘦肉率为 58％～62％。

（2）长大本（或大长本）　该杂交组合以地方良种作为母本与大约克夏猪或长白猪杂交生产二元杂交母猪，再与长白公猪或大约克夏公猪选配生产商品肉猪。该杂交组合的一个优点是毛色全白色且不会出现毛色分离现象。商品猪日增重 600～650 克，饲料利用率为 3.5∶1 左右，180 日龄体重达 90 千克，瘦肉率为 50％～55％。该组合为我国大中型城市"菜篮子工程"基地以及养猪专业户普遍采用的杂交组合类型。

（3）杜长太（或杜大太）　即以太湖猪为母本，与长白猪或大约克夏猪杂交生产 F_1 代，并从中选留杂种母猪与杜洛克公猪进行三元杂交生产商品肉猪。该组合的突出优点是能够充分利用杂交母猪（含 50％太湖猪血统）高繁殖性能的优势，平均窝产仔数达 13 头以上，肥育期日增重为 550～600 克，180～200 日龄体重达 90 千克，胴体瘦肉率 58％左右。该杂交组合是江苏、浙江、安徽、上海等地养猪生产中重要的杂交组合类型。

（4）杜长大（或杜大长）　该杂交组合首先以长白猪与大约克夏猪的杂交一代为母本，再与杜洛克公猪交配生产三元商品猪，是我国生产出口活猪的主要组合类型，也是大中型城市"菜篮子工程"基地和大型猪场所常用的组合。该杂交组合不具有我国地方猪种的血缘，充分利用了 3 个外来猪品种的优点，生长性能和屠宰性能（包括屠宰率和瘦肉率）好，商品猪日增重高达 700～800 克，饲料利用率在 3.1∶1 以下，胴体瘦肉率在 63％以上。该杂交组合需要较高的饲养管理水平与之配套，母猪的产仔数不高，且发情鉴定与配种受孕较为困难，在广大农村和饲养管理水平不高的猪场难以推广应用。

（5）杜长大上、杜长大太　在商品猪生产中，"二洋一土"的三元杂交模式中，由于我国地方猪种血缘高达 25％，因而影响了商品猪的生长速度和胴体瘦肉率，而 3 个外来猪种杂交的所谓"三洋"模式中母猪繁殖性能不佳,因此出现了兼顾母猪繁殖性能和商品猪生长、屠宰性能的中间模式。杜长大上、杜长大太杂交组合以长大上 [长白猪 × (大约克夏猪 × 上海白猪)] 或长大太 [长白猪 × (大约克夏猪 × 太湖猪)] 为母本与杜洛克杂交生产商品肉猪,商品猪的地方猪种血缘比例降为 12.5% 左右。这种杂交组合类型日增重达 700 克以上,170 日龄左右体重达 90 千克,胴体瘦肉率为 60% 以上,饲料利用率为 3.1∶1 左右,母猪平均产仔数达 12 头以上。

19 怎样选择杂交亲本品种?

杂交的亲本品种不同,杂交效果也不一样。这是由于不同杂交组合亲和力不同而造成的。一般来说,杂交亲本的遗传性差异越大,杂交效果越显著。

(1) 母本品种的选择 应选择本地区数量多、分布广、适应性强的本地品种猪作为杂交母本。这是因为这种母本适应性强,对饲料条件要求不高,猪源易解决,杂种后代容易推广。另外,应选择繁殖力强、母性好、泌乳力高的猪种作为母本,这有利于杂种仔猪的成活和生长发育,有利于降低杂种仔猪的生产成本。在不影响杂种仔猪生长速度的前提下,一般母本体型不宜太大。体型太大,浪费饲料。

(2) 父本品种的选择 应选择生长速度快、胴体品质好、瘦肉率高、饲料利用能力强的猪种作为父本。具备这些性状的一般都是经过高度培育的猪种,如长白猪、大约克夏猪、杜洛克猪、新淮猪、哈白猪、新金猪等。另外,还应选择与杂种所要求的类型相同的猪种作为父本。如要求杂种的瘦肉率高,在当地饲料条件较好的情况下,可选用长白猪、大约克夏猪、杜洛克猪作为杂交父本。如果饲料条件差、饲养管理比较粗放,则选用苏白猪、哈白猪、新金猪等早熟易肥、耐粗饲的品种比较合适。父本的适应性和种源问题可放在次要地位考虑,一般多用外来品种作为杂交父本。

20 怎样进行杂交对比试验?

杂交效果受品种、饲养水平、杂交方式等因素的影响,因此,在进行杂交对比试验时应做好试验设计工作。

研究方法一定要适应需要,做到因地制宜、不断总结、逐渐完善。

(1) 杂交亲本与杂交方式的选择

① 杂交亲本的选择 在生产中,应根据本地区特点和杂交目标选择杂交亲本,具体的选择要求如前所述。

② 杂交亲本群的选优和提纯 开展杂种的利用是一项复杂而又细致的工作。首先,应从亲本的选优、提纯入手。亲本纯度高,才能使两亲本基因频率之差加大,配合力测定的误差也会降低,以得到好的杂种优势效益。选优就是通过选择使亲本群原有的优良、高产基因频率尽量增大;提纯就是通过选择和近交,使亲本群在主要经济性状上纯合子的基因频率尽可能增加,个体间的差异尽可能小。对亲本和杂种后裔不加选择就进行杂交的做法,较难得到且很难保持杂种优势。

③ 杂交方式的选择 杂交方法应根据实际情况而定。一般来说,目前我国广大农村养猪以采取两品种简单经济杂交为宜,方法简便,容易推广。在各方面条件较好的地方,可采用复杂的经济杂交。

(2) 试验猪的选择与饲养管理

① 繁殖性能对比试验猪的选择 供试猪应具有该品种代表性特征,供杂交所用的母本在年龄、胎次、繁殖性能等方面应大致相近。公猪2~3头,母猪10~15头,配种时,一头公猪应同时和纯种母猪(对照组)及另一品种母猪(试验组)各3~5头交配,以免因母猪个体不同而影响试验结果的因素。

② 肥育性能对比试验猪的选择 供试猪应从年龄、胎次、体况基本相似的母猪生的后代中选留,供试猪的体重相似(组内个体体重相似,组间个体体重力求接近),不能有意识地选择最好或最

坏的。供试猪（公、母）均应去势，每个组合不少于6～10头，各组头数相同，其来源不少于2～3头母猪和公猪的后代。必须有父本组和母本组作为对照，以计算其杂种优势。在条件较好的猪场，最好采用全窝肥育方式进行对比试验。

③ 试验起止时间

Ⅰ. 同日龄开始试验，同日龄结束。

Ⅱ. 同体重开始试验，同体重结束。

Ⅲ. 同日龄开始试验，同体重结束。

Ⅳ. 同体重开始试验，同日龄结束。

④ 试验猪的饲养管理

Ⅰ. 饲养水平　试验组与对照组的供试猪，应处于相同的饲养水平和饲粮结构条件下。根据当地条件，肥育供试猪可在几种不同的饲养水平下进行试验；繁殖性能测定的供试猪，应在相同的饲养水平下进行。

Ⅱ. 饲养管理　对哺乳期仔猪进行预防注射和去势，在其45日龄或60日龄断奶，经15天预试（进行驱虫，根据猪的增重调整供试猪，逐渐饲喂试验饲料等），开始对比试验。试验开始与结束时于早饲前准确称重，可连续称重3天，以3天平均体重作为供试猪试验开始与结束时的体重，以称重的第二天为试验开始与结束的日期。供试猪宜由固定专人饲养，各组供试猪的圈舍要相似，同组合同圈群饲（如需分圈，各圈猪的头数应相同）。饲料调配、饲喂方法各组合均应一致。总之，以供试猪处于相同的饲养管理条件为原则。

Ⅲ. 称重与饲料记载　供试猪称重最低限度应于试验开始与结束时连续称重3天；有条件的地方在试验期间每隔15～30天于早饲前称重一次；或根据供试猪的体重阶段（15～40千克，41～65千克，66～90千克）称重，每次称重后计算平均增重和饲料消耗量。

供试猪饲料消耗量可采用"清箱底"或"天天定"的办法，以记载清楚为原则。

Ⅳ. 供试猪病、死的处理　试验期间，发现病猪应立即治疗，如需隔离治疗，应将病猪称重，耗料量单独记录。病愈后可否归组，视情况而定。出现死猪，应将该组猪逐一称重，结合研究课题的特点予以确定。结算增重和饲料消耗。

Ⅴ. 测定项目　可测定繁殖性能、肥育性能和胴体品质等，结合研究课题予以确定。

Ⅵ. 试验结果的处理　试验结果不可任意挑选或舍弃数据。目前广泛应用杂种一代的平均值和双亲平均值进行比较来估计杂种优势。或进行统计处理，先用 F 检验，如差异显著，再用 Q 检验，以决定各杂交组合间配合力的差异是否显著。

21 怎样建立、健全猪杂交繁育体系？

经试验，确定筛选出优良的杂交组合，就需积极地在生产中推广。杂种优势利用不仅是一项技术性很强的工作，而且还需要进行周密的组织工作，特别要有一整套健全的杂交繁育体系。所谓杂交繁育体系，就是在明确用什么品种、采用哪种杂交方式的前提下，建立各种性质的猪场，在各猪场之间的规模和彼此之间配合等方面建立一整套组织体系。下面以生产中所采用的杂交方式与相应建立的繁育体系结合起来加以介绍。

（1）通过简单杂交将杂种优势保持和予以扩大的方案（图 1 - 9）。

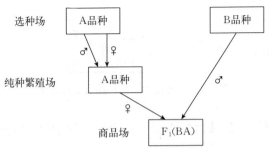

图 1 - 9　通过简单杂交设计方案

（2）通过回交将杂种优势保持和予以扩大的方案（图1-10）。

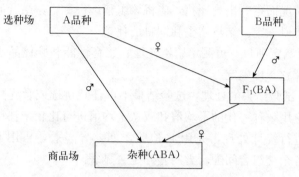

图1-10　通过一个品种回交设计方案

（3）通过来自两个品种（或品系）的公猪进行回交，将杂种优势予以扩大的方案（图1-11）。

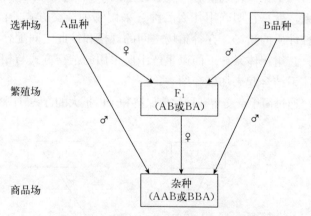

图1-11　通过两个品种回交设计方案

（4）通过三品种杂交将杂种优势保持和予以扩大的方案（图1-12）。

（5）通过双杂交将杂种优势保持和予以扩大的方案（图1-13）。

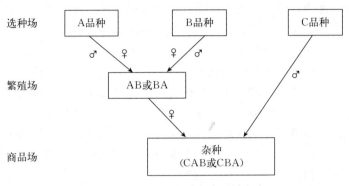

图1-12　通过三品种杂交设计方案

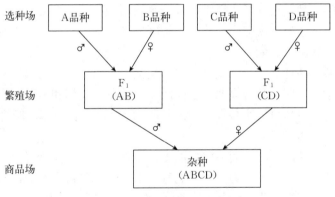

图1-13　通过双杂交设计方案

22 在猪的杂交繁育体系中，各级猪场的主要任务是什么？

　　猪的杂交繁育体系可分为两级繁育体系和三级繁育体系。在一般情况下，如选择两品种简单杂交或轮回杂交，可建立两级繁育体系（即纯种选育场和商品猪场）。如选择三品种杂交，可建立三级繁育体系（即纯种选育场，一代杂种母猪繁殖场和商品猪场）。

（1）纯种猪选育场　提高纯种猪的生产性能是首要任务，没有品质优良的纯种猪，就不可能有杂交效果显著的杂种猪。提高纯种猪的生产性能，不仅要注意其本身性能的提高，更要注意它和规划中另一品种的杂交效果，应有计划地开展配合力测定工作，将杂交效果纳入选种、选配的指标中加以考虑。杂交所用的品种，不仅加性基因作用的高遗传力性状是优秀的，而且必须通过后代表现出杂种优势。因此，纯种猪选育场必须加强选配工作以改进高遗传力的性状，同时通过杂交以求在低遗传力性状方面获得杂种优势效益。

如选择三品种杂交，需建立 3 个纯种猪选育场，其规模和选种重点亦不相同。

第一品种选育场，提供杂种繁殖场用的基础母本，因为需要的头数多，故规模应大一些，选种重点放在繁殖性能方面。

第二品种选育场，提供杂种繁殖场用的第一杂交父本，因需要的头数少，故规模应小一些。选种既要考虑繁殖性能，又要兼顾生长效率和肥育性能。

第三品种选育场，提供第二杂交父本。由于商品场数量多，故规模应大一些，其规模取决于商品场的数量、规模和配种方式（如采用人工授精可缩小规模）。选种重点应放在生长效率、肥育性能和胴体品质方面。

（2）商品猪场　商品猪场的工作重点应放在提高猪群生长效率和改进肥育技术上。为了降低肥育成本，繁殖群占全群的比例越小越好，缩短繁殖周期，提高繁殖水平，注意猪群的更新，2～4 岁壮龄母猪的比例应大一些，并注意提高饲养管理技术。

现以三元杂交为例，如在某县经试验证实"杜长本"是一个瘦肉率高、综合经济效益好的杂交组合，在生产中要进行推广，年需生产 10 万头"杜长本"肥育猪，应建立三级繁育体系。

Ⅰ级是纯种猪选育场，中心任务是培育和选择 3 个纯种亲本猪群，为下级猪场提供母本品种猪和杂交用的父本品种猪。

Ⅱ级是繁殖场，包括纯种母本繁殖场和杂种一代母猪繁殖场。

Ⅲ级是商品猪场。

各级猪场大致规模和猪群变动情况见表1-1。

表1-1　三级繁育体系各级猪场规模和猪群变动情况

级别	猪别	母猪头数(头)	每头母猪年产仔数(头)	仔猪总数(头)	种用 公 %	种用 公 头数	种用 母 %	种用 母 头数	母猪年更新 %	母猪年更新 头数	备注
I	本地猪 长白猪 杜洛克猪	200 15 50	16 15 14	3 200 225 700	30 30 30	480 34 105	40 40 40	640 45 140	30 30 30	60 5 5	II级猪场的繁殖公、母猪需两年配齐,此后可减少种猪的饲养量; I、II级猪场每年可向外推广部分种猪,并有部分淘汰猪
II	本地猪 长本猪	1 250 10 000	16 16	20 000 160 000	— —	— —	50 50	5 000 5 000	25 25	312 2 500	
III	杜长本猪	商品猪场160 000头猪按商品率65%计算,年出栏"杜长本"肥育猪104 000头									

23 小母猪何时开始配种?

小母猪第一次参加配种繁殖的年龄称为初配年龄,而初配年龄主要取决于其性成熟的早晚和体重。在不同的品种、气候和饲养管理条件下,母猪性成熟的时间不同,早熟品种的母猪一般在3~4月龄开始发情;培育品种及杂交种性成熟时间稍迟,在5月龄左右,国外品种最迟。气候温暖,饲养管理条件较好,生长发育加快,性成熟期提前。刚刚达到性成熟的小母猪,虽然有性欲表现和受胎的可能,但不可用来繁殖。因为这时小母猪的卵巢发育不正常,卵子发育不成熟,排卵少,所以受胎率较低,即使受胎,产仔也少而弱,初生仔猪生长缓慢。更重要的是小母猪身体尚未发育成熟,身体各组织器官的生长发育都很强烈,虽然表现性行为,但繁殖机能还不健全,过早配种既影响本身生长发育,还会降低种用年限,甚至造成猪群退化。另外,过晚配种则会增加育成期费用,年产仔数减少,经济效益低,甚至影响母猪性机能,造成长期乏情,配种困难或屡配不孕，以致影响终身繁殖力。

适宜的初配时期除考虑小母猪年龄外，还要根据实际生长发育情况而定，不能一概而论。一般要比性成熟期晚一些，在开始配种时小母猪的体重应为其成年体重的70%左右，即达到了体成熟。在一般饲养管理条件下，我国地方品种猪性成熟早，可在出生后6～7月龄、体重50～60千克时配种；国内培育品种及杂交种在7～8月龄、体重80～90千克时配种；国外品种在8～9月龄、体重90～100千克时配种。

24 母猪发情有什么规律和表现？

猪属于无季节性繁殖的家畜，母猪除妊娠期外，一年四季都能出现周期性的发情现象。母猪的发情周期为18～25天，平均为21天。母猪由发情到发情结束所需的时间叫发情持续期，一般为3～4天，常因品种、年龄、个体及环境变化而不同。母猪性成熟后开始第一次发情，在妊娠期间一般不发情，要待产仔后间隔一定时间或仔猪断奶后才出现发情。但有时妊娠母猪也会出现一种不明显的发情，俗称"假发情"，即只有发情表现而不排卵。一般在妊娠后第22～23天和第75天到产仔这个阶段最容易发生假发情。母猪分娩后的发情也有一定规律，即分娩后第3～8天有一个相对集中的发情期，但不明显，一般不能排卵；在哺乳中期有一个相对集中的发情期（多集中在产后第27～32天）；断奶后第4～5天发情比例较大，可以人为控制提前或推迟，实现同期发情。

母猪发情时的表现既有生殖器官的变化，又有行为表现和精神状态的表现。发情开始时，母猪表现不安，食欲稍减，有时鸣叫，外阴部开始充血肿胀。之后，随着阴户肿胀程度的增加，阴道内流出少量稀薄黏液，同时出现交配欲，愿意接近公猪并接受爬跨，也喜欢爬跨别的猪。到发情旺期，母猪食欲显著下降或废绝，在圈内起卧不安、鸣叫、逃圈，用鼻子拱地、咬圈门、扒墙头、尿频，若此时有人接近，则其臀部往往趋向人的身边，用手按压腰部，表现呆立不动。到了发情后期，母猪的发情表现逐渐消失，食欲恢复，阴门逐渐消肿，不愿接近公猪，性欲消失。

母猪的发情表现因品种不同而有差异，一般地方品种猪发情表现明显，而培育品种、国外引进品种及杂交猪的发情表现往往只是阴户肿胀、充血潮红而无其他表现。此外，老龄母猪的发情没有青壮龄母猪表现得强烈。

25 怎样掌握母猪的发情时间？

正确掌握母猪的发情时间（配种时间），关系到母猪的受胎与产仔，其目的是使精子和卵子都在生命力最旺盛的时候相遇，使卵子受精。

母猪排卵是在发情开始后进行的，通常是在发情开始后 24～36 小时排卵，排卵数为 10～25 个，排卵持续时间一般为 10～15 小时。卵子排出后，在输卵管中维持受精能力的时间仅为 8～12 小时。公母猪交配后，精子在母猪的生殖道内由子宫运行到输卵管壶腹部（受精部位）需 1～2 小时，而维持受精能力的时间为 10～20 小时。据此推算，适宜的配种时间是在母猪排卵前 2～3 小时，即在母猪发情后 20～30 小时。如配种过早，当卵子排出时精子已失去受精能力，达不到受精目的。相反，如配种过迟，当精子与卵子相遇时，卵子已失去受精能力，也达不到受精目的。如配种时机不恰当，即使精卵能结合受精也因合子活力不强而使胚胎发育中途死亡。

为了达到适时配种的目的，在实践中要认真准确地进行母猪的发情排卵鉴定，尤其要注意观察母猪发情开始的时间及发情期间的表现，适时配种。

就品种而言，我国地方品种猪发情时间较长，多为 3～5 天，配种时间宜在发情开始后 2～3 天；培育品种母猪发情时间短，一般为 2～3 天，宜在发情开始后第 2 天配种；杂种猪发情时间多为 3～4 天，配种可在发情开始后第 2 天下午或第 3 天上午进行。

就年龄而言，老母猪发情时间短，排卵时间提前，应该早些配种；青年母猪发情时间长，排卵时间后移，配种时间应晚一些；中年母猪发情时间居中，应在发情中期配种。因此，对不同年龄的母猪配种应掌握"老配早，小配晚，不老不小配中间"的原则。但国外引入品种的小母猪发情时间短，配种应早一些。

根据母猪发情的外部表现和行为，可以确定适宜的配种时间。在发情初期，母猪愿意靠近公猪，但公猪爬跨时母猪却逃避，此时不宜配种。待母猪接受公猪爬跨，或用手按压母猪腰部表现呆立不动，这时可给母猪进行第一次配种，间隔8～12小时再进行第2次配种。

通过观察母猪阴户的表现来确定配种时间也是比较准确的。当母猪阴户肿胀开始消退并出现裂缝、颜色由潮红变为粉红时，正是适宜的配种时间。对于国外引进品种的母猪，由于发情表现不明显，发情持续期较短，应细心观察，发现母猪发情，当天就应配种，间隔12小时配第2次，这样可确保配种效果。也可以利用试情公猪在配种期间内，每日早、午、晚进行3次试情，以免造成漏配，同时还能刺激母猪性欲，促进卵泡成熟，提高受胎率。

26 哪些配种方法能使母猪产仔多？

母猪的配种方法有本交和人工授精两种。其中本交是指发情母猪与公猪所进行的直接交配，其交配方式有4种，即单次配种、重复配种、双重配种和多次配种。

（1）单次配种　母猪在一个发情期内，只与一头公猪交配一次。这种配种方式的优点是简便，公猪的负担轻。缺点是：如果掌握不好母猪的最佳配种时间，容易降低母猪的受胎率和产仔数。

（2）重复配种　母猪在一个发情期内，用同一头公猪先后配种2次，2次配种之间相隔8～12小时，此种配种方式可使母猪生殖道内经常有活力强的精子存在，当卵巢中的成熟卵子陆续排出时，能增加与精子结合受精的机会，从而能提高母猪的产仔数。

（3）双重配种　母猪在一个发情期内，用2头血缘关系较远的同一品种公猪，或用2头不同品种的公猪进行配种，第1头公猪配完后，间隔5～10分钟，再用第2头公猪交配。这种配种方式的优点，首先是因为2头公猪与1头母猪在短时间内交配2次，能引起母猪性兴奋增强，促使卵子加速成熟，缩短排卵时间，增加排卵数，因此，能使母猪多产仔，且仔猪较整齐；其次由于2头公猪的精液存在于母猪的生殖道内，使卵子有较多的机会选择活力强的精子受精，产生活力强的胚胎，从而能使母猪产出活力高的仔猪。但此种配种方式使后代的血缘混杂不清，无法进行选种选配。

（4）多次配种　母猪在一个发情期内，与同一头公猪或2头公猪进行3次以上的交配。这种配种方式虽能增加产仔数，但因多次配种增加了生殖道的感染机会，易使母猪患生殖道疾病而降低受胎率。

综上所述，要增加母猪的产仔数，应采取重复配和双重配的配种方式。在开展人工授精时，为了解决双重配种所需的精液，可以采用混合2头公猪精液的办法来实现。

27 母猪在什么季节配种、产仔好？

猪可常年进行繁殖，一般每年可产2窝。在气候条件较好、四季温差不大的地区或者饲养管理条件及设备较先进的猪场可采取常年产仔。但常年产仔比较分散，不利于生产管理，在防寒、防暑设备较差的猪场，常会出现仔猪成活率低和生长发育差的现象。

我国大部分地区冬季寒冷、夏季炎热，温差较大，而且一般的猪场尤其是家庭猪场又缺乏相应的防寒、防暑设备，因此，应采取季节性产仔，就是将母猪的产仔时间安排在最适宜于仔猪生长发育的季节。实践证明，在酷暑（7、8月份）时产仔，不利于仔猪生长，而且容易发病。当母猪哺乳时，也因吸血昆虫的袭击而影响健康。从仔猪市场看，此时正处于猪肉消费淡季，仔猪销售困难。冬季分娩时，防寒比较困难，而且青饲料不足，仔猪生长发育慢，容易受凉而发生下痢。

确定适宜的配种和产仔季节，应根据猪场和养猪家庭的具体情况而综合考虑。一般来说，从猪的生理角度考虑，产仔季节的气候温暖，能提高仔猪的成活率，而且青饲料丰富，有利于仔猪的生长发育。从经济效益方面来说，产仔季节要选在市场需要仔猪多、有利于出售的时机。另外，产仔数虽然不依产仔时期而变化，但在不同季节，母猪的泌乳能力有差异，导致仔猪断奶体重也有差异。

综上所述，产仔季节一般安排在春、秋两季比较合适，即在4—5月份配种，8—9月份产仔，9—11月份再配种，次年2—3月份产仔。

28 怎样能使母猪两年产5窝？

在一般条件下，母猪每年只能产2窝，怎样才能使母猪年产2.5窝，即两年产5窝，且窝产仔较多呢？

(1) 合理安排配种季节 对初产母猪，安排在4—5月份配种，8—9月份产仔，9—10月份再配种，第2年1—2月份产仔，2—3月份再配种，6—7月份产仔，如此反复循环推算，可使母猪多在繁殖成活率高的春季及秋季配种产仔。

(2) 适时配种 当母猪发情允许公猪爬跨后9～30小时交配最好，本地母猪发情后2～3天配种；国外引进品种母猪宜在发情开始后当天下午或第2天上午配种；杂种母猪宜在发情后第2天下午配种，并遵循"老配早，小配晚，不老不小配中间"的原则。为确保不漏情失配，在首次配种后8～12小时再重复配种一次。

(3) 中药催情 仔猪断奶后3～5天，可用下列药物进行催情：

① 王不留行50克，益母草、石楠叶各30克，水煎喂服或拌料饲喂，每天1次，连用5～7天。

② 当归、故纸、益母草、淫羊藿各20克，赤芍18克，肉苁蓉、阳起石各15克水煎加红砂糖40克喂服，每头母猪每天1剂，连服5～7天。经催情后，绝大多数母猪能提前发情。

(4) 提早断奶 可在仔猪35～40日龄时断奶，即在仔猪7～10日龄时，开始调教补喂粥料，到20日龄时就能正式采食，35～40日龄时即可断奶并与母猪分栏喂养。

（5）补饲

① 补饲法　对体况比较差的母猪，配种前 20 天的饲料饲喂量为平时的 2 倍；对体况中等的母猪，在配种前 10～15 天，增加 50％饲喂量；对体况较肥的母猪不增加饲料。通过补饲的母猪排卵数增加，进而产仔数比正常多 2 头以上，并能保证全活全壮。

② 补加维生素法　在断奶母猪饲粮中额外添加维生素 K 100 毫克，维生素 E 200 毫克，喂至发情时减半，连续到妊娠后 21 天止；在妊娠母猪分娩前 7 天，每头每日饲粮中添加 1 克维生素 C。维生素 C 应现喂现加。

29 怎样能使母猪白天产仔？

在通常情况下，多数母猪在夜间产仔，给生产带来诸多不便，特别是冬季，更给管理造成极大的麻烦，以致常发生冻害、新生仔猪被压死等现象，严重影响了仔猪成活率。在生产中，为保证母猪在白天产仔，可采取以下措施：

（1）下午配种　过去有种理论，家畜在夜间分娩，是由家畜的神经体液调节作用所决定的。然而，近年来国内研究证明，母猪的产仔时间与其配种时间有很大关系，即凡下午配种的母猪，多在白天产仔。过去，由于人们认为公猪应在早晨空腹时配种，才能确保精液质量，提高母猪受胎率和产仔数，故导致了母猪在夜间产仔；而在下午配种，不仅对母猪受胎率和产仔数毫无影响，相反，由于白天产仔便于护理，更能有效地提高仔猪的成活率。有人做过这样两个试验：小群试验两个品种，共 15 头母猪，配种时间为下午 1 点以后，配后全部妊娠，并均于白天分娩。大群试验 5 个品种，共 35 头母猪，也都在下午配种，全部妊娠，产仔最早时间为清晨 4 时 30 分，最迟为傍晚 19 时 5 分。其中，上午产仔 25 窝占 71.4％，下午产仔 10 窝占 28.6％。35 头母猪共产仔 354 头，平均每窝 10.1 头。断奶成活 347 头，平均每窝成活 9.86 头，成活率为 96.8％。

（2）注射催产药物　用前列腺素诱导分娩，可使母猪白天产仔。

30 猪的人工授精有什么好处？

猪的人工授精是利用人工方法采集公猪的精液，经过必要的处理，将合格的精液输入到发情母猪的生殖道内，使母猪受胎。人工授精与自然交配相比具有显著的优越性。

（1）可以提高优良公猪的利用率，加速猪种改良。自然交配时，一头公猪一次只能和一头母猪交配。而人工授精一头公猪一次的采精量可以给10头左右的发情母猪输精，这就提高了种公猪的配种效率。

（2）可以减少种公猪的饲养头数，节约饲料等饲养管理成本。

（3）可以克服公母猪体重相差悬殊而造成的配种困难或因生殖道异常而不易受胎的困难。

（4）采出的精液经过稀释可长时间保存，经过运输可使母猪配种不受地区限制，有效地解决了公猪不足地区母猪的配种问题。

（5）采用人工授精配种，公母猪不直接接触，可防止疫病的传播，特别是有效地防止了生殖系统疾病的传播。

（6）人工授精便于采用重复输精和混合输精等繁殖技术，输精前精液均经过检查，只有优质的合格精液才能用于输精，而且可以选择最适当的时机，将精液输到最适当的部位，提高了母猪的受胎率、产仔数和仔猪成活率。

31 怎样制作台猪（假母猪）？

假母猪是模仿母猪的大致轮廓，以木质支架为基础而制成的（图1-14）。要求牢固、光滑、柔软、高低适中、方便实用，对外形要求不严格。一般用一根直径20～30厘米、长110～120厘米的圆木，两端削成弧形，装上腿，埋入地中固定。在木头上铺一层稻草或草袋子，再覆盖一张熟过的猪皮。组装好的假母猪后躯高55～65厘米，前躯高45～55厘米，呈前低后高，前后高度差10厘米。

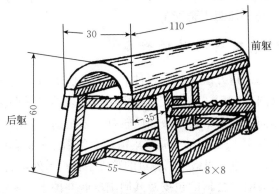

图 1 - 14　假台猪的构造（厘米）

32　怎样训练种公猪采精？

初次用假母猪采精的公猪必须进行训练，方可进行采精。训练前不让其接近母猪，并培养种公猪接近人的习惯，还应加强种公猪的饲养管理。对训练的场地要固定，不宜经常变动，并保持环境的安静，使种公猪容易形成条件反射，训练容易成功。训练种公猪采精的方法主要有以下几种：

（1）在假母猪后躯涂抹发情母猪的尿液或其阴道黏液，公猪嗅其气味会引起性欲并爬跨假母猪，一般经几次爬跨后即可成功。若公猪无性欲表现，不爬跨时，可马上赶一头发情旺盛的母猪到假母猪旁引起公猪性欲，当公猪性欲极度旺盛时，再将发情母猪赶走，让公猪重新爬跨假母猪而采精，一般都能训练成功。

（2）在假母猪旁边放一头发情母猪，两者都盖上麻袋，并在假母猪上涂以发情母猪的尿液。先让公猪爬跨发情母猪，但不让交配，而将其拉下来，这样爬上去，拉下来，反复多次，待公猪性欲高度旺盛时，迅速赶走母猪，诱其爬跨假母猪采精。

（3）让公猪看另一头已训练好的公猪爬跨假母猪，然后诱其爬跨。

在训练过程中，要反复进行，耐心诱导，以便建立和巩固条件反射。切忌强迫、抽打、恐吓等，否则会发生性抑制而造成训练困难。另外，还要注意人畜安全。

33 怎样采集种公猪的精液？

种公猪的采精方法主要有两种，一种是假阴道采精法，另一种是手握法（图1-15）。在生产实践中用得较多的是手握法，因为此种方法操作简便，采集的精液品质较好。采精前，先消毒好采精所用的器械，并用4～5层纱布放在集精杯上备用。采精者应先剪平指甲，洗净消毒。也可以戴上消毒过的胶皮手套。另外，还要用0.1%高锰酸钾溶液消毒公猪的包皮及其周围皮肤并擦干。采精员蹲在假母猪的右后方，待公猪爬上假母猪、伸出阴茎时，立即将左手手心向下握成空拳，让公猪阴茎自行插入拳内，不要用手去抓阴茎。当龟头尖露出拳外0.5厘米左右时，立即握住阴茎前端的螺旋部，不让阴茎来回抽动，并顺势小心地把阴茎全部拉出包皮外，拳握阴茎的松紧度以不让阴茎滑脱为宜。注意不要把阴毛一起抓握，不能握得太紧，否则，采取的精液很稀；也不能过松，使阴茎滑出拳外而造成损伤。另外，拇指轻轻顶住并按摩阴茎前端，可增加公猪快感，当公猪射精时，左手应有节奏地一松一紧捏动，以刺激公猪充分射精。一般先去掉最先射出的混有尿液等污物的精液，待射出乳白色精液时，再用右手持集精瓶收集。当排胶样凝块时用手排出。

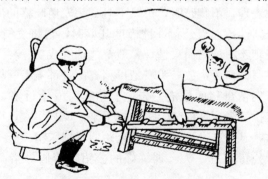

图1-15　手握式采精示意

　　假阴道采精法是模拟母猪的阴道条件而让公猪交配射精。采精前，先安装好已消毒的假阴道，并在假阴道内用漏斗灌入400～500毫升温水，以调节内胎温度到39～40℃，一般年轻公猪要求偏低，老年公猪要求偏高。再用双连球打气，调节好适宜的压力，要求松紧适度。最后用消毒过的长玻璃棒蘸取灭菌的润滑剂（凡士林2份加石蜡1份调制而成）均匀地涂于内胎内壁，以调节润滑度，便于阴茎插入。采精时，采精者右手紧握假阴道蹲在假母猪右侧，当公猪爬上假母猪伸出阴茎时，采精者用左手托住包皮，使阴茎自然地伸入假阴道内，而不可用假阴道去套阴茎。一般要求阴道前端稍向下倾斜，以利于精液流入集精杯中。采精时，也可以用双连球调节压力，使假阴道有节奏地搏动，增加公猪快感，促其射精。采精完毕后，应让公猪休息一段时间再回圈舍，并要及时洗净采精器械。

34 怎样进行精液的品质检查？

　　为了保证输精后母猪有较高的受精率和较多的产仔数，每次采精后和输精前必须进行精液品质检查。

　　在进行精液品质检查时，新鲜精液要注意保温，保存的精液要缓慢升温，而且要轻轻振动，以补充氧气。操作要迅速、准确，操作过程不能使精液品质受到影响。取样要有代表性，因为死、活精子，精子与精清的相对密度不同，取样时要先摇匀，而且最好一次取两个样品检查。评定精液品质的主要指标是：

　　（1）射精量　将采取的精液用4～6层消毒纱布过滤后，放在有刻度的集精杯中测出。

　　（2）颜色　正常精液为乳白色或灰白色。混有尿液的呈黄褐色，混有血液的呈淡红色，若有浓汁则呈黄绿色。这些精液都不能使用。

　　（3）气味　正常精液有一种特殊的腥味，新鲜精液较浓。有臭味等异味的精液不能使用。

　　（4）密度　滴一滴精液在载玻片上，轻轻盖上盖玻片，在300

倍左右的显微镜下观察，如果整个视野中布满精子，则为"密"。若视野中可以看见单个精子活动，彼此之间的距离约等于一个精子的长度，则为"中"；若在视野中精子分布稀疏，空隙很大，彼此间的距离超过一个精子的长度，则为"稀"。

（5）活力　指精子活动的能力。精子的活动有直线前进、旋转、原地摆动3种方式，以直线前进的精子活力最强。检查时，先在载玻片上滴一滴精液，轻轻盖上盖玻片，不要产生气泡，置于300倍左右的显微镜下观察，用视野中呈直线前进运动的精子数占视野中精子的估计百分比来表示精子活力。一般用于输精的精子活力要求在50%以上。注意保存后的精液要先经1.5~2小时的振荡充氧，使之恢复活力后方可进行检查。

35 如何稀释采集的精液？

稀释猪精液的目的是扩大容量，补充能耗，有利于保存和运输。其稀释液的种类很多，如鲜奶稀释液、葡萄糖-柠檬酸酸盐-卵黄稀释液、葡萄糖-碳酸氢钠-蛋黄稀释液等，其配制方法如下：

（1）鲜奶稀释液　将牛奶用3层纱布过滤2次，装入三角烧杯中，置于水锅中煮沸消毒10~15分钟，取出冷却后除去乳皮，即可应用。

（2）葡萄糖-柠檬酸酸盐-卵黄稀释液　无水葡萄糖5.0克，柠檬酸钠0.5克，新鲜蛋黄3.0毫升，蒸馏水100毫升。

（3）葡萄糖-碳酸氢钠-蛋黄稀释液　无水葡萄糖3.0克，碳酸氢钠0.15克，蒸馏水30.0毫升，青霉素1 000国际单位/毫升，链霉素1毫克/毫升。

稀释液要现用现配，稀释过程中要注意：稀释液的温度与精液的温度相同；稀释液应沿杯壁徐徐加入，与精液混合均匀，切勿剧烈振荡；要避免直射阳光、药味、烟味等因素对精子产生不良影响；操作室的温度应保持在18~25℃；精液稀释后应立即分装保存，尽量减少能耗；猪的精液以稀释2~4倍为宜，保证母猪每次输精的精子数为50亿~110亿个，输精量为30~50毫升。

36 怎样保存和运输精液？

精液贮存的目的是为了延长精子的存活时间，扩大精液的使用范围。由于猪的精液量大，低温或冷冻保存对设备的要求严，成本高，而且保存效果不理想，因此，一般采用常温保存。

常温保存是将稀释后的精液保存在 15～20℃ 或接近于这一温度范围内，所以又称室温保存。其基本原理主要是利用弱酸环境来抑制精子的运动，减少能耗。但常温保存有利于微生物的生长，因此，必须加入适量的抗生素。

常温保存的方法是：将稀释好的精液按一次的输精量分装在小瓶内，要求装满，以防振荡和产生气泡。瓶口周围要加蜡密封，以隔绝空气并防止进水，然后放入塑料袋内，扎紧袋口，在室温下静置 1～2 小时后，再放入预先盛有冷水的广口瓶中保存。夏天瓶内冷水应早、晚各换一次，以免保存温度上升。也可将包装好的精液放在铁盒或竹筒内，用绳子系着，沉于旱井（约 3 米深）或放在地窖里保存，主要是利用旱井或地窖里冬暖夏凉的小气候，以达到常温保存的目的。

精液在运输途中必须注意防止温度发生变化，并尽量避免振荡。可将瓶口封严后，放入塑料袋内，将口扎紧，外面包以棉花、纱布或毛巾，放入盛有冰块的保温瓶中或能隔热的水箱中运输。如果没有冰块，可用冷水浸过的毛巾代替。若是冬天，则可在保温瓶中放几瓶温水，中间放棉纱，棉纱上再放分装好的精液。千万要注意不可让精液直接与冰块或温水接触，以免影响贮存和运输的效果。

37 怎样给发情母猪输精？

输精是人工授精的最后一个技术环节，适时准确地将一定量的优质精液输到发情母猪生殖道内适当部位，是保证得到较高受胎率、提高产仔数的关键。

猪的输精器由一只 50 毫升注射器连接一条橡胶输精管组成。

输精前，要对所有输精器械进行彻底洗涤，严密消毒，最后用稀释液冲洗。一般器械可以用蒸煮法消毒。母猪外阴部用0.1％高锰酸钾或1/3 000新洁尔灭溶液清洗消毒。冷冻精液必须先升温解冻，经检验质量合格方可用于输精，一般要求解冻后的精子活力不得低于30％。新鲜精液、常温或低温保存的精液镜检活力要在60％以上，温度低时，要升温到35℃。

输精时，先用已消毒的注射器吸取合格精液20毫升左右（技术熟练的可用10～15毫升输精量），排出空气。让母猪自然站稳，并在输精胶管前端涂以少许精液使之润滑。注入时，首先用左手将阴唇张开，再将输精管插入阴道内，先向上方轻轻插入10厘米左右，以免损伤尿道口，再沿水平方向进行，边旋转输精管，边抽送，边插入。待插进25～30厘米感到插不进时，稍稍向外拉出一点，借压力或推力缓慢注入精液，如注入精液有阻力或发生倒流时，应再抽送输精管，左右旋转再压入（图1-16）。一般输精时间为2～5分钟，输精不宜太快。输精完毕，缓慢抽出输精管，然后用手按压母猪腰部，以免母猪弓腰收腹，造成精液倒流。另外，在输精过程中，可用手按压母猪臀部或乳房、阴蒂，刺激十字部，增加母猪快感，并可抬高臀部，以利于输精，也可防止母猪逃跑。

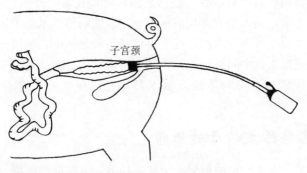

子宫颈

图1-16　猪的输精方法

总之，输精动作可概括为8个字，即"轻插、适深、慢注、缓出"。每个发情期应尽量输精2次，每次间隔12～20小时。

38 怎样检查配种后的母猪是否妊娠？

早而准确地判断母猪是否妊娠，对提高母猪的繁殖力有重要意义。对于已妊娠的母猪，应按妊娠母猪的标准进行饲养管理；对于未妊娠的母猪，则要采取必要措施，促其发情再配种，以免造成母猪空怀。

（1）根据发情周期判断 猪的发情周期大致是3周左右，配种后3周不再发情的母猪，就可推断已经妊娠。该方法对配种前发情周期正常的母猪比较准确。

（2）根据外部特征及行为表现来判断 凡配种后表现安静、能吃能睡、膘情恢复快、性情温驯、皮毛光亮并紧贴身躯、行动稳重、腹围逐渐增大、阴户下联合紧闭，并有明显上翘的，可能已经妊娠。

（3）根据乳头的变化进行判断 约克夏母猪配种后，经过30天乳头变黑，轻轻拉长乳头，如果乳头基部呈现黑紫色的晕轮时，则可判断为已经妊娠。但此法不适用于长白猪的妊娠诊断。

（4）激素诱导法 对于发情周期不正常，使用性激素等人工催情的母猪，单凭下一次不发情就判断是否妊娠，易造成误诊。可以在配种后16～18天注射1毫克己烯雌酚，2～3天内观察反应，若母猪表现发情，说明未妊娠。采用此法，时间要准确，尤其不能过早。

（5）碘化法 可作为母猪妊娠后10天的早期诊断。方法是取母猪晨尿10毫升左右，放入试管，测出相对密度（应在1.01～1.025之间），若过浓，则需加水稀释到上述相对密度。然后滴入1毫升5％～7％碘酒，在酒精灯上加热。达沸点时，会出现颜色变化。若母猪已妊娠，则尿液由上而下出现红色；若未妊娠，则尿液呈淡黄色或褐绿色，而且尿液冷却后，颜色会消失。

39 怎样推算母猪的预产期？

正确推算母猪的预产期，有利于科学地饲养妊娠母猪，及时做好接产准备工作。母猪的预产期是 111～117 天，平均为 114 天。但其准确时间因品种、个体、饲养条件不同而有所差异，如母猪在产仔多和营养比较好的情况下，产仔会提前，若产仔少或营养条件较差时，妊娠期可能延长。

推算母猪预产期的简便方法两种：一种是"3、3、3"推算法，即母猪的妊娠期为 3 个月 3 周零 3 天，在配种时期上加上 3 个月 3 周零 3 天即成。例如，一头母猪是 5 月 10 日配种的，那么，5 月＋3 月＝8 月，10 日＋3×7 日＋3 日＝34 日，30 日作为一个月，则预产期是 9 月 4 日。

另一种是"进四去六"推算法，就是在配种的月份上加 4、在日数上减去 6 即成。仍用上例推算，5 月＋4 月＝9 月，10 日－6 日＝4 日，预产期为 9 月 4 日，两种推算方法结果相同。

二、猪的营养与饲料

40 猪的消化生理有哪些特点？

要养好猪，使猪多产仔、长得快、瘦肉多、饲料报酬高，从而取得最佳经济效益，只有在了解猪的消化生理的基础上做到科学饲养，才能达到目的。

（1）猪是杂食动物，能利用的饲料种类较多　猪能广泛利用各种动物性、植物性饲料和其他饲料，能从各种精饲料、青饲料和粗饲料中获得所需的营养物质。

（2）猪是单胃家畜，具有较发达的消化系统　猪唾液腺发达，唾液中含有一定量的淀粉酶，可消化饲料中的一部分淀粉，这是其他家畜所不及的。猪胃腺能分泌盐酸、胃蛋白酶等消化液，对饲料中的蛋白质初步消化，同时为胰蛋白酶消化蛋白质创造条件。猪的小肠发达，约为体长的 15 倍左右，能很好地消化、吸收饲料中的各种营养物质，满足猪生长发育的需要。因此，猪的饲料报酬较高。

（3）对粗纤维消化率低　猪对粗纤维的消化主要是在盲肠和回肠，在细菌的作用下，发酵产生挥发性脂肪酸，但利用率很低。因此，猪饲料中要控制粗纤维的含量，以免降低其他营养物质的消化率。

（4）采食量大，对饲料质量要求较高　猪的消化道容积大，特别是胃的伸缩性大，能贮存大量食物，按单位体重计算，其采食量远远超过其他家畜，每天采食风干饲料量达 3～5 千克，且各种营养物质的含量较高，营养全面。

41 养猪为什么要讲究营养？

养猪在我国具有悠久的历史，在过去的自然经济条件下，其状况是存栏率高而出栏率低，肉猪生长缓慢，饲养期长，维持需要饲料消耗多，从而造成了生产效率的低下。自社会主义市场经济体制确定以来，养猪业也进入了一个以效益为中心，数量、质量并举的全面发展阶段，因此，猪的营养需要成了目前急需解决的问题之一。

养猪生产本身是一种物质转化的生产，即将饲料中的营养物质转化为可以被人们利用的营养物质，把原料转化为产品，这就存在着一个转化率的问题。转化率即产出与投入之比。转化率高，经济效益就会好。转化率的高低受制于猪本身、饲料是否满足猪的需求以及猪所处的环境，只有协调好猪、饲料以及环境3者之间的关系，才能取得良好的转化效益。

猪的营养与饲料科学实质上是在解决猪对养分的需求和饲料供给之间的矛盾，研究如何以最少的饲料换取量多质优的肉产品，得到最高的饲料转化率，从而节约饲料、节约粮食，获得最好的经济效益是养猪的目的。猪吃的是饲料，利用的却是其中的营养物质。我们应首先了解猪需要哪些营养物质，为什么需要，需要多少，各种饲料中含有什么营养成分，有什么营养特点，这就是饲料科学。因此，在养猪实践中，必须从猪需求的养分角度考虑，掌握在不同的生理、生产阶段因不同生产目的和生产水平所需营养物质的确切数量，以做到按需供应，从而降低饲养成本。

42 猪需要哪些营养物质？

猪生命活动的维持和生长发育、繁殖的顺利进行，是猪从饲料中获得营养、新陈代谢的结果。因此，我们应从饲料中供给猪足够的营养物质，满足其生理活动的需要，使其生产性能得到充分发挥。猪需要的营养物质很多，不同的生产目的需要的营养不同，但归纳起来有水分、蛋白质、碳水化合物、脂肪、矿物质及维生素6大类，缺少任何一种都会影响猪生产性能的发挥。

猪可通过饮水和饲料中含有的水分来满足对水的需要，而其他营养物质则必须从饲料中获取。猪是杂食性很强的动物，能够食用的饲料种类很多，但饲料中所含的营养物质大致都是这六大类，只是数量和质量上的差异。因此，只要合理配合饲料，就能满足猪对这六大类营养物质的需要。

43 水对猪有什么营养作用？

饲料中与猪体内均含有水分。但因饲料的种类不同，其含水量差异很大，一般植物性饲料含水量在5%～95%之间，在同一种植物性饲料中，由于收割期不同水分含量也不尽相同，随其成熟而逐渐减少。

饲料中含水量的多少与其营养价值、贮存密切相关。含水量高的饲料，单位质量中含干物质较少，其中养分含量也相对减少，故其营养价值也低，且容易腐败变质，不利于贮存与运输。适于贮存的饲料，要求含水量在14%以下。

猪体内含有55%～75%的水，猪乳中含有70%～80%的水，仔猪体内2/3是水。随着年龄增长，猪体脂肪贮积量增加，含水量下降，体重达100千克时，水分含量即降到50%。水分布于猪体内各种器官、组织和体液中，细胞内液约占体液的2/3，主要存在于肌肉和皮肤中，细胞外液约占体液的1/3，两者间不断进行交换保持动态平衡。

水是猪生长、发育、生产和生命活动过程中不可缺少的营养素，它具有多种营养功能。水对猪的饲料采食，食糜输送，养分消化、吸收、转运、分解与合成，以及废物排出发挥作用。水还起溶剂作用，直接参与许多反应。例如，淀粉的水解反应、氧化还原反应和加水反应等。此外，水还参与体温调节。由于水具有热传导性，使猪体内代谢累积的热得以转运和蒸发散失。同时，猪利用水的冷却能力，通过蒸发散失潜热，这就是天热时猪喜欢待在水里的原因。此外，水又具有贮热能力，避免体温的突然变化。除此之外，水还有特殊作用，如水可润滑关节；在耳中水具有传声作用；水还是猪的产品，如猪肉、猪乳、胎儿的组成成分。

当猪缺水时，会严重影响猪的健康和生产性能。缺水初期，猪食欲明显减退，尤其不愿采食干饲料；随着失水增多，干渴感加重，食欲废绝，消化机能迟缓，抗病力降低，脂肪、蛋白质分解加剧，饲料利用率低。猪在长途运输中易造成缺水，这种应激对猪极为不利。猪需要的水分主要靠饮水（或乳）获得。另外，饲料中的水和营养物质在体内氧化时产生的代谢水，也是水的来源之一。

44 猪的需水量是多少？

猪的饮水量受多种因素影响，难以准确测定。当给猪喂干饲料时，其饮水增加；若喂湿料或流食，其饮水量减少。一般以仔猪和哺乳母猪需水量最多，因为仔猪身体组成成分的2/3是水，而猪乳的成分中大部分是水。对于哺乳仔猪在出生1～2天内就要饮水，在第1周，仔猪的需水量为每天每千克体重190克，包括从母乳中获得的水。对人工饲喂的仔猪，水料比为（2.8～4.3）∶1；对生长肥育猪，其比例为（1.9～2.5）∶1；喂湿料时，水料比例为（1.5～3.0）∶1。未配种的后备母猪，发情期采食量和饮水量均降低；未怀孕的后备母猪饮水量为每天11.5千克；怀孕的青年母猪饮水量随干物质采食量的增加而增加；妊娠母猪为每天20千克；经产空怀母猪为每天10～15千克；哺乳母猪为每天20～25千克。按猪体重计算，每昼夜需水量大体上是每10千克体重0.4～1.2千克。按饲料量计算，冬季饮水量是饲料量的2～3倍，春、秋季为4倍，夏季为5倍。在生产中最好是自由饮水。猪的饮水应清洁卫生，如地下水就是良好的水源，被污染的河水不宜用作猪的水源。

45 影响猪饮水量的因素有哪些？

在生产中，有许多因素影响猪对水的需要量，如气温、饲粮类型、营养水平、猪的大小、水的质量、生理状况等。

一般随着气温的升高，饮水量相应也会增加。据研究，在7～22℃条件下，猪的饮水量没有大的差异；30℃以上时，猪的饮水量大幅度增加。水的温度也影响猪饮水量，在生产中夏天适于饮用凉水，冬天以饮用温水效果较好。当饮水温度低于体温时，猪就需要额外的能量来温暖水。

饲料类型显著影响猪的饮水量。例如，饲料的蛋白质来源不同，猪的需水量不同。肉屑和豆饼饲料增加需水量；乳蛋白则降低需水量；鱼粉等含盐量高的饲料也会增加猪对水的需要量。饲粮中的蛋白质水平高，而蛋白质生物学价值低时，机体需要大量尿液来清除尿素等代谢产物，使水的需要量增加。再如饲料中纤维素水平或能量水平的影响如下：采食高纤维素饲粮时，因纤维素不易被消化利用而被排出体外，造成排粪量增加，而粪中排出的水分也就增加，相应造成需水量增加；饲料中能量水平高时，代谢用水增加，因此需水量增加。另外，饲粮中矿物质元素含量也影响水的需要，当矿物质盐过多时，为了排出多余的矿物质需要较多的水加以稀释及溶解，并将其排出。

猪的大小和类型也影响水的需要量。仔猪体内水含量高，相对需水量大；随着猪的生长，体内含水量逐渐减少，需水量减少；瘦肉型猪比脂肪型猪需水量大。

水的质量也影响猪的饮水量。水中有些物质影响适口性和饮水量，如水的盐度太高，会使猪的需水量增加。此外，水中含有300毫克/千克硫酸盐时可使猪排稀便，且饮水量增加。

当猪腹泻时，由于粪便中水分大量损失，甚至导致脱水，也需要足够的水补偿这一损失。

46 什么是粗蛋白质？它有什么营养作用？

粗蛋白质是饲料中含氮物质的总称，包括纯蛋白质和氨化物（非蛋白质含氮物，如尿素等）。氨化物在植物生长旺盛时期和发酵饲料中含量较多（占植物含氮量的30％～60％），植物的成熟籽实中含量很少（占植物含氮量的3％～10％）。氨化物主要包括未结合成蛋白质分子的个别氨基酸、植物体内由无机氮（硝酸盐和氨）合成蛋白质的中间产物和植物蛋白质经酶类和细菌分解后的产物。猪能消化吸收纯蛋白质，而难以吸收氨化物来合成机体蛋白质。纯蛋白质由多种氨基酸组成，而氨基酸有 20 多种，由于氨基酸的种类、数量和组合排列方式不同，就构成了多种性质不同的蛋白质，其营养价值也就不尽相同。凡含有全部必需氨基酸且比例适当的蛋白质，其营养价值较高，如肉、蛋、奶等。凡仅含有部分氨基酸的蛋白质，其营养价值较低，如玉米、马铃薯等。

猪体内组织，如皮肤、肌肉、血液、鬃毛和蹄壳等，主要由蛋白质组成，骨骼中也含有较多的蛋白质，猪体需要不断地利用蛋白质来修补、更替和增长这些组织；消化液、酶类、激素和乳汁的分泌，也需要蛋白质。因此，蛋白质是构成体组织、维持代谢、生长、繁殖和抵抗疾病所必需的营养物质。

当猪体所需热能不足时，蛋白质可像碳水化合物和脂肪一样用于产生热能，而碳水化合物和脂肪却不能代替蛋白质的功能。因此，蛋白质是最重要的，也是猪最易缺乏的营养素之一。

仔猪生长发育快，肌肉、骨和皮毛生长所需要的蛋白质比其他各类猪都多。饲粮蛋白质不足时，仔猪增重缓慢，发育不良，容易生病，也常出现异食癖；妊娠母猪会影响产后泌乳，降低仔猪初生重乃至以后的生长速度；泌乳母猪会严重降低泌乳量，影响仔猪发育，如喂给充足的蛋白质，能提高泌乳量 20%～30%，促进仔猪发育，减少或消灭僵猪。种公猪缺乏蛋白质时，性欲低，精液品质差，会造成母猪空怀或产仔减少。猪采食过量的蛋白质时，经分解脱氨基后转化为脂肪沉积于猪体内，脱下的氨基在肝脏中形成尿素随尿排出，某些氨基酸不经脱氨也可能直接随尿排出，这对蛋白质的利用是不经济的。

饲料中粗蛋白质的含量和品质差别很大。就其含量而言，动物性饲料中最高（40%～80%），油饼类次之（30%～40%），糠麸及禾本科籽实类较低（7%～13%）。就其质量而言，动物性饲料、豆科及油饼类饲料中蛋白质品质较好。在生产中，猪饲料中粗蛋白质的含量应该是：生长猪体重 60 千克以不不低于 16％～18％，体重 60 千克以上不低于 12％～15％；妊娠母猪不低于 12％；泌乳母猪和种公猪不低于 14％～15％。饲粮中蛋白质也不是越多越好，若蛋白质营养供应过多，不仅是浪费，不经济，而且猪吸收不了会造成消化不良和氨中毒等疾病。

47 什么是氨基酸？猪需要的必需氨基酸有哪些？

氨基酸是构成蛋白质的基本单位，是一种含氨基的有机物。饲料中的蛋白质并不能直接被猪吸收利用，而是在胃蛋白酶和胰蛋白酶的作用下，被分解为氨基酸之后吸收进入血液，运输到全身组织器官参与新陈代谢。由此可见，蛋白质的营养作用是通过氨基酸来实现的。

构成蛋白质的氨基酸有 20 多种，分为必需氨基酸和非必需氨基酸两大类。必需氨基酸是指在猪体内不能合成或合成的速度很慢，不能满足猪生长和生产的需要，必须由饲料供给的氨基酸。猪所需的必需氨基酸有 10 种，即赖氨酸、蛋氨酸、色氨酸、精氨酸、组氨酸、亮氨酸、异亮氨酸、苯丙氨酸、苏氨酸和缬氨酸。非必需氨基酸是指猪体内需要量少且能够合成的氨基酸，如甘氨酸、丝氨酸、丙氨酸、天门冬氨酸、脯氨酸等。在猪的必需氨基酸中，蛋氨酸、赖氨酸、色氨酸在一般谷物中含量较少，它们的缺乏往往会影响其他氨基酸的利用率，因此这 3 种氨基酸又称为限制性氨基酸。在猪的饲粮中，除了供给足够的蛋白质，保证必需氨基酸的含量外，还要注意各种氨基酸的比例搭配，这样才能满足猪的营养需要。

48 猪对蛋白质的需要与哪些因素有关？

在猪的饲养标准中，具体规定了猪在不同生长阶段对蛋白质的需要量，但在生产实践中还需根据具体情况做适当调整。影响蛋白质需要量的主要因素有以下几种：

（1）蛋白质品质　如果饲粮中动物、植物蛋白质比例适当、氨基酸比例平衡,则蛋白质利用率高,用量也少。

(2)蛋白能量比　饲粮中蛋白质含量与能量比例要适当,高蛋白质含量的饲粮必须和高能量相配合使用。如果饲粮中蛋白质含量较高,而能量不足,就会造成蛋白质的浪费。

(3)猪的品种类型　猪的品种类型不同,对蛋白质需要量有一定差异。一般瘦肉型猪饲粮中蛋白质含量要高于兼用型猪。若降低饲粮中蛋白质含量,猪的胴体瘦肉率会降低。

(4)生理状况　幼龄生长猪需要的蛋白质多,随着年龄增长,蛋白质需要量相应减少;泌乳母猪和种公猪蛋白质营养消耗多,因而蛋白质需要量也较多。

(5)环境温度　环境温度超过一定限度(如酷暑季节),猪的采食量下降,这时应提高饲粮中蛋白质含量,以弥补其不足。

(6)其他因素　如饲粮中维生素、矿物质不足,则应提高蛋白质含量,以改善饲料利用率。

49 猪的饲料是如何进行分类的?

凡是含有猪生长和生产所需要的营养成分,而不含有毒有害成分的物质,均可称为饲料。猪的常用饲料有几十种,各有其特性,其分类方法也比较多。按饲料来源通常分为植物性饲料(包括青绿饲料、青贮饲料、块根块茎饲料、青干草、稿秕饲料、籽实饲料及其加工副产品)、动物性饲料(包括肉品加工副产品、渔业加工副产品、乳及其加工副产品、养蚕业副产品等)、矿物质性饲料(包括食盐、含钙磷矿物质饲料及含其他矿物质饲料等)及其他特殊饲料(包括饲料酵母、饲料添加剂等);按生产习惯可分为精饲料(主要指植物籽实,如高粱、玉米、大豆等)、粗饲料(主要指青干草、秕壳饲料、糠麸饲料等)和青饲料;按营养成分分类,有蛋白质饲料、碳水化合物饲料、纤维素饲料、多汁饲料、维生素饲料、矿物质饲料及添加剂饲料等。为便于借用国外资料,配合国内饲料工业的发展,结合国际饲料命名、分类原则及我国惯用分类方法,现将饲料分为8大类,即蛋白质饲料、能量饲料、粗饲料、青绿饲料、青贮饲料、矿物质饲料、维生素饲料和添加剂饲料。

50 什么是蛋白质饲料？猪常用的蛋白质饲料有哪些？

蛋白质饲料是指饲料中粗蛋白质含量在 20％以上的一类饲料。该类饲料的特点是粗蛋白质含量丰富，当与其他饲料配合使用时，能用多余部分的蛋白质去弥补其他饲料中蛋白质的不足，提高饲料利用率。猪常用的蛋白质饲料主要有两大类，即植物性蛋白质饲料和动物性蛋白质饲料。

（1）植物性蛋白质饲料　植物性蛋白质饲料是提供蛋白质营养最多的饲料，主要有豆料籽实和饼粕类。

①大豆　是营养价值很高的蛋白质饲料，粗蛋白质含量可达37％，由于含有较多的脂肪，故消化能含量高。但用大豆喂肥育猪常会影响猪体脂肪品质，软脂含量高。另外，大豆中含有抗胰蛋白酶等不良因子，影响胰蛋白酶消化饲料蛋白质的能力，一定要将其煮熟或炒熟后饲喂。

②蚕豆、豌豆　蚕豆含粗蛋白质 24.9％，豌豆含粗蛋白质22.6％，它们的最大特点是脂肪品质好，特别适于喂肥育猪，可提高猪胴体品质。

③豆饼（粕）　是目前使用最广泛、饲用价值最高的植物性蛋白质饲料，粗蛋白质含量高，一般使用压榨法可达 40％左右，使用浸提法可达 45％以上，且能量饲料中普遍缺乏的赖氨酸含量高，常在 2.38％左右。钙、磷含量不多，胡萝卜素和维生素 D 含量较少，含烟酸较多，硫胺素含量与禾谷类饲料相近，蛋氨酸含量较少。

④棉籽饼（粕）　含粗蛋白质 35％～42％，B 族维生素和维生素 E 较丰富。其突出缺点是蛋白质中赖氨酸含量少，仅相当于豆饼（粕）的 60％。由于棉籽饼（粕）中游离棉酚的存在，喂猪后易发生积累性中毒，加之其纤维含量高，因而在猪饲料中要限制使用。未去毒时，饲料中含量以不超过 5％为宜。

⑤菜籽饼（粕）　一般含粗蛋白质 35％～40％，蛋白质中氨基

酸比较完全，可代替部分豆饼喂猪。由于含有毒物质（芥子苷），喂前宜采取脱毒措施，未经脱毒处理的菜籽饼要严格控制喂量，在饲料中一般不超过5％～7％，妊娠后期母猪和泌乳母猪不宜饲用。

⑥ 花生饼（粕）　含粗蛋白质40％左右，适口性好，有甜香味，是猪优良的蛋白质饲料。但花生饼（粕）脂肪含量高，不耐贮存，易产生黄曲霉毒素，限制了其在猪饲料中的使用量。发霉变质的花生饼（粕）绝不能作为猪饲料。

⑦ 花生饼（粕）蛋白质中缺乏赖氨酸和蛋氨酸，使用时应注意补喂动物性饲料原料或氨基酸补充饲料。

⑧ 葵花籽饼（粕）　可分为脱壳和带壳两种。脱壳葵花籽饼（粕）的粗蛋白质含量高于带壳的，约含36％，而带壳的是25％左右，其中蛋氨酸含量较高。缺点是赖氨酸含量较低，而且带壳的粗纤维在20％以上，因此饲用价值较低，仅能少量使用。

⑨ 胡麻饼　含粗蛋白质35％左右，但赖氨酸含量低，宜与豆饼一起饲用。

⑩ 其他　其他饼粕类蛋白质饲料还有芝麻饼（粕）、蓖麻饼（粕）等，都可为猪提供蛋白质营养。

（2）动物性蛋白质饲料　动物性蛋白质饲料主要有鱼粉、肉骨粉、蚕蛹、乳类等，其共同特点是粗蛋白质含量高，品质好，不含粗纤维，维生素、矿物质含量丰富，是猪的优良蛋白质饲料。如在仔猪饲粮中添加一定量的鱼粉可促进生长发育，种公猪饲粮中添加2％～3％鱼粉可提高精液品质，促进公猪性欲。

① 鱼粉　鱼粉是最佳的蛋白质饲料，蛋白质含量为62％～65％，必需氨基酸含量多，且配比合理，维生素含量丰富，矿物质含量也较全面，钙磷比例适当。在猪饲粮中使用鱼粉，可明显提高其生产性能，猪的日增重可提高15％～25％。但是鱼粉价格昂贵，而且目前市场上假的秘鲁鱼粉多，因此，猪场多用豆饼（粕）代替饲粮中的鱼粉。

② 肉粉和肉骨粉　是经卫生检验不适合人类食用的肉品或肉品加工副产品，经高温、高压或煮沸处理，并经脱脂、脱水干燥制

成的粉状物。通常含骨量小于 10% 的叫肉粉，高于 10% 的叫肉骨粉。

肉粉粗蛋白质含量为 50%～60%，肉骨粉则因其肉骨比例不同而蛋白质含量亦有差异，一般在 40%～50%，最好与植物性蛋白质饲料搭配使用，饲喂量占饲粮的 3%～10%。

③ 血粉 血粉是屠宰家畜时所得的血液，经喷雾干燥制成的粉末，含粗蛋白质 82.8%，是高蛋白质饲料，含有多种必需氨基酸。血粉适口性差，且蛋白质消化率低，猪饲粮中一般以不超过 5% 为宜。

④ 蚕蛹和蚕蛹粉 蚕蛹是缫丝工业副产品，富含脂肪，不易贮存，且影响肉脂品质。因此，宜提取脂肪后制成蚕蛹粉再作饲料，耐贮存，又能提高利用效果，其蛋白质含量近 80%，富含各种氨基酸，与饼粕类配合使用可提高猪的增重。

⑤ 羽毛粉 羽毛粉水解后粗蛋白质含量为 77.9%，比鱼粉还要高，是良好的蛋白质饲料。羽毛粉含角蛋白多，必须经过水解才能喂猪，但水解的成本高，可以少量使用。

⑥ 酵母 酵母是介于动物性与植物性蛋白质之间的一种蛋白质饲料。它的蛋白质含量也介于二者之间，为 52.4%。酵母有苦味，适口性较差，应控制喂量，以免猪厌食，影响生长和增重。用量为 2%～3%，以不超过 5% 为宜。

除此之外，还有一些蛋白质含量较高的豆科牧草、单细胞蛋白质饲料，也是猪较好的蛋白质补充饲料，特别是豆科牧草，既能提供蛋白质，又能起到青饲料的作用，对母猪尤为重要。

51 怎样提高饲料中的蛋白质利用率？

为了提高饲料蛋白质的利用率，首先应注意饲粮的组成，尤其是粗纤维含量会影响猪对蛋白质的消化吸收。若饲粮中粗纤维过多，会加快食糜通过消化道的速度，降低蛋白质的消化率。如果粗纤维含量增加 1%，蛋白质消化率就会降低 1.0%～1.5%，而饲粮中含有适量的蛋白质则能提高饲粮的消化率。因此，猪饲料中应少加粗饲料，并且增加蛋白质含量。

提高蛋白质的利用率，还要注意饲料能量水平的高低。因为当能量满足猪的需要时，蛋白质才能作为氮源满足猪的需要。当能量不足时，蛋白质首先被迫提供能量，其余才作为氮源，这就大大降低了蛋白质的利用率。因此，在养殖时应首先满足猪的能量需要，然后在此基础上，增加蛋白质的饲喂量，才能增加蛋白质的沉积。

饲料中蛋白质的数量、种类以及蛋白质中氨基酸的配比也会影响蛋白质的利用。饲料中蛋白质品质好，数量适宜，蛋白质利用率就高；饲喂量过多，蛋白质利用率反而降低。因为猪体合成蛋白质的程度是有限的，当蛋白质过多时，多余的蛋白质不能用于氮的需要，只能作为能源。食入的蛋白质，其中含有的必需氨基酸也必须搭配齐全。猪体内合成蛋白质需要 10 种必需氨基酸，其中任何一种缺乏都会影响蛋白质的利用。因此，我们提倡不同饲料原料搭配使用，因为不同饲料原料中含有必需氨基酸不同，蛋白质种类不同，可以起到互补作用，从而提高饲料中蛋白质的利用率。

此外，调制饲料的方法也是影响蛋白质利用率的因素之一。同一种饲料原料进行打浆、碾碎、发酵、青贮等不同加工后，饲料的适口性增加，消化率提高。另外，某些饲料原料如大豆经加热处理后，能破坏生大豆中的抗胰蛋白酶，蛋白质的利用率也会提高。为了提高蛋白质的利用率，部分饲料原料还可进行抗氧化处理。

当然，提高蛋白质利用率还要注意饲料中营养的全价性、氨基酸的平衡性。因此，在饲料中应补加少量人工合成的赖氨酸、蛋氨酸，以及常量、微量矿物质元素及维生素。

52 怎样开辟蛋白质饲料资源？

为了发挥现有蛋白质饲料资源的潜力，必须大力开辟蛋白质饲料资源，合理利用蛋白质饲料，提高蛋白质饲料的利用率。

开辟蛋白质饲料资源，应首先充分利用各种饼粕类饲料。在我国，菜籽饼、棉籽饼大多作肥料用，应提倡先喂畜禽后肥田。其次，应种植豆类植物，如蚕豆、豌豆，特别是大豆。大豆中含有较多的粗蛋白质和各种必需氨基酸，含脂肪 14%～18%，是一种营养价值很高的饲料原料。另外，要将屠宰业、乳品业、养蚕业、渔业、食品业加工的副产品及下脚料充分利用起来，如肉骨粉、血粉、羽毛粉、脱脂乳、酪乳、鱼粉、蚕蛹、骨肉粉等。此外，还要发展合成氨基酸工业及单细胞蛋白质工业等。

53 什么是碳水化合物？它有什么营养作用？

碳水化合物由碳（C）、氢（H）、氧（O）3 种元素所组成，其中 H：O＝2：1，正好与水的比例相同，故称碳水化合物。

植物性饲料中碳水化合物比例高，占干物质的 70%～80%，主要包括无氮浸出物和粗纤维两大类。无氮浸出物包括淀粉和一些糖类，无氮浸出物含量的高低直接关系到饲料的营养价值，如精饲料所含碳水化合物中无氮浸出物含量高，其消化率很高。而粗饲料中虽有一定量的碳水化合物，但粗纤维含量多，质地粗硬，猪对其利用能力很低，因此不能给猪喂过多的粗饲料。碳水化合物主要供给猪体能量，碳水化合物进入猪体后，经过一系列化学变化转变成能量，作为猪进行呼吸、循环、消化、吸收、分泌、细胞更新、神经传导、维持体温及运动等各种生命活动的能源。当猪从饲料中获取的碳水化合物有剩余时，可转化为体脂肪贮存起来（即猪呈现肥胖），作为能量贮备，留待饥饿时利用。因此，碳水化合物对猪上膘有着重要作用。猪是蓄积体脂肪能力最强的家畜之一，每日都有一定量的碳水化合物在体内转化成脂肪。大量食用碳水化合物时，体内由碳水化合物转变的脂肪的量也增加。相反，当碳水化合物不足，提供的能量不能满足维持需要时，猪体就要把贮积的脂肪分解，进而还要动用蛋白质来产生能量，以维持生命活动。这时猪就要掉膘，表现消瘦，体重减轻，不能进行正常的生长和繁殖，严重时引起死亡。

由于碳水化合物有在猪体内转化为脂肪的特性，对瘦肉型猪来说，不宜单用过多的碳水化合物性饲料，特别在肥育后期，即在加快脂肪沉积的时期，要适当控制含碳水化合物的精饲料喂量，防止猪体过肥。

54 什么是粗脂肪？它有什么营养作用？

在饲料分析中，凡是能够用乙醚浸出的物质统称为粗脂肪，包括真脂和类脂（如固醇、磷脂、叶绿素等）。脂肪和碳水化合物一样，在猪体内分解后产生热量，用以维持体温和供给体内各器官运动时所需要的能量，其热能值是碳水化合物或蛋白质的 2.25 倍。脂肪是体细胞的组成成分，也是脂溶性维生素的携带者，脂溶性维生素（维生素 A、维生素 D、维生素 E、维生素 K）必须以脂肪作溶剂在体内运输，若饲料中缺乏脂肪，则影响这一类维生素的吸收和利用。脂肪酸中的亚麻油酸、次亚麻油酸及花生油酸对仔猪的生长发育起重要作用，称之为必需脂肪酸。它们必须由饲料中的脂肪提供，缺乏时，将导致猪发生被毛脱落、皮炎等，严重时猪的生长发育受阻甚至死亡。在一般情况下，猪的饲料由谷物籽实和饼粕类组成，不用加脂肪即可满足猪的需要。但试验证明，在生长肥育猪饲料中添加适量脂肪，可促进生长，改善饲料报酬。

55 什么是能量饲料？猪常用的能量饲料有哪些？

饲料中的有机物都含有能量，这里所谓的能量饲料是指那些富含碳水化合物和脂肪的饲料，在干物质中粗纤维含量在 18% 以下、粗蛋白质含量在 20% 以下，包括谷实类、块根、块茎类、糠麸类、糟渣类及油脂类等。这类饲料的消化率高，能量丰富，但蛋白质含量少，特别是缺乏赖氨酸和蛋氨酸。因此，这类饲料必须与蛋白质饲料等配合饲用。

（1）玉米　含能量高、粗纤维少，适口性好，黄玉米中还含有较多的胡萝卜素（玉米黄素），而且价格便宜，素称饲料之王。但粗蛋白质含量低，品质差，还含有较多的脂肪，如大量用作肥育猪饲料，会使脂肪变软，影响肉的品质。因此，在肉猪饲料中玉米含量最好不要超过 50%。

（2）大麦　是很好的能量饲料，消化能含量略低于玉米，粗纤维含量比玉米略高，但蛋白质含量较高，而且脂肪含量低，质地好，是饲喂肥育猪的良好饲料，特别是瘦肉型猪，可提高其猪肉品质。但大麦皮厚且硬，含粗纤维较多，故在饲料中最好不要超过30%，幼龄仔猪不宜超过10%。

（3）高粱　营养价值略低于玉米、大麦，籽实中含有单宁，适口性差，猪食用后易发生便秘，不宜用作妊娠母猪饲料。高粱糖化后饲喂可提高猪的适口性和利用率。在高粱产区，可在猪饲料中代替1/3～1/2的玉米。

（4）稻谷　我国南方水稻产区常用作猪饲料。带壳粉碎的稻谷粗纤维含量较高，影响其饲用价值。可加工成砻糠和糙米，糙米营养价值与玉米相当，且脂肪品质良好。

（5）麸皮　是麦子加工的副产品，常用的有小麦麸和大麦麸，其营养价值与加工精度有关，一般粗蛋白质含量在14%左右，适口性好。麸皮具有轻泻作用，用于妊娠母猪饲料，可防止便秘。

（6）米糠　南方水稻产区重要的精饲料之一，米的加工精度越高，米糠营养价值越高。新鲜米糠适口性好。粗蛋白质含量在12%左右，脂肪含量高，不耐贮存，在猪饲料中不宜超过25%。

（7）高粱糠　粗蛋白质含量在10%左右，粗纤维含量为7%～24%，并含有多量单宁，适口性差，猪吃多了容易便秘，饲用价值约为玉米的一半。在种猪饲粮中可占25%～50%，但必须补充蛋白质饲料和青饲料。在仔猪饲粮中加入5%，肉猪饲粮加入10%高粱糠，能防止或减轻腹泻。

（8）甘薯（山芋）　是我国广泛栽培、产量较高的薯类作物，尤适合喂猪，生喂、熟喂消化率均较高，饲用价值接近于玉米。

（9）马铃薯（土豆）　含有相当高的淀粉，干物质中含能量超过玉米。未成熟和发芽的马铃薯中含有茄素，可使猪中毒，发芽的马铃薯一定要去芽饲喂。马铃薯煮熟饲喂，可大大提高其消化率。

（10）糟渣类　主要有酒糟、醋糟、酱油糟、豆腐渣、粉渣等，营养价值的高低与原料有关。原料经加工后，能量中等，但干物质中蛋白质含量丰富。由于这类饲料中原料一般都含有某种影响猪生长发育的物质，应控制饲喂量。如酒糟中含有较多的酒精，饲喂量过多易使猪醉酒，甚至造成酒精中毒；醋糟中含有醋；酱油糟中食盐含量达7％；豆渣、粉渣中含有大豆的部分不良因子，使用时都要加以注意。饲用量一般只能占饲料干物质的10％～20％。

56 什么是粗纤维？它有什么营养作用？

粗纤维是植物性饲料中碳水化合物的一部分，是植物细胞壁的主要成分，包括纤维素、半纤维和木质素。虽然粗纤维难以消化吸收，但在体内起着很重要的作用。

（1）粗纤维容重小，体积大，可起到填充胃肠道的作用，使后备母猪胃肠道容积得以扩充，使成年猪有饱腹感，不会因摄入太多的能量而过肥，影响胎儿正常发育和母猪分娩，降低繁殖力。

（2）粗纤维对猪的胃肠道有一定的刺激作用，使其机能得到锻炼，蠕动加强，防止便秘。

猪对粗纤维的消化率与年龄有关。仔猪胃肠道机能不完善，几乎不能消化粗纤维，饲料中粗纤维含量宜控制在5％以下；肥育猪及小架子猪的粗纤维消化率不高，宜控制粗纤维含量在6％～8％；成年母猪肠道发育比较完善，粗纤维消化率较高，饲料粗纤维含量可达10％；种公猪饲粮中如果粗纤维过多，饲粮体积增大，可导致公猪草腹，影响其种用价值，一般宜控制粗纤维含量在6％以下。

57 什么是粗饲料？猪常用的粗饲料有哪些？

粗饲料是指饲料中粗纤维含量超过18％、可利用能量很低的饲料。其共同特点是粗纤维含量高，粗蛋白质含量在6％以下、品质差，消化能含量低，粗灰分含量高，利用率较低。因此，在仔猪、生长肥育猪饲料中要严格控制该类饲料的含量，以免影响饲料的消化吸收，降低饲料报酬。

猪常用的粗饲料有青干草和秸秆秕壳类。

（1）青干草　是牧草未达成熟前割下来通过人工晒制而成的饲

料，该类饲料维生素 D 含量丰富，其他营养物质含量与收获时期和原料品种有很大关系。以豆科牧草为原料晒制的青干草蛋白质含量较高，质地柔软，是良好的蛋白质补充饲料，适于盛花期前收割晒制。禾本科牧草是晒制青干草的好原料，晒制时营养物质损失少。

（2）秸秆秕壳类　这类饲料是作物种子收获后留下的副产品，包括整株的秸秆和籽实的外壳、瘪子等，粗纤维含量特别高，达30％～45％，消化能特别低，质地粗硬，适口性差。主要有麦草、稻草、玉米秸、豆荚等。这类饲料不宜饲喂仔猪、肥育猪，有时可用于成年母猪的填充料。

58 什么是青饲料？猪常用的青饲料有哪些？

青饲料是指含水量在 60％ 以上的植物性饲料。该类饲料含水量多，干物质中粗蛋白质含量高、品质好，维生素、矿物质含量丰富，粗纤维含量低，无氮浸出物含量丰富，各种营养物质易被消化吸收，对猪具有一定的促生长作用，是家庭养猪不可缺少的。在某些情况下，青饲料中所含维生素即可满足猪的需要，无须补充。

猪常用的青饲料种类很多，主要有牧草、蔬菜、根茎、瓜类、鲜树叶和水生饲料。

（1）牧草　包括天然牧草和人工栽培牧草，常见的有禾本科植物和豆科植物。禾本科牧草主要有青割玉米、青割高粱、苏丹草、黑麦草等，豆科牧草主要有苜蓿、紫云英、三叶草、苕子、大豆苗、蚕豆苗等。豆科牧草粗蛋白质含量高，常达 15％～20％，质地柔软，适口性好，是很好的蛋白质补充饲料，使用得当，可减少蛋白质饲料的用量，降低饲料成本。其他种类的牧草，如聚合草、荞麦等也是猪良好的青饲料。

（2）蔬菜类　蔬菜也可用作猪的饲料，常用的主要有苦荬菜、甘蓝、牛皮菜、甜菜叶、苋菜等。该类饲料在饲用时不要焖制，以免产生亚硝酸盐使猪中毒。

（3）根茎瓜类　该类饲料含糖分较多，常带有甜味，适口性好，猪很爱采食。典型代表是胡萝卜，它是营养价值很高的青饲料，能补充冬、春季的青饲料供应不足。其他如甜菜、菊芋、芜菁、南瓜等，都是品质优良的青饲料。

（4）鲜树叶　优质的树叶也是喂猪的好饲料，既可作青饲料，也能提供一定量的能量、蛋白质和其他营养物质，同时某些树叶中还含有促进生长的未知因子，可作为饲料添加剂，如松针粉等。常用于喂猪的树叶种类有槐、榆、杨、柳树叶和某些果树叶。在使用时注意有的树叶中含有单宁，适口性差。在饲料中使用量常为10%～20%。

（5）水生饲料　主要有水浮莲、水花生、水葫芦和绿萍。该类饲料含水量常在90%以上，干物质含量很少，能量低，生喂时猪易感染寄生虫，不宜大量喂猪。

59 钙、磷的主要功能是什么？哪些饲料中含量丰富？

钙、磷是猪体内含量最高的矿物质元素，约占体内矿物质总量的70%。它们主要以结合态形式存在于骨骼和牙齿中，少量存在于软组织和体液中。生长猪缺乏钙、磷时，骨骼发育不良，生长缓慢；肥育猪后期严重缺钙，常因骨盆或股骨折损而瘫痪；妊娠母猪缺乏钙、磷，则会产下畸形或低活力的仔猪；泌乳母猪钙、磷不足时泌乳量降低，严重者常于泌乳后期患骨质疏松症而瘫痪；种公猪缺乏钙、磷时，精子发育不正常。

猪对钙、磷的需要量见表2-1。确保适宜的钙、磷水平，可使断奶仔猪和生长肥育猪获得最佳生长速度和饲料利用率。

表 2-1　猪对钙、磷的需要量（每千克体重饲粮需要量）

类别	生长猪					妊娠母猪	哺乳仔猪
体重（千克）	5～10	10～20	20～35	35～60	60～100	110～250	1.4～2.5
钙（%）	0.80	0.65	0.65	0.50	0.50	0.75	0.75
磷（%）	0.60	0.50	0.50	0.40	0.40	0.50	0.50

　　猪对饲料中钙、磷的吸收必须具备两个基本条件：第一，钙、磷之间的比例适当，一般以 1：（1～5）为宜；第二，有充足的维生素 D 存在，因为维生素 D 能促进钙、磷的吸收。此外，饲粮中应避免含有过多的脂肪、蛋白质、草酸和硅酸盐，这些物质过多会妨碍钙、磷吸收。

　　通常豆科植物含钙较多，谷实类饲料和糠麸中含钙量低。糠麸中含磷较多，但其中 55％～75％ 是植酸磷，不能被猪有效利用，实际利用率只有 1/3～1/2。因此，以饼粕和糠麸为主的饲粮，一般都不能满足猪对钙、磷的需要，需要补充贝粉、骨粉、石粉等。但需注意，钙、磷的补充不能过量，饲粮中含钙量过高，会影响其他营养成分的吸收，特别是妨碍锌的吸收，而导致猪出现皮肤不全角化症。

　　在生产中，一般以精料为主的猪饲粮中，最好补加一些既含磷又含钙的骨粉或磷酸氢钙，补喂量可按配合饲料量的 2％ 搭配。

60 饲粮中为什么要配合食盐？怎样确定食盐的供给量？

　　食盐的主要成分是钠（Na）和氯（Cl），这两种元素在猪体内是不能缺少的，它们主要存在于细胞外液中，对维持渗透压的恒定、体细胞的兴奋性和神经冲动的传递起着非常重要的作用。氯是胃液中盐酸的组成成分，有助于蛋白质的初步消化。食盐还能提高猪的食欲，刺激唾液腺的分泌。如果饲料中钠、氯供应不足，将导致猪皮毛粗糙，生长缓慢，产生异嗜癖，舔食污水、尿液等，易感染疾病。在猪饲料中钠、氯的含量有限，一定要在饲粮中添加食盐才能满足猪的需要。以占风干饲粮比例计算，食盐一般以 0.3％～0.5％ 为宜，若供给量过多，易造成猪食盐中毒。

61 初生仔猪为什么要补饲铁盐？

　　铁在猪体内含量很少，但其作用是相当大的。铁是合成血红蛋白和肌红蛋白的重要原料，由于铁的存在，使血红蛋白能够运输氧，保证了体内组织氧的供应。铁还参与体内生物氧化过程，供给生命活动所需的能量。

成年猪可通过采食饲料获得足够的铁，一般不会缺乏。但是对于饲养在水泥地面上的哺乳仔猪，特别是初生仔猪，由于体内贮备的铁很少，仅有30～50毫克，而且初生仔猪不能从饲料和土壤中获得铁，每天只能从母乳中获得约1毫克的铁，而仔猪正常生长发育每天需铁7～8毫克。因此，如果不另外补铁，初生仔猪体内的铁经5～7天就消耗完毕，易产生贫血，出现食欲减退、皮肤和黏膜苍白、精神不振等症状，严重者会死亡。因此，初生仔猪一定要补铁。

对初生仔猪进行补铁，只采用提高妊娠期和泌乳期母猪饲粮中铁盐含量的方法不能达到目的，必须直接补给初生仔猪，主要方法有：①注射铁针剂：在仔猪出生后的2～3天，每头仔猪一次性肌内注射铁（右旋糖苷铁注射液）注射液3.3毫升。②口服铁制剂：在仔猪出生2～3天后，用奶瓶盛装0.25%硫酸亚铁和0.1%硫酸铜混合水溶液，当仔猪吃奶时滴于母猪乳头上方，仔猪即可吸入。③设置矿物铁盐补饲槽：在仔猪出生3～5天后，把一些矿物铁盐放置在补饲槽内，或在圈内经常撒一些未污染的红黏土，任仔猪自由舔食。

62 猪需要哪些微量元素？它们有什么营养作用？

微量元素是指在猪体内含量小于0.01%的矿物质元素，它们含量虽少，但都是生命活动所必需的。猪需要的微量元素主要有铁、铜、钴、硒、锌、锰、碘等。

（1）铁、铜、钴　它们都参与体内造血过程。铁是血红蛋白的重要组成成分，铜、钴能刺激造血，猪缺乏铁、铜、钴都会导致营养性贫血。

铁还参与体内生物氧化过程，产生能量供给猪生命活动的需要。据研究，初生仔猪饲喂乳或混合的液态饲粮时，对铁的需要量为每千克固体物质50～100微克。猪断奶后，对饲粮铁的需要量为每千克饲料 80 毫克，生长后期和成熟期猪对铁的需要量减少。

铜还与骨骼发育和神经机能有关，能促进钙、磷沉积，催化猪体内生物氧化过程。生长猪对铜的需要量为每千克饲粮 4～6 毫克。常用猪饲粮中不易缺铜，因此，一般不用补加。但试验证明，体重在 60 千克以下的生长肥育猪，在饲粮中加入高铜，能使猪长得更快，降低饲料消耗。

钴具有促进生长的作用。猪对钴的需要量还尚未确定，一般使用量为每千克饲粮 1 毫克。据报道，饲粮中添加维生素 B_{12} 可提高猪的增重和饲料利用率，还可防止与缺锌有关的危害。

（2）硒　是一种有毒物质，但它是猪不可缺少且易缺乏的微量元素。饲粮中缺硒，会影响猪的繁殖机能，导致生长猪肝坏死、仔猪患白肌病。在我国东北和西北部分缺硒地区，要注意饲粮中硒的添加。猪每天需要硒 0.03～0.08 毫克。

（3）锌　参与碳水化合物代谢，与猪的繁殖机能密切相关，能影响精子的形成。哺乳仔猪对锌较敏感，缺锌可导致皮肤不全角化症、下痢、营养不良、生长缓慢等。

猪对锌的需要量随体重、年龄的增加而逐渐减少，幼龄仔猪约为每千克饲粮 100 毫克，肥育猪后期为每千克饲粮 50 毫克。公猪对锌的需要量高于母猪，而母猪又高于去势猪。

（4）锰　参与猪的繁殖机能和维持骨骼正常发育。缺锰时，仔猪骨质疏松，可导致变形；母猪发情异常，受胎率低；妊娠母猪流产多，弱胎、死胎数增多。成年猪对锰具有一定耐受性，且植物性饲料中锰的含量能满足猪的需要，一般不至于缺乏。

对于锰的需要量，美国国家科学研究委员会（NRC）推荐量为：生长肥育猪每千克饲粮 2～4 毫克，种猪每千克饲粮 10 毫克。

（5）碘　是甲状腺素的重要成分，参与所有物质的代谢，对猪的生长、繁殖具有重要的调节作用。成年猪对碘不易表现缺乏，缺碘主要影响胎儿的发育和仔猪的生长，妊娠母猪流产，死胎和弱胎数增加，仔猪生长缓慢，饲料报酬低。缺碘是地区性的，在内陆和高海拔地区易出现，可采用碘盐补足猪的需要。

猪对碘的需要量，许多国家推荐每千克饲料0.14毫克，可防止甲状腺肿，但也要根据饲料来定。如用十字花科饲粮，就要增加碘用量；用海洋植物则可减少碘用量。添加碘时要注意不可过量。一般情况下，猪对碘的耐受范围为每千克饲粮400毫克。

63 什么叫矿物质饲料？猪常用的矿物质饲料有哪些？

矿物质饲料是为了补充植物性和动物性饲料中缺乏或量少的某种矿物质元素而利用的一类饲料。大部分饲料中都含有一定量的矿物质，在过去散养或土圈少量养猪的情况下，看不出明显的矿物质缺乏症，但在目前高密度饲养或圈养条件下矿物质需要量增多，必须在饲料中添加。在生产中，常用的矿物质饲料主要有骨粉、贝壳粉、石粉、磷酸氢钙、食盐等。

（1）骨粉 是动物骨骼经高温、高压、脱脂、脱胶粉碎而成。骨粉含钙量约为36%，含磷量约为16%，不仅钙、磷含量丰富，而且比例适当，是猪饲粮中优质的钙、磷补充饲料，一般用量为1.5%～2%。

（2）贝壳粉和石粉 贝壳粉是由河、湖、海的螺蚌等外壳加工粉碎而成，含钙量在30%以上。石粉是天然碳酸钙，含钙量在35%以上。它们都是廉价钙的来源，用量一般在1.5%～2%。

（3）磷酸氢钙 含钙量在20%以上，含磷量在15%以上。因价格较贵而用量很少，占饲粮的0.5%左右，使用时应注意用脱氟磷酸氢钙。

（4）食盐 植物性饲料中一般缺乏钠和氯，在猪的饲粮中应注意添加食盐，一般添加量为0.5%～1%。

64 什么是维生素？猪需要哪些维生素？

维生素是维持动物正常生理机能所必需的低分子有机化合物。它不能氧化供能，但它是某些酶的组成成分，参与酶的活动，对生理生化反应起控制作用。猪对维生素的需要量较少，常以国际单位或毫克计算，但作用很大。如果缺乏某一种维生素，将导致相应缺乏症的产生，如新陈代谢紊乱、生长受阻、繁殖机能受影响等。维生素在猪体内合成有限或不能合成，饲粮中一定要保证供应。

猪需要的维生素有多种，可分为脂溶性维生素和水溶性维生素两大类。脂溶性维生素主要包括维生素 A、维生素 D、维生素 E、维生素 K，它们只能溶解在脂肪中被吸收利用；水溶性维生素主要包括 B 族维生素和维生素 C，它们能溶于水。

65 维生素 A 对猪有什么营养作用？哪些饲料中含量丰富？

维生素 A 的主要功能是促进仔猪的生长发育，保护消化道、呼吸道和生殖道黏膜的健康，增强对疾病的抵抗力和繁殖机能。仔猪缺乏维生素 A 时生长发育缓慢，易患夜盲症、干眼病、肺炎、下痢和四脚麻痹；母猪缺乏维生素 A 常导致发情异常，易引起流产，死胎，产瞎眼、兔唇等畸形仔猪。

维生素 A 只存在于动物性饲料中，以鱼肝油中含维生素 A 最丰富。在植物性饲料中只含有维生素 A 原——胡萝卜素，以胡萝卜和青饲料中含量较多。谷物及其副产品中只有黄玉米含有少量的类胡萝卜素（玉米黄素）。胡萝卜素在猪体内可转化为维生素 A。为保证维生素 A 的供应，饲粮中应适当配合动物性饲料（如鱼粉等），并且应供应青饲料或补充维生素 A 添加剂。

对于猪，维生素 A 的推荐量为每千克饲粮 1 300～4 000 国际单位，但随猪的类型、年龄、体重变化而不同。生长肥育猪低于种猪，而肥育猪对维生素 A 的需要量随体重的增加而逐渐减少。

66 维生素 D 对猪有什么营养作用？哪些饲料中含量丰富？

维生素 D 又叫抗佝偻病维生素，其主要功能是促进肠道对钙、磷的吸收，以利于骨骼的发育。维生素 D 缺乏时，仔猪骨骼生长不良，易发生佝偻病；母猪会产死胎及弱仔、泌乳后期瘫痪等。牧草中含有麦角固醇，在阳光中紫外线的照射下，可转化为维生素 D_2，因此优质草粉是维生素 D 的良好来源。皮肤中的 7-脱氢胆固醇在阳光中紫外线的作用下，可转化为维生素 D_3。如果阳光充足，猪每天在阳光下活动 45～60 分钟，就不会缺乏维生素 D。在常年密闭饲养不见阳光的条件下，猪饲粮中必须添加维生素 D。一般来说，猪对维生素 D 的需要量为每千克饲粮 125～220 国际单位，其中仔猪的需要量高于生长猪，生长猪又高于肥育猪，种猪、后备猪与生长猪的需要量相当。

67 维生素 E 对猪有什么营养作用？哪些饲料中含量丰富？

维生素 E 又叫抗不育维生素，它是维持猪的正常繁殖机能所必需的，对保护心肌及其他肌肉的健康有良好作用。另外，维生素 E 还是一种抗氧化剂和代谢调节剂，对消化道和体组织中的维生素 A 有保护作用。维生素 E 缺乏时，仔猪易发生白肌病、心肌萎缩；公猪性欲降低、精液量减少、精子活力差；母猪易出现不孕、流产或产死胎。在母猪饲粮中添加维生素 E，能减少胚胎死亡，增加产仔数。

维生素 E 与硒有协同作用，因此，维生素 E 的需要量受硒的影响。维生素 E 的营养作用需要充足的硒才能很好地发挥。维生素 E 的需要量还与多种不饱和脂肪酸、维生素 A、维生素 C 有关。当猪摄食大量的不饱和脂肪酸和维生素 A、维生素 C 时，也需要加大维生素 E 的添加量。

一般青饲料、优质青干草和谷类的种胚中都含有丰富的维生素 E。圈养的猪在冬季时饲料种类往往比较单一，品质较差，要注意补给维生素 E，特别是种公猪，必要时可喂芽类饲料（如大麦芽、玉米芽等）。一般来说，在硒充足的条件下，每千克饲粮中补加10～15国际单位维生素 E，可防止猪的维生素 E 缺乏症和死亡，并维持正常的生长性能。

68 维生素 K 对猪有什么营养作用？哪些饲料中含量丰富？

维生素 K 主要起凝血作用，可防止因猪体受伤引起的流血不止，还可防止由新陈代谢障碍而引起的贫血症。

维生素 K 广泛存在于各种植物性饲料中，特别是青绿饲料中，成年猪肠道内微生物也能合成，因此，猪一般不会缺乏。由于哺乳仔猪肠道内微生物很少，不能合成足够的维生素 K，要注意在饲粮中补充。猪饲喂发霉变质的饲料或饲料中添加抗菌药物时，抑制了肠道微生物的生长繁殖，要注意防止维生素 K 的缺乏。猪对维生素 K 的需要量为每千克饲粮 2 国际单位。

69 维生素 B$_1$ 对猪有什么营养作用？哪些饲料中含量丰富？

维生素 B$_1$ 又叫硫胺素，其主要功能是参与碳水化合物的代谢，有助于猪胃肠道的消化，维持心脏和神经系统功能正常。缺乏维生素 B$_1$ 时，猪所需求的能量供应不足，丙酮酸在血液中积累，造成神经系统、血液循环和消化系统机能障碍，常表现食欲不振、消化机能紊乱、母猪产畸形仔猪数增多。另外，仔猪生活力受影响，严重时可导致死亡。

猪对维生素 B$_1$ 的需要量受多种因素影响。脂肪有节省维生素 B$_1$ 的作用。当猪饲粮中脂肪水平较高时，猪对维生素 B$_1$ 的需要量减少。当外界温度升高时，猪对维生素 B$_1$ 的需要量增加，可能是因为猪的采食量下降。此外，维生素 B$_1$ 的需要量还受猪的生理状况、疾病和营养的影响。一般来说，猪对维生素 B$_1$ 的需要量约为每千克饲粮 1.5 毫克。

维生素 B$_1$ 在米糠、麸皮等籽实加工副产品中广泛存在，豆类饲料、青饲料中含量较丰富，同时猪体内能大量贮存，因此，猪一般不会缺乏维生素 B$_1$。

70 维生素 B_2 对猪有什么营养作用？哪些饲料中含量丰富？

维生素 B_2 又叫核黄素，参与机体内蛋白质、脂肪和碳水化合物的代谢，若猪饲粮中含量适当，可提高饲料利用率。维生素 B_2 缺乏时，仔猪食欲不振、生长缓慢，发生皮炎、下痢；母猪常产死胎、弱仔，也有时产无毛仔猪。猪对维生素 B_2 的需要量为每千克饲粮 2～4 毫克。

以玉米、高粱、豆饼为基础的饲粮中核黄素含量不足，需要补充。青饲料、优质草粉、酒糟、豆饼、酵母等含核黄素较多。饲料发酵后核黄素的含量高。

71 泛酸、烟酸、吡哆素、生物素、叶酸、维生素 B_{12} 和胆碱对猪有什么营养作用？哪些饲料中含量丰富？

（1）泛酸　又叫维生素 B_3，参与机体内蛋白质、脂肪和碳水化合物的代谢，提供猪生命活动所需的能量。生长猪缺乏泛酸时易导致食欲下降、生长缓慢，眼泪多且眼圈有深褐色渗出液、鼻涕多、咳嗽、腹泻、溃疡性结肠炎、贫血、被毛粗糙、脱毛、免疫反应降低、后肢运步异常、走鹅步、失去吮乳反射和对舌的控制。母猪缺乏泛酸时，易导致采食量及饮水量下降、腹泻、走鹅步，配种后出现"假妊娠现象"或者不怀胎，或怀胎不产仔，也有胃炎、小肠黏膜炎等症状。

猪对泛酸的需要量为每千克饲粮 7～13 毫克。由于泛酸广泛存在于各种植物性饲料中，在生喂的情况下，一般不会缺乏。

（2）烟酸　又叫尼克酸、维生素 PP，参与机体内碳水化合物的代谢，能促进仔猪的生长。成年猪可将饲料中多余的色氨酸转化为烟酸，一般不会缺乏。生长猪饲粮中缺乏烟酸时出现烟酸缺乏症，表现为食欲减退、生长迟缓、被毛粗糙，皮肤出现干燥、发炎、结痂等，俗称"癞皮病"。

当饲粮中无过剩色氨酸时，体重1～8千克的仔猪对有效烟酸需要量为每千克饲粮20毫克；当饲粮中色氨酸水平接近猪的营养需要时，体重10～50千克的生长猪对有效烟酸的需要量为每千克饲粮10～15毫克。在猪饲料中，糠麸、干草、蛋白质饲料中含有丰富的烟酸。以玉米为饲粮主要成分时应考虑添加其他禾本科籽实及乳产品加工副产品。

（3）吡哆素　又叫维生素B_6，以吡哆醇、吡哆胺、磷酸吡哆醛的形式存在于饲料和动物体内，而且它们之间可以相互转化。常见的维生素B_6商业制剂是吡哆醇盐酸盐。吡哆素的作用主要是作为氨基移换酶及脱羧酶的组成成分，参与体内含硫氨基酸和色氨酸的代谢。此外，还参与碳水化合物、脂肪和无机盐的代谢。当猪缺乏吡哆素时，最常见的症状是肌肉运动失调、痉挛，类似癫痫发作，还会发生以耳朵、脚、尾等末梢部位出现癞皮病为特征的"肢端病"，以及皮下水肿、脱毛、后肢麻痹，使猪的食欲不佳、生长不良、被毛粗糙、眼周围有褐色分泌物及眼泪、视力减退直至失明。缺乏吡哆素的青年母猪所产仔猪在3周龄时发生类癫痫性发作。

吡哆素主要存在于酵母、糠麸及植物性蛋白质饲料中，动物性饲料及根茎类饲料中相对贫乏，籽实饲料中每千克约含3毫克。猪对吡哆素的需要量受多种因素的影响，如猪在应激状态下需要较多的吡哆素；当饲粮中脂肪含量较高时，仔猪对吡哆素的需要量减少。一般认为猪对吡哆素的需要量为每千克饲粮1～2毫克。

（4）生物素　又叫维生素B_7或维生素H，是一种辅酶，参与机体内脂肪和蛋白质的代谢，有利于不饱和脂肪酸的合成，促进胚胎发育和仔猪生长。当猪缺乏生物素时，会出现脱毛症、皮肤溃烂、皮炎、眼周围有渗出液、嘴黏膜炎症、蹄横裂、脚垫裂缝并出血等。在一般情况下，饲料中的生物素能满足猪的需要。但当仔猪和公猪饲料中加入大量的生鸡蛋清时，由于生鸡蛋中含有抗生物素蛋白，能在肠道里与生物素结合，使其失活，从而导致猪的生物素缺乏。当给猪喂磺胺类药物时，由于药物使肠道中微生物的生物素合成受阻，使猪发生生物素缺乏症。

猪对生物素的需要量为每千克饲粮 0.05～0.2 毫克。生物素在玉米、油饼和绿色植物中含量丰富，苜蓿粉、酵母、肝粉和乳中含量也很丰富。另外，猪的粪便中也含有生物素。因此，单圈饲养或饲养在漏缝地板上，以及不喂青饲料的猪应添加生物素；对于喂过磺胺类药物和生鸡蛋的猪，也要在饲粮中添加生物素。

（5）叶酸　又叫维生素 B_{11}，参与机体内核酸合成，促进红细胞和白细胞的成熟。猪缺少叶酸时易发生贫血、繁殖障碍和泌乳紊乱、瘦弱、食欲减退、生长缓慢。叶酸缺乏后，免疫球蛋白合成受阻，增加了猪对感染的敏感性。饲料中添加 1‰～2‰ 磺胺类药物，会减少肠道微生物的叶酸合成，从而引起叶酸缺乏。由于猪肠道内能合成相当数量的可利用叶酸，一般不会缺乏，不需要特别添加，但当饲粮中存在叶酸的拮抗物或磺胺类药物时，应增加叶酸的饲喂量。

猪对叶酸的需要量为每千克饲粮 0.3 毫克。叶酸广泛分布于各种饲料中，以苜蓿粉、酵母、花生和豆饼（粕）最为丰富。

（6）维生素 B_{12}　维生素 B_{12} 具有许多重要生理功能，它以辅酶形式参与动物体内的多种代谢过程，是猪正常生长和繁殖所必需的。缺少维生素 B_{12} 时，仔猪表现食欲不振、生长缓慢、贫血、皮炎、运动失调；母猪虽不显示任何临床症状，但产仔少、活力差、育成率低。

猪对维生素 B_{12} 的需要量为每千克饲粮 11～20 微克。植物性饲料基本不含有维生素 B_{12}，补充来源有鱼粉、酵母、乳产品等。猪放牧时接触腐殖土和淤泥，也能得到维生素 B_{12} 的补充。

（7）胆碱　是卵磷脂、乙酰胆碱的组成成分，参与机体内蛋白质、脂肪的代谢和神经冲动的传导。猪缺少胆碱时，表现生长缓慢、被毛粗糙、腿短、肚子大、行为不协调及肩关节硬度丧失。另外，母猪缺乏胆碱会影响繁殖性能，使泌乳下降、仔猪成活率低、断奶体重小；有的存活仔猪出现脂肪肝、后腿劈叉。

猪对胆碱的需要量受多种因素影响。胆碱可被蛋氨酸完全替代。当蛋氨酸过剩时会补充胆碱的不足，如果饲料中胆碱水平不够，蛋氨酸就用于胆碱的合成。此外，还受维生素 B_{12}、叶酸等营养水平的影响。对于母猪，饲粮中加入胆碱，可提高受胎率、分娩率、窝产仔数、产活仔数及断奶仔猪数。胆碱可提高生长猪的增重和饲料利用率。一般猪对胆碱需要量为每千克饲粮 $0.3\sim1.25$ 毫克。富含胆碱的饲料有肝粉、蛋黄、鱼粉、酵母、酒糟，以及绿色植物和谷物。

胆碱广泛存在于各种饲料中，特别是在青绿饲料和饼粕类饲料中含量丰富，猪体内的蛋氨酸有助于合成胆碱，一般不会缺乏。在育成猪饲喂高能量低蛋白质饲粮时，需适量补充胆碱。

72 维生素 C 对猪有什么营养作用？哪些饲料中含量丰富？

维生素 C 又叫抗坏血酸，其作用是促进肠道内铁的吸收，增强猪的免疫力，缓解猪的应激反应。当猪缺乏维生素 C 时，一般表现贫血，坏血病，齿龈肿胀、出血、溃疡，生产力下降。由于猪体内能合成维生素 C，一般不会缺乏，但在高温应激状态下，应补加维生素 C。试验证明，在饲粮中加入维生素 C 可提高仔猪增重。在生产中，为了提高猪的生产性能，在每千克饲粮中可以补充 200毫克维生素 C。维生素 C 主要存在于水果和青绿植物中。

73 什么是饲料添加剂？分为哪几类？

饲料添加剂是指为补充饲粮营养或有利于营养利用而向饲粮中加入的各种微量成分。它不同于饲料，一般不能提供能量，添加的主要目的在于补充饲粮营养成分的不足，防止和延缓饲料变质，提高饲料适口性，改善饲料利用率，预防猪受病原微生物的侵扰，促进猪正常发育和加速生长，提高产品质量。由于自然界中没有哪一种饲料能完全满足营养需要，即使是几种饲料配合在一起也不可能非常完善，因此，在饲粮中加入饲料添加剂是非常必要的。

饲料添加剂可分为两大类，包括营养性饲料添加剂和非营养性饲料添加剂。

74 营养性饲料添加剂包括哪几种？怎样使用？

营养性饲料添加剂主要用于平衡饲粮营养，使饲粮更全价，提高饲料转化率，使猪的生产力得到更好发挥。主要包括氨基酸添加剂、微量元素添加剂和维生素添加剂。

（1）氨基酸添加剂　猪对蛋白质的需要实际上是对必需氨基酸的需要，猪常用的植物性饲料中，必需氨基酸数量少且不平衡，不能满足猪的需要，影响饲料报酬。

目前生产中普遍使用的氨基酸添加剂有两种，即赖氨酸添加剂和蛋氨酸添加剂，均为工业合成。

① 赖氨酸　在能量饲料中普遍缺乏，是猪的第一限制性氨基酸，虽然蛋白质饲料如豆饼中含量较高，但其价格高，来源不足，限制了在猪饲料中的使用量。为了降低饲料成本，可在饲料中直接添加赖氨酸，满足猪对赖氨酸的需要。试验证明，在猪饲料中添加赖氨酸，可提高猪的生长速度，降低饲料消耗。

② 蛋氨酸　在植物性蛋白质饲料中含量较少，是猪的第二限制性氨基酸。目前市场上有商品化的蛋氨酸，可根据饲养标准推荐量在饲料中适当添加。

（2）微量元素添加剂　通常包括铁、铜、锰、锌、钴、碘等微量元素，在缺硒地区还应添加亚硒酸钠。在水泥地面封闭饲养的猪，不接触土壤，不喂青绿饲料和草粉，需要在饲料中添加微量元素添加剂。饲料公司或药店均出售各种规格的微量元素添加剂，可按说明书使用。

（3）维生素添加剂　在家庭养猪中，青绿饲料比较多，即使不使用维生素添加剂，也很少出现缺乏症。但在规模养猪情况下，青绿饲料很难充分供应，并且饲养肥育猪，不宜大量饲用青饲料。因此，必须在饲粮中加入适量的维生素添加剂。饲料公司或药店出售各种复合饲料添加剂，分为种猪（妊娠期、泌乳期）、仔猪和肉猪各种规格，可按说明书使用。购买时要注意密封性和有效保存期，超期的维生素添加剂效价降低，甚至完全失效。添加维生素的饲料不宜长时间贮存。

营养性饲料添加剂由于添加量很小，应充分搅拌使均匀，以免造成浪费及意外事故。

75 非营养性饲料添加剂包括哪几种？怎样使用？

非营养性饲料添加剂不是为了提供营养，而是为了促进猪的生长、改善饲料利用率、防止饲料变质，提高猪肉品质。主要包括增进食欲添加剂、饲料品质保护添加剂等。

（1）增进食欲添加剂

Ⅰ.谷氨酸钠（味精）　在饲料中添加0.1%谷氨酸钠，能显著提高猪的食欲，并有效地加快生长，特别是在仔猪人工乳中添加味精效果更好。

用发酵法生产味精的残渣，经适当处理，可代替谷氨酸钠作为饲料添加剂使用。味精残渣中除含有一定量的谷氨酸钠外，尚有大量的菌丝蛋白及其他有助于猪生长的物质。

Ⅱ.糖精　为了改善饲料的适口性，增进猪的食欲，也可在每千克饲料中添加0.2克糖精。此外，在饲料中添加适量的马钱子、槟榔子、芥子与茴香油等，也可起到开胃的作用。

Ⅲ.中草药添加剂　中草药资源丰富，价格低廉，助长保健，无副作用，完全可以作为添加剂使用。

（2）饲料品质保护添加剂　饲料中某些成分暴露在空气中易被氧化，或在气温高、湿度大的环境中易于变质，在饲料中添加了这类添加剂后可有效地保护饲料品质。常用的饲料品质保护添加剂有抗氧化剂和防霉剂。

Ⅰ.抗氧化剂　在脂肪含量高的饲料中，为了防止脂肪腐败和维生素被破坏而使用的添加剂。常用的有抗坏血酸、五倍子酸酯等，在饲料中的添加量一般为0.01%～0.05%。在家庭养猪饲料用量不太大、饲料贮存天数较短的情况下，很少使用。

Ⅱ.防霉剂　是为了防止高温、高湿季节饲料霉变而采用的添加剂。常用的防霉剂如丙酸钠，添加量为每吨饲料 1 千克。

76 使用饲料添加剂时要注意哪些问题？

饲料添加剂的作用已逐渐被人们认识，使用越来越普遍，其种类多、使用量小而作用大，且多易失效，所以使用时应注意以下几点：

（1）正确选择　目前饲料添加剂的种类很多，每种添加剂都有其用途和特点。因此，首先应充分了解其性能，然后结合饲养目的、饲养条件、猪的品种及健康状况等选择使用。

（2）用量适当　用量少，达不到目的；用量多既增加饲养成本，还会引起中毒。饲料添加剂用量多少应严格遵照生产厂家在包装上标注的使用说明。

（3）搅拌均匀　搅拌均匀程度与效果直接相关。饲粮中混合饲料添加剂时，必须搅拌均匀，否则，即使是按规定的量添加，也往往起不到作用，甚至会出现中毒现象。若采用手工拌料，可采用三层次分级拌和法。具体做法是先确定用量，将所需添加剂加入少量的饲料中，拌和均匀，即为第一层次预混料；然后把第一层次预混料掺到一定量（饲料总量的 1/5～1/3）饲料中，再充分搅拌均匀，即为第二层次预混料；最后把第二层次预混料掺到剩余的饲料中，拌匀即可。这种方法称为饲料三层次分级拌和法。由于添加剂的用量很少，只有多层次分级搅拌才能混匀。

（4）混于干粉料中　饲料添加剂只能混于干饲料（粉料）中，短时间贮存待用才能发挥它的作用。不能混于加水的饲料和发酵的饲料中，更不能与饲料一起加工或煮沸使用。

（5）贮存时间不宜过长　大部分饲料添加剂不宜久放，特别是营养性、特效饲料添加剂，久放后容易受潮发霉变质或氧化还原而失去作用，如维生素等。

（6）配伍禁忌　多种维生素最好不要直接接触微量元素和氯化胆碱，以免减小药效。在同时添加两种以上饲料添加剂时，应考虑有无拮抗、抑制作用，以及是否会产生化学反应。

77 饲料为什么要进行加工调制？饲料加工调制的常规方法有哪些？

饲料加工调制是改变饲料性状的一种手段，其目的是改善饲料的适口性，消除某些饲料固有的有害性，提高饲料的采食量、消化率和利用率。饲料调制与否或如何调制，必须根据饲料的性质和猪的生理状况以及调制所耗费的人力、物力和经济成本来决定，因为调制饲料时虽有所得，也有所失，要具体衡量得失。

饲料调制的方法很多，概括起来可归纳为 3 大类，即物理调制法、化学调制法和生物学调制法。

（1）物理调制法　主要通过机械和浸泡等作用，使饲料由粗变细，由长变短，由硬变软，便于猪采食和咀嚼，减少能量消耗，从而提高饲料利用率。具体方法有铡短、粉碎、打浆，以及用水和其他汁液浸泡等。

（2）化学调制法　应用酸、碱、石灰水及氨水等化学药品对饲料进行处理，以分解饲料中难以消化的部分，如纤维素、木质素等，并消除某些对猪有害的物质。一般来说，经过处理后的饲料在化学组成和结构上有所改变，消化率和能值有一定程度的提高。

（3）生物学调制法　利用饲料中沾染或人工接种的某些有益微生物的活动，为它们创造适宜的生活条件，使微生物大量生长繁殖，以达到保存和改变饲料性质的目的。它能改进饲料的适口性，刺激猪的食欲，使饲料增加某些营养物质，如维生素、菌体蛋白等，此法主要有糖化发酵、酶解、发芽等。

78 能量饲料怎样加工调制？

能量饲料一般适口性好，消化率较高，是猪营养的主要来源。但禾谷类籽实由于种皮（如玉米）、颖壳（如大麦）、淀粉粒的性质（如小麦），以及其中含有的有毒有害物质（如高粱中的单宁）等因素，影响了动物消化酶的消化作用和营养物质的吸收，需要通过适当加工调制，改善其适口性，提高消化利用率。经常使用的方法有机械加工、发芽与糖化。

（1）机械加工　是籽实类饲料最常用的加工调制方法。这类饲料如果整粒饲喂，消化液难以透过表层结构，营养物质不易被消化吸收，饲料利用率低。机械加工的方法有：

①粉碎　通过将饲料粉碎，破坏籽实表面坚硬的种皮和颖壳层，增加饲料与消化液的接触面积，提高饲料利用率。这类饲料粉碎时要注意粉碎的细度，特别是大麦、小麦等，由于其中含有较多的谷蛋白，粉碎过细时适口性差，易于在肠道内黏滞成团影响消化液的渗入，不利于消化，一般以中等细度为佳。

精饲料粉碎后与外界接触面积增加，易于返潮和氧化，不耐贮存，脂肪含量高的饲料更要注意，如玉米等。

②浸泡　对有些能量饲料可通过浸泡提高适口性，减少有毒有害物质的危害。如高粱通过浸泡可消除其中所含的单宁，土豆通过浸泡可减少其中茄素的含量。浸泡时料水比以 1∶（1～1.5）为宜，水过多时影响干物质的摄入量，易使营养供给不足，影响猪的生长。在高温季节，浸泡时间不宜过长，以免饲料发酵变质。

③焙炒　对引诱仔猪开食具有很好的作用，通常用大麦或玉米等含淀粉多的饲料，将部分淀粉转化为糊精，产生香味，改善其适口性。

（2）发芽与糖化

①发芽　是在冬、春季青饲料缺乏的情况下，为了供给种猪的需要而采取的方法，可促进母猪的发情和泌乳量的提高，提高公猪精液品质。发芽时要注意将温度控制在 30～40 ℃。籽实发芽有两种：一种是长芽（6～8 厘米），富含胡萝卜素；另一种是短芽（0.5～1 厘米），富含维生素 E。

②糖化　将籽实粉碎后，在淀粉酶的作用下，使部分淀粉转化为麦芽糖。糖化饲料中含有少量乳酸，糖分含量高，具有酸、香、甜味，适口性好，提高了饲料的消化率。

79 蛋白质饲料怎样加工调制？

（1）植物性蛋白质饲料　植物性蛋白质饲料是猪饲粮中蛋白质的主要来源，由于该类饲料中常含有某些对猪生理机能有害的物质，所以对它进行加工处理以降低危害、提高饲用价值成为蛋白质饲料加工调制最重要的一部分。这类饲料主要是饼粕类饲料。饼粕是榨油的副产品，其中有害物质的含量大多与残油量高低有关，一般残油量越多，有害物质含量就越高，相反则少。

① 大豆饼（粕）　冷榨的大豆饼粕中含有抗胰蛋白酶、细胞凝集素、脲酶等有害物质，它们会降低粗蛋白质的消化率，对猪造成一定的毒害而引发疾病。由于这些物质多是热不稳定物质，在105～110℃的温度下经3～5分钟即可被分解，成为无毒性的物质，因此，大豆粕一定要经过加热处理才能用于喂猪。

② 菜籽饼（粕）　是菜籽榨油后的副产品，由于其中含有硫苷和芥酸，使菜籽饼有一股辛辣味，适口性差，而且硫苷在体内分解后产生硫氰酸类物质，可导致猪甲状腺肿大，影响营养代谢。因此，菜籽饼在饲用前要经过脱毒处理，降低菜籽饼中芥子硫苷的含量，埋入法是最常用的方法，即将菜籽饼和水按1：1的比例埋入土坑中，经2个月后即可取出饲喂。除此之外，还有氨、碱处理法和发酵法，但效果都不太理想。

③ 棉籽饼（粕）　棉籽饼粕中含有游离的棉酚，可对机体组织细胞和神经产生毒害，要经过去毒才能使用。常用的去毒方法是：用0.2%～0.5%硫酸亚铁溶液浸泡，按1：2.5的饼水比例浸泡24小时，去毒率可达80%左右。除此之外，还可用水煮法和溶剂浸出法，但效果不如浸泡法。

④ 其他植物性蛋白质饲料　如大豆、蓖麻籽饼、花生饼、胡麻仁饼等，在使用前要进行适当加工调制，以提高适口性，减少毒害。

（2）动物性蛋白质饲料　动物性蛋白质饲料也是猪饲粮蛋白质来源的一个方面，特别是家庭养猪时自制蛋白质饲料，要注意合理加工调制，以免对猪产生危害。

① 肉骨粉　可采用畜禽脏器和不符合食用要求的胴体，如非传染病死亡的动物胴体加工制成。在喂猪时，肉骨粉一定要经过高温消毒才可饲用，以免引起疾病。

② 蚕蛹　是缫丝工业的副产品。蚕蛹含脂量高，不耐贮存，应将其高温处理，抽提部分油脂才能用于饲喂，晒干后可贮存。不能将蚕蛹从缫丝厂取来后直接饲喂，以免使猪产生疾病或中毒。

③ 鱼粉　是使用最广泛的动物性蛋白质饲料，其加工方法一般有干法、湿法和土法生产。市售鱼粉常用干法生产，质量可靠，符合卫生要求。采用土法生产的鱼粉，质量不可靠，蛋白质含量不稳定，食盐含量过高，未经高温消毒，卫生条件差，在饲用时要慎重。

在农村还将捕获的小鱼虾混拌在饲料中喂猪，但腥味大，屠宰前应停用，最好能煮熟制汤，用来拌饲料，可提高适口性和利用率。

80 青贮饲料怎样加工调制？

青贮饲料是青饲料通过微生物作用将营养物质保存下来的一种饲料。通过青贮，可使青饲料常年均衡供应。禾本科青饲料较易保存，豆科青饲料较难青贮成功，如果两者混合青贮，可提高青贮饲料的营养价值。一般青贮饲料的调制方法如下：

(1) 适时收割　用于青贮的原料要适时收割，收割过早，含水量多，不易青贮；收割过迟，粗纤维含量高，品质差。禾本科牧草在孕穗至抽穗期收割，豆科牧草在始花至盛花期收割，青刈玉米在乳熟期收割，山芋藤在霜前期收割，随割随贮，效果较好。

(2) 切短　为了便于装填、踩实和取喂，青贮原料必须切短。豆科牧草可长些，禾本科宜略短些，一般以 3～5 厘米为佳。

(3) 装填　原料切短后要立即装填。装填前先将窖或缸底部铺上 15～30 厘米厚的稻草（用糠也可），然后分层装填，每层 20～

30 厘米，层与层之间可根据原料含水量的多少撒上适量的糠，便于压紧，尤其要踩实窖的边缘。尽可能排出饲料中的空气，制造良好的厌氧环境，这是青贮能否成功的关键之一。

（4）封窖　要求严密不透气，防止被雨水淋湿。家庭青贮缸可用塑料薄膜紧密封口，青贮窖顶部要装满压实呈馒头形，并用土封严，封窖 3～5 天后，原料下沉，要及时用土填实。

饲料青贮 1 月左右即可开窖使用。使用时要注意逐段、分层取用，不能掏洞或无规律使用。

家庭常用的青贮方法有窖贮法、缸贮法和塑料袋青贮法等。

品质良好的青贮饲料应呈绿色或黄绿色，带有水果味或乳酸香味，质地疏松。而发黑甚至腐烂的青贮料不应用来喂猪。

青贮饲料具有轻泻性，妊娠母猪应控制饲喂量。猪的饲喂量以每头 1.5～2 千克/天为宜，使用时要与其他精料混合饲喂，且需逐步增加饲喂量，以使猪有一个适应过程。

81 怎样将青饲料打浆喂猪？

青饲料的体积较大，含有一定量的粗纤维，在实际使用时，猪的采食量是有限的，如果将其粉碎打浆，制成粥状，则可提高适口性，增加采食量，有利于消化液与营养物质的混合，提高饲料消化率。各种青饲料都可以作为打浆的原料，对于有些质地较硬或适口性差的青饲料，如茎叶表面有倒刺或毛的青饲料尤为适宜。

青饲料打浆的具体做法是：改装普通锤片式粉碎机，使用直径为 3～4 厘米的筛板，配以一定动力即可进行。根据打浆过程中是否加水可分为水打浆和干打浆。含叶多的幼嫩青饲料可直接打浆，压缩体积，提高采食量，且便于贮存，此法称为干打浆。对于一些较老、含粗纤维较多的青饲料，由于含水量少，粉碎打浆时过于黏稠不易流出，可在入料口用水管注入适量的水，起到一定的稀释和清洗作用，保证浆液顺利流入料池中，此法称为水打浆。此法的料水比例约为 1：1，由于采用此法获得的饲料含水多，故不易贮存。

82 怎样将青饲料发酵喂猪？

青饲料发酵是利用乳酸菌、酵母等在适宜的温度、湿度和厌氧环境下，对青饲料进行发酵，使其质地柔软，且发酵后的饲料体积较小，酸香可口。此法对于一些质地较硬、带有不良气味的青饲料尤为适合。

青饲料发酵的方法是：将青饲料洗净切短，装入缸或池内踩紧压实，装至接近满时，盖上草席，压上重物，以免青饲料浸水后浮起腐烂，然后用水完全浸没青饲料，3～7天后发酵即可完成。

由于发酵过程中温度达 40℃左右，水分含量多，因此，发酵饲料不耐贮存，在制作时一次数量不宜过多，否则，会导致腐败变质。

在青饲料进行发酵前，对原料要进行清理，防止有毒植物掺入。为提高发酵饲料营养价值，可进行混合发酵。

83 青饲料怎样干制加工？

青饲料经干制加工即成青干草。品质良好的青干草是我国北方地区猪冬、春季青饲料供应的一种重要形式。调制良好的青干草，营养损失少，青绿、芳香，适口性好，易于消化。豆科、禾本科牧草和天然草地牧草都可制成青干草。

调制青干草的原料要适时收割，禾本科牧草于始花期至盛花期收割。收割是否适时，与青干草的品质和调制的难度有很大关系。

青干草的调制有自然干燥和人工干燥两种方法，目前国内多采用自然干燥法，即利用阳光曝晒进行调制。

自然干燥法调制青干草：第一阶段是将适时收割的原料采用地面薄层平铺曝晒法，在阳光下曝晒 4～5 小时，使草中水分迅速蒸发降至 40％左右，这时植物细胞死亡，呼吸停止。这个阶段一定要将草铺开、铺平、勤翻动，以加快水分蒸发、缩短晒制时间。第二阶段是使植物含水量降至 14％～17％，抑制酶的活动，减少营养损失。植物中水分由 40％降至 14％～17％是一个较缓慢的过程，不能采用阳光曝晒，而应减少日晒，以免胡萝卜素大量损失。可采用堆小堆或移至通风良好的荫棚下逐渐干燥，此阶段要减少翻动，以免叶片大量脱落，造成营养损失。

青干草调制完毕后要及时堆垛，并防止雨淋，受雨淋的青干草易霉烂，适口性变差甚至失去饲用价值。在雨水较多的地区调制青干草时，采用草架晒制，可减少营养损失。

84 安全贮存饲料的措施有哪些？

（1）要做好贮备地点的选择及准备工作。饲料贮存仓应选择在干燥、阴凉、通风的高燥地。在存放饲料前先进行封堵修补，以防漏、防晒、防鼠，冲洗干净以后再熏蒸消毒。饲料不能与地面、墙壁直接接触，需准备好木板、木架，用于撑隔饲料。

（2）要控制好温度、湿度和通风。气温低于 10℃ 时，霉菌生长繁殖缓慢；气温高于 30℃ 时，霉菌迅速生长繁殖。低温、低湿和通风良好可防止饲料发霉变质，有利于饲料贮存。一般要求饲料贮存仓的相对湿度＜60%，并保持良好通风，尽可能降低室内温度。

（3）要控制好饲料及原料质量。

（4）要及时进行杀虫灭鼠。

（5）可适当使用饲料防霉剂和抗氧化剂。

（6）饲料堆放应符合要求。袋装饲料贮存时，若气温高于 10℃，堆码不应超过 12 包；若气温低于 10℃，堆码不超过 14 包。散装贮存时，若水分含量＜13%，堆高应≤4 米，相反，堆高应不大于 2 米。对贮存期长的饲料应适当翻动、移凉、加强通风、摊开发热处，防止饲料发热自燃。

另外，一次配料不宜太多，饲料最好不要贮存太久，贮存时间以夏天不超过 1 个月、冬天不超过 3 个月为宜。若需贮存较长时间，则遵循"推陈贮新"的原则，先用旧料，不可新陈料混贮；贮存新料时，将旧料彻底清理干净，以免污染新料。

（7）要保证成品仓库的安全无事故管理。仓库安全无事故管理的基点应放在人上，单纯追求降低成本，无视安全，反而会付出更大的代价。

仓库的安全无事故管理主要包括清洁、清扫、照明、采光、库内标志的设置、车辆防事故装置、地板防滑等。另外，还要坚持日常安全检查。防止各种灾害的发生同样也是很重要的，要禁止吸烟，建立废品销毁制度，做好用电和照明设备的管理，制订紧急避难计划并进行避难训练。安全管理是件大事，必须人人都参加。

85 什么是饲养标准？应用猪的饲养标准要注意哪些问题？

养猪的目的是为了用最少的饲料生产最多的猪肉。在科学养猪过程中，为了充分发挥猪的生产性能又不浪费饲料，必须对每头猪每天应给予的营养物质量规定一个大致的标准，以便实际饲养时有所遵循，这个标准就是饲养标准。饲养标准的制订是以猪的营养需要为基础的，所谓营养需要就是指猪在生长、肥育、繁殖等生理活动中每天对能量、蛋白质、维生素和矿物质等营养物质的需要量。在变化的因素中，某一头猪的营养需要我们是很难知道的，但是经过多次试验和反复验证，可以对一类猪在特定环境和生理状态下的营养需要得到一个估计值，生产中按照这个估计值供给猪各种营养，这就是饲养标准。

饲养标准的内容主要包括能量、蛋白质、钙、磷、食盐及胡萝卜素含量，有些还包括了必需氨基酸、维生素和各种必要的微量元素的合理供应量等。目前，有些饲养标准包括的营养指标达20多种，力求营养的全价化。饲养标准的内容随着畜牧科学技术的发展，项目越来越多、越来越复杂，对微量元素的重视更趋明显，有的将微量元素作为重要的添加剂。

猪的饲养标准很多，许多国家都有本国独特的饲养标准。虽然各国的饲养标准不完全相同，但总的来看，基本上大同小异，因此，国际间的饲养标准都可以相互参考，相互借鉴。

应用猪的饲养标准时要注意以下问题：

（1）饲养标准来自养猪生产，又服务于养猪生产　生产中只有合理应用饲养标准，配制营养完善的全价饲粮，才能保证猪群健康并很好地发挥生产性能，提高饲料利用率，降低生产成本，获得较好的经济效益。因此，为猪群配制饲粮时，必须以饲养标准为依据。

（2）选择适合的饲养标准　饲养标准的种类较多，在配合饲粮时应选择合适的饲养标准，满足相应猪的营养需要，并力求符合标准。

（3）配合饲粮的营养水平达到饲养标准的近似值即可　饲养标准是根据试验研究结果的平均数据提出来的，而饲粮又是按大群猪的平均生产力来配合的，不可能符合每一个个体的需要，而且饲料中的营养成分也可能有变化。此外，饲料中的营养物质之间也存在着相互代替、相互制约的复杂关系。因此，在认可饲养标准与饲料营养价值表的科学性前提下，在生产实践中，要随时根据具体情况做具体调整，使配合饲粮的营养含量达到饲养标准的近似值即可。

（4）满足猪的基础营养需要量　制订具体饲粮配方时，至少要满足猪对消化能、粗蛋白质、钙、磷、食盐、赖氨酸和蛋氨酸的需要量。

86 用配合饲粮喂猪有哪些好处？

配合饲粮是指根据饲养标准科学地将几种饲料按一定比例混合在一起的营养全面的饲料。猪在生产过程中需要一定量的各种营养，但自然界中没有哪一种饲料能满足这个要求，用单一饲料喂猪必然影响猪的生长，浪费饲料，减少经济效益。相反，饲用配合饲粮不但能满足猪的营养需要，还能相对地降低饲料成本。配合饲粮的优越性可概述如下：

（1）配合饲粮是全价的，营养物质利用率高，可用最少的饲料获得最多的产品。

（2）配合饲粮生产时，是将几种饲料混合使用，饲料之间营养物质相互补充，可以最合理地利用各种饲料，减少浪费。

（3）饲粮配制时可加入各种饲料添加剂，以防止营养不足、过量和中毒现象，并抑制病原微生物的生长，减少疾病发生，促进猪的生长，改善饲料利用率，提高胴体品质。用配合饲粮喂猪与用单一饲料相比，料肉比分别为（3.0～3.5）∶1 和（4.0～4.5）∶1，死亡率分别为 5％以下和 10％～15％。

87 配制配合饲粮时应遵循哪些原则？

（1）配合饲粮时应依据猪的饲养标准及饲料营养价值 饲养标准是配合饲粮的指南，饲料的营养价值是基础，查阅饲料营养价值表时要尽量选择接近本地区饲料的营养价值指标，以减少误差。

（2）满足猪对能量、蛋白质、维生素和矿物质的需要 种猪还要注意到蛋白质的品质，必需氨基酸的平衡程度。

（3）注意饲粮体积，控制粗纤维含量 母猪饲粮体积可以较大些，使母猪有饱腹感，粗纤维含量可达 10％左右；而种公猪、仔猪和肥育猪等要控制饲粮体积，以免种公猪形成草腹。

（4）饲料要多样化 充分利用当地饲料资源，力求饲料品种多样化，使营养物质之间相互补充，提高利用率。

（5）饲料要质地良好，适口性好 严禁喂发霉变质、有毒有害的饲料。对于妊娠母猪更要注意。

（6）要考虑经济原则 在养猪生产中，饲料成本占总成本的60％～70％，为了提高经济效益，降低饲料成本，应在满足猪营养需要的前提下，尽量选用价格低廉、来源广泛的饲料。

88 猪的配合饲粮有哪些类型？

按猪的类别可将配合饲粮分为乳猪料、幼猪料、肥猪料、哺乳母猪料、妊娠母猪料和公猪料等；按形态可将配合饲粮分为粉料、破碎料、颗粒料、压扁料、膨化漂浮料和液体料等；按营养可将配合饲粮分为添加剂预混料、浓缩料、混合料和全价配合饲料。

（1）添加剂预混料　把多种饲料添加剂按一定比例与定量载体混合制成，喂猪时，按产品说明加入基础饲粮中。

（2）浓缩料　在添加剂预混料的基础上加入蛋白质饲料。

（3）混合料　多为养猪户利用自家生产的能量饲料加入少量蛋白质饲料和矿物质饲料混合而成。

（4）全价配合饲粮　这种饲料是根据科学配方，由多种能量饲料、蛋白质饲料和饲料添加剂预混料配合而成的，营养全面，比例适当，饲养效果好，经济效益高。

89 各种配料在猪的饲粮中应占多少比例？

不同配料在猪饲粮中所占比例不同，同一种饲料在不同饲粮中所占比例也不尽相同。配合饲粮时应参考典型饲粮配方和实践经验灵活掌握。各种配料在不同类型猪饲粮中的搭配比例可参考表 2-2。

表 2-2　主要配料在猪饲粮中的搭配比例（%）

饲料类别	育成猪 （2～4 月龄）	后备成年猪 （4～8 月龄）	兼用型肉猪 （4～7 月龄）	瘦肉型肉猪 （4～6 月龄）	妊娠母猪
禾本科籽实	36～60	35～50	35～55	35～55	30～50
豆科籽实	0～15	0～20	0～20	0～20	0～10
饼粕类	0～10	0～20	0～10	0～10	5～20
糠麸类	5～10	5～20	5～15	5～10	10～25
酵母	0～5	0～5	0～5	0～5	0～5
动物性饲料	3～10	2～10	2～5	3～8	1～5
草粉	1～5	1～5	1～5	1～5	1～7
石粉	1.5	1.5	1.5	1.5	1.5
食盐	0.5	0.5	0.5	0.5	0.5

90 怎样设计猪的饲粮配方？

配合猪的饲粮首先要设计饲粮配方，有了配方，然后"照方抓药"。设计猪饲粮配方的方法很多，如四方形法、试差法、线性规划法、计算机法等。目前农村养猪户和小型猪场多采用四方形法或试差法，而大型猪场和饲料公司多采用计算机法。

91 怎样利用"四方形法"设计猪的饲粮配方？

此法简单易懂，一般在饲料种类不多及考虑营养指标较少的情况下采用。

（1）两种饲料的计算方法　如利用某一含粗蛋白质42%的浓缩蛋白质饲料（浓缩料）和含粗蛋白质8.6%的玉米，配制成含粗蛋白质16%的生长肥育猪饲粮。其计算步骤如下：

第一步：画一个四方形，在四方形中央写上所配饲粮的蛋白质含量16%。在四方形左上角，写上玉米粗蛋白质的含量，即玉米8.6%；在四方形左下角，写上浓缩料粗蛋白质含量，即浓缩料42%。

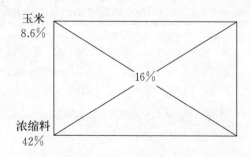

第二步：按四方形两对角线进行计算，用大数减去小数，并在计算过程中去掉百分号，即42-16=26；16-8.6=7.4。将得数写在对角上。

右上角得数26是玉米在饲粮中所占的份数，右下角得数7.4是浓缩料在饲粮中所占的份数，总份数为26+7.4=33.4。

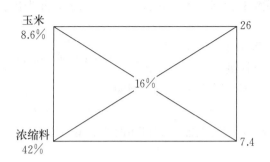

第三步：将上一步的份数换算成百分比（％）。

即：

$$玉米（％）=\frac{26}{26+7.4}\times100\%=77.84\%$$

$$浓缩料（％）=\frac{7.4}{26+7.4}\times100\%=22.16\%$$

（2）多种饲料的计算方法　两种以上的饲料可以先排除固定原料成分，然后将饲料分为两组进行计算。例如，利用玉米、稻谷、麦麸、米糠、豆饼、菜籽饼、鱼粉（含粗蛋白质 60.5％）、贝壳粉、食盐、添加剂，为生长肥育猪配制含粗蛋白质为 16％的饲粮。其计算步骤如下：

第一步：首先确定某些饲料比例，然后进行饲料分组。即确定鱼粉的比例为 2％，贝壳粉为 1％，食盐为 0.3％，添加剂为0.7％，玉米、稻谷、麦麸、米糠为能量饲料组，豆饼、菜籽饼为蛋白质饲料组。

根据实际情况确定能量饲料玉米、稻谷、麦麸、米糠按 40∶35∶15∶10 的比例组成，并从《猪常用饲料营养成分表》中查到上述饲料的粗蛋白质含量，即：

玉米(8.6％)占 40％
稻谷(8.3％)占 35％
麦麸(14.4％)占 15％ 〕含粗蛋白质 9.72％
米糠(12.1％)占 10％

蛋白质饲料豆饼、菜籽饼按 60∶40 组成，并查出粗蛋白质含量，即：

豆饼(43.0%)占 60%
菜籽饼(36.4%)占 40% $\Big\}$ 含粗蛋白质 40.36%

饲粮中未确定成分所占的比例为：

$$100\% - 2\% - 1\% - 0.3\% - 0.7\% = 96\%$$

第二步：将混合的能量饲料和混合的蛋白质饲料用四方形法计算，即：

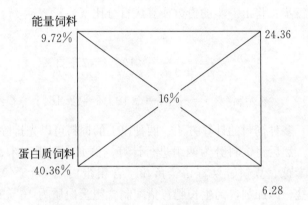

四方形右上角得数 24.36 是能量饲料在饲粮中所占的份数；右下角得数 6.28 是未确定比例的蛋白质饲料在饲粮中所占的份数。

第三步：将上列饲料换算成百分数，即：

能量饲料为：24.36÷(24.36+6.28)=79.50%

蛋白质饲料为：6.28÷(24.36+6.28)=20.50%

第四步：计算各种饲料在饲粮中的比例：

玉米：40%×79.50%×96%=30.53%

稻谷：35%×79.50%×96%=26.71%

麦麸：15%×79.50%×96%=11.45%

米糠：10%×79.50%×96%=7.63%

豆饼：60%×20.50%×96%=11.81%

菜籽饼：$40\% \times 20.50\% \times 96\% = 7.87\%$

进口鱼粉：2%

贝壳粉：1%

食盐：0.3%

添加剂：0.7%

92 怎样利用"试差法"设计猪的饲粮配方？

试差法是根据经验和饲料营养含量，先确定各类饲料在饲粮中的大致比例，然后进行营养价值计算，计算结果与饲料标准比较，若某一项或某一部分营养不足或过多，将相应部分饲料的比例调整，再计算，直到近似饲养标准为止。这种方法是生产中使用最多的，比较容易掌握。

示例：为体重 35～60 千克的生长肥育猪配合饲粮。可供选择的饲料有：玉米、大麦、米糠、豆饼、苜蓿草粉、贝壳粉、食盐及各种饲料添加剂。

第一步：根据配料对象及现有的饲料种类列出饲养标准及饲料成分（表 2-3）。

第二步：试制饲粮配方，算出其营养成分。如初步确定各种饲料的比例为：玉米 39.5%、大麦 30%、米糠 16%、豆饼 8%、苜蓿草粉 4%、贝壳粉 1.5%、食盐 0.3%、添加剂 0.7%。饲料比例初步确定后可列出试制的饲粮配方及其营养成分（表 2-4）。

第三步：补足饲粮中粗蛋白质含量。从表 2-4 试制的饲粮配方来看，消化能比饲养标准多 0.322 6 兆焦/千克，而蛋白质比饲养标准少 1.175%，这样可利用豆饼代替部分玉米进行调整。从饲料成分表中查出豆饼的粗蛋白质含量比玉米高 34.4%（$43\%-8.6\%$）。在这里，每用 1% 豆饼代替玉米，则可提高蛋白质 0.344%。这样，我们可以增加 3.416%（$1.175\%/0.344\%$）豆饼来代替玉米就能满足粗蛋白质的饲养标准。第一次调整后的饲粮配方及其营养成分见表 2-5。

表2-3　生长肥育猪饲养标准及饲料成分

项　目	消化能（兆焦/千克）	粗蛋白质（%）	钙（%）	磷（%）	赖氨酸（%）	蛋氨酸＋胱氨酸（%）	食盐（%）
饲　养　标　准							
体重35～60千克	12.97	14	0.50	0.41	0.56	0.37	0.30
饲　料　成　分							
玉米	14.76	8.6	0.04	0.21	0.23	0.27	
大麦	13.18	10.8	0.12	0.29	0.42	0.28	
米糠	12.64	12.1	0.14	1.04	0.56	0.35	
豆饼	14.60	43	0.32	0.5	2.38	0.90	
苜蓿草粉	7.95	20.3	1.65	0.35	0.53	0.49	
贝壳粉	—		33.4	—	—	—	

　　第四步：平衡钙磷，补充添加剂。从表2-5可以看出，饲粮配方中的钙多0.176 3%，其他营养含量与饲养标准相差不多。这样可用0.524 7%（0.176 3%/0.336%）的玉米代替贝壳粉，饲料添加剂按使用说明添加。

　　这样经过调整，饲粮配方中的所有营养已基本满足要求，调整后确定使用的饲粮配方见表2-6。

　　在配合饲粮时要求反复试差调整，直至近似饲养标准为止。用这种方法也可为其他生产目的和生理阶段的猪配合饲粮。

　　一般来说，试差标准与饲养标准相差不超过正负5%即为近似，配合结果计算值不可能也没有必要与饲养标准完全相同。

　　设计猪的饲粮配方除掌握方法外，还应考虑生产实践的要求，应在猪的饲养过程中不断总结经验，设计出符合猪需求的科学配方。

表2-4 试制的生长肥育猪饲粮配方及其营养成分

饲料种类	饲料比例(%)	消化能(兆焦/千克)	粗蛋白质(%)	钙(%)	磷(%)	赖氨酸(%)	蛋氨酸+胱氨酸(%)
玉米	39.5	14.76×0.395 =5.830 2	8.6×0.395 =3.397 0	0.04×0.395 =0.015 8	0.21×0.395 =0.083 0	0.23×0.395 =0.090 9	0.27×0.395 =0.106 7
大麦	30	13.18×0.30 =3.954 0	10.8×0.30 =3.240 0	0.12×0.30 =0.036 0	0.29×0.30 =0.087 0	0.42×0.30 =0.126 0	0.28×0.30 =0.084 0
米糠	16	12.64×0.16 =2.022 4	12.1×0.16 =1.936 0	0.14×0.16 =0.022 4	1.04×0.16 =0.166 4	0.56×0.16 =0.089 6	0.35×0.16 =0.056 0
豆饼	8	14.60×0.08 =1.168 0	43×0.08 =3.440 0	0.32×0.08 =0.025 6	0.5×0.08 =0.040 0	2.38×0.08 =0.190 4	0.90×0.08 =0.072 0
苜蓿草粉	4	7.95×0.04 =0.318 0	20.3×0.04 =0.812 0	1.65×0.04 =0.066 0	0.35×0.04 =0.014 0	0.53×0.04 =0.021 2	0.49×0.04 =0.019 6
贝壳粉	1.5			33.4×0.015 =0.501 0			
食盐	0.3						
饲料添加剂	0.7						
合计	100	13.292 6	12.825	0.666 8	0.390 4	0.518 1	0.338 3
饲养标准	100	12.97	14.0	0.5	0.41	0.56	0.37
差数	0	0.322 6	-1.175	0.166 8	-0.019 6	-0.041 9	-0.031 7

表2-5 第一次调整后的饲粮配方及其营养成分

饲料种类	饲料比例(%)	消化能(兆焦/千克)	粗蛋白质(%)	钙(%)	磷(%)	赖氨酸(%)	蛋氨酸+胱氨酸(%)
玉米	36.084	14.76×0.361 =5.328 4	8.6×0.361 =3.104 6	0.04×0.361 =0.014 4	0.21×0.361 =0.075 8	0.23×0.361 =0.083 0	0.27×0.361 =0.097 5
大麦	30	13.18×0.30 =3.954 0	10.8×0.30 =3.240 0	0.12×0.30 =0.036 0	0.29×0.30 =0.087 0	0.42×0.30 =0.126 0	0.28×0.30 =0.084 0
米糠	16	12.64×0.16 =2.022 4	12.1×0.16 =1.936 0	0.14×0.16 =0.022 4	1.04×0.16 =0.166 4	0.56×0.16 =0.089 6	0.35×0.16 =0.056 0
豆饼	11.416	14.60×0.114 =1.664 4	43×0.114 =4.902 0	0.32×0.114 =0.036 5	0.5×0.114 =0.057 0	2.38×0.114 =0.271 3	0.90×0.114 =0.102 6
苜蓿 草粉	4	7.95×0.04 =0.318 0	20.3×0.04 =0.812 0	1.65×0.04 =0.066 0	0.35×0.04 =0.014 0	0.53×0.04 =0.021 2	0.49×0.04 =0.019 6
贝壳粉	1.5			33.4×0.015 =0.501 0			
食盐	0.3						
饲料添加剂	0.7						
合计	100	13.287 2	13.994 6	0.676 3	0.400 2	0.591 1	0.359 7
饲养标准	100	12.97	14.0	0.5	0.41	0.56	0.37
差数	0	0.317 2	-0.005 4	0.176 3	-0.009 8	0.031 1	-0.010 3

表2-6　最后确定使用的饲粮配方及其营养成分

饲料种类	饲料比例（%）	消化能（兆焦/千克）	粗蛋白质（%）	钙（%）	磷（%）	赖氨酸（%）	蛋氨酸＋胱氨酸（%）
玉米	36.609	14.76×0.366 =5.402 2	8.6×0.366 =3.147 6	0.04×0.366 =0.014 6	0.21×0.366 =0.076 9	0.23×0.366 =0.084 2	0.27×0.366 =0.098 8
大麦	30	13.18×0.30 =3.954 0	10.8×0.30 =3.240 0	0.12×0.30 =0.036 0	0.29×0.30 =0.087 0	0.42×0.30 =0.126 0	0.28×0.30 =0.084 0
米糠	16	12.64×0.16 =2.022 4	12.1×0.16 =1.936 0	0.14×0.16 =0.022 4	1.04×0.16 =0.166 4	0.56×0.16 =0.089 6	0.35×0.16 =0.056 0
豆饼	11.416	14.60×0.114 =1.664 4	43×0.114 =4.902 0	0.32×0.114 =0.036 5	0.5×0.114 =0.057 0	2.38×0.114 =0.271 3	0.90×0.114 =0.102 6
苜蓿草粉	4	7.95×0.04 =0.318 0	20.3×0.04 =0.812 0	1.65×0.04 =0.066 0	0.35×0.04 =0.014 0	0.53×0.04 =0.021 2	0.49×0.04 =0.019 6
贝壳粉	0.975			33.4×0.01 =0.334			
食盐	0.3						
饲料添加剂	0.7						
合计	100	13.361	14.037 6	0.509 5	0.401 3	0.592 3	0.361

93 怎样利用计算机设计猪的饲粮配方？它有哪些优点？

随着电子工业的发展，电子计算机被广泛应用于饲粮配方设计。利用电子计算机设计饲粮配方，其原理是将饲粮配方设计的计算抽象为简单目标线性规划问题，饲粮配方设计的过程就是求解相应线性规划问题最优解的过程。在实际生产中，人们可以利用计算机软件设计饲粮配方。与一般方法相比，用计算机设计饲粮配方有以下优点：

（1）可以满足猪所有营养物质的需要　利用手工设计，只能确定几种主要技术指标，计算简单的饲粮配方。使用电子计算机后，利用线性规划和计算机语言，可以将猪饲养标准中规定的所有指标一一满足，使全面考虑营养与成本的愿望变为现实。

（2）操作简单，快速及时　利用计算机设计饲粮配方，全部计算工作都由计算机完成，而且速度相当快，仅需几分钟。计算机内部程序固定化，操作起来极为简单。

（3）可计算出高质量、低成本的饲粮配方　利用计算机设计出来的饲粮配方，既能保证原料的最佳配比，又追求最低成本，这样可充分利用饲料资源，提高饲料转化率，获取最大的经济效益。

（4）提供更多的参考信息　计算机不仅能设计饲粮配方，还具有进行经济分析、经营决策、生产管理、市场营销、信息反馈等的辅助作用。

当然，再先进的计算机也仅是一种为人类服务的工具，并不是万能的，要想设计出好的饲粮配方，还必须掌握营养学、饲料学的知识，积累丰富的实践经验。

94 配合饲粮时，怎样把多种饲料拌和均匀？

饲粮使用时，要求猪所吃的每一部分饲料所含的养分都是均衡的，否则，将会使猪产生营养不良、营养缺乏或中毒现象，即使饲料配方非常科学、饲养条件非常好，仍然不能获得令人满意的饲养效果。因此，必须将饲料搅拌均匀，以保证猪的营养需要。饲料拌和有机械拌和和手工拌和两种方法，只要使用得当，都能获得满意的效果。

（1）机械拌和　采用搅拌机进行。常用的搅拌机有立式和卧式两种。立式搅拌机适用于拌和含水量低于14％的粉状饲料，含水量过多不易拌和均匀。这种搅拌机所需动力小、价格低、维修方便，但搅拌时间较长（一般每批需10～20分钟），适于养猪专业户使用。卧式搅拌机在气候比较潮湿的地区或饲料中添加了黏滞性强的成分（如油脂）的情况下，都能将饲料搅拌均匀。卧式搅拌机的搅拌能力强、搅拌时间短，每批需3～4分钟。主要在饲料加工厂和大型猪场使用。无论使用哪种搅拌机，为了使搅拌均匀，都要注意控制适宜的装料量，装料过多或过少都会使均匀度无法保证，一般装料容量以60％～80％为宜。搅拌时间也是影响混合质量的重要因素，搅拌时间过短，质量得不到保证，但也不是时间越长越好，搅拌过久，使饲料混合均匀后又因过度混合而导致分层现象，同样影响混合均匀度。时间长短可按搅拌机使用说明进行控制。

（2）手工拌和　是家庭养猪时饲料拌和的主要手段。拌和时，一定要细心、耐心，防止一些微量成分打堆、结块，拌和不均，影响饲用效果。

手工拌和时特别要注意的是，一些在饲粮中所占比例小，但会严重影响饲养效果的微量成分，如食盐和各种饲料添加剂，如果拌和不均，轻者影响饲养效果，严重时可造成猪发病、中毒，甚至死亡。对这类微量成分，在拌和时首先要充分粉碎，不能有结块现象，块状物无法拌和均匀，被猪采食后有可能发生中毒。另外，由于这类成分用量少，不能直接加入大宗饲料中进行混合，而应采用预混合的方式。其做法是：取10％～20％精料（最好是比例大的能量饲料，如玉米面、麦麸等）作为载体，另外堆放，然后将微量成分分散加入其中，用平锹着地撮起，重新堆放，将后一锹饲料压在前一锹放下的饲料上，即一直往饲料堆的顶上放，让饲料沿中心点向四周流动成为圆锥形，这样可以使饲料中的成分都有混合的机会。如此反复 3～4 次即可达到拌和均匀的目的，预混合料即制成。之后，再将这种预混合料加入全部饲料中，用同样方法拌和 3～4 次即能达到目的。

手工拌和时，只有通过预混合，才能保证配合饲粮的品质，那种在原地翻动或搅拌饲料的方法是不可取的。

95 生料喂猪有哪些好处？

我国农村有将饲料煮熟喂猪的习惯，认为饲料煮熟后能提高营养价值，有助于其在猪体内的消化。

其实饲料煮熟喂猪仅对某些饲料原料有好处，如将土豆煮熟可大大提高消化率和营养物质的利用率，对大豆等煮熟可消除其中的有害物质，从而提高饲料消化率和保证猪的健康。但是，某些饲料煮熟不但对提高饲料消化率无益，反而会降低饲料营养价值，甚至产生有毒有害物质。因此，此类饲料必须改熟饲为生饲，生料喂猪大有益处。

（1）生饲可保证饲料中原有的养分不被破坏　饲料中的维生素在热处理的情况下会被破坏，减少了维生素的供应，特别是在青饲料被煮熟后，而在饲料中又不使用维生素添加剂的情况下，更易使猪产生维生素缺乏，影响猪的生长和繁殖；饲料中的蛋白质在高温作用下易发生变性，降低猪对蛋白质的消化率。生饲时不会发生这些情况。

（2）生饲料可以减少某些中毒的发生　青饲料在煮熟、焖制的情况下，会产生大量亚硝酸盐，猪大量采食这种饲料后，血液运输氧的能力降低，发生中毒，而生喂不会出现这种现象。因此，青饲料一定要生喂。

（3）生饲可以节省劳力和燃料，降低饲养成本，提高经济效益　在饲料煮熟过程中，需要消耗一定量的燃料，增加设备和人力的投入，提高了养猪成本，而生料喂猪却无须这些投资，使经济效益得到提高。

一般来说，能量饲料、青饲料以生饲为佳。对于习惯于熟食喂猪的地区，由熟饲改为生饲时要逐步进行，使猪有个适应过程，否则，会使猪发生肠胃疾病。

96 猪喂稀食好，还是喂干食好？

喂猪时选择适宜的料型，对提高饲料消化率、保证猪摄入足够营养物质、促进生长，具有很重要的意义。

稀食是用一定量的配合饲料和水混合而成的，料水比例常为1∶4左右。由于其中水分过多，使猪不能摄入足够的营养物质，同时饲料中过多的水又妨碍猪对饲料的咀嚼，冲淡了消化液，使饲料中的营养物质利用率降低，大量的水又增加了猪机体的负担，特别是在冬季，过多的水进入机体内需要浪费大量的热量使之升温，从而影响猪的生长和繁殖。

干食就是指将饲料粉碎后配制好的干粉料或颗粒料直接喂猪，让猪自由采食、自由饮水。这样，猪在采食干料时，咀嚼时间延长，同时在肠道内停留时间延长，有助于消化液的渗入，提高了营养物质的消化率，饲料报酬得到改善。

家庭养猪时，在饲料用量不大的情况下，为了利于猪的采食，减少饲料浪费，也可以采用湿拌料或稠粥料，即把精料与打成浆或切碎的青绿多汁饲料混拌在一起，或在干粉料中加入一定量的水分，料水比例为1∶（0.5～3）。当然，每次拌和量不宜过多，以一次采食完毕为好，尤其是在夏季要特别注意，以免饲料变质。

97 喂猪为什么要定时、定量？

对猪实行定时、定量饲喂，是保证猪安静采食、增强食欲、提高饲料利用率的有效方法。

定时就是合理安排并固定猪在一天内的采食时间，使猪形成条件反射，到了采食时间就产生强烈的采食欲望，促进消化液的分泌达到高峰，有助于消化道蠕动和食物的消化吸收，维持胃肠道机能正常。相反，如果不定时饲喂，饲喂的次数忽多忽少，饲喂时间忽早忽晚，就会影响猪的食欲和消化道分泌足量的消化液，使饲料利用率降低，长期如此，还会导致胃肠道疾病的产生。

仔猪每天喂 4～6 次为好，母猪和肥育猪每天喂 3 次，分早、中、晚进行，每天喂的次数既不能过多，也不宜过少。次数过多，影响猪的休息；次数过少，使猪营养物质摄入不足，影响猪的生产力，同时还使猪群易出现争食和斗殴现象。

定量就是指喂猪不但要定时，每次的饲喂量还要相对固定，一般以猪喂饱后在料槽中不剩料，同时猪也不舔料槽为标准，这个量经饲养员几次观察试验后即可掌握。定量饲喂可减少饲料浪费，提高饲料消化率。过度饱食，会使猪胃肠道机能紊乱，甚至产生胃肠炎；而采食量不足，则会影响猪的生长。

定量也不是固定不变，而是要根据猪群的生理状况、饲料品质和气候条件等不断变化，随实际情况做出适当调整，以避免饲料浪费，维持猪的正常生理机能。定量饲喂，还便于通过观察猪的采食情况，随时了解猪群的健康状态，以便对一些疾病做出及时诊疗。

猪的食欲一般以晚上最为旺盛，且夜间维持时间长，应多喂些，占全天供食量的 40%～50%，午间，特别是在夏季，猪的食欲差，饲喂量不宜过多，以免剩料导致变质。

98 什么是饲料报酬？怎样计算？

饲料报酬多用于肉猪生产，是衡量肉猪生产经济效益的重要指标，标志着猪利用饲料的能力，也是检查饲料营养水平、猪种优劣以及制订生产指标的依据。在肉猪生产中，我们总希望饲料报酬高一些。所谓饲料报酬是指在养猪生产中投入单位质量的饲料所获得产品（猪肉）的多少。我国常用料肉比来衡量养猪的饲料报酬，料肉比比值越小，饲料报酬越高。

$$料肉比 = \frac{某一时期所耗的饲料量}{同一时期体重的增重量}$$

料肉比表示要消耗多少千克饲料才能使动物获得 1 千克体增重。

例如：猪体重由 30 千克增加至 48 千克这一时期共消耗饲料 72 千克，由公式可知猪在这一阶段的料肉比是 72：（48－30）＝4：1。

99 什么是消化能？什么叫卡、大卡、兆卡、千焦、兆焦？

猪的一切生理活动，如呼吸、循环、吸收、排泄、繁殖和体温调节等都需要能量，而能量来源主要是饲料中的碳水化合物、脂肪和蛋白质等营养物质。饲料中营养物质的热能总值称为饲料总能。饲料中的营养物质在猪消化道内不能全部被消化吸收，不能消化的物质随粪便排出，如粗纤维、少量蛋白质等，因而粪便中也含有能量，食入饲料的总能量减去粪中的能量，才是被猪消化吸收的能量，这部分能量称为消化能。食物在肠道消化时还会产生以甲烷为主的气体，被吸收的养分有些也不能被利用而通过尿以各种形式排出体外，这些气体和尿中排出的能量未被猪体利用，饲料消化能减去气体能和尿能，余者便是代谢能。在猪的饲养标准中，能量需要多以消化能表示，有时也用代谢能。营养学中所采用的能量单位是热化学上的卡，在生产中为了方便起见，常用大卡（千卡）或兆卡来表示，目前已改用千焦、兆焦作为能量单位。1 毫升水由14.5 ℃升高到15.5 ℃所需要的热量称为 1 卡。

1 大卡（千卡）＝1 000 卡

1 兆卡＝1 000 大卡

1 千卡＝4.1840 千焦

1 兆焦＝1 000 千焦

三、仔猪的培育

100 猪的类群是怎样划分的？

在养猪生产中，为了根据猪群特点进行科学饲养，并有利于管理，可对不同年龄、体重、性别和用途的猪划分为如下类群：

（1）哺乳仔猪　指初生到断奶前的仔猪。

（2）育成猪　指断奶到 4 月龄留作种用的幼猪。

（3）后备猪　指 5 月龄到开始配种以前留作种用的猪。公的叫后备公猪，母的叫后备母猪。

（4）种公猪　凡已参与配种的公猪，统称为种公猪。

（5）种母猪　凡已配种产仔的母猪，统称为种母猪。

为了不断提高猪群质量，留作种用的猪需经多次审查鉴定，符合标准后才能最后转入基础群，因此，一般又将公猪、母猪较细致地分成以下类群：

① 检定公猪　指一岁左右，已参加配种的公猪。

② 基础公猪　指经检定合格的 1.5 岁以上的公猪。

③ 检定母猪　指一岁左右，产仔 1～2 胎的母猪。

④ 基础母猪　指经检定合格的 1.5 岁以上的母猪。

（6）肥育猪　专门用于生产猪肉的猪，统称为肥育猪。根据肥育方式和肥育阶段不同，又可划分为如下类群：

① 小克郎猪　一般指断奶到 4～5 月龄已去势的幼猪。

② 大克郎猪　也叫架子猪，一般指 5 月龄到催肥前（7～8 月龄或更大些）的去势公、母猪。

③ 肥猪　是指出栏前 1～2 个月的催肥猪。

101 仔猪有哪些生理特点？

仔猪的生理特点，概括地说，就是生长发育快和生理上的不成熟性。

（1）生长发育快，物质代谢旺盛　仔猪出生时，一般体重只有 1 千克左右，还不到成年猪体重的 1%，而 10、30、60 日龄时的体重分别达到出生重的 2 倍、5～6 倍、10～13 倍或更多。

仔猪出生后快速生长是以旺盛的物质代谢为基础的。据测定，20 日龄的仔猪，每千克体重每天要沉积蛋白质 9～14 克，而成年猪沉积 0.3～0.4 克，仔猪相当于成年猪的 23～47 倍。仔猪生长所需的能量、矿物质等都高于成年猪。因此，仔猪对营养不全反应敏感，需供给仔猪全价平衡日粮。

（2）消化器官不发达，消化机能不健全　仔猪出生时消化器官的相对质量和容积都较小，均未发育完善，导致消化腺分泌及消化机能不健全。如初生仔猪胃内主要含凝乳酶，胃蛋白酶很少，分泌的胃酸中缺乏游离的盐酸，一般需在 35～40 日龄时，随着盐酸分泌量的增多，胃蛋白酶才具有消化能力，才可利用植物性蛋白质饲料。

由于仔猪消化器官和消化机能还不完善，所以它对饲料质量、形态、饲喂方法和次数等方面的要求与成年猪不同。

（3）缺乏先天免疫力，容易得病　仔猪在胚胎期间受母猪血管和胎儿脐血管等天然屏障的阻隔，不能从母猪血液中获得免疫抗体，故仔猪出生时没有先天免疫力，只有吃到初乳后，从初乳中得到母源抗体，并逐步由自身产生抗体后才能获得免疫力。一般仔猪从 10 日龄开始自身产生抗体，但 30～35 日龄前数量还很少，10～30 日龄是仔猪抗体"青黄不接"的阶段，这阶段由于仔猪已开始吃食，而胃液中又缺乏游离的盐酸，对随饲料、饮水进入胃内的病原微生物缺乏抑制作用，因此，这段时期仔猪最易生病。

（4）调节体温的机能不健全，对寒冷的适应能力差　初生仔猪，特别是在出生后一周内，由于皮层较薄、被毛稀疏、皮下脂肪又少，限制了物理性温度调节的作用，再加上大脑发育不健全，不能协调体温的化学性调节。因此，仔猪调节体温的能力十分有限，往往不能维持正常的体温，对寒冷的环境适应力差，易被冻僵、冻死，固有"小猪怕冷"之说。加强对初生仔猪的保温工作，是养好仔猪的特殊护理要求。

102 哺乳仔猪死亡的原因有哪些？

仔猪出生后，其生活环境与生活条件发生了巨大变化，如果饲养管理不当、护理不周，就会引起仔猪死亡。据报道，仔猪从初生到断奶常要死亡10％～25％。综合分析其死亡原因，主要有以下几个方面：

（1）出生死亡　大部分由于分娩异常或遗传因素所造成。在正常情况下，仔猪出生后，脐带可以随仔猪的活动伸长到一定范围，几分钟后脐带自然断裂。有仔猪出生时脐带围绕仔猪颈部，造成死胎或生后即死；也有仔猪于产道内过早呼吸，因缺氧而死。据观察，若母猪分娩时间超过8小时，会有8％仔猪发生死亡，如在1～3小时产完，则为正常。

为了缩短分娩时间，应加强对妊娠母猪的饲养管理，不使母猪过肥或过于瘦弱；要适当补饲矿物质或维生素饲料添加剂；注意母猪的适量运动，强健母猪的体质。

当公、母猪近亲交配时，常会导致仔猪先天不足或畸形，也是造成仔猪死亡的重要因素之一。此外，公、母猪的隐性致死、半致死基因缺陷或母猪感染某些疾病，也可导致死胎、弱胎的产生。

（2）仔猪能量代谢失常死亡　常见有以下几种：

① 低血糖　仔猪出生后24～28小时表现正常，后发生颤抖、萎靡、停止吮乳，遇惊动时，发出微弱的尖叫声，继而转入昏迷，24～36小时内死亡。测定血糖含量，每100毫升血液中只有30～60毫克，而正常值是99～131毫克。

② 血液中乳酸浓度过高　初生仔猪血液中的乳酸浓度为每100

毫升 32～40 毫克，在死胎猪的血液中可高达每 100 毫升 159 毫克。

③ 内分泌因素　由于寒冷或甲状腺素、肾上腺素的活动，仔猪大量释放胰岛素，干扰了体液平衡，或造成甲状腺功能亢进，也能造成仔猪死亡。

（3）仔猪下痢　仔猪下痢多见于 5～7 日龄，10～20 日龄也有发生，是造成仔猪死亡的重要因素。

① 母猪乳汁不正常

Ⅰ. 奶水不足或品质差　在贫乏的饲养条件下，由于饲料品质低劣或饲料量不足，母猪奶水不足，仔猪经常处于半饥饿状态，从而到处寻找其他东西充饥，易造成下痢。

Ⅱ. 乳汁过浓，脂肪含量高　仔猪食后不易消化，引起仔猪下痢。这多半因母猪饲料过浓，或缺乏维生素和矿物质所致。

Ⅲ. 乳质突变　当母猪饲料突然改变时，会造成乳汁质量的变化，大部分仔猪随即发生下痢。

② 贫血性下痢　母猪乳汁中缺乏铁等微量元素，常会造成仔猪食欲减退、生长停滞、出现异嗜、被毛蓬乱、皮肤和黏膜苍白，严重时下痢死亡。

为此，对初生仔猪应适当补充硫酸铜和硫酸铁溶液。在小猪经常活动的地方放置一些红土，任其自由采食。也可以少量喂给 0.25％硫酸亚铁与 0.1％硫酸铜混合液。每天喂 1～2 滴，或涂于母猪乳头上。

③ 天气骤变或圈舍潮湿　实验证明，天阴凉时或雨后，仔猪由于受寒常常发生下痢。圈舍潮湿，不换褥草，环境卫生不良，也是造成仔猪下痢的重要原因之一。

④ 细菌性下痢　猪场内有传染性下痢的病史，忽略了必要的消毒措施，使致病的大肠杆菌长久存在于猪圈内，如遇条件变化，随即侵袭仔猪，造成仔猪黄痢、白痢等细菌性下痢。

⑤ 补料不当　补料不当，也会造成仔猪下痢。一般多见于 15～20 日龄的仔猪，但病程短、恢复快，对仔猪影响不大。

（4）仔猪水肿病　初生仔猪皮下水肿或浆液过多造成死亡的数

量不少，有人说是溶血性大肠杆菌所致，也有人说是由于碘的缺乏引起。实际上低蛋白血是造成水肿的另一种潜在因素。改善饲粮的粗蛋白质水平，有时也会得到良好的效果。

103 怎样提高仔猪的初生重？

（1）选好种母猪　众所周知，"母大仔壮"，说明种母猪应该体质健壮。在同一品种猪群中，个体较大的母猪在妊娠期间可以更多地利用饲料中的营养物质，保证胎儿生长需要。也有人说，要选择体躯长的母猪，因为体躯长的母猪腹内空间大，使胎儿的胎盘充分伸展。

选择母猪，还包括遗传性状的选择。虽然仔猪初生个体重的遗传力很低，试图通过遗传选择的途径来提高初生重的效果较差，但也不能放弃选种的作用。首先是要从产仔多、初生重大的仔猪窝中选择发育好、乳头多、体型好的仔猪作种用。其次，对个体的乳头也有要求，如有效乳头为 6～7 对，不可过少；乳头之间有一定间隔，而且排列整齐；没有副乳头、窝乳头和发育不良的乳头。

母猪生产一胎后，应再选择其产仔性能、泌乳力和哺育性能等。

母猪要有良好的母性，要求会带仔猪，并能带好仔猪。母猪要有良好的泌乳能力。另外，母猪一旦断奶，复膘要快。

（2）加强妊娠母猪的饲养管理　饲养妊娠母猪，应按妊娠时间实行阶段饲养。既要保证母猪从饲粮中获得充分的营养物质，又不使母猪过于肥胖。母猪在妊娠期按饲养标准供给能量和蛋白质是必要的，供给足够的维生素和微量元素也不可忽视。

（3）杂交繁育　生产实践证明，不同品种或品系间杂交，可以提高仔猪的初生重和活力，同时也增加产仔数。

104 怎样护理好初生仔猪？

一般母猪产活仔猪数为 10 头左右，断奶成活数多在 7～8 头。在整个哺乳期死亡 2～3 头，其中死亡于出生后一周内的占死亡总数的 60％左右。死亡的主要原因是受冻、受压、饥饿和下痢。因此，仔猪出生后一周内的主要管理工作是保温、防压、使仔猪吃足初乳，固定好乳头，及时补铁，并解决好母猪无奶、寡产、死亡和多产仔猪等一些问题。

（1）吃足初乳，固定乳头　母猪产后 7 天内所分泌的乳汁叫作初乳。初乳中含有丰富的蛋白质、维生素、镁盐和抗体等，具有轻泻作用，能促使胎粪的排出。初乳中的营养物质在小肠内几乎能全部被吸收。如果仔猪吃不到初乳则很难成活，初乳的作用是常乳无法取代的。

初生仔猪开始吃乳时，常互相争夺乳头，强壮的仔猪往往占据前边奶水充足的乳头，并且仔猪有固定乳头吃奶的习性，一旦固定下来，一般到断奶都不更换。为保证全窝仔猪都能均匀发育，可用人工固定乳头的办法，将初生重小、发育较差的仔猪固定在前边几对奶水多的乳头上，这样既可以减少弱小仔猪的死亡，使全窝仔猪发育匀称，又可以防止因仔猪争夺乳头而互相咬架或咬伤母猪乳头。如果仔猪少、乳头多，可让仔猪吮食两个乳头的乳汁，既有利于仔猪生长，又不留空乳头，更利于母猪乳腺的发育。如果仔猪多、乳头少，可采取找"保姆猪"的办法，将多余的仔猪寄养出去。

（2）保温御寒，防止压死、压伤　冬、春季分娩的仔猪，死亡的主要原因是受冻或被母猪压死。仔猪生长的适宜温度是：出生后 1～3 日龄为 30～32℃，4～7 日龄为 28～30℃，15～30 日龄为 22～25℃。保温措施很多，可根据各地具体条件因地制宜采取保温措施。例如：调节产仔季节，避开寒冷季节产仔；北方若采取全年产仔制，应设产房，堵寒风洞，增设红外线灯等供热设备，加铺垫草，保持栏舍干燥等。

初生仔猪活动不灵活，如母猪体大笨重、行动迟缓、产后疲倦，或母性较差等常压死仔猪。防护措施有：保持舍内适宜温度，防止仔猪因为怕冷钻到母猪肚皮底下或垫草堆内而被母猪压死；在产后 1 周内加强看管，特别是母猪吃食或排泄后回去躺卧时要留心；保持环境安静，避免突然的声响使母猪受惊而踩压仔猪；可在猪圈内一侧或一角设置护仔间或护仔栏架，使仔猪与母猪隔开睡觉。

（3）及时补铁，滴喂稀盐酸和胃蛋白酶　从仔猪出生后 1～2 天起开始补铁。其方法有：每头仔猪肌内注射 150 毫克铁制剂；口服铁制剂或涂于母猪乳头上，让仔猪吮食；在 2～3 日龄内，每头仔猪口服 1～2 滴 0.5％稀盐酸和胃蛋白酶，以避免仔猪贫血，增强仔猪的消化机能和防病能力，提高其断奶体重。

（4）做好防病工作　主要是预防仔猪下痢。仔猪下痢多发于出生后 3～7 日龄，尤以 7 日龄以内拉黄痢最为严重，死亡率较高。发病原因有：天气骤变，气温变化大；乳汁过浓，脂肪含量过高不易消化；母猪饲料突然变化引起乳汁改变；栏舍潮湿，不卫生；供水不足或饮脏水、尿液等。应根据致病原因及早采取预防、治疗措施。

105 怎样给初生仔猪固定乳头？

（1）人工辅助固定　当仔猪个体间差异不大，有效乳头足够时，出生后 2～3 天绝大多数仔猪能自行固定乳头吮乳，不必干涉。如果个体间体重差异大，应把个体小的放在前 3 对乳头吮乳，因为前面的乳头泌乳量高。方法是把母猪后躯垫高些，使前躯低些，因为初生仔猪有"向高性"，这样体大的仔猪就会先去占领后躯的几对乳头，人工将个体小的仔猪放在前几对乳头吮乳，这样两天后就能固定好。

（2）完全人工固定　从仔猪出生后第一次吮乳开始人工固定。将橡皮膏贴到仔猪身上，写上它所固定的乳头顺序号，仔猪吮乳时人为控制，不允许串位。同时，将多余乳头用胶布贴住封严，仔猪很快按固定乳头吮乳，不会抢乳头。

106 仔猪出生后奶不够吃怎么办？

（1）找"保姆猪"　如果母猪产活仔数超过乳头数，可选择产仔期相近（一般不超过 2 天）、产仔少、泌乳力强的母猪为"保姆猪"，将部分仔猪送至"保姆猪"处寄养。

（2）人工补乳　找不到"保姆猪"时，可人工补乳。人工补乳指用易消化、营养与母乳相似的原料配制成代乳品，将代乳品装放在容器内，安上假乳头，引诱仔猪哺乳，或装入特制的容器内，诱其饮用。常用的代乳品配方有：①新鲜牛奶或羊奶 1 000 毫升、葡萄糖或蔗糖 60 克、硫酸亚铁 2.5 克、硫酸铜 20 克、硫酸镁 20 克、碘化钾 0.02 克，煮沸后冷却至 50℃时，打入鸡蛋 1 个，加入鱼肝油 1 毫升，土霉素粉 0.5 克，多维 0.1 克，搅匀后，立即补乳。②乳豆粉 500 克、淡鱼粉或蚕蛹粉 100 克、酵母粉 50 克、葡萄糖或蔗糖 100 克、胃蛋白酶 5 克、生长素 10 克、氯化胆碱 1 克、乳康生 5 克、多维素 1 克、温水 2 000 毫升，打入鸡蛋 1 个，滴入鱼肝油 7～8 滴、稀盐酸 2～3 滴，混匀后即可补乳。

代乳品补乳的时间和数量是：开始每 1～2 小时 1 次，每次 40～50 毫升；5 天后每 3 小时 1 次，每次 250 毫升，晚上 2～4 小时 1 次，每次 50～300 毫升。补乳时要根据仔猪哺乳规律，采用少给勤补的办法，保证补乳容器及假乳头的清洁卫生，保持人工乳适宜的温度。

107 怎样做好初生仔猪的寄养工作？

如果母猪产后无奶或因故死亡，或产活仔数超过乳头数，这时需要进行仔猪的寄养。在仔猪寄养过程中容易出现两个问题，必须解决好。

第一种情况是寄养仔猪不吮"保姆猪"的乳头。这种情况常发生于仔猪出生数日后的寄养，解决的办法是把寄养仔猪隔离母乳 2～3 小时，等到仔猪感到非常饥饿时，就会自己寻找"保姆猪"的空余乳头吮乳。但也有一直不吮"保姆猪"乳的仔猪，可强制其吮乳，即当"保姆猪"放奶时，把"保姆猪"空余乳头放在仔猪嘴里，挤乳给仔猪吃，重复数次后，仔猪尝到了甜头，就会自动吮乳。

第二种情况是，"保姆猪"不让寄养仔猪吮乳。解决办法是把"保姆猪"产仔时的胎衣、羊水或垫草、尿液擦在寄养仔猪身上，也可把"保姆猪"亲生的仔猪与寄养仔猪放在一起2～3小时，还可以用少量白酒或酒精喷入母猪鼻孔和仔猪身上。

108 怎样给仔猪补料？

做好仔猪补料是提高仔猪成活率及断奶体重的重要一关，也是提高母猪繁殖力、使母猪两年产5窝的有效措施之一。

（1）要提早补料 母猪的泌乳量在产后3周达到高峰，以后逐渐减少，而仔猪随体重的增长对营养的需求不断增加，如果不及时补料，就会阻碍仔猪的生长发育，因此，要提早给仔猪补料。一般从7～10日龄开始补料，以便母猪泌乳量下降时仔猪能习惯按顿吃料。

（2）要采用适宜的方法

① 设补料间或补料栏 补料间或补料栏内要清洁卫生，光照充足，温度适宜，内设长、高适宜的料槽，补料栏要靠近母猪料槽。

② 诱导仔猪采食 仔猪6～7日龄后开始长牙，牙床发痒，这时仔猪爱拱咬地面上的东西，特别喜欢咬垫草、料槽等较坚硬的东西，可以利用这一特点来诱导仔猪开食。方法是在补饲间或栏内地面上撒一些炒得焦香的熟玉米、熟高粱、熟小麦等让仔猪拱食，2周龄后逐渐换成配合饲料。

（3）要合理配制饲料 根据仔猪的生理特点和营养需求来合理配制饲料，是提高补料效果的物质基础。饲料要香甜适口，营养全面，品种稳定，容易消化。

（4）要合理饲喂 为使仔猪消化道有规律地活动，促进消化液的分泌，提高仔猪的消化力，要采取定时、定量的办法来补料。一般每天5～6次，每次以槽底不剩料，下次仍保持旺盛食欲为标准。饲料以干粉料、颗粒料为好。

（5）要注意饮水 为帮助仔猪消化乳脂和饲料，防止口渴喝污水，从仔猪3～5日龄起，水槽内要保持有适量清洁的饮水，让仔猪自由饮用。水槽要经常洗刷，保持清洁卫生。

109 怎样给仔猪配料？

若补料顺利，仔猪在 3 周龄即可大量采食饲料，这时仍用玉米或高粱等谷类饲料就不能满足仔猪对营养的需要，必需改用全价配合饲料。配合饲料要求高能量、高蛋白质、营养全面、适口性好、容易消化。具体配合要求为：能量高，每千克配合饲料的消化能12.97 兆焦以上；糠麸类在配合饲料中所占比例在 10% 以内；混合补料干物质占 90% 左右；蛋白质水平要高，品质要好，粗蛋白质含量不低于 18%，即配合饲料中要有 20% 饼类和 5%～8% 动物性饲料（如鱼粉、血粉、蛹粉等）；应包含 0.3%～0.5% 食盐；添加复合维生素和微量元素添加剂能显著提高增重和饲料利用率。表 3－1 的仔猪饲粮配方可供参考。

表 3－1　仔猪饲粮配方

	饲粮编号					
	1	2	3	4	5	6
体重	1～5	5～10			10～20	
饲料种类						
全脂乳粉（%）	20.0	20.0		13.5		
脱脂乳粉（%）			10.0			
玉米面（%）	15.3	11.0	43.5	13.0	59.0	54.3
小麦面（%）	28.2	20.0		22.0		
高粱面（%）		9.0	10.0	10.0	10.0	7.8
小麦麸（%）			5.0			6.0
秣食豆（%）					1.5	
草粉（%）						
豆饼粉（%）	22.0	18.0	20.0	20.0	21.0	21.0
鱼粉（%）	8.0	12.0	7.0	12.0	7.5	8.3
酵母粉（%）	4.0	4.0	2.0	4.0		
白糖（%）		3.5		3.5		

（续）

项目	饲粮编号					
	1	2	3	4	5	6
碳酸钙（%）	1.0	1.5	0.1	1.5		0.3
磷酸钙（%）						
食盐（%）			0.4			0.3
淀粉酶（%）	1.0	0.2				
胃蛋白酶（%）		0.3				
胰蛋白酶（%）	0.5					
微量元素添加剂（%）			1.0			1.0
维生素添加剂（%）			1.0			1.0
矿物质-维生素混合（%）		0.5		0.5	1.0	
营养成分						
混合补料干物质（%）	91.90	93.12	90.10	95.14	89.23	88.9
消化能（兆焦/千克）	15.271	15.564	13.60	15.564	14.22	13.514
粗蛋白质（%）	25.2	26.3	22.0	27.1	20.7	20.2
钙（%）			0.97			0.63
磷（%）			0.62			0.58

110 怎样给仔猪断奶？

做好仔猪断奶工作是促进仔猪健康发育的重要一环。目前从时间上看，仔猪的断奶方法有两种，一是早期断奶法，二是常规断奶法。仔猪早期断奶在35日龄以前，常规断奶一般在45～60日龄。为提高母猪的利用率，增加其年产仔数，可采取早期断奶法，但必须给仔猪提供良好的饲养设施，如在高床上饲养，使仔猪不与粪尿接触；保障适宜而稳定的温度；饲喂营养全面、易消化的饲料等。

无条件的可采用常规断奶法。

从断奶过程上看，仔猪断奶方法有3种：

① 一次性断奶法　即当仔猪达到预定断奶时间时，果断迅速地将母仔分开，实行同时断奶。这种方法简单，操作方便，省工省力，主要用于生长发育均匀、正常、健康的仔猪。为防止仔猪和母猪无法适应突然断奶的刺激，应于断奶前3天开始减少母猪精饲料和青饲料的饲喂量，并加强对母猪与仔猪的护理工作。

② 分批断奶法　即根据仔猪的发育情况、食量和用途分先后陆续断奶。一般将发育好、食欲强、拟肥育的仔猪先断奶；而体格小、拟作种用的后断奶，适当延长哺乳期。该种方法费工费力，母猪哺乳期较长，但能较好地适用于生长发育不平衡或寄养的仔猪。

③ 逐渐断奶法　是逐渐减少哺乳次数的断奶方法，即在仔猪预定断奶日期前4～6天，让母仔分开饲养，常将母猪赶出圈舍，定时放回哺乳，哺乳次数逐日减少直至不再哺乳。此法安全可靠，可减少对母仔的刺激，适用于不同情况的仔猪。

仔猪断奶时应做好仔猪补料，使仔猪有牢靠的物质基础。逐渐在饲料中添加优质的青绿饲料或粗饲料及有关添加剂，以增加仔猪采食量和提高消化力。同时，应给仔猪创造适宜的条件，做到"五不变"，即舍温、饲料、环境、伙伴、饲养员不变。为此，仔猪断奶时最好将仔猪留于原舍，让母猪离开，或将母猪隔离，停10～15天后再将仔猪按大小强弱分群或成对离开原舍。在饲料饲喂上，要由少到多，逐渐增加，定时定量，少给勤添，注意供给清洁的饮水。在管理上要及时清除猪舍内的粪尿，保持清洁干燥，避免寒冷、风雨等不利因素对仔猪的影响。

111 断奶仔猪应如何饲养管理？

仔猪断奶后10～20天内往往精神不安、食欲下降、增重缓慢，为了较好地度过这一阶段，应采取"两维持，三过渡"的措施。"两维持"是指维持原圈饲养，维持断奶前的饲料和饲养方式；"三过渡"是指对饲料、饲养制度和环境要逐渐过渡。

（1）饲料过渡　仔猪断奶后，要维持原来的饲料半个月内不变，以免影响食欲和引起疾病。半个月后逐渐改喂肥育期饲料。

断奶仔猪正处于身体迅速生长的阶段，要喂给高蛋白质、高能量和含丰富维生素、矿物质的饲粮。应控制含粗纤维素过多的饲料，注意添加剂的补充。

（2）饲养制度过渡　仔猪断奶后半个月内，每天饲喂的次数应比哺乳期多1～2次。主要是加喂夜食，免得仔猪因饥饿而不安。每次饲喂量不宜过多，以七八成饱为宜，使仔猪保持旺盛的食欲。

适口性好的饲料有利于增进仔猪的食欲。炒熟的黄豆、黑豆、豌豆等具有浓郁的香味，可以将其粉碎后作为配料改善饲料的口味。碎米、玉米等谷物类饲料经过煮熟和浸烫糖化，可改善适口性。还可利用糖精、甜叶菊等甜味剂改善饲料的口味。此外，采取熟料生料结合饲喂的方式，也能增进仔猪的食欲。

（3）环境过渡　仔猪断奶后最初几天，常表现精神不安、鸣叫，寻找母猪。为了减轻仔猪的不安，最好仍将仔猪留在原圈舍，不要混群。在调圈分群前3～5天，使仔猪同槽吃食，一起运动，彼此熟悉。再根据性别、个体大小、吃食快慢等进行分群，每群多少视猪圈大小而定。注意让断奶仔猪在圈外保持充分的运动时间，圈内也应清洁、干燥、冬暖、夏凉，并且进行在固定地点排泄粪尿的调教。

（4）预防仔猪消化道疾病　断奶后仔猪由吃母乳改为独立吃料，胃肠不适应，很容易发生消化不良，因此，仔猪刚断奶后半个月要精心饲养，断奶头一周要适当控制喂料量，如果哺乳期是按次喂，则断奶后头半个月每天饲喂次数仍与哺乳期保持相同，以后逐渐减少，至3月龄可改为每日喂4次。

（5）供足饮水，保持清洁　仔猪断奶后，采食饲料量大增，要供给充足的饮水，并保证饮水清洁。

（6）断乳仔猪的网床饲养　在有些规模化饲养场中，仔猪断奶后从产房转入封闭式的仔猪培（抚）育间的网床上饲养。由于网床饲养不直接接触地面，仔猪与地面粪尿接触减少，可防止细菌感染，减少腹泻的发生，因此，仔猪生长发育快、饲料利用率高。试验证明，在同样的环境和饲料营养条件下，网床饲养比地面上饲养的断奶仔猪平均日增重提高 15% 左右，日采食量提高 68% 左右，饲料利用率提高 6% 左右，而且网床上饲养的仔猪表现健康、生长发育整齐和增重明显。

网床是用直径 6.5 毫米的钢筋焊接而成，两根钢筋之间的距离为 10～12 毫米。网床底距地面 30～40 厘米，网面面积为 240 厘米×165 厘米。1 张网床可饲养断奶仔猪 12～14 头。每个网床内设自动采食箱和自动饮水器各 1 个。网床放在专门用于仔猪培育的封闭式猪舍内，保持舍内温度不低于 18℃。

网床饲养的仔猪，一般在 35 日龄断奶，转入仔猪培育舍，饲养在网床上，用自动采食箱继续饲喂哺乳期的仔猪料（粗蛋白质水平在 20% 左右，消化能为 13～14 兆焦/千克），至 50 日龄（进入网床 15 天）后饲料粗蛋白质水平降到 18% 左右，70 日龄左右（进入网床约 35 天）、体重为 25～30 千克时下网，转群到生长肥育猪舍饲养。整个培育过程均为自由采食、自由饮水。

112 怎样给仔猪去势？

凡不留作种用的仔猪，均应早期去势。去势时间一般为：公猪 20～30 日龄，母猪 30～40 日龄，仔猪体重 5～10 千克。早期去势，不仅伤口愈合快，手术简便，对仔猪造成的损伤较小，而且去势后能加速仔猪的生长。

（1）小公猪的去势 用右手提起仔猪右后腿，左手抓住右侧膝前皱襞，使仔猪左侧卧地，背向术者，再用左脚踩其头颈部，右脚踩住尾根；左手紧握阴囊将睾丸固定住。常规消毒后，右手持劁猪刀切开一侧睾丸的皮肤和实质，挤出睾丸，分离睾丸韧带，使精索充分露出，用边捋边捻转的办法摘除睾丸，再于原切口处切开阴囊中隔和另一个睾丸实质，用上述方法摘除另一个睾丸，最后消毒，并在伤口处撒一些消炎粉，创口一般不缝合。

如果仔猪患有疝，要在肠管复位的基础上，左手捏住睾丸，小心切开阴囊皮肤，挤出包有总鞘膜的睾丸，边捻转边向外拉，最后在接近腹股沟管的外环处将总鞘膜和精索穿线结扎，在结扎线外方1厘米处切除睾丸，撒上消炎粉。

如果仔猪患有隐睾，要在牢固保定的基础上切开后腹部（膁部），由前向后沿肾脏后方到骨盆腔内寻找睾丸，将其取出，捻转捋断或结扎精索摘除睾丸，缝好腹膜、肌肉、皮肤，撒上消炎粉。

（2）小母猪的去势　用左手提起仔猪左后腿，右手捏住左侧膝前皱襞，使仔猪头在术者右侧，尾在左侧，背向术者，猪体右侧卧地。再用右脚踩住仔猪头颈部，将左后腿向后伸展，使仔猪后躯呈半仰卧姿势，左脚踩住左后腿飞节下方蹬于地面上。在左侧髋关节至腹白线的垂线上，距左侧乳头（倒数第2个乳头）2厘米处用碘酊消毒后，用左手拇指在此处垂直用力下压，同时右手持劁猪刀使刀尖顺拇指垂直刺入，在切开口的同时，左手拇指微抬、右脚用力踩猪，既防刀尖刺伤脊柱两侧动脉，又使仔猪尖叫用力，以增加腹内压力，促使子宫角随刀口露出。如果没露出，可用右手拇指协同左手拇指以挫切式用刀往下按压，使子宫角露出。如果仍没有露出，可将刀柄伸入腹腔拨动肠管，将子宫角挑出（似乳白色面条）。待子宫角露出或挑出后，右手立即捏住，用左右食指第一、二指节背面在切口处用力压腹壁，以双手拇指、食指互相交替捻动，轻轻将子宫角、卵巢和部分子宫体拉出，在靠子宫颈处将子宫体捏断或挫断，于刀口处撒些消炎粉，不必缝合。最后，提起仔猪后腿将其摆动或拍打腹部后放走。

113 养好哺乳仔猪的关键性时期是哪段时期？

仔猪出生后，生活环境与生活条件发生了巨大变化，如果饲养管理不当、护理不周，会引起仔猪死亡。生产实践证明，仔猪年龄越小，死亡率就越高，尤以出生后7日龄内最多。死亡的主要原因是白痢、发育不良、受压、受冻等。该时期仔猪体弱，行动不灵活，抗病力和抗寒力差，因此，这是养好哺乳仔猪的第一个关键性时期，其主要工作是加强初生仔猪的保温、防压护理。出生后

10～25天，由于母猪泌乳量一般在 21 天左右达高峰后就逐渐下降，而仔猪的生长发育却在加速，营养需要量增加，如不及时喂料，以补充母乳不足，容易造成仔猪瘦弱，易患病而死亡。因此，这是养好哺乳仔猪的第二个关键性时期，其主要工作是开食补料。仔猪 1 月龄后，死亡较少，食量增加，是由吃乳过渡到吃料和独立生活的重要准备期。因此，这是养好哺乳仔猪的第三个关键性时期，其主要工作是喂料和及时断奶。

114 养好哺乳仔猪的关键性措施有哪些？

在生产实践中，人民群众根据仔猪生长发育特点和关键时期的主要矛盾及矛盾的转化，总结出了养好仔猪要"抓三食（乳食、开食、旺食）、过三关（初生关、补料关、断奶关）"的措施。

（1）抓乳食，过好初生关　仔猪出生后一个月内，主要靠母乳生活；初生期又有怕冷、易得病的生理特点。因此，获得充足的母乳是促进仔猪健壮发育的关键措施，保温、防压是护理仔猪的根本措施。

（2）抓开食，过好补料关　训练仔猪吃料，称为开食。仔猪出生后，其体重及营养需要均与日俱增，母猪泌乳量虽在第3～4周达到高峰，但之后逐渐下降，自第2周以后，已不能满足仔猪体重日益增长的要求，如不能及时补料，弥补营养不足，就会影响仔猪的正常生长。及早补料，还可以锻炼仔猪的消化器官及其机能，促进胃肠发育，防止下痢，缩短过渡到饲喂成年猪饲料的适应期，为安全断奶奠定基础。因此，引导仔猪开食的补料时间应在母猪乳汁变化和乳量下降之前5～10天开始，以便仔猪学会认料。

（3）抓旺食，过好断奶关　仔猪 30 日龄后，随着消化机能逐渐完善和体重的迅速增长，食量大增，进入旺食阶段。为了提高仔猪的断奶体重和断奶后对成年猪饲料的适应能力，应加强这一时期的补料。在仔猪 45～60 日龄后，应根据其体重、体质及用途及时进行断奶，并做好仔猪断奶工作。

115 什么是仔猪早期断奶？仔猪早期断奶有哪些好处？

早期断奶是指在仔猪 35 日龄以前实施断奶，一般大、中型猪场仔猪的早期断奶多安排在 28 日龄。要让母猪在一生中能生产更多的断奶仔猪，则要增加每头母猪的年产胎数。而决定年产胎数多少的主要因素是繁殖周期长短。繁殖周期是由妊娠天数（114 天）、哺乳天数和断奶至配种（空怀期）天数（7 天）组成的。其中妊娠天数和断奶至配种天数是没有太大改变的，唯有哺乳天数（即断奶日龄），是可以人为控制的。因此，实施仔猪早期断奶是增加母猪年产仔数的有效措施。

（1）增加母猪年产仔数　假定一头母猪平均每胎产 10 头活仔猪，60 日龄断奶，那么完成一个繁殖周期总共需时 181 天（114 天＋60 天＋7 天），即使一切工作顺利，一头母猪一年只能生产 2 胎，即 20 头活仔猪。若采取 28 日龄断奶，繁殖周期就会缩短到 149 天（114 天＋28 天＋7 天），一头母猪一年可产 2.4 胎，即可得到 24 头活仔猪。也就是说，通过缩短哺乳期，由过去的 60 日龄改变为 28 日龄断奶，就可让每头母猪每年多产 4 头活仔猪，无疑会给猪场带来一定的经济效益。

（2）可节省种猪和每头断奶仔猪的饲料消耗　假定一个猪场母猪泌乳期间每头母猪每天饲喂 5 千克饲粮，断奶到配种期间每头母猪每天喂 3 千克饲粮，妊娠期间每头母猪每天喂 2 千克饲粮，那么由于母猪泌乳期长短不同，摊到每头仔猪上的母猪耗料量就大不一样了。

采用 60 日龄断奶，一头母猪全年消耗饲粮总量为 1 098 千克，即泌乳期耗料 600 千克（60 天×2 胎×5 千克），空怀期耗料 42 千克（7 天×2 胎×3 千克），妊娠期耗料 456 千克（114 天×2 胎×2 千克）。如果母猪平均年产 20 头断奶仔猪，则推到每头仔猪上的母猪耗料（平均每头耗料）54.9 千克（1 098 千克÷20 头）。

采用 28 日龄断奶，每头母猪全年耗料仅为 933.6 千克，24 头活仔猪，每头平均耗料 38.9 千克，相比 60 日龄断奶的活仔猪平均每头耗料 54.9 千克，每头可节省饲料 16 千克（54.9－38.9＝16 千克）。

由此可见，一个大型年出栏万头商品猪、饲养 600 头以上母猪的猪场，如果把断奶日龄由 60 天改为 28 天，按每头母猪年产 2.4 胎，每窝断奶 10 头仔猪计，全年可节省饲料共 14 400 头（600×2.4×10）×16 千克＝230 400 千克，即节省 23.04 万千克饲料，数量之大，十分惊人。减少饲料消耗，降低养猪成本，经济效益就会大大提高。

（3）可减轻母猪生理负担　试验证明，母猪在 2 个月的泌乳期内，最少可产奶 200 千克，猪乳中含干物质 18%，即 36 千克干物质。而母猪一窝产 10 头仔猪，每头仔猪初生重约 1 千克，含干物质 20%，全窝 10 头仔猪含干物质约 2 千克。也就是说，母猪在 60 天的哺乳期内，从乳中排出的干物质要比在妊娠期中一窝仔猪的干物质多 15～20 倍。因此，年产 2 窝，2 个哺乳期均为 60 天的母猪要比早期断奶的母猪生理负担大得多。通过缩短哺乳期，增加年产胎次来改变母猪生理机制，可明显减轻母猪的生理负担，使母猪保持良好的繁殖体况，更有利于下一个繁殖周期的发情配种。

116 怎样给早期断奶仔猪配合饲粮？

早期断奶仔猪饲粮的营养必须尽可能完善，且适口性好，易被消化吸收，体积不大，有利于仔猪生长。试验证明，谷物饲料的适口性以小麦最好，玉米、高粱次之。鱼粉是仔猪良好的动物性蛋白质来源，大豆粉蛋白质含量较高，炒熟后饲喂可增加其香味，提高适口性。奶粉不仅营养含量丰富，且适口性好，且有增加乳酸菌、抑制大肠杆菌、保护肠黏膜的功能。

117 早期断奶仔猪饲养管理的关键性措施有哪些？

仔猪断奶日龄越小，其抵抗力就越差，消化机能也越弱。要想仔猪早期断奶获得成功，就必须根据其消化生理特点，科学地饲养管理和配合饲粮。

（1）保证断奶仔猪体重达到一定要求　要想获得较为满意的断奶效果，仔猪断奶平均体重，即 28 日龄时体重应达到 6 千克以上。如果达不到 6 千克，说明种猪品质及种猪、仔猪在饲养管理上还存在问题，需要进行总结和改进。

（2）确保断奶仔猪适宜的环境条件　所谓环境条件主要是分娩舍的室内温度、湿度及环境卫生。分娩舍室内温度不低于 25℃，尤其是在严冬季节，分娩舍保温非常重要。仔猪保温箱内温度不低于 30℃，初生到 10 日龄温度保持在 33～35℃，有条件的猪场最好用暖气。仔猪保温箱上方用红外线灯供暖，也可用电热板给仔猪供暖。有的猪场产房用热风炉供暖，要注意保证室内空气流通。室内空间或保温箱内温度差异不宜过大，否则仔猪易患感冒或下痢，影响生长发育。分娩舍和保育舍要求地面干燥、清洁卫生，要定期消毒，严防传染病发生和流行。

（3）做好仔猪诱食和补料工作　为了刺激哺乳仔猪胃腺分泌消化液，健全消化机能，必需尽早诱食。另外，母猪泌乳量在仔猪出生 3 周后逐渐下降，为了满足仔猪迅速增长的营养需要，必须做好补料。诱食是补料的基础。仔猪出生 5 天后，活泼好动，牙齿发痒，有东拱西啃的行为，一般 7 日龄开始诱食。工厂化养猪场多用仔猪全价颗粒料，其具有乳腥甜味，仔猪很爱吃。先撒少量颗粒料，任其采食，少喂勤添，切忌一次放入过多。仔猪一般在 10 日龄，最迟 15 日龄以后，食量大增。农家小型猪场也要做好诱食工作，一般先用炒熟的玉米、麦粒或鲜嫩蔬菜，撒在水泥地上或仔猪补料箱内任其采食，要求少喂勤添。一般 10 日龄以后改用按一定比例组成的混合料，如由豆饼（豆饼）、玉米、麦麸、鱼粉、食盐等组成的混合料，并加 1/3 的青菜（切碎），日喂 3～4 次。精饲料要求每千克消化能 12.55～13.39 兆焦、粗蛋白质 18%～20%，同时维生素和微量元素也应满足营养需求。

四、种猪的饲养管理

118 怎样选好后备猪？

在仔猪断奶后，选出一部分好的个体留作种用，其 4 月龄前称为育成阶段，4 月龄后称为后备阶段。后备猪的选留十分重要，关系到种用价值和猪群的质量。

选留种用育成猪，要从第二胎以后，在体大结实、外形好、产仔多、奶量足的母猪窝里挑选，入选者应是窝内长得最快、体重最大、没有缺陷的个体，同时还要兼顾仔猪的父本情况。

选留种用育成猪一般多在春季。因为春季气候温和，阳光充足，青饲料充分，好饲养。秋季留种也可以，但要注意解决冬季寒冷和饲料单调等问题。

当育成猪 4 月龄以后，再从中选留后备猪。后备猪身体各部位必需发育匀称，身腰长，腿高，四肢端立，背线平直，腹部紧凑，臀部宽平而深；皮毛光滑，胖瘦适度；反应灵活，眼有神；食欲旺盛，不挑食。

后备母猪的泌乳器官必须发育健全，有效乳头 6～7 对，少于这个数目，则不能满足哺乳的需要。各乳头之间需有一定间隔，而且排列整齐，不能有瞎乳头（乳头内陷）和赘生乳头。

后备公猪的睾丸要大小适中，均匀，紧凑。单睾、隐睾和睾丸松弛下垂的猪都不能留作种用。

119 怎样养好育成猪？

从断奶到 4 月龄是断奶仔猪的育成阶段，这时育成猪仍处于快速生长发育时期，是骨骼、肌肉的加速生长阶段，消化机能还没有发育完全，如果饲养管理不当，就会引起育成猪生长发育停滞，形成僵猪，甚至患病或死亡。

饲养育成猪的主要任务是：保证育成猪的正常生长，减少和消除疾病的侵袭，育成健壮结实、符合标准的后备猪。

在育成猪阶段，需要用精饲料量较多的高能量、高蛋白质饲粮。为促进育成猪肌肉、骨骼迅速生长，必须充分供给蛋白质、维生素、矿物质等营养物质，饲粮中粗蛋白质含量不应少于16％，以18％为宜，同时应限制含粗纤维和碳水化合物过多的饲料的喂量，以免影响育成猪的消化或使仔猪早期过肥，每千克饲粮消化能宜在12.55～14.64兆焦。为保持饲粮相对稳定，可配制基础饲粮，饲粮组成可参考表4-1，并可根据猪体重的变化添加补充料进行调整。

表4-1　育成猪饲粮配方

饲粮比例							营养成分		
玉米（％）	高粱（％）	豆饼（％）	麦麸（％）	豆科牧草（％）	贝壳粉（％）	食盐（％）	消化能（兆焦/千克）	粗蛋白质（％）	粗纤维（％）
40	20	20	11	7	1.5	0.5	12.55	15.6	8.1

注：维生素、微量元素添加剂另加，占精饲料的0.5％～1％。

对育成猪的管理，关键要做好3个过渡：

（1）饲料过渡　在仔猪断奶后半个月内保持饲粮不变，以免突然改变饲粮而降低仔猪食欲，引起消化紊乱。半个月后再逐渐改变为育成猪饲粮。

（2）饲养制度过渡　在断奶后半个月内，除按哺乳期补饲的次数及时进行饲喂外，夜间应再增加一次饲喂，免得停食过长，使仔猪因饥饿而不安。

仔猪对颗粒料或粗粉料的喜好超过细粉料，而蒸煮或浸烫糖化可改善谷物和甘薯的口味，因此，有的猪场对断奶仔猪采取熟料定时、定量饲喂与生粉料不定量饲喂相结合的方式。

同时，要供给充足的清洁饮水。育成猪采食大量饲料后，常会感到口渴，如供水不足或饮污水易引起下痢。有条件的养猪户可设自动饮水器或水槽，以保证饮水的供给。

（3）环境过渡　仔猪断奶后头1～2天很不安定，经常嘶叫并寻找母猪，夜间尤甚，当听到邻圈哺乳声时，骚动更为厉害。为了减轻仔猪断奶后因失掉母乳而不安，最好采取不调离原圈，不混群并窝的"原圈育成法"，仅将母猪调走。如需调圈并窝，应在断奶半个月、吃食及粪便正常后进行。为了避免并圈分群后仔猪不安和互相咬斗，应在分群前3～5天使仔猪同槽进食或一起运动，使其彼此熟悉，然后根据仔猪的性别、个体大小、吃食快慢进行分群。

此外，育成猪应保证充分的运动和日光浴，夏季尽可能每天放牧饲养4～6小时，冬季天晴时室外运动2小时。

猪舍内应保持干燥清洁、冬季温暖，勤换、勤晒垫草，并加强定点排泄的调教，养成不尿床的习惯。如圈舍密度太大或太小，也会引起排泄行为紊乱。只要圈舍保持干燥和铺厚垫草，又有适宜大小的群体，一般在能保温的猪舍内，冬季不生火增温也可成功地养好育成猪。

120 怎样养好后备猪？

仔猪4月龄到初次配种前是后备猪的培育阶段。培育后备猪的任务是获得体质健壮、发育良好、具有品种典型特征和高度种用价值的种猪。

对后备猪要求发育良好，在8～10月龄达到成年猪体重60%～70%时配种，不应过肥，以免出现繁殖障碍。因此，在后备猪的饲粮构成上，应在满足骨骼、肌肉生长发育所需营养的前提下，少用含碳水化合物丰富的饲料，多用品质优良的青绿多汁饲料和干草粉。在饲喂方法上宜采用定时、定量的限制饲养法。后备猪的饲养方案参考表4-2。

表4-2 后备猪的饲养方案

后备猪月龄		2	3	4	5	6	7	8
预计体重（千克）	大型品种	20	30	45	60	80	100	130
	中型品种	15	25	35	50	65	80	100
	小型品种	10	20	30	40	50	60	80
干饲料日给量占体重的比例（%）		5.0	5.0	4.5	4.0	3.5	3.5	3.0
粗蛋白质（%）		17	17	14	14	14	14	13
日喂次数（次）		5	5	4	4	3	3	3

仔猪在体重达到50千克以后，随着消化机能发育完善，消化吸收能力加强，不仅食欲旺盛，而且贪睡，如不限制食量，任其自由采食，很容易上膘变肥，且易因过食撑大胃肠形成垂腹，又可造成挑拣食物抛撒饲料的恶习。因此，后备猪的食量可根据1次饲喂后，猪自动离开料槽时所摄入饲料的数量判定，或根据投食后5～6分钟内进食的数量，乘以饲喂次数即可计算出全天应给的饲料量，并随仔猪的增重、食量及粪便形状变化逐渐增加给料量。后备猪的饲粮配合可参考表4-3。在青绿饲料丰富的季节，应充分利用青绿饲料，在使猪尽量采食的基础上，补充配合饲料。

表4-3 后备猪配合饲粮配方（%）

饲 料	自由采食		限制饲养	
	日粮1	日粮2	日粮1	日粮2
玉米、高粱（含粗蛋白质8%）	30	30	67.5	10
麦类（含粗蛋白质12%）	30	30	10.0	10
薯类（含粗蛋白质3%）	—	—	—	40
苜蓿干草（含粗蛋白质17%）	30	25	5.0	20
豆饼（含粗蛋白质36%）	10	15	17.5	20

注：维生素、矿物质添加剂另加。

对后备猪的管理也是十分重要的，要特别注意后备猪的运动。运动既可锻炼身体，促进骨骼和肌肉的正常发育，保证结构匀称的体型，防止过肥或肢蹄不良，又可增强体质和性能力，防止发情失常和寡产。因此，后备猪舍应有运动场，有条件的地区和猪场，夏、秋季节可采取放牧饲养，冬、春季节可进行驱赶运动或室外运动场的自由活动。运动场面积应为猪床面积的5～6倍。

为了掌握后备猪的生长发育情况，可每月称重一次，6月龄加测体尺，并统计其饲料消耗量。根据猪的发育情况，定期调整猪群。

121 怎样给种公猪配合饲粮？

要保证种公猪体质结实、健壮、性欲旺盛、精液品质好、配种能力强，必须进行合理饲养。提供适宜的营养水平，使种公猪保持不胖不瘦的体况，过肥过瘦都会影响配种能力。体重90～150千克的种公猪每日需要消化能为17.99～28.87兆焦，粗蛋白质为196～276克。配种前1月，营养标准增加20%～25%；冬季严寒期，营养标准增加10%～20%。

种公猪饲粮应以精饲料为主，可提高精液质量，避免形成"草腹"而影响配种。在常年均衡配种和季节性配种的非配种期，种公猪日喂混合精饲料2千克左右（含粗蛋白质14%）。在季节性配种的配种期，种公猪日喂混合精饲料2.5～3.0千克（含粗蛋白质15%），喂量可灵活掌握，以保持种公猪膘情适宜、精力旺盛为原则。在配种旺季，种公猪饲粮中最好能搭配一些鱼粉、血粉、鸡蛋、羊奶等动物性饲料，以提高其性欲和精液质量。种公猪饲粮中也必须适当搭配贝壳粉（或石粉）、骨粉及青饲料，以满足矿物质和维生素要求。缺乏青饲料时，可采用复合维生素添加剂。种公猪的饲粮组成可参考表4-4。

表4-4 种公猪饲粮配方

饲养期		配种期		非配种期	
配方编号		1	2	1	2
饲料配合比例（%）	玉米	50.2	35	38.3	31
	大麦	4.8	27.9		
	大米	17.9			
	小麦				
	高粱		21	3.7	5
	麸皮	6		14.7	12
	酒糟			18.8	18
	青贮玉米			7.6	16
	大豆	5.2	12.9		
	豆饼			11.1	6
	葵花籽饼	8.8		3.7	10
	鱼粉	6.3	2.7		
	骨粉			0.7	0.7
	贝壳粉			0.7	0.7
	食盐	0.8	0.5	0.7	0.6

122 怎样科学管理种公猪？

种公猪的圈舍要求冬暖夏凉，保持干燥、卫生。要妥善为种公猪安排喂饲、饮水、运动、休息、配种（或采精）、刷拭、洗浴等活动日程，形成制度，不要轻易变动，使种公猪养成良好的习惯。

配种（或采精）要在早、晚喂饲前进行，配种后不能立即饮水、洗浴或喂饲。要尽量减少对种公猪的刺激，除配种时间外，尽量做到种公猪嗅不到母猪味、听不到母猪声、看不到母猪样，不许把母猪赶到公猪圈配种。

种公猪最好单圈养、单槽喂，日喂 3 次，以喂生湿料另加饮水为好，不要喂稀料。生湿料的调制就是把所要饲喂的饲料粉碎后掺合在一起，拌匀，加适量水分，使饲料达到手握不滴水、松手饲料又散花的程度。用这样的混合料喂猪，营养（尤其是维生素）不易被破坏，而且猪咀嚼细致，消化性好，营养吸收多。每次喂八九分饱即可，以免饱食贪睡。

为增强种公猪的体质，最好每天能固定运动时间，可在就近牧地放牧或在圈外运动场做自由活动，也可做驱赶运动，即每天 2 次，上午在早饲后，下午在晚饲前进行。每次 1～1.5 小时，距离不少于 2～3 千米，按先慢走、中间快走、再慢走的顺序驱赶。对配种期的公猪，可在早晨配种前 1 小时再增加一次运动，这次运动时间和距离要短些，以免公猪疲乏而影响配种。

要经常给种公猪刷拭，保持皮肤清洁。蹄形不正或蹄甲过长，应及时修剪。为防止种公猪咬架或伤人，要注意锯去种公猪长长的獠牙。

123 怎样合理利用种公猪？

配种利用是饲养种公猪的唯一目的，但是否能够适当利用种公猪，直接关系到母猪产仔数和公猪本身的利用年限。后备公猪的初配年龄随品种、自然条件和饲养管理条件不同而有区别，一般其适宜年龄为：培育品种 8～9 月龄，体重 100 千克左右；北方地方猪种 8 月龄，体重 80 千克左右；南方早熟猪种 6～7 月龄，体重 65 千克左右。

种公猪的利用强度：本交（自然交配）时，1～2 岁青年公猪，高强度利用可每天配种 1～2 次，如一天配 2 次，最好早晚各配 1 次，以便让它在两次配种之间有充分的休息时间。高强度利用，连配 2～3 天休息一天；中强度利用，每 2 天配种 1 次。2～5 岁的成年公猪，高强度利用时，可每天配种 2 次（间隔 8～10 小时），连配 4～6 天休息 1 天；中强度利用时，每天配种 1 次，连配 2 天休息 1 天。5 岁以后的公猪，由于体质渐衰，可每隔 1～2 天配种

1次。

人工授精：青年公猪高强度利用可每2天采精1次，中强度利用可每3天采精1次；成年公猪高强度利用可每天采精1次，中强度利用可每2天采精1次。

124 种公猪配种时应注意哪些问题？

（1）公、母猪配种时，应将公猪和母猪赶到圈外固定的地点配种，配种地点要平整清洁、安静、背风向阳，还应清除各种杂物。

（2）配种时注意气候变化，寒冷的冬季不要在早晚冷时配种，炎热的夏季应以在早晚凉爽时配种为宜。

（3）严禁饱食后配种和在公、母猪舍内配种，以免发生意外事故。

（4）公猪配种时，让公猪绕母猪多转几圈，以利于激发公猪的性欲。

（5）配种结束后应让公猪自由地回到舍内安静休息半小时以上，切忌暴饮暴食、凉水冲洗等。

125 怎样防止种公猪出现自淫现象？

种公猪自淫，一般多为早熟品种，性成熟早，性欲旺盛，特别是遇到发情母猪干扰时，常爬墙抱槽，相互爬跨射精，碰硬物造成阴茎损伤，导致种公猪体弱，性早衰，失去种用价值。解决种公猪自淫的关键是杜绝种公猪的性刺激。应注意以下几个问题：

（1）非配种时间，应不让公猪看到母猪、闻到母猪气味、听到母猪声音。公猪舍要建在母猪舍的上风向。

（2）把母猪圈好，不要让母猪追逐公猪。公猪单栏喂养，合理使用种公猪。

（3）加大运动量，让公猪在圈外的时间长些，回圈后就安静休息。

（4）交配过的公、母猪严禁相互接近，清除圈舍内的杂物等。

126 怎样养好空怀母猪?

要使母猪单胎次多产,需注意母猪配种前的饲养管理,保证空怀母猪良好的配种体况,否则会影响母猪的正常发情、配种。

空怀母猪的饲粮应避免选用单一的碳水化合物饲料,一定要保证相应的蛋白质水平和钙、磷水平,还必须充分满足维生素的需要。例如,单用玉米、高粱、薯干和粉渣浆喂母猪,会使其变肥,延缓发情。若能控制能量饲料,增加青绿多汁饲料的饲喂量,对提高繁殖力有明显效果。空怀母猪的饲粮营养水平应控制在消化能12.55 千焦/千克、蛋白质 12%～13%。一头体重 100～150 千克的母猪,若每天饲喂这样营养水平的混合饲料 1.0～1.5 千克,另加2%骨粉和 4～5 千克青绿多汁饲料,就不会出现猪体过肥,能及时发情。青年头胎母猪还在继续生长发育,要适当增加精饲料饲喂量,只要比维持需要稍高些即可。猪的维持需要大约为每 100 千克体重需 1 千克精饲料,外加青绿多汁饲料 3 千克,就可保证其生长发育要求,同时又能维持良好的配种体况。

实行季节性产仔的母猪,在仔猪断奶后不一定马上配种,如在配种前有过肥或过瘦的现象,则应在配种前及时加以调整。过肥的母猪要及时拉膘,增喂较多的青粗饲料,促使这些母猪在配种前都能达到适宜的膘情;过瘦的母猪应提高营养水平,在饲粮中加入一定量的精饲料和质量好的青饲料,并增加饲喂次数,让它迅速复膘,以利发情配种并多产健壮仔猪。此外,每天给母猪提供适当运动和晒太阳的机会,对提高繁殖率也有重要作用。

127 妊娠母猪有哪些饲养方式?

在母猪妊娠期内,根据母猪的生理及体况条件,应采取不同的饲养方式。饲养方式主要有 3 种:

(1)抓两头带中间的饲养方式 主要适用于断奶后膘情差的经产母猪。在妊娠初期应加强营养,使其恢复繁殖体况,连同配种前10 天在内约 1 个月的时间加喂精饲料,特别是蛋白质含量高的饲料。待母猪体况恢复后再按标准饲养，妊娠 80 天后，由于胎儿增重较快，更应加强营养。

（2）"步步登高"的饲养方式　主要适用于初产母猪和哺乳期间配种的母猪，前者本身还处于生长发育阶段，后者生产任务繁重。因此，整个妊娠期间的营养水平应随胎儿体重的增长而逐步提高，但在产前 5 天左右，饲粮应减少 30%，以免造成难产。

（3）前粗后精的饲养方式　主要适用于配种前体况良好的经产母猪。因为妊娠初期胎儿很小，加之母猪膘情良好，这时按照配种前的营养需要在饲粮中可以多喂给青粗饲料，以满足母猪的营养需要，其营养水平基本上能满足胎儿生长发育的需要。到了妊娠后期，由于胎儿生长发育增快，再喂精饲料。

128 怎样给妊娠母猪配合饲粮？

在母猪妊娠期内，胎儿发育是阶段性的，妊娠初期胎儿发育很慢，随着妊娠天数增加，胎儿发育逐渐加快，到了妊娠最后一个月发育最快。从妊娠第 90 天到分娩，在这 20 多天内，胎儿的增重约占初生重的 60%。

为了合理饲养妊娠母猪，节约优质饲料用量，常将母猪妊娠期分成 3 个阶段，前 40 天为妊娠初期，第 41～80 天为妊娠中期，第 81～110 天为妊娠后期。

妊娠初期，胎儿发育很慢，需要的营养不多，但在配种后 20 天内，需注意加强对妊娠母猪的饲养，因为这个时期受精卵刚刚附着在子宫角的黏膜上，还未形成完整的胎盘，对外界条件的刺激非常敏感。这时如果饲喂给母猪发霉变质或有毒的饲料，胚胎极易中毒死亡。如母猪饲粮中营养不全面，缺乏维生素等，也能引起部分胚胎中途停止发育而死亡。

妊娠中期，胎儿发育仍较慢，需要营养不多，加上母猪食欲旺盛，常采食大量饲料，故应以青粗饲料为主，尽量节约精饲料。

妊娠后期，尤其是妊娠的最后一个月，胎儿发育很快，饲粮中应逐渐增加精饲料，并饲喂给质量较好的青粗饲料，以保证母猪获得足够的营养，供应胎儿迅速发育，同时也是为了让母猪在体内积蓄一定的养分，待产后泌乳之用。妊娠母猪的饲粮配方可参考表4-5。

表4-5 妊娠母猪饲粮配方

饲料	妊娠前期	妊娠后期
配合比例		
黄玉米（%）	35	35
豆饼（%）	5	10
大麦（%）	5	5
麸皮（%）	5	5
粉渣（%）	20	20
青贮饲料（%）	30	25
每日每头喂量（千克）	5.00	5.88
营养成分		
消化能（兆焦/千克）	22.34	28.91
可消化粗蛋白质（克/千克）	169	241

129 怎样管理好妊娠母猪？

母猪妊娠期管理的要求是：增强母猪的体质，防流保胎。重点要抓3方面的管理：适当运动，增强体质；防止或减少应激刺激，预防流产；防暑降温，减少胚胎死亡。

在有条件的地方，妊娠母猪最好每天能放牧1～2小时。如果没有放牧条件，则妊娠母猪最好每天在运动场自由活动2～3小时，以增强其体质，有利于顺利分娩，减少死胎。但大量运动是不必要的，将大量能量消耗在运动上是不经济的。

要防止母猪由于挤撞、咬架、追赶、鞭打等造成机械性流产。不饲喂发霉变质和有毒饲料，防止毒物造成胚胎死亡或流产。

母猪妊娠初期，特别是第一周若遭遇高温（32～39℃），即使仅24小时也可能导致胚胎死亡增多。第三周以后，就妊娠母猪而言，抗热能力增强。因此，盛夏酷热季节应采取防暑降温措施，防止热应激造成胚胎死亡。降温的措施一般有洒水、洗浴、搭荫棚、通风等。冬季要做好防寒保暖工作，防止母猪感冒发热，造成胚胎死亡或流产。

130 母猪临产前有哪些表现？

母猪的妊娠期平均是114天，一般只要记录配种的确切日期，就可以推算出预产期。但真正的产仔日期不一定这样准确，有的母猪可能提前4～5天，也有的可能推迟5～6天。

随着胎儿的发育成熟，母猪在生理上会发生一系列的变化，如乳房膨大、产道松弛、阴户红肿、行动异常等，都是准备分娩的表现。

母猪分娩前15～20天，乳房从后向前逐渐膨大，乳房与腹部之间呈现出明显的界限。

到产前一周左右，母猪乳房膨胀得更加厉害，两排乳头胀得向外开张呈"八"字形，色红发亮。经产母猪比初产母猪更加明显。

产前3～5天，母猪阴户开始红肿，尾根两侧逐渐下陷，但较肥的母猪下陷常不明显。

产前2～3天，母猪乳头可挤出乳汁。一般来说，当前部乳头能挤出乳汁，产仔时间常不会超过1天。如最后一对乳头能挤出乳汁，约经6小时即可产仔。这时如母猪来回翻身躺卧，常会出现乳汁外流，乳头周围沾满草屑，但对膘情差、乳汁不足的母猪来说这种现象常不明显。

在产前6～8小时，母猪会衔草做窝，这是母猪临产前的特有表现。一般来说，初产母猪比经产母猪做窝早；冷天比热天做窝早；而国外引进猪种，则无明显的衔草表现，仅是拱圈围窝，即把圈内的垫草或干土拱到一处。同时，食欲减退或不食。

如发现母猪精神极度不安，呼吸急促，挥尾、流泪，时而来回走动，进而像犬一样坐着，排粪、排尿频繁，则数小时内就要产仔。

如母猪躺卧，四肢伸直，每隔 1 小时左右发生阵缩一次，且间隔时间越来越短，全身用力努责，阴户流出羊水（破水），则很快就要产出第一头仔猪。

131 母猪临产前应做好哪些准备？

有专用产房的猪场，应在母猪产前及时将产圈准备好，并在产前 5～7 天把猪赶进产圈，让它熟悉环境。如在原圈产仔，必须在母猪分娩前半个月将积肥坑的土肥彻底清除一次，到分娩前 3～5 天，再将猪床上的旧土连同污秽的垫草一起更换一次，保持猪床平整、干燥。

产房应保持清洁、干燥、温暖、阳光充足和空气新鲜。室内潮湿寒冷是仔猪死亡和母猪患病的重要因素，特别是在冬季产仔时，更要注意保温。因此，产房内的温度最好保持在 10℃ 以上，相对湿度最好保持在 65％～70％。产房墙壁应用石灰乳刷白，地面应打扫干净，铺上清洁、干燥、柔软的垫草。

此外，在产前一周用 1％～2％ 敌百虫给母猪喷雾灭虱，以防产后传染仔猪，在产前 3～5 天结合产房清扫做好消毒，并准备充足的垫草、药品（如酒精、碘酊、高锰酸钾溶液等）及分娩用具（如灯、火炉、接产器械等）。

132 怎样给母猪接产？

母猪产仔多在夜间。因此，在母猪产仔期间，管理人员要在产房内日夜守护，接产前先将临产母猪的阴户周围及尾部用温水擦洗干净，接产人员剪短指甲，洗净手臂，等待母猪产仔。整个接产过程要保持环境安静，动作准确、迅速。

母猪破水后，一般在 0.5 小时产出第一头仔猪，母猪多为侧卧，腹部鼓起，四肢伸展，尾部有时摇动，一般每 10～15 分钟产一个仔，个别的间隔时间差异较大。待仔猪露出时，先用手轻轻将产出的部位固定，然后顺着脊柱方向轻轻拉出。仔猪产出后，先尽快地用毛巾擦去口内、鼻外的黏液，使仔猪顺利地呼吸。然后用干软的"草把子"将仔猪周身擦干，以减少体表水分蒸发散热，防止着凉感冒。接着进行断脐，即先将脐带内血液向脐部方向挤压，然后在离腹部5厘米处用拇指和食指掐住脐带，反复刮挫，使之逐渐变细、断离（不用剪刀，以免流血过多），并在断端涂擦5%碘酊消毒。若断脐后流血，则用手指捏住断端，直至不出血为止，不要用线结扎，以免引起炎症。

上述处理完成后，立即将仔猪送到母猪身边吃奶。初生仔猪吃初乳愈早愈好，如有不会吃奶的仔猪，要给予人工辅助。

大多数母猪在产完最后一个仔猪15分钟左右排出胎衣，也有边产边排胎衣的情况，胎衣排净，即说明产仔结束。排出的胎衣要及时拿走处理掉，不能让母猪吃到胎衣，以免造成母猪恶癖。此外，母猪分娩结束后，产床上污染的垫草也要清除，换上新垫草，用温皂水将母猪阴部、后躯和乳房擦洗干净。

133 母猪网床产仔具有哪些优点？

母猪网床产仔是近几年集约化养猪场兴起的养猪技术，具有工作方便、干燥、卫生、防踩、防压等优点。地面产床，母猪、仔猪的粪尿很难随时清除干净，仔猪生活在粪尿污染的环境中，很难不患肠道疾病。幼小的仔猪一经下痢，轻则发育不良，重则死亡。网床产仔是把母猪产房装成网床并设护仔栏，减少了压死仔猪的现象；饲养员很容易做到床上无积粪，使仔猪与地面粪便隔开，仔猪不患或少患肠道疾病，提高了仔猪成活率；便于补料，提高仔猪整齐度。一般情况下，网床产仔比地面产仔每窝可多活1～2头。

134 母猪难产怎么办？

母猪破水0.5～1小时后仍不产仔，或产出几头后，只见母猪努责而不产仔，便是难产。在这种情况下，应及时进行催产，即先用手轻轻挠母猪乳房使其努责，待母猪努责时，用力按压其腹部，协助母猪产仔，必要时可针刺"百会穴"或肌内注射催产素（用量是每 100 千克体重 2 毫升），一般注射后 20～30 分钟即可产出仔猪。若上述催产方法无效，施行掏排术或剖宫产。施行掏排术时，术者先把指甲剪短磨光，戴好手套，经消毒后用肥皂水涂抹手臂和母猪外阴部，五指自然缩成锥形，手心朝上，趁母猪努责间歇期伸入产道内，慢慢行进，摸到胎儿后，摆正胎势，握住胎儿下颌或用拇指和食指扣住胎儿眼眶，随母猪努责慢慢将胎儿拉出，拉出的胎儿按正产时的办法处理。若掏出一个胎儿后，母猪转为正常分娩，不必再掏，否则，继续进行。若遇到"倒生"或仔猪只露出一条腿等异常情况时，可施行整复助产法。如母猪产仔时，阴门外仅见一前肢伸出，从产道内可摸到一前肢腕关节屈曲及正常的胎头，这时，术者一手沿前肢伸入产道内，握住仔猪系部或下颌慢慢向内送还胎儿，同时抬拉屈曲的前肢，矫正胎势，然后再将胎儿拉出。

整个手术过程应避免损伤产道，不能用手在里面乱摸乱抓。手术完毕，术者手臂和母猪产道阴门处均应消毒。若术后母猪发生产道和子宫感染，体温升高，不爱吃食，应及时用 2% 温盐水灌洗子宫，同时使用消炎药物治疗，否则，易造成母猪无奶。

135 怎样抢救假死仔猪？

母猪有时会产出个别心脏尚在跳动但不呼吸的仔猪，饲养员用手指轻轻按脐带根部可摸到脉搏，这种情况称为仔猪假死，若不及时抢救，很容易造成仔猪死亡。这时应迅速提起仔猪后腿，用手拍打仔猪背部、臀部，促其呼吸；或把假死仔猪仰放在草垫上，用手握前肢，前后屈伸；或者向仔猪鼻内吹气，并用手轻轻按压两肋和胸部，来促使仔猪恢复呼吸。

在冬季，因天气寒冷，有的猪场由于产仔时防寒设备差，仔猪出生后舌头伸出嘴外，收缩不回去，不会吃奶，全身发凉，背腰发硬，这是一种被冻僵的假死现象。抢救的办法是：将冻僵仔猪立即放在 45℃（不烫手）温水中（头部露出水面），一手抓肩部，一手抓臀部，进行人工呼吸，数分钟后，待仔猪身体不僵硬、精神状态良好时拿出来，将身上水擦净，放在温暖的地方，待仔猪能走动、恢复正常状态时，再喂奶。

136 怎样防止母猪产后吃仔猪？

母猪吃仔猪的原因很多，有口渴性吃仔猪、误食性吃仔猪等几种，因此，应区别对待，采取相应的措施进行预防。

（1）口渴性吃仔猪　母猪临产前供水不足，加之分娩时脱水过多，产后口渴烦躁，便会出现吃仔猪现象。此时应立即将仔猪移开，使母猪饮足温盐水（含盐 $0.2\%\sim0.3\%$），并喂稀粥状流食。待母猪喝足吃饱后，再将仔猪送到母猪身边吃奶。

（2）误食性吃仔猪　母猪产后误食胎衣、羊水，易诱发误食性吃仔猪。因此，接产人员要及时清除母猪产后排出的胎衣，千万不能让母猪吃掉。

（3）营养不良性吃仔猪　母猪怀孕后期，饲料营养低劣，尤其是极度缺乏食盐、钙和维生素时，也会出现母猪产后吃仔猪的现象。此时应立即供应母猪全价饲粮，特别要注意饲粮中蛋白质、矿物质和维生素的供给。

（4）遗传性吃仔猪　有的母猪产后哺乳正常，母子关系也亲密，但猪栏内隔几天就少1～2头仔猪，到断奶时所剩无几，且每次产仔都出现这种情况。这是一种遗传性吃仔癖。这类母猪所产后代母猪产仔时也会出现这种恶癖，这种母猪应及时淘汰。

137 母猪产后瘫痪怎么办？

一般母猪多在产后1～3天发生瘫痪，其原因是母猪在妊娠期间，胎儿发育消耗了母体大量钙、磷等矿物质，再加上哺乳期分泌大量乳汁，又消耗了大量营养，如果饲料中钙、磷等矿物质和维生素缺乏，母猪就会动用自身大量的钙、磷产乳，致使母猪瘫痪。助产时器械使用不当，胎儿过大时强力拉出，使骨盆神经受损伤，或产后护理不当，圈内阴冷潮湿，受贼风侵袭，也易引起母猪瘫痪。

病猪一开始腿疼，之后发生瘫痪。四肢疼痛剧烈，触摸皮肤敏感，叫唤，体温正常或稍低，食欲减退，粪便干燥。

当母猪出现上述症状时，可减少仔猪哺乳次数，白天把仔猪隔在圈外，夜间放进圈内，定时哺乳，每天 4 次，当仔猪达到 40 日龄以上即可断奶。如母猪能轻微活动，可在人工辅助下到圈外晒晒太阳。同时注意补喂钙、磷等矿物质和维生素饲料，如在饲料中每天补充骨粉 20～40 克，每日分 2 次加喂鱼肝油 20 毫升。冬天要注意产后防寒保暖，喂足青绿多汁饲料。

对于产后瘫痪的母猪，除加强饲养管理外，还应积极治疗。据报道，用下列中药方治疗效果较好。乌蛇 25 克、防风 25 克、土鳖虫 20 克、地龙 25 克、血竭 15 克、当归 25 克、红花 20 克，以黄酒 100 毫升为引，温水调好，一次投服。不愈者，再服一剂，即可痊愈。此方主要功能是祛风活血，消炎止痛。

另外，对病猪也可一次性静脉注射 10%～20% 葡萄糖酸钙 100～150 毫升，或皮下注射樟脑油 5～10 毫升，或肌内注射跛行安 10～20 毫升，还可涂擦白酒并按摩皮肤促进血液循环。

138 产后母猪奶水不足怎么办？

母猪产仔后有时出现无奶水或奶水不足现象，影响仔猪的正常生长发育，甚至造成死亡，因此，应查明原因，采取有效的补救措施。

引起母猪缺奶或无奶的原因主要是母猪营养不良，年老体弱，配种过早，患有疾病或过于肥胖等。可根据具体情况采取相应的措施：

（1）改善饲养管理，喂给足量营养丰富的饲料 如饲喂配合饲料，再补充些豆浆、米浆，有条件的可喂些小鱼、小虾等，效果较好。

（2）及时淘汰年老体弱的母猪，小母猪避免过早配种 一般产仔 8～10 胎的母猪，除特别优良的以外，不宜再作种用。小母猪的初配年龄，一般地方品种为 7～8 月龄以后，体重达 50 千克以上；培育品种应在 9～10 月龄，体重达 80 千克以上。

（3）治疗母猪产后子宫、乳腺炎综合征 该病特征主要是厌食、嗜睡，乳房红肿有硬块，体温升高到 39.8～41.5℃，阴道排出黄白色恶臭黏液。治疗可注射青霉素、链霉素，也可用 0.1%高锰酸钾溶液或 2%温盐水灌洗子宫。

（4）保持母猪体况，避免过肥　过于肥胖的母猪，可酌情减少精饲料，增加青饲料，适当加强运动。

139 怎样给哺乳母猪配合饲粮？

母乳是仔猪出生后 2 周内唯一的营养来源，而猪乳的物质基础是饲料，如母猪在哺乳期内饲料营养供应不足，母猪必须动用体内贮藏的营养，造成母猪减重掉膘。在正常情况下一般减重应在20%以内，如减重过多，则母猪过分消瘦，将影响断奶后的正常发情配种，降低繁殖能力。因此，对哺乳母猪必须加强营养，饲料应多种配合，切忌单一，饲料品质要好，不可霉烂变质。精饲料可选用豆饼、玉米、大麦、米糠、粉渣等。青绿饲料可选用胡萝卜、南瓜、野菜、白菜等。饲粮中的精饲料可达 40%以上，还应当加喂适量的动物性饲料（如鱼粉、骨粉等）和食盐等。一般来说，对体重 150～200 千克的母猪，泌乳盛期时每头每日应喂混合料 5.0～5.5 千克，含消化能 58.41～66.75 兆焦、粗蛋白质 700～800 克。哺乳母猪的饲粮配方可参考表 4-6。

表 4-6　哺乳母猪饲粮配方

饲料成分	配合比例（%）
黄玉米	40
豆饼	12
大麦	5
高粱	10
麸皮	8
粉渣	10
青贮玉米	8
鱼粉	7

140 怎样管理好哺乳母猪？

母猪分娩过程体力消耗大，产后极度疲劳，腹内空虚，饥渴感很强，但产后不能立即饮喂，应让母猪休息 0.5～1 小时以后，再少给些温热的麸皮豆饼汤。产后 2～3 天内不应喂得过多，饲粮要营养丰富，容易消化。一般在产后 10 小时至 3 天逐渐增加饲料量，在产后 5～7 天，可把饲料增加到正常量。由于产后母猪体力虚弱，过早加料可能引起消化不良、乳质变化、仔猪拉稀。产仔一周以后，母猪泌乳量逐渐增加（这时仔猪对奶量的需求也逐渐增加），需要较多的营养物质来满足泌乳的需要，因此，应给予优饲。在仔猪开始吃料后，母猪的产奶量逐渐减少，这时应看情况逐渐减料，使母猪在仔猪断奶时保持不肥不瘦的体况。仔猪断奶前 3～5 天，要逐渐降低母猪饲料的营养水平，以避免乳房膨胀发生乳腺炎。

泌乳母猪最好日喂 4 次（6：00、10：00、16：00、20：00），这样母猪有饱腹感，夜间不站立拱食，减少压死、踩死仔猪的现象，有利于母仔安静休息。饲料应加 1～2 倍水调制成湿料或稀粥料喂饲。保证母猪充足饮水，有条件时可喂豆腐浆汁，加喂一些南瓜、甜菜、胡萝卜等催乳饲料。夜间加喂 1 次稀食，能提高母猪的泌乳量。

泌乳期内母猪饲粮构成要保持相对稳定，不喂变质和有毒饲料。

猪舍要保持温暖、干燥、卫生、空气新鲜，并尽量减少噪声等应激因素，安静的环境对母猪泌乳有利。

有条件的地方，可让母猪带仔猪在就近的牧地上活动，能提高母猪泌乳力，促进仔猪发育。无牧地条件的，最好每天能让母猪有适当的室外自由活动。

五、猪的肥育

141 生长肥育猪有哪些生理特点？

猪的生长肥育过程是指猪从断奶到出栏（屠宰），一般按体重分为两个阶段，即生长肥育的前期阶段（体重 20～60 千克阶段）和生长肥育的后期阶段（体重 60～90 千克阶段）。体重 20～60 千克的猪，尽管其生长发育正处于旺盛时期，但其消化系统还不完善，消化液中的有效成分还不多，影响了饲料中营养物质的吸收，且胃的容积小，一次不能容纳较多的食物。神经系统和机体的抵抗力也正处于逐步完善阶段，加之断奶应激的刺激，对外界环境变化的适应能力比较差。因此，这个阶段需要提供优质的、易于消化吸收的饲料，并加强管理，改善饲养环境。

当猪体重达 60 千克以后，其生理机能逐渐完善，消化系统得到充分发育，对营养物质的消化能力和吸收能力有很大提高。机体对外界各种刺激的抵抗能力也大大增强，对周围环境具有较强的适应性。这个时期猪疾病少，增重快，一般平均日增重可达 500 克以上。因此，在这个时期，应抓住猪增重快的机遇，及时提供优质的全价配合饲料，满足生长肥育猪的营养需要，促进其快速生长、肥育，以达到增重快、出栏率和饲料利用率高、降低饲养成本与增加经济效益的目的。

142 生长肥育猪有哪些生长发育规律？

生长肥育猪的生长发育规律，可以从其机体各组织器官的发育和组织的沉积变化情况来衡量。猪的骨、肉、皮、脂的生长是遵循一定的规律同时并进的，但在不同的阶段又有侧重，不同品种、类型也有差异，同时也受到饲养方法和环境因素的影响。生长肥育猪的肌肉组织是由骨骼肌（常见的瘦肉，附着于骨骼周围）、心肌（构成心脏的肌肉）和平滑肌（构成胃肠壁）组成，其中骨骼肌占绝大多数。脂肪组织主要是由大量脂肪酸组成，从形态上又分为板油、花油和皮下脂肪。猪骨骼由矿物质聚积而成，含有大量的钙、磷；猪皮由许多结缔组织和胶原蛋白组成。猪的骨骼和皮肤在机体组织中所占的比例较小。在一般情况下，猪的骨骼发育最早，肌肉次之，脂肪的沉积最迟。研究表明，猪骨骼从初生到 4 月龄左右的生长强度最大，皮肤从初生到 6 月龄生长最快。在体重 50 千克时，肉脂兼用型猪的肌肉生长达到高峰并趋于缓慢；体重 90 千克时，瘦肉型猪的脂肪生长速度加快并逐渐达到高峰，肌肉和骨骼生长缓慢或逐渐停止。也就是说，在猪的生长肥育过程中，肥育前期阶段以骨骼生长占优势，其次是肌肉，脂肪的沉积最为缓慢；到了肥育后期阶段，脂肪组织以较大的优势沉积，骨骼和肌肉的生长处于下降趋势。

猪内脏器官的生长特点是前期快、后期慢。胸腔器官的生长发育较早，在胚胎期就已经发育完善了，而消化器官在出生后才能迅速发育成熟。

猪体组织的变化：随着猪年龄和体重的增长，猪体内的水分、蛋白质含量逐渐下降，而脂肪含量会逐渐增加。幼龄猪体内水分含量高，脂肪含量低，随着体重的增加，水分降低，脂肪增加，而水分和脂肪的含量始终约占体重的 80%，猪体内蛋白质的比例是比较稳定的，一般占 14.5%～17.5%。

143 影响生长肥育猪肥育效果的因素有哪些？

影响猪肥育效果的因素有很多，各种因素之间既有联系又相互影响。归纳起来，大体上可分为遗传因素和环境因素两个方面，遗传因素包括品种类型、杂交组合、初生重与断奶重等，环境因素包括饲粮营养及环境条件等。

（1）品种类型　猪的品种类型对其肥育效果影响很大，这是因为不同品种类型的猪生长发育规律不一样，在整个肥育期的不同阶段所需的营养标准和饲粮数量不一样。如引进品种长白猪、约克夏猪、杜洛克猪、汉普夏猪等，属于瘦肉型猪，在以精饲料为主的高营养水平饲养条件下，其肥育效果比地方品种好，增重较快，肥育时间短。但以青粗饲料为主的中、低营养水平饲养条件下，引进品种增重速度不如地方品种，肥育效果也较差。因此，为了提高肥育效果，应对不同品种类型的猪采取不同的肥育方法。

（2）杂交组合　在养猪生产中，利用杂种优势是提高肥育效果的重要措施之一。一般来说，杂交猪的肥育效果和胴体瘦肉率水平均高于纯种猪，不同杂交组合之间又存在差异，三品种杂交比两品种杂交效果好。实践证明，一般以国外优秀品种为父本、我国地方品种为母本，其后代增重速度的优势率为 $10\% \sim 20\%$，饲料利用的优势率为 $5\% \sim 10\%$。

（3）初生重与断奶重　仔猪初生重、断奶重与肥育期的增重呈正相关。仔猪的初生重大，则个体的生活力强、体质好、生长速度快，断奶体重也大，肥育期的增重速度也较快，饲料报酬高。因此，生产中应特别重视和加强母猪的饲养以及仔猪的培育，尽量提高仔猪的初生重和断奶重，为提高肥育猪的肥育效果奠定良好的基础。

（4）饲粮营养　饲粮成分及其营养水平对猪的肥育及胴体品质的影响很大。优良的品种以及合理的杂交组合只是提供了好的遗传基础，但如果没有科学的饲养也无法发挥它们的优势，饲养方式不当，瘦肉型的猪也会养肥，增重快的也会变慢。

饲粮中能量水平的高低对猪日增重和胴体瘦肉率的影响极大。一般来说，能量摄取越多，日增重越快，饲料利用率越高，但胴体脂肪含量也越多。蛋白质对猪的肥育也有影响，其不单与肥育猪长肉有直接关系，而且在机体中是酶、激素、抗体的主要成分，对维持新陈代谢、生命活动都有特殊功能。如果蛋白质摄取不足，不仅影响肌肉的生长，也影响肥育猪的增重。在一定范围内，饲粮中蛋白质水平越高，增重速度越快，而且胴体瘦肉率也越高。值得注意的是，饲粮中的氨基酸比例也应达到均衡，尤其是限制性氨基酸，其不仅影响肌肉的生长，还影响肌肉的品质。此外，维生素、矿物质对猪的肥育也有很大影响。

（5）环境条件

① 温度　猪在肥育期需要适宜的温度，过冷或过热都会影响肥育效果，降低增重速度。气温过高，影响猪的采食量，夏天要防止猪舍曝晒，要遮阳通风。气温过低，造成猪体热散失过多，为了维持正常体温，猪采食量增多，浪费饲料。因此，在生产中，做到猪舍冬季保温、夏季防暑是非常重要的。

② 湿度　湿度过高或过低对肥育猪都是不利的，但湿度是随着环境温度而产生影响的。高温条件下的高湿造成的影响最大，其次是低温条件下的高湿。若环境温度适当，湿度在一定范围内变化对猪的增重无明显影响。

③ 圈养密度　圈舍内猪头数过多，饲养密度过大，使局部温度上升，采食量减少，饲料利用率和日增重下降，一般圈养密度为 0.8～1.0 米²/头，每圈饲养 10～20 头。密度过小对猪肥育也有影响，尤其是冬季，猪体散热快，维持需要增加，额外浪费饲料。

144 饲养肥育猪应做好哪些准备？

（1）圈舍、设备的维修及消毒　在进猪前，首先对圈舍、饲槽、饮水器等进行维修，确保圈舍冬季保温、夏季防暑，饲养设备能正常投入使用。一切准备就绪后，对圈舍进行彻底清扫，对饲养设备进行清洗，最后进行全面消毒。

（2）选好仔猪　应选择优良杂交组合，体质健壮、体形外貌良好的仔猪。这样的猪采食量大，生长发育快，增重迅速，生命力强，不易患病。

（3）做好驱虫工作　在肥育前，要普遍对仔猪进行一次体内驱虫、体外灭虱及根治疥癣病的工作。

（4）预防疫病　按防疫要求制订防疫计划。预防注射时要按疫苗标签规定部位及免疫程序操作。预防注射应与去势、驱虫等工作分开进行。

（5）备足饲料　根据配合饲料的要求，购进相关饲料或原料。

145 怎样选购仔猪？

（1）选购优良的杂交仔猪　在一般情况下，杂交猪比纯种猪长得快，而多品种杂交猪又比二品种杂交猪长得快。目前多选择三品种瘦肉型杂交猪，生长快，抗病性强，饲料报酬高，瘦肉多，出栏好卖，价格高，经济效益好。

（2）选购体大强壮的仔猪　体重大、活力强的仔猪在肥育期增重快，省饲料，发病和死亡率低。群众的经验是"初生多一两，断奶多一斤；入栏多一斤，出栏多十斤"。50～60日龄断奶的仔猪，体重不能低于11～15千克。图省钱而购买生长落后的弱小仔猪肥育，往往得不偿失。

（3）选购体形外貌良好的仔猪　选购的仔猪应该具备的特征：身腰长、体型大、皮薄富有弹性、毛稀而有光泽、前躯宽深、中躯平直、后躯发达、尾根粗壮、四肢强健、体质结实。

（4）选购健康的仔猪　某些慢性疾病，如猪气喘病、传染性萎缩性鼻炎、腹泻等，虽然死亡率不高，但严重影响猪的生长速度，延长肥育期，浪费饲料，降低养猪的经济效益。因此，选购仔猪时必须给予重视。一般来说，凡眼神精神，被毛发亮，活泼好动，常摇头摆尾，叫声清亮，粪成团，不拉稀，不拉疙瘩粪和干球粪，都是健康仔猪的表现。反之，精神萎靡不振，毛粗乱无光泽，叫声嘶哑，鼻尖发干，粪便不正常，说明仔猪不健康。

此外，选购仔猪时一定要问明是否做过猪瘟、猪丹毒、猪肺疫等预防接种。

（5）就近选购，挑选同窝猪　如附近有杂交繁殖猪场，应优先作为选购对象。就近购猪，节省运输费用，使仔猪少受运输之苦，又易了解猪的来源和病情，避免带入传染病。如果一次购买数头或几十头仔猪，最好按窝挑选，买回来按窝同圈饲养，这样可避免不同窝的猪混群后互相殴斗，影响生长发育。

146 怎样使僵猪脱僵？

僵猪一般又叫"小老猪"。在猪生长发育的某一阶段，由于遭到某些不利因素的影响，使猪长期发育停滞，虽饲养时间较长，但体格小，被毛粗乱，极度消瘦，形成两头尖、中间粗的"刺猬猪"。这种猪吃料不长肉，给养猪生产带来很大的损失。

造成僵猪的原因，一是由于母猪在妊娠期内饲养不良，母体内的营养供给不能满足胎儿生长发育的需要，致使胎儿发育受阻，产出初生重很小的"胎僵"仔猪；二是由于母猪在泌乳期饲养不当，泌乳不足，或对仔猪管理不善，如初生弱小的仔猪长期吸吮干瘪的乳头，致使仔猪发生"奶僵"；三是由于仔猪长期患寄生虫病及代谢性疾病，形成"病僵"；四是由于仔猪断奶后饲料单一，营养不全，特别是缺乏蛋白质、矿物质和维生素，导致断奶后长期发育停滞而形成"食僵"。

形成僵猪的原因是多方面的，而且也是互有联系的，要防止僵猪的出现和使僵猪脱僵，需采取以下综合措施：

（1）加强母猪妊娠后期和泌乳期的饲养，保证仔猪在胎儿期能获得充分发育，在哺乳期能吃到较多营养丰富的乳汁。

（2）合理给哺乳猪固定乳头，提早补料，提高仔猪断奶体重，保证仔猪健康发育。

（3）做好仔猪的断奶工作，做到饲料、环境和饲养管理措施的逐渐过渡，避免断奶仔猪产生应激反应。

（4）搞好环境卫生，保证母猪舍温暖、干燥、空气新鲜、阳光充足。做好疾病的预防工作，定期驱虫，减少疾病。

（5）僵猪的脱僵措施　发现僵猪，及时分析致僵原因，排除致僵因素，单独喂养，加强管理，有虫驱虫，有病治病，并改善营养，加喂饲料添加剂，促进僵猪生理机能的调整，恢复正常生长发育。

147 生长肥育猪的肥育方式主要有哪几种？

生长肥育猪的肥育方式主要有两种，即阶段肥育法和一贯肥育法。

（1）阶段肥育法　阶段肥育是根据猪的生理特点，按体重或月龄把整个肥育期划分为小猪、架子猪和催肥3个阶段，把精饲料重点用在小猪和催肥阶段，而在架子猪阶段尽量利用青饲料和粗饲料。

① 小猪阶段　从断奶体重10多千克喂到25～30千克，饲养时间为2～3个月，喂给较多的精饲料，搭配适量粗饲料，保证猪的骨骼和肌肉正常发育。

② 架子猪阶段　从体重25～30千克喂到50千克左右，饲养时间为4～5个月，喂给大量青饲料、粗饲料，搭配少量精饲料，有条件的可实行放牧饲养，酌情补精饲料，促进骨骼、肌肉和皮肤的充分发育，而且猪的消化器官也得到很好的锻炼，为催肥期的大量采食和迅速增重打下良好的基础。

③ 催肥阶段　猪体重达50千克以上进入催肥期，饲喂时间约为2个月，增加精饲料的给量，尤其是含碳水化合物较多的精饲料，限制运动，加速猪体内脂肪沉积，使其外表肥胖丰满。一般喂到体重80～90千克，即可出栏屠宰，平均日增重约为0.5千克。

阶段肥育法适用于边远山区农户养猪，它的优点是能够节省精饲料，充分利用青饲料、粗饲料，适合这些地区农户养猪缺粮的条件，但猪增重慢，饲料消耗多，屠宰后胴体品质差，经济效益低。

（2）一贯肥育法　又叫直线肥育法或快速肥育法。这种肥育方法从仔猪断奶到肥育结束，都给予完善营养、精心管理，没有明显的阶段性。在整个肥育过程中，充分利用精饲料，让猪自由采食，不加以限制。在配料上，以猪在不同生理阶段的营养需要为基础，能量水平逐渐提高，而蛋白质水平逐渐降低。

快速肥育法的优点是猪增重快、肥育时间短、饲料报酬高、胴体瘦肉多、经济效益好。随着肉猪生产商品化的发展，传统的阶段肥育法必然被一贯肥育法所代替。

148 架子猪怎样催肥？

当架子猪体重达 50 千克以上即可进入催肥期。催肥前首先要进行驱虫和健胃，因为架子猪阶段管理比较粗放，猪进食生饲料，拱吃泥土、脏物，尤其是在放牧条件下，难免要感染蛔虫等寄生虫，影响猪的肥育。驱虫药物可选用敌百虫，以每千克体重 60～80 毫克拌入饲料中一次服完。在驱虫后 3～5 天，用大黄苏打片拌入饲料中饲喂，即以每 10 千克体重 2 片的标准，将大黄苏打片研成粉末，均分三餐拌入饲料，这样可增强胃肠蠕动，有助于消化。健胃后便开始增加饲粮营养，开始催肥。催肥前 1 个月，饲料力求多样化，逐渐减少粗饲料的喂量，加喂含碳水化合物多的精饲料，如玉米、糠麸、薯类等，并适当控制运动，以减少能量的消耗，利于脂肪的沉积。这时猪食欲旺盛，对饲料的利用率高，增重迅速，日增重一般达 0.5 千克以上。到了后 1 个月，因猪体内已沉积了较多的脂肪，胃肠容积缩小，采食量日渐减少，食欲下降，这时应调整饲粮配方，进一步增加精饲料用量，降低青饲料、粗饲料比例，并尽量选用适口性好、易消化的饲料（催肥猪饲粮结构参考表 5-1）。同时，适当增加饲喂次数，少喂勤添，供给充足饮水，保持环境安静，注意冬季舍内保温，夏季通风凉爽，使猪采食后充分休息，以利于脂肪沉积，达到催肥的目的。

表 5-1 催肥猪饲粮配方

饲料种类	豆饼	麦麸	大麦	玉米	骨粉	食盐
配合比例（%）	10.0	10.0	50.0	28.6	0.7	0.7

149 猪快速肥育需要哪些环境条件？

猪快速肥育时，圈养密度大，饲养周期短，因而对环境条件的要求比较严格。只有创造适宜的小气候环境，才能保证生长肥育猪食欲旺盛，增重快、耗料少，发病率和死亡率低，从而获得较高的经济效益。

（1）温度　猪是恒温动物，在一般情况下，如气温不适，猪体可通过自身的调节来保持体温的基本恒定，但这需要消耗大量能量，从而影响猪的生长速度。生长肥育猪的适宜气温是：体重60千克以下为16～22℃，体重60～90千克为14～20℃，体重90千克以上为12～16℃。

（2）湿度　湿度对生长肥育猪的影响小于温度，但湿度过高或过低对于生长肥育猪也是不利的。当高温高湿时，猪体散热困难，猪感到闷热；低温高湿时，猪体散热量显著增加，猪感到更冷，而且高湿环境有利于病原微生物的生长繁殖，使猪易患疥癣、湿疹等皮肤病。另外，空气干燥、湿度低，容易诱发猪呼吸道疾病。猪舍适宜的相对湿度为60%～80%。如果猪舍内启用采暖设备，相对湿度应降低5～8个百分点。

（3）光照　在一般情况下，光照对猪的肥育影响不大。肥育猪舍的光线只要不影响猪的采食和便于饲养管理操作即可，强烈的光照会影响猪休息和睡眠。建造生长肥育猪舍以保温为主，不必强调采光。

（4）有害气体　猪舍内粪便、饲料、垫草的发酵或腐败，经常分解出氨气、硫化氢等有毒气体，而且猪呼吸会排出大量二氧化碳。如果猪舍内二氧化碳浓度过高，会使猪的食欲减退、体质下降、增重缓慢。氨气和硫化氢对人和猪都有害，严重刺激和破坏黏膜、结膜等，会诱发多种疾病。因此，猪舍内要注意通风，及时处理猪粪尿和脏物，注意控制合适的圈养密度。

（5）噪声　噪声对生长肥育猪的采食、休息和增重都有不良影响。如果经常受到噪声的干扰，猪的活动量大增，一部分能量用于猪的活动而不能增重。噪声还会引起猪惊恐，降低食欲。

（6）圈养密度　如果圈养密度过大，群体过大，可导致猪的群居环境变得恶劣，猪与猪之冲突增加；猪食欲下降，采食减少，生长缓慢；猪群发育不整齐，易患各种疾病。在一般情况下，圈养密度以每头生长肥育猪占 0.8～1.0 米^2 为宜，猪群规模以每群 10～20 头为宜。

（7）组群　不同品种和阶段的猪生活习性不同，对饲养管理条件的要求也不同。因此，组群时应按猪种分圈饲养，以便为其提供适宜的环境条件。另外，组群时还要考虑猪的个体状况，不能将体重、体质参差不齐的仔猪混群饲养，以免强夺弱食，使猪群生长不整齐。组群后要保持猪群的相对稳定，在饲养期内尽量不再并群，避免不同群的猪相互咬斗，影响其生长和肥育。

150 怎样给生长肥育猪配合饲粮？

合理的饲粮构成是提高猪生长肥育速度和获得经济效益的关键性因素。生长肥育猪饲粮必须达到以下要求：饲粮在能量、蛋白质、矿物质及维生素营养水平上要满足生长肥育猪的需要，饲粮适口性要好，粗纤维水平适当，保证猪消化良好、不拉稀、不便秘，保证生长肥育猪生产出优质的肉脂，饲粮成本要低。

若采用分期饲养方式，体重 60 千克以下为饲养前期，体重 60 千克以上为饲养后期。饲养前期饲粮的消化能为 12.55～13.39 兆焦/千克，粗蛋白质含量为 16%～17%；饲养后期饲粮的消化能为 12.97～13.81 兆焦/千克，粗蛋白质含量为 12%～14%。

生长肥育猪的饲粮应以精饲料为主，适当搭配青饲料、粗饲料，饲粮中粗纤维含量控制在 6%～8%。生长肥育猪的饲粮结构可参考表 5-2。

表5-2 生长肥育猪饲粮配方（%）

猪种	兼用型杂交猪				瘦肉型杂交猪			
饲粮编号	1		2		1		2	
	前期	后期	前期	后期	前期	后期	前期	后期
玉米	45.0	50.0	50.0	47.0	35.0	37.0	45.0	48.0
高粱	10.0	10.0	15.0	10.0			10.0	10.0
大麦					30.0	35.0		
麦麸	10.0	10.0	6.0	6.0	11.0	14.5	10.0	8.0
花生饼			5.0	5.0				
豆饼	12.0	8.0	9.0	7.0	7.0	5.0	12.0	10.0
菜籽饼	3.0	3.0	5.0	4.0				
葵花籽饼	5.0	7.0		4.0			5.0	5.0
棉籽饼					7.0	5.0	8.0	8.0
米糠	5.0	5.0		10.0			5.0	5.0
鱼粉	3.0				8.5	2.0	3.5	
草粉	5.5	5.5	3.5	5.5				4.5
贝粉	0.7	0.7	0.6	0.8	1.2	1.2	1.0	1.0
骨粉	0.5	0.5	0.5	0.3			0.2	0.2
食盐	0.3	0.3	0.4	0.4	0.3	0.3	0.3	0.3

151 猪快速肥育的管理要点有哪些？

（1）定时定量 喂猪规定好次数、时间和数量，使猪养成良好的生活习惯，吃得饱，睡得好，长得快。一般在饲养前期每天喂5～6顿，在饲养后期每天喂3～4顿，每次喂食的间隔应大致相同，每天最后一顿要安排在晚上9：00左右。每头猪每天喂饲料量，一般体重15～25千克的猪喂1.5千克，25～40千克的猪喂1.5～2千克，40千克以上的猪喂2.5千克以上。每顿喂量要基本保持均衡，可喂九分饱，使猪保持良好的食欲。饲料增减或换品种要逐渐进行，使猪的消化系统逐渐适应。

（2）先精后青　喂食时，先喂精饲料，后喂青饲料，并做到少喂勤添，一般每顿分 3 次投料，让猪在 0.5 小时内吃完，料槽内不要剩料，然后每头猪喂青饲料 0.5～1.0 千克，青饲料洗干净不切碎，让猪咬吃咀嚼，将更多的唾液带入胃内，以利于饲料消化。

（3）喂湿拌生料　生喂既能保证饲料营养成分不受损失，又能节省人工和燃料。除马铃薯、芋头、南瓜、木薯、大豆、棉籽饼等含有害物质的饲料需要熟喂外，其他大部分植物性饲料均可生喂。精饲料喂前最好制成湿拌料，即先把一定量的配合精饲料放进桶（缸、池）内，然后按 1∶（1～1.3）的料水比例加水，加水后不要搅动，让其自然浸没，夏、秋季浸 3 小时，冬、春季浸 4～5 小时，用浸泡后的湿拌料喂猪，有利于猪胃肠消化吸收。

（4）及时供水　水分对猪体内养分的运输、体液分泌、体温调节、废物排出都有重要作用，因此必须让猪喝足水，如采用湿拌料，在吃完食之后，也要给猪喝清水。冬季供给温水，夏、秋季供给冷清水。

（5）注意防病　在进猪之前，圈舍进行彻底清扫和消毒。准备肥育的仔猪应做好疫苗接种，在肥育期间要注意保持环境卫生，制订严密的防病措施，为肥育猪创造舒适的小气候环境，确保肥育猪健康无病。

（6）适时出栏　猪的一生是前期长肉、后期长膘，生长肥育猪达到一定年龄后，随着体重增长，料肉比逐渐增大，瘦肉率逐渐降低，因此，存栏时间不宜过长，出栏体重不宜过大。而存栏时间过短，出栏体重过小时，虽然能降低料肉比，提高瘦肉率，但每头猪的产肉量减少，又提高了养殖成本，对养猪生产也是不利的。考虑肥育猪的胴体品质和养猪的经济效益，出栏以 6～7 月龄、体重 90～110 千克为宜。

152 快速肥育瘦肉型猪要注意哪些问题？

（1）猪的品种　要求肥育的猪应是瘦肉型品种，或者是瘦肉率较高的杂交种。

（2）初生重与断奶体重　仔猪初生重越大，生产力、抗病力越强，生长速度越快；断奶体重越大，在肥育期增重越快，死亡越少，饲料利用率越高。

（3）营养水平　饲料营养水平直接关系到猪的生长速度，用单一饲料喂猪，生长速度慢，饲养期长达半年以上，出栏料肉比常在5∶1左右；而用配合饲料喂猪，生长速度明显加快，饲养期大为缩短，出栏料肉比可降至3.5∶1左右。一般要求猪饲料中蛋白质含量前期为16％～18％，后期为14％左右。

（4）饲料品质　饲料的品质也会影响猪的肥育，如饲料结构、调制方式、适口性等。饲料品种应多样化，一般宜采用稠粥料或湿拌生料。

（5）去势与驱虫时间　去势时间宜安排在仔猪1月龄左右。及时驱除猪体内外寄生虫，如蛔虫、体虱等，一般宜安排在肥育前进行。

（6）环境条件　如温度、湿度、饲养密度、猪舍的卫生状况等都应根据猪的需要调整到最佳范围。一般温度控制在15～20℃，相对湿度宜控制在55％～75％。

153 怎样提高出栏猪的瘦肉率？

（1）饲养瘦肉型品种　猪出栏屠宰后的胴体瘦肉率与饲养品种有很大关系，一般情况下，瘦肉型品种猪遗传品质好，胴体瘦肉率高。因此，生产中要选择瘦肉率高的猪种来进行肥育，如长白猪、杜洛克猪、汉普夏猪等引进的国外品种以及由这些品种猪做父本的杂交猪，它们的屠宰率和胴体瘦肉率都比较高。

（2）科学提供饲粮营养　实践证明，瘦肉型猪的配合饲料能量水平中等且含较多的蛋白质。猪的生长发育过程大体可分为小猪长骨、中猪长肉、大猪长膘 3 个阶段。就是说，猪年龄越小，体重越轻，骨骼生长越快。随年龄、体重的增加，肌肉长势加强，一般猪体重在 15～60 千克时肌肉充分生长，体重达 60 千克以上则加快了脂肪的沉积。因此，瘦肉型猪的配合饲料每千克只需含消化能 12.55 兆焦左右。蛋白质含量分前期、后期两个标准，前期（体重 15～60 千克）饲料中含粗蛋白质 17％左右，后期（体重 60～90 千克）含 16％左右。

（3）改善饲喂技术　在饲养方式上，应采用"前催后控"的肥育方法。营养水平由高到低，有利于瘦肉的生长。据试验，猪生长前期脂肪沉积平均每天为 29～120 克，而体重 60 千克以后高达 120～378 克。因此，前期让猪吃饱（不限量），充分发育肌肉；后期适当控制喂量（喂到八九成饱），以减少脂肪沉积。

瘦肉型猪要喂湿拌料。试验证明，湿拌料比汤料容易被猪消化吸收，符合猪的生理要求，也便于饲喂。湿拌料，料与水的比例为 1∶（1.25～1.5），以手握指缝不滴水为宜。日喂次数，小猪阶段 4 次，体重 50 千克以后 3 次。饮水不限。

（4）创造良好的环境条件　良好的环境条件有利于蛋白质的沉积，提高瘦肉率。

（5）适时出栏屠宰　尽量缩短肥育期，降低出栏体重。一般猪养到 5～6 月龄，体重达 90～100 千克时出栏屠宰较为适宜。超过 6 月龄，胴体中脂肪含量明显增多。

154 不同季节养猪应注意什么？

春夏秋冬，四季气候变化很大，只有掌握客观规律，加强季节性饲养管理，才有利于猪的生长发育。

（1）春季防病　春季气候温暖，青饲料幼嫩可口，是养猪的好季节，但部分地区春季空气湿度大，温暖潮湿的环境给病菌创造了繁殖的条件，加上早春气温忽高忽低，而猪刚刚越过冬季，体质较差，抵抗力较弱，容易感染疾病。因此，春季也是猪疾病多发季节，必须做好防病工作。

在冬末春初，对猪舍要进行一次清理消毒，保持猪舍的卫生良好，并保持通风透光、干燥舒适。寒潮来临时，要堵洞防风，避免猪受寒感冒。

消毒时可用新鲜生石灰按 1：（10～15）的比例加水，搅拌成石灰乳，然后将石灰乳刷在猪舍的墙壁、地面、过道上即可。

春季还要注意给猪注射猪瘟、猪肺疫、猪丹毒等疫苗，以预防传染病的发生。

（2）夏季防暑　夏季天气炎热，而猪汗腺不发达，尤其是肥育猪的皮下脂肪较厚，体内热量散发困难，耐热能力很差。到了盛夏，猪表现出焦躁不安，食量减少，生长缓慢，容易发病。因此，在夏季要注重做好防暑降温工作。降温措施：猪舍通风，遮阳；在猪舍地面洒水降温；在猪舍一角设浅水池让猪自动到水池内纳凉。此外，还应该保证供给足够的凉水供猪饮用，并注意猪舍内驱蝇灭蚊，使猪能安静睡觉。

（3）秋季肥育　秋季气温适宜，饲料充足、品质好，是猪生长发育的好季节。因此，应充分利用这个大好时机，做好饲料的储备和猪肥育催肥工作。

（4）冬季防寒　冬季寒冷，为维持体温恒定，猪体将消耗大量的能量。如果猪舍保暖，就会减少不必要的能量消耗，有利于生长肥育猪的生长和肥育，提高饲料报酬。

在寒冬到来之前，要认真修缮猪舍，用草帘、塑料薄膜等将漏风的地方遮挡堵严，防止冷风侵入。猪舍内勤清粪便、勤换垫草，保证猪舍干燥、温暖。

六、无公害养猪技术要点

155 什么叫无公害养猪？无公害猪肉及其产品具有哪些特征？

（1）无公害养猪的概念　无公害养猪是指在养猪生产过程中，猪场周围、猪舍内外环境中空气、水质等符合国家有关标准要求，整个饲养过程严格按照饲料、兽药使用准则、兽医防疫准则以及饲养管理规范，生产出得到法定部门检验和认证合格并获得认证证书，经允许使用无公害农产品标志的活猪、猪肉及猪肉产品。

概括起来，无公害养猪生产应包括3方面内容：一是能够生产出对人体健康无害的猪肉；二是养殖过程中应监测、防控猪的重大疫病，严格控制人畜共患病，防止这些疾病威胁人类健康；三是要避免污染环境，加强消毒和对粪尿等猪场废弃物的无害化处理。由此可见，生产无公害猪肉是一个系统工程，要对饲养环境、饲料生产、养猪生产、生猪宰前卫生检验、定点屠宰、宰后卫生检验以及猪肉的加工、流通、销售的全过程进行监控，每个环节均应制定严格的标准，全过程均要进行准确、全面的记录，从而形成一整套档案，这样，无论哪个环节出了问题，都能够及时采取措施解决。

（2）无公害猪肉及其产品的特征

① 强调猪肉及其产品出自最佳生态环境　无公害猪肉的生产从生态环境入手，通过对猪场周围及猪舍内外的生态环境给予严格监控，判定其是否具备生产无公害猪肉及其产品的基础条件。

② 对产品实行全程质量控制　在无公害猪肉生产实施过程中，

从产前环节的饲养环境监测和饲料、兽药等投入品的检测，到产中环节具体饲养规程、加工操作规程的落实，以及产后环节产品质量、卫生指标、包装、保鲜、运输、储藏、销售控制，确保生产出的猪肉及产品质量，并提高整个生产过程的技术含量。

③ 对生产的无公害猪肉及产品依法实行标志管理　无公害农产品标志是一个质量证明商标，属知识产权范畴，受《中华人民共和国商标法》保护。

156 生产无公害猪肉及其产品有什么重要意义？

（1）目前猪肉等动物性食品的安全现状　动物性食品安全是指动物性食品中不应含有可能损害或威胁人体健康的因素，不应导致消费者急性或慢性毒害或感染疾病，或产生危及消费者及其后代健康的隐患。

纵观近年来我国养猪业的发展，猪肉及其产品安全问题已成为生产中的一个主要矛盾。兽药、饲料添加剂、激素等的使用，虽然对养猪生产的数量增长发挥了一定作用，但同时也给其产品安全带来了隐患，猪肉及其产品中因兽药残留、激素残留和其他有毒有害物质超标造成的餐桌污染时有发生。

① 乱用、滥用或非法使用兽药及违禁药品，使生产出的猪肉及其产品中兽药残留超标，当人们食用了这种猪肉及其产品后，会在体内蓄积，产生过敏、畸形、癌症等，直接危害人体的健康及生命。对人体影响较大的兽药主要有抗生素类（青霉素类、四环素类、大环内酯类等），合成抗生素类（呋喃类、喹乙醇、恩诺沙星等）、激素类（己烯雌酚、雌二醇、丙酸睾酮等）、肾上腺皮质激素、β-兴奋剂（瘦肉精）、杀虫剂等。从目前看，猪肉及其产品中的残留主要来源于 3 方面：一是来源于饲养过程，有的养猪户及养殖场为了达到防疫治病，减少死亡的目的，实行药物与饲料同步；二是来源于饲料，目前饲料中常用的添加药物主要有 4 种（防腐剂、抗菌剂、生长剂和镇静剂），其中任何一种添加剂残留于猪体内，通过食物链均会对人体产生危害；三是加工过程中的残留，目

前部分猪肉及其产品加工经营者在加工贮藏过程中，为使猪肉产品鲜亮好看，非法使用硝、漂白粉或色素、香精等，有的为延长产品货架期，添加抗生素以达到灭菌的目的。

② 存在于猪肉及其产品中的稀有性有害物质及生物性有毒物质，如铅、汞、镉、砷、铬等化学物质危害人体健康。这些有毒物质通过在动物性食品中的聚集作用使人体中毒。

③ 养猪生产中发生的一些人畜共患病对人体也有严重的危害。

(2) 生产无公害猪肉及其产品的重要性

① 提高产品价格，增加农民收入　无公害猪肉及产品的生产不是传统养猪的简单回归，而是通过对生产环境的选择，以优良品种、安全无残留的饲料、兽药的使用以及科学有效的饲养工艺为核心的高科技成果组装起来的一整套生产体系。无公害生产可使生产者在不断增加投入的前提下获得较好的产量和质量，目前国内外市场对无公害猪肉产品的需求十分旺盛，销售价格也很可观。因此，大力发展无公害猪肉产品是农民增收和脱贫致富的有效途径之一。

② 保护人们身体健康、提高生活水平　目前市场上出售的猪肉及其产品以药残超标为核心的质量问题已成为人们关注的热点，因此，无公害猪肉及其产品的上市可满足消费者的需求。

③ 提高产品档次，增加产品国际竞争力　我国已成为 WTO 的一员，开发无公害绿色猪肉产品，提高猪肉产品质量，使更多的猪肉产品打入国际市场，发展创汇养猪业，具有十分重要的意义。

④ 维护生态环境条件与经济发展协调统一，促进养猪业可持续发展　实践证明，开发无公害农产品可以促进农业可持续发展。我们不能沿袭以牺牲环境和损耗资源为代价来发展经济的老路，必须把农业生产纳入控制工业污染、减少化学投入为主要内容的资源和环境可持续利用的基础上。这样才能保证环境保护和经济发展的协调统一。

157 影响无公害猪肉生产的因素有哪些？

影响无公害猪肉生产的因素主要有工农业生产造成的环境污

染、养猪过程中不规范使用兽药、饲料添加剂，以及销售、加工过程的生物、化学污染等，均可导致猪肉产品中有毒有害物质的残留。主要包括以下几个方面：

（1）抗生素残留　抗生素残留是指因猪在接受抗生素治疗或食入抗生素饲料添加剂后，抗生素及其代谢物在猪体组织及器官内蓄积或贮存。抗生素在改善猪的某些生产性能或者防治疾病中，起到了一定的积极作用，但同时也带来了抗生素的残留问题，残留的抗生素进入人体后具有一定的毒性反应，如病菌耐药性增加以及产生过敏反应等。

（2）激素残留　　激素残留是指养猪生产中应用激素饲料添加剂，以促进猪体生长发育、增加体重，从而导致猪肉、猪肉产品中激素的残留。这些激素多为性激素、生长激素、甲状腺素和兴奋剂等。这些药物残留后可产生致癌作用及激素样作用等，对人体产生伤害。

（3）致癌物质残留　　凡能引起动物或人体的组织、器官癌变的物质均称致癌物质。目前受到人关注的能污染食品的致癌物质主要是黄曲霉毒素、苯并芘、亚硝胺、多氯联苯等。一是这些致癌物存在于不良饲料中，被猪采食后在其组织中蓄积或引起中毒；二是产品在加工及贮存过程中受到污染；三是因使用添加剂不合理而造成污染，如在猪肉、猪肉产品加工中使用硝酸盐或亚硝酸盐做增色剂等。

（4）有毒有害物质污染　　有毒有害物质主要是指汞、镉、铅、砷、铬、氟等，这类元素在机体内蓄积，超过一定的量将对人与动物产生毒害作用，引起组织器官病变或功能失调等。猪肉中的有毒有害物质来源广泛。

① 自然环境来源　　有的地区因地质地理条件特殊，在水、土壤及大气中某些元素含量过高，导致其在植物内积累，如生长在高氟地区的植物，其含氟量过高。

② 饲料来源　　在饲料中过量添加某些元素，以达到加快生长的目的，如在饲料中添加高剂量的铜、砷制剂等。

③ 工农业生产来源　由于工业"三废"和农药、化肥的大量使用造成的污染。

④ 其他来源　产品加工、饲料加工、贮存、包装和运输过程中的污染。

（5）农药残留　农药残留系指用于防治病虫害的农药在食品、畜禽产品中的残留。由于目前使用农药的量及品种在不断增加，加之有些农药不易分解，在农作物（饲料原料）及畜禽、水产等动植物体内不同程度的蓄积，通过食物链的作用，危害人的生命与健康。在养猪生产中，农药对猪肉的污染途径主要是通过饲料中的农药残留转移到猪体上。在生产玉米、大麦、豆粕等饲料原料过程中不正确使用农药，易引起农药残留。由于有机氯农药在饲料中残留高，导致其在猪肉中的残留量也相当高。

（6）养猪生产中的环境污染

① 生物病原污染　主要包括猪场中的细菌、病毒、寄生虫，它们有的通过水源，有的通过空气，有的通过土壤传染或寄生于猪体和人体，有的附着于农产品进入体内。

② 恶臭污染　养猪场恶臭污染主要是指养猪场大量的含硫、含氨化合物或碳氧化合物排入大气后，与其他来源的同类化合物一起对人和动植物直接产生危害。

③ 粪便污染　猪场粪便污染水源会引起一系列综合危害，如水质恶化不能饮用，水体富营养化造成动植物死亡等。不恰当使用粪便污水，也易引起土壤污染及食物中硝酸盐、亚硝酸盐的增加。

④ 蚊蝇滋生的污染　蚊蝇携带大量的致病微生物，对猪群造成潜在的危害。

158 无公害猪肉生产的基本技术要求有哪些？

根据猪的生物学特性和不同生长阶段的生理特点，有针对性地采取有效的饲养管理措施。在饲养管理中，严格贯彻 NY 5027《无公害食品　畜禽饮用水水质》、NY/T 388《畜禽场环境质量标准》、NY/T 5030《无公害农产品　兽药使用准则》、NY 5031《无公害食品　生猪饲养兽医防疫准则》、NY 5032《无公害食品　畜禽饲料和饲料添加剂使用准则》、NY/T 5033《无公害食品　生猪饲养管理准则》等，才能生产出无污染、无残留或低污染、低残留，对人体健康无损害的猪肉产品，即无公害猪肉。科学的饲养管理措施是养猪生产的关键，既能保证生猪的健康，减少疾病的发生，又能提高猪的繁殖能力和生长速度，可获得更大的经济效益。现对猪无公害饲养管理的要求介绍如下。

（1）合理选择场址　猪场距离干线公路、铁路、城镇、居民区和公共场所1千米以上，猪场周围有围墙或防疫沟，并建立绿化隔离带。猪场生产区布置在管理区的上风向或侧风向处，污水、粪便处理设施和病死猪处理区应设在生产区的下风向或侧风向处。猪舍应建在地势高燥、排水良好、易于组织防疫的地方，场址用地应符合当地土地利用规划的要求。猪场周围3千米无大型化工厂、矿厂、皮革厂、肉品加工厂、屠宰厂或其他畜牧场污染源。场区净道和污道分开，互不交叉，防止造成污染和疾病传播。

（2）加强引种管理　不得从疫区引进猪种。选择适宜的杂交组合生产商品猪，充分利用杂种优势。可根据当地条件及市场需求，选用长×大、杜×哈、大×长民、杜×长大、杜×大长等杂交组合，也可利用配套系生产杂交猪。需要引进种猪时，应从具有种猪经营许可证的种猪场引进，并进行检疫。只进行肥育的生产场，引进仔猪时，应首先从达到无公害标准的猪场引进。引进的种猪，隔离观察15～30天，经兽医检查确定健康合格后，方可供繁殖使用。

（3）采用"全进全出"的饲养模式　不同生产阶段的生猪要分栋、分单元、分批次、分群饲养，如妊娠母猪集中养在妊娠舍，分娩母猪养在分娩舍，断奶后的仔猪养在培育舍，这样做虽然增加了生猪转群换舍的麻烦，但便于管理和操作，减少了不同猪舍之间的接触，可避免疾病的垂直传播或水平传播，并使不同生长阶段的猪都获得符合需要的环境条件，从而提高生产能力。猪转群换舍后便于彻底清扫和消毒，每批猪进圈前，对圈舍进行彻底清扫、冲洗，待干燥后，选用 0.2%过氧乙酸、0.5%强力消毒灵等对圈舍进行喷洒消毒，这样有利于对疾病的控制。严格执行日常消毒制度，当猪群换栏转舍后，必须对空栏舍进行彻底清扫，消毒应从屋顶到墙壁再到地面进行，常用的喷雾消毒药物有含氯消毒剂、苯扎溴铵等。衣服、器械消毒可用新洁尔灭或来苏儿等。猪栏、隔墙、产床底下及有粪便污染的地方用火焰消毒，猪舍外面、道路等用氢氧化钠溶液或生石灰等消毒。进入生产区的人员必须严格消毒，除在场舍门口踩踏消毒、洗手、更衣消毒外，进猪舍还要双脚踩盆消毒。

（4）分群分圈喂养　为有效利用饲料和圈舍，降低生产成本，应将猪群按品种、性别、年龄、体重、体质强弱、性情和吃食快慢等进行分群管理，分槽喂养，使各类猪都能健康成长。一般猪场除将种公猪和妊娠后期母猪单圈饲养外，其他猪应分圈饲养。猪群的大小应根据具体条件而定。生长肥育猪的适宜群体大小为每栏10～20头，并应保持群体稳定。每头猪的圈舍面积为 20～45 千克体重阶段 0.3～0.6 米^2，46～70 千克体重阶段 0.6～0.8 米^2，71～100千克体重阶段 0.9～1.2 米^2。母猪妊娠前以每圈（栏）2～3 头为宜。分群后经过一段时间饲养，发现生长速度不均、个体相差悬殊时，可进行第二次分群、调圈。为了避免合群初期猪的相互争斗，一般可采取"留母进公""留弱进强""拆多不拆少"的做法。对需要并圈的猪，应在其身上喷以同样气味的药品（如来苏儿），使其与原圈猪气味相似，不易识别。并圈后，管理人员最初几天应加强看护，以防猪与猪之间相互咬伤。

（5）严格控制饲料添加剂的使用　饲料原料和添加剂应符合NY 5032《无公害食品　畜禽饲料和饲料添加剂使用准则》的要求。在猪的不同生长时期和生理阶段，根据营养需求，配制不同的配合饲料。饲料应符合猪的营养需要和采食习性，做到种类多元化、营养全面化。要用无公害饲料，不应给肥育猪使用高铜、高锌日粮。使用的饲料和牧草应来源于无公害区域内的种植基地和草场，以避免植物本身带有农药、化肥等化学物质残留，进而影响猪肉品质。不使用变质、霉败、生虫或被污染的饲料。不应使用未经无害化处理的泔水或其他畜禽副产品。矿物质和维生素要尽量来自自然资源。禁止使用杀菌剂、生长调节剂和其他刺激生长的物质，禁止在饲料中添加β-兴奋剂、镇静剂、激素类添加剂、砷制剂。禁止使用转基因生物及其衍生物生产的饲料和添加剂及动物性营养物质。

（6）提倡饲料生喂、干喂　一般认为，用颗粒料喂猪优于干粉料，而干粉料又优于粥样料。试验证明，用颗粒料喂猪时日采食饲料量多、采食时间短、日增重高，每千克体重消耗饲料少。仔猪因消化功能尚未成熟，喂大量生料容易引起消化不良，故应喂全价颗粒料或膨化颗粒料；其他猪应喂未经高温处理的干粉状料，因为饲料生喂比熟喂提高猪日增重15％以上，降低饲料消耗11％以上。这是因为饲料蒸煮时，高温引起蛋白质变性、维生素被破坏，降低了饲料的营养价值。生喂时营养物质不被破坏，而且可使猪细嚼慢咽，刺激唾液分泌，延长饲料在胃肠道中的停留时间，使其完全消化、充分吸收，提高日增重。干喂、生喂简单易行，省燃料、人工，不用热水烫，不用加水拌，吃完干料后补喂一些青饲料，给予充足、清洁的饮用水即可。饲料每次的添加量要适当，少喂勤添，防止饲料污染、腐败。

（7）营造安全舒适的舍内环境　这是提高养猪生产效率的重要一环，不同生产阶段的猪有不同的需要，初生仔猪体温调节功能不全，特别怕冷，因此，产房的保暖十分重要，每个栏内可特设保温箱，箱内安装电热板或红外线灯供仔猪取暖。断奶后仔猪进入保育舍，虽然此时小猪体温调节能力已经增强，但在寒冷时仍要求有保暖设施，舍内要阳光充足，空气流通好。在炎热的夏天，当环境温度超过27℃时，猪的食欲开始减退，生长发育受阻。当环境温度高于33℃时，公猪精液品质下降，使母猪受胎率降低。当气温连续数天超过39℃时，会引起母猪流产。因此气候炎热时降温非常重要，常用的方法是开抽风机，让舍内空气加快流通。也可用电扇给公猪降温，或洒水降温，或水帘降温。

（8）做好栏舍的清洁卫生工作　猪是爱清洁的动物，它会选干净的地方休息。应做好调教工作，使猪养成在固定地点采食、趴卧、排泄的习惯。栏舍每天打扫 2 次，采用干粪单清模式，粪尿分开收集，减少冲栏用水，可降低污水处理的成本。定期进行带猪消毒，保持栏舍清洁卫生。注意猪舍内不得使用剧毒性杀虫、灭菌、防腐药物，以避免药物残留毒性影响生猪，进而污染猪肉产品。

（9）对猪场定期进行灭鼠、驱虫　通常猪场内会有大量鼠出没，造成疾病的传播，给猪病控制带来了极大的困难，因此，需定期在猪舍旁投放灭鼠药，及时收集死鼠和残余鼠药，并做无害化处理，防止被猪吃食。同时选择高效、安全的抗寄生虫药进行寄生虫控制，控制程序应符合 NY 5031《无公害食品　生猪饲养兽医防疫准则》的要求。

（10）加强猪群免疫，防止疾病传播　预防疾病的发生是猪场生物安全的根本，预防要从科学的饲养管理开始，着眼于提高生猪的健康水平，增加抗病能力。猪生病是由于饲养管理不当引起的，因此，只要饲养管理工作做到位，就能有效地减少疾病的发生。要定期进行疫病监测，要根据本场往年发病情况，编制防疫计划和免疫程序，及时进行疫苗接种。有病早治已是亡羊补牢的事，但早治可减少损失。做到有病早治的关键在于及早发现病猪，饲养员每天必须认真仔细地观察猪吃料、饮水、活动、休息的状况并做好必要的记录，发现问题，及时采取有效措施，消灭疾病于早期。定期大扫除，保持环境清洁卫生。做好猪群免疫，严格兽药的使用管理。兽医人员要认真严肃地执行防疫计划和免疫程序。猪生病必须及时治疗，药物使用要符合 NY/T 5030《无公害农产品　兽药使用准则》的要求，尽可能地少用抗生素类药物。育肥后期的商品猪，尽量不使用药物，必须治疗时要严格执行休药期规定，达不到休药期的肥猪不得出场上市。认真做好猪群免疫、用药、发病和治疗情况的详细记录，以便备查。

（11）实行人性化的管理措施　要更新观念、善待猪，才可获得更多的回报。仔猪刚出生时要帮助哺乳，使其及时吃到初乳，并帮助它们固定乳头，可使仔猪生长整齐。猪的胆子很小，对外界刺激敏感，特别是对声音十分敏感，要保持舍内安静，尽可能地降低各种操作的响声，以免引起猪的骚动。抓猪时动作不能粗暴，转舍换圈时不能鞭打或脚踢，让它们在无惊吓、无痛苦、无应激的环境下繁殖、生长，最大限度地发挥出自身的性能和优势，才能创造出更大的效益。

159 猪场中的废弃物怎样进行无害化处理？

猪场废弃物主要包括：猪粪便和猪场生产污水；生产过程及产品加工过程中的废弃物，如死胎、毛及内脏等残屑；病死猪的尸体；废弃的垫料；猪舍及生产产生的有害气体、灰尘及微生物；饲料加工厂排出的粉尘等。猪场废弃物经无害化处理后，可以作为农业用肥，但不得作为其他动物的饲料。常用的处理方法有如下几种。

（1）粪便无害化处理

① 干燥法

Ⅰ. 直接干燥法　常采用高温快速干燥法，又称火力快速干燥法，即通过高温烘干迅速除去湿粪便中水分的处理方法。在干燥的同时，达到杀虫、灭菌、除臭的目的。

Ⅱ. 发酵干燥法　利用微生物在有氧条件下的生长、繁殖及其他生理活动，对粪便中的有机物和无机物质进行降解和转化，产生热能，进行发酵，使粪便容易被植物吸收和利用。由于发酵过程中产生大量热能，使粪便升温到 $60\sim70℃$，再加上太阳能的作用，可使粪便中的水分迅速蒸发，并杀死虫卵、病菌，除去臭味，达到既发酵又干燥的目的。

Ⅲ. 组合干燥法　即将发酵干燥法与高温快速干燥法相结合，既能利用前者能耗低的优点，又能利用后者不受气候条件影响的特点。

② 发酵法　即利用厌氧菌和好氧菌使粪便发酵的处理方法。

Ⅰ. 厌氧发酵（沼气发酵）　这种方法适用于处理含水量高的粪便。一般经过两个阶段：第一阶段是由各种产酸菌参与发酵液化过程，即将复杂的高分子有机物分解成分子量小的物质，主要是分解成一些低级脂肪酸；第二阶段是在第一阶段的基础上，经沼气细菌的作用产生沼气。沼气细菌是厌氧细菌，因此，在沼气发酵过程中必须在完全密闭的发酵罐中进行，不能有空气进入，沼气发酵所需热量要由外界提供。厌氧发酵产生的沼气可作为生活燃料，沼渣还可做肥料。

Ⅱ. 快速好氧发酵法　利用粪便本身含有的大量微生物，如酵母、乳酸菌等，或采用专门筛选出来的发酵菌种，进行好氧发酵。通过好氧发酵可改变粪便品质，使粪便熟化并达到杀虫、灭菌、除臭的目的。

（2）污水无害化处理　除粪便以外，猪场污水对环境的污染也相当严重。因此，污水处理工程应与猪场主建筑同时设计、同时施工、同时运行。

猪场的污水来源主要有：生活用水、自然雨水、饮水器终端排出的水和饮水器中剩余的污水、洗刷设备及冲洗猪舍的水。

猪场污水处理方法多种多样，有沼气处理法、人工湿地分解法、生态处理系统法等，各猪场可根据本场具体情况选择应用。下面介绍一种污水处理法。其流程图见图6-1。

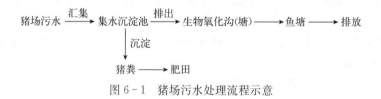

图6-1　猪场污水处理流程示意

猪场的污水经各支道汇集到场外的集水沉淀池，经过沉淀，猪粪等固形物留在池内，污水排到场外的生物氧化沟（塘），污水在氧化沟内缓慢流动，其中的有机物逐渐被分解。据测算，氧化沟尾部污水的化学耗氧量（COD）可降至200毫克/升左右，处理过的污水可排入鱼塘，剩余的有机物经进一步矿化作用，为鱼塘中水生植物提供肥源，化学耗氧量可降至100毫克/升以下，符合污水排放标准。

（3）病死猪无害化处理　在养猪生产过程中，猪死亡的情况时有发生。如果猪群暴发某种传染病，则死猪数会大量增加。这些死猪若不加处理或处理不当，其病原微生物会污染大气、水源和土壤，造成疾病的传播与蔓延。病死猪处理可采用以下几种方法。

① 高温处理法　将病死猪放入特设的高温锅（490 千帕，150℃）内熬煮，也可用普通大锅，经 100℃ 以上的高温熬煮处理，均可达到彻底消毒的目的。对于一些危害人、畜健康，患烈性传染病死亡的猪，应采取焚烧法处理。

② 土埋法　这是利用土壤的自净作用使病死猪无害化。采用土埋法，必须遵守卫生防疫要求，即尸坑应远离畜舍、居民点和水源，掩埋深度不少于 2 米。必要时尸坑内四周应用水泥板等不透水材料砌严，病尸四周应洒上消毒药，尸坑四周最好设栅栏并做上标记。较大的尸坑盖板上还可预留几个孔道，套上硬塑料管，以便不断向坑内扔病死猪尸体。

（4）垫料无害化处理

① 窖贮或堆贮　猪粪和垫料的混合物可以单独窖贮或堆贮。为了使发酵作用良好，混合物含水量应调至 40%，否则，粪便黏性过大，不利于窖贮或堆贮。混合物在窖贮或堆贮的第 4 天至第 8 天，堆温达到最高峰（可杀死多种微生物），保持若干天后，逐渐与气温平衡。

② 直接燃烧　如果粪便与垫料混合物的含水量在 30% 以下，则可以直接燃烧，作为燃料来供热。但粪便与垫料混合物的直接燃烧需要专门的燃烧装置。如果猪场暴发传染病，则垫料必须通过燃烧法进行处理。

七、猪常见病及其防治

160 猪的传染病是怎样发生的？

凡是由病原微生物引起、具有一定的潜伏期和临床症状，并具有传染性的疾病统称为传染病。传染病的发生虽然各具特点，但也有共性规律，均包括传播、感染、发病3个阶段。

(1) 传染病的传播　猪传染病的传播扩散，必须具备传染源、传染途径和易感猪群3个基本环节。如果打破、切断和消除这3个环节中的任何一个环节，传染病就会停止流行。

① 传染源　即病原微生物的来源，是携带并排出病原体的猪，包括病猪和病原携带猪。对于人畜共患传染病，传染源还包括人和其他携带病原体的动物。

病猪能够向外界排出大量的病原体，因此，对病猪要严格隔离、消毒。死亡的病猪在一定时间里尸体内仍有大量的病原体存在，处理不当可造成病原体散播。

病原携带猪指外表无症状，但能够携带和排出病原体的个体。一般来说，它排出病原体的数量少于病猪的排出量。有少数传染病在潜伏期能排出病原体，如狂犬病、口蹄疫和猪瘟等；也有的传染病处在恢复期时仍能排出病原体，如猪气喘病；有时健康无病的猪也可携带、排出某种病原体，这是隐性感染的缘故，如在健康猪可分离到巴氏杆菌、沙门氏菌等。在生产中引入新的携带病原体的猪常常会给猪群带来新的疾病，并在全群中迅速传播。由于病原携带猪可以间歇地排出病原体，因此，引进猪时要经过多次病原学检查，诊断为阴性后才能确定为非病原携带者，并在与原有猪群混群前，经过一定时间隔离观察。

② 传播途径　它是指病原体由一个传染源传播到另一个易感体所经由的途径。按病原体更迭宿主的方式，可分为垂直传播和水平传播。

Ⅰ. 垂直传播　垂直传播是指病原体由公母猪生殖器官感染（如卵巢、子宫内感染）或通过精液、初乳传播给仔猪的传播方式，如猪瘟、猪细小病毒感染、先天性震颤、脑心肌炎病毒感染等。

Ⅱ. 水平传播　是指猪与猪之间的横向传播。几乎所有的传染病均可以经水平传播方式传播。根据参与传播的媒介可分为：直接接触传播，如舐咬、交配等；空气传播，即以空气中的飞沫、飞沫核以及尘埃作为媒介物而传播，所有的呼吸道传染病都可以通过这种方式传播；污染的饲料、饮水传播，以消化道为传入门户的传染病均能以此种方式传播，如猪大肠杆菌病、沙门氏菌病、猪瘟、口蹄疫等；土壤传播，如猪丹毒等；媒介传播，指除猪以外的其他动物和人作为媒介传播的方式。

③ 猪的易感性　病原微生物仅是引起传染病的外因，它通过一定的传播途径侵入猪体后，是否导致发病，还要取决于猪的内因，也就是猪的易感性和抵抗力。猪由于品种、年龄、免疫状况及体质强弱等情况不同，对各种传染病的易感性有很大差别。例如，在年龄方面，仔猪对白痢、红痢等易感性高，成年猪则稍差一些；在免疫状况方面，猪群接种过某种传染病的疫苗或菌苗后，产生了对该病的免疫力，易感性即大大降低。当猪群对某种传染病处于易感状态时，如果体质健壮，也具有一定的抵抗力。

（2）传染病的感染与发病

① 感染的类型　某种病原微生物侵入猪体后，必然引起猪体防卫系统的抵抗，其结果必然出现以下3种情况之一：一是病原微生物被消灭，没有形成感染；二是病原微生物在猪体内的一定部位定居并大量繁殖，引起病理变化和症状，也就是引起发病，称为显性感染；三是病原微生物与猪体内防卫力量处于相对平衡状态，病

原微生物能够在猪体某些部位定居，进行少量繁殖，有时也引起轻微的病理变化，但没有引发明显的临床症状，也就是没有引起发病，称为隐性感染。有些隐性感染的猪是健康带菌者、带毒者，会长期排出病菌、病毒，成为易被忽视的传染源。

② 发病过程　显性感染的过程，可分为以下 4 个阶段。

Ⅰ. 潜伏期　病原微生物侵入猪体后，必须繁殖到一定数量才能引起症状，这段时间称为潜伏期。潜伏期的长短，与入侵的病原微生物毒力、数量及猪体抵抗力强弱等因素有关。例如，猪瘟的潜伏期一般为 5～7 天，最大范围为 2～21 天。

Ⅱ. 前驱期　此时是猪发病的征兆期。病猪表现出精神不振，食欲减退、体温升高等一般症状，尚未表现出该病特征性症状。前驱期一般为 1～2 天。

Ⅲ. 明显期　此时猪的病情发展到高峰阶段，表现出疾病的特征性症状。前驱期与明显期合称为病程。急性传染病的病程一般为数天至 2～5 周，慢性传染病则可达数月。

Ⅳ. 转归期　即疾病发展到结局阶段，病猪有的死亡，有的恢复健康。康复猪在一定时期内对该病具有免疫力，但体内仍残存并向外排放该病的病原微生物，成为健康带菌或带毒猪。

161 预防猪病应采取哪些措施？

在养猪过程中，常常会发生各种疾病，特别是某些烈性传染病，严重影响猪体健康和生长。因此，在发展养猪生产的同时，猪场必须做好猪病的预防工作。

(1) 猪场选址要符合防疫要求　猪场的场址应选在背风向阳、地势高燥、水源充足、排水方便处。猪场的位置要远离村镇、学校、工厂和居民区，与铁路、公路干线、运输河道也要有一定距离。

(2) 制订合理的免疫程序　传染病的发生及其带来的损失在所有猪病中占有很高比例，它不仅会造成猪大批死亡和畜产品的损失，而且直接影响人民的生活健康和对外贸易。预防猪传染病最有效的方法之一就是接种疫苗，按照传染病发生的规律，合理制订免疫程序，降低猪群发病率，提高对猪群的保护。

（3）加强猪群的饲养管理　加强饲养管理是做好猪病防治的基础，是增强猪体抗病能力的根本措施。

① 选择优质的种猪或仔猪　从无疫地区和无病猪群购进种猪或仔猪，确保无病猪进入猪场，并建立健全隔离制度，保证必要的隔离条件。

② 供给全价饲粮　饲粮的营养水平不仅影响猪群的生产能力，而且缺乏某些成分时可发生相应的缺乏症。因此，要从正规的饲料厂购买饲料，贮存时注意时间不要过长，并防止霉变和结块。在自配饲粮时，要注意原料的质量，避免饲粮配方与实际应用相脱节。

③ 给予适宜的环境温度　适宜的环境温度有利于提高猪群的生产能力。温度过高或过低，都会影响猪群的健康，冷热不定容易导致猪体感冒及其他疾病。

（4）坚持严格的卫生和消毒制度　坚持定期清理猪舍内外，保持环境清洁卫生，定期对猪舍进行消毒。饲养人员进猪舍前，必需洗手，外来人员一律禁止进入猪舍。饲养人员进舍要更换工作服，喷洒药物或紫外线消毒，饲养用具应固定使用，不得串换。

（5）进行必要的药物预防

① 传染病、寄生虫病　根据疫病易发的季节和猪易发的月龄，提前给予有效的中药，并定期给猪驱虫，达到以防为主、防重于治的目的。

② 营养代谢病　在饲料中按足够的比例添加微量元素、维生素、矿物质。

162 怎样诊断猪病？

通过对病猪的临床检查、病理剖检、实验室检查等，对搜集到的资料进行判断，对疾病做出实事求是、合乎客观实际的诊断。猪病诊断的主要内容及常用方法如下：

（1）健康猪的生理常数与表现　猪的正常体温一般为 38.0～39.5℃（仔猪在 40℃以内），脉搏每分钟 60～80 次，呼吸每分钟 12～20 次。猪对食物的选择性不大，正常情况下，猪食欲旺盛，精神活泼，睡眠安静，鼻端湿润，眼有神，眼角无分泌物，尾摇摆或上卷，被毛有光泽。

上述猪的各项常数表现，在运动或惊恐、精神紧张状态下，可能发生变化，而经过一段时间的安静和休息，即可恢复正常。若在不明原因的情况下，生理常数的变化、外观表现的异常，都可能是某些疾病的相应变化和表现，诊断猪病时应予注意。

（2）病猪登记及病史调查

① 病猪登记　登记的项目包括畜主姓名和地址，猪的品种、性别、年龄、毛色特征、体重、编号等。

② 病史调查　也叫问诊，这是认识疾病的第一步。通过病史调查，可以了解到病猪以往的饲养管理和就诊前的外观表现变化等情况。认真细致的病史调查，往往能获得有价值的信息，从而确定疾病的原因和性质。

（3）临床诊断　临床诊断常用的方法包括视诊、触诊、叩诊、听诊和嗅诊。临床检查，通常按一般检查和系统检查的顺序进行。

① 一般检查

Ⅰ. 外观检查　主要观察猪的外部表现。病猪一般表现精神委顿、行动迟缓，常离群独居，走路摇摆，头、尾下垂，眼睛无神且有分泌物、被毛粗糙、无光泽，腹部不饱满等。此外，还应注意观察有无神经症状。如猪食盐中毒时，会出现兴奋或抑制，全身发抖，转圈，四肢划动，有时倒地等；患破伤风时，表现竖耳举尾，四肢僵硬，牙关紧闭。猪眼结膜的变化是疾病的重要表现，如眼结膜苍白，多为贫血及寄生虫病的症状；眼结膜发红、充血或紫红色，是脑充血、中暑、肺炎、热性传染病及肠炎等疾病的一种症状。皮肤检查在临床诊断上也有重要意义，如皮肤苍白是贫血的现象；发红，尤其是发生红斑点，就有发生传染病的可能，如猪丹毒的斑点（块）指压褪色，猪瘟的皮肤出血点指压不褪色等。皮肤检查时，还应注意观察有无水疱、脓疱。鼻镜及蹄部检查，尤其应注意有无水疱。

Ⅱ. 体温检查　体温检查不仅能判定疾病的发生程度，而且可借以判定疾病的性质，如急性传染病常发高热，普通病往往无热或微热。体温还可鉴别疾病的种类，如消化不良一般无热，而胃肠炎则常常有热。此外，根据体温的变化，还可以观察疗效和推断疾病的预后，如体温的下降若与症状的减轻或脉搏数的减少不一致，常表明疾病趋于恶化或预后不良。

② 系统检查

Ⅰ. 循环系统检查　主要检查心跳和脉搏。

心跳检查　利用听诊器听诊心脏变化，如果出现忽高忽低、间隔忽长忽短等异常心音，就是疾病的象征。

脉搏检查　小猪可在后腿内侧股动脉处检查，大猪可在尾根下尾动脉处检查，也可用听诊器听诊心脏或用手掌触摸心脏部位的方法，根据心跳次数来确定脉搏数。猪的脉搏数增加，主要见于重剧的普通病、急性热性传染病等；脉搏数减少，一般见于慢性脑水肿等。

Ⅱ. 呼吸系统检查

a. 呼吸运动　通常是观察猪的胸部起伏或腹壁运动，也可用手在猪的鼻孔前感知呼出气流的情况，健康猪一般为胸腹式呼吸，即吸气和呼气时胸廓和腹壁以同等的强度进行。如果呼吸时胸部活动明显称为胸式呼吸，腹部活动明显称为腹式呼吸，两者都是病理表现。例如，当发生胸膜炎、胸腔积液、肺气肿时，病猪常表现为腹式呼吸；当发生腹腔积液、积食、腹膜炎时，病猪常出现胸式呼吸。

b. 鼻液　健康猪一般无鼻液，有鼻液流出常是病理状态。例如，有泡沫样或带血鼻液流出时，可能是肺水肿或肺出血。

c. 咳嗽　除因采食、饮水不当引起的一时性咳嗽外，其他咳嗽可视为某种疾病的症状，如咳嗽有痛感，病猪表现伸颈、摇头、咀嚼、吞咽，尽力抑制咳嗽，见于胸膜炎等。

d. 胸部听诊　用听诊器在猪的胸部可以听到肺泡音，根据肺泡音的变化确定某种相应的疾病有一定意义，如肺泡音普遍增强时，常见于热性疾病。

Ⅲ. 消化系统检查

a. 食欲及饮水　除饲料和环境变化的暂时原因外，采食和饮水的减少是猪患病首先表现出来的重要症状之一，应特别注意。

b. 呕吐　一时性呕吐可能是进食引起的。其他呕吐则是某种疾病的象征，如大肠阻塞时，呕吐物类似粪便。

c. 口腔检查　口腔检查对诊断猪瘟、口蹄疫、口炎、咽炎、破伤风等疾病有重要价值，如猪唇或口腔内发现水疱，可能是口蹄疫；口腔黏膜有出血点或发生溃疡，常见于猪瘟；口腔干燥，常见于热性病及长期腹泻等。

d. 腹腔检查　猪腹部容积、腹壁紧张程度、叩诊音的异常为消化系统疾病的诊断提供依据。如猪患腹膜炎时，触诊腹壁紧张程度增强，疼痛敏感。

e. 粪便检查　粪便性状的异常是某些疾病的症状之一，如粪便干燥硬固，常见于便秘和猪瘟等急性热性传染病。

Ⅳ. 泌尿生殖系统检查

a. 泌尿系统检查　猪的泌尿器官疾病较少见，多发生于一些传染病。排尿量和尿液理化性状的变化，可供某些疾病诊断时参考。如尿频、量少，可能是阴道炎、膀胱炎。当泌尿系统发炎时，或给予某些药物时，尿液均会发生相应的物理、化学变化。

b. 生殖系统检查　公猪睾丸肿大，常见于睾丸炎；母猪患阴道炎或子宫内膜炎时，阴道常流出稀薄污秽的液体；母猪乳房肿大，常见于乳腺炎；乳房出现水疱，可能是口蹄疫的症状之一。

Ⅴ. 神经系统检查

a. 精神状态　脑炎初期往往出现精神异常兴奋、狂躁不安、惊恐、鸣叫等症状；出现嗜睡、昏迷症状时，常见于脑部重伤或各种疾病的危险期。

b. 感觉　皮肤感觉减退或消失多见于外周感觉神经受压迫和脑病等。

c. 运动　麻痹、瘫痪、肌肉痉挛是运动机能失调和丧失的表现，常见于脑炎、脑膜炎等脑病。

d. 自主神经系统　自主神经系统由交感神经和副交感神经组成，健康状况下，二者处于平衡状态。一旦发生疾病，则平衡状态被破坏，并表现出一系列症状。例如，交感神经兴奋，一般表现为瞳孔扩大、唾液分泌抑制、血管收缩、支气管弛缓及胃肠蠕动减退等；相反则为副交感神经兴奋。

（4）剖检诊断　临床诊断时，有些疾病症状很不明显，有些发病猪突然死亡，来不及临床检查，或者临床检查没有发现任何病症。在这些情况下，可通过剖检病死猪尸体，做全面、系统的观察，检查组织器官的病理变化，结合临床症状，做出正确的诊断。

（5）实验室诊断　经过临床和剖检诊断，积累大量资料，但还不能最后确诊，有些疾病还存在疑问，需要进一步深入研究，往往需配合实验室检查，进一步收集材料，弄清一些问题，给最后确诊提供依据。

（6）药物诊断　使用药品治疗疾病，有的效果很好，非常理想；有的疗效不明显；有的无疗效，病情越来越重。如用青霉素治疗猪瘟，完全无效，而用青霉素治疗猪丹毒却有特效。这也给确诊提供了依据。

（7）综合诊断　同一种猪病，存在病猪个体、环境条件、饲养管理等因素及临床症状、组织变化方面的差异，因此，在诊断某一种猪病时，尽可能收集更多的信息，进行系统、综合的分析，才能做出全面、正确的判断，提出切实可行的防治措施。

163 猪主要有哪些保定方法？

在一般情况下，对病猪的诊断、投药、注射、手术等，都要采取适当的保定措施。对性情温驯的猪，可采取立于墙根、墙角，用手轻搔猪的背部、腹部、腹侧或耳根的方法，使猪安静，接受检查和治疗。而对性情凶暴、躁动不安的猪，可采取下列保定方法。

（1）仔猪保定法 保定者一手将仔猪抱于怀中，托住颈部，另一手轻按后躯即可；也可将仔猪侧卧于操作台或平地上，一手按住头部，另一手握住前肢；还可由两手握住仔猪两后肢，将猪倒提起，使猪腹部朝前，用两腿夹住猪的头部，以防躁动（图7-1）。

（2）网架保定法 此法适用于幼猪和中猪。保定者将猪放置在用绳织成的网上，使猪的四肢悬空，起到保定作用（图7-2）。

图7-1 仔猪倒立提举保定法

图7-2 猪网架保定法

（3）握耳提举法 此法适用于中等体格猪的灌药或口腔检查。保定者两腿夹住猪的胸侧，双手紧握猪的两耳，用力将头和前躯一并提起。

（4）鼻捻绳保定法 此法适用于成年猪和性情凶暴的猪。由助手紧握猪两耳，保定者用一根粗细适中的绳索做成活套，套在猪上颌部，然后用手拉住或拴绕在单柱上，借猪向后退的力量拉紧绳结，起到保定作用（图7-3）。

图7-3 猪鼻捻绳保定法

（5）横卧保定法 此法运用于中猪和大猪。保定者一人握住猪的一条后腿，另一人握住猪的耳朵，两人同时向同一侧用力将猪放倒，一人按压猪头颈部，用绳拴住四脚加以固定。

164 怎样测量猪的体温？

猪的正常体温为 38.0～39.5℃，在天热时直射日光下可达 40℃左右。一般用兽用体温计插入猪的肛门中测温。

（1）测量猪体温的方法

① 先将体温计的水银柱甩至 35℃以下。

② 用酒精或新洁尔灭棉球擦拭体温计，涂上润滑剂。

③ 测温人一手将猪的尾根部提起，另一手持体温计徐徐插入肛门中，放下尾巴，用附在体温计上的夹子，夹在尾部的毛上以固定之，无夹子时可用手抵住。

④ 按体温计的规格要求，使体温计在肛门内放置一定时间（如体温计为 3 分钟计，则需放置 3 分钟），取出后读取水银柱上端的度数即可。

⑤ 测完后，应将体温计用消毒棉球擦拭，以备再用。

（2）测量猪的体温时应注意的问题 当直肠、肛门内有粪球时，应让粪球排出后再测温，否则，测得的温度不准确。另外，若肛门括约肌很紧，用体温表在肛门中轻轻地转动几下，使局部放松后再插入，不然易损伤直肠黏膜。

165 怎样剖检病猪？

使病猪尸体仰卧，先切断肩胛骨内侧和髋关节周围的肌肉，使四肢摊开。然后，沿两侧肋骨后缘，连皮带肉做一弧形切开，切开部往后拉，使腹腔脏器全部暴露，观察腹腔脏器有无异常。在横膈膜处切断食管，骨盆腔内切断直肠，将胃、肠、肝、胰、脾一并拉出分别检查。先看外观，后切开胃、肠，切割肝、脾，进行内部观察。从腰椎两旁摘出肾脏，骨盆腔内取出膀胱，进行检查。

用刀或剪刀切（剪）断两侧的肋软骨与肋骨结合部。在切割处，两手各向外用力，折断肋骨与胸椎的连接，使胸腔敞开。用刀切断喉头部附着物，用手握住气管，将心脏、肺脏一并拉出，逐一检查。

检查脑部应先用刀或斧在颅顶的中央劈成裂缝，用凿子在颅顶边缘凿成骨裂，再用凿子或刀背伸入颅顶中央，仔细地撬去骨片，直至脑部全部暴露。

166 临床上的药物使用应注意什么？

猪的某些传染病虽然可以通过接种疫苗进行预防，但仍有些传染病至今尚未研制出有效的疫苗，有的疫苗其预防效果并不令人满意。药物不仅可以防治某些传染病，且对寄生虫病和内外科病的治疗来说更是不可缺少的，况且有些药物还能调节动物机体的代谢，改善消化吸收，提高饲料利用率，促进动物生长。

临床上所用的药物几乎每一种都有多种作用，其中与治疗目的有关的作用称为治疗作用；其余与治疗目的无关的甚至对机体有害的作用，总称为不良反应。在某些情况下，这两个方面的作用会同时出现，因此，对药物的作用一定要用"一分为二"的观点来分析。在临床用药时，要充分发挥药物的治疗作用，而减少或避免其不良反应的发生。

（1）对因治疗　即药物的作用在于消除原发致病的因素，特别是对传染病和寄生虫病具有重要的意义。当侵入猪体内的病原体和寄生虫被抑制或被杀灭后，即消除了致病原因，病猪随之恢复健康。这类药物主要包括抗菌药物和驱虫药。当中毒时，采用相应的解毒药解除中毒症状。这些都属于对因治疗，或称为"治本"。

（2）对症治疗　当病猪发病的原因尚不清楚，但已出现某种临床症状时，如体温升高、呼吸困难、腹泻、神经症状、食欲不振等，为了缓解病情，防止疾病的发展或恶化，也是为对因治疗争取时间，应采取对症治疗，也称为"治标"。当然，"治本"和"治标"两种治疗措施是密切结合的，不可偏颇。在中医学中有"急则治其标，缓则治其本"的用药原则。即对急性病例应首先用药消除某些严重的症状，解除危急；而对慢性病例则以治本为主，以获得对疾病的根治。这就充分说明了对因治疗与对症治疗是相互联系、相辅相成的。

（3）副作用　是指药物在治疗剂量下所出现的与治疗目的无关的作用。这种作用一般在用药前，根据药理学的知识是可以预见的，一般比较轻微而容易恢复。例如，使用阿托品可以解除肠道平滑肌痉挛，但其副作用是瞳孔散大和腺体分泌减少，引起口腔干渴。反之，如果用它来散大瞳孔，则松弛平滑肌和制止分泌等症状就成为副作用。

（4）毒性作用　指药物对机体的损害作用。其实绝大多数的药物都有一定的毒性。它们所产生的毒性作用的性质各不相同。一般用药剂量过大、用药时间过长、两次用药间隔时间过短等，可使药物在机体内蓄积过多，超过机体的耐受力，从而引起机体生理生化机能和结构发生变化，称为毒性作用。

另外，猪若患有肝、肾疾病，在对药物的代谢、排泄功能不健全的情况下，即使使用常量药物也可能出现毒性作用。因此，在用药时一定要了解病猪的病史，并严格掌握用药剂量和连续用药的持续时间。对于剧毒药更应严格控制剂量，以免出现毒性反应。

（5）过敏反应　少数过敏体质的病猪，使用药物在治疗量或低于甚至远低于治疗量时，便发生一般机体中毒量时也不发生的特异反应，如青霉素过敏。这种反应与剂量无关，而与免疫学上的变态反应相同，可由抗原（如异性蛋白）或半抗原（如青霉素）与抗体相结合而产生。变态反应，是指少数家畜对某种药物的特殊反应。对于一般猪体，即使用到中毒剂量也不出现类似的反应。不同的药物所引起的过敏反应或变态反应基本相同，故其治疗措施也基本相同。概括地说，过敏反应是过敏反应和变态反应的总称。

167 怎样合理使用抗菌类药物？

抗菌类药物包括消毒防腐药和化学治疗药。消毒防腐药虽能杀灭微生物，但对动物机体也有很大的毒性，只能用于体表和环境的消毒。本文所述的抗菌类药物主要指化学治疗药，临床上常用的有抗生素类、磺胺类、喹诺酮类等。据统计，在养猪生产中这些药物占药物消耗总量的80％以上，其中抗生素类药物又占到了大部分。

抗生素应用于猪病防治已有50余年，在治疗动物感染性疾病方面起到了巨大的作用。例如，一些对猪危害严重的细菌感染引起的传染病，包括猪丹毒、猪肺疫、副伤寒、仔猪大肠杆菌病等，自从有了抗菌药物之后，在治疗和预防方面都取得了良好的效果。

由于抗菌药物的价格相对低廉，使用也较方便，对于不论是消化系统、呼吸系统，还是其他系统的细菌感染，都有疗效，因此，抗菌药物得到了养殖者的青睐。近年来，在规模化养猪业中，抗菌药物使用越来越广泛，用量也越来越大，以至达到滥用的程度，造成了细菌的耐药性不断地增强，药物的不良反应增加，治疗的效果明显地下降，甚至抗菌药物大量残留在猪的机体中，也降低了猪肉的品质，影响到猪肉的消费和出口，引起了社会的关注。2016年，NY/T 5030《无公害农产品　兽药使用准则》公布，其中有关抗菌药物，特别是抗生素而言的，应认真阅读和理解，遵照执行。

在目前养猪生产中，使用抗菌类药物常出现6大误区，必须引起注意。

（1）认为抗菌药就是"退热药"。凡是体温升高的病猪，不分析病情，盲目使用抗菌药。殊不知，发热并不是都由细菌感染所致。由病毒引起的高热，如流感、蓝耳病、猪瘟等，用抗菌药物治疗是无效的；夏季高温气候引起的中暑，也可引起体温升高，对这些病使用抗菌药物是有害无益的。

（2）将抗菌药作为"万能药"。不管三七二十一，只要猪生病了，就用抗菌药。高热不退用之，呼吸困难用之，神经症状用之，皮肤破损用之，母猪不孕也用之。如此滥用的后果，一是耽误了治疗的时机，二是浪费了药物。

（3）当发现少数病猪时，即对全群甚至全场的猪都用抗菌药物，将药拌在饲料内或和在水中，一日三餐，连续十天或半月或更长的时间使用，用量之大使人吃惊。如此用药适得其反，会造成药物不良反应的发生，培育大量耐药菌，得不偿失。

（4）以为抗菌药的价格越贵效果越好，国外进口的更好。其实并非如此。问题在于病猪感染的是什么病原菌，病原菌主要存在于哪个系统或部位，应针对病情，选择对病原菌作用强，药物在感染部位浓度较高的品种。例如，阿莫西林对多数革兰氏阳性菌的效果较好，可用于败血症和皮肤黏膜的感染；喹诺酮类药物对消化道、泌尿道感染有疗效；链霉素、卡那霉素、泰乐菌素等适用于上呼吸道感染。

（5）抗菌药物的使用剂量越大疗效越好，这种看法是错误的。药物的使用剂量在说明书上都有明文规定，尤其是有些药物有一定的毒性和副作用，如链霉素、磺胺类药物，大量使用时，轻则产生耐药性，重则发生中毒致死。当然，有些药物的毒性不大，如青霉素、土霉素等适当增加用量是可以的，请参照 NY/T 5030《无公害农产品　兽药使用准则》。

（6）患有细菌感染的疾病，不分青红皂白随意使用抗生素。若是感染被控制了，那是碰运气；如果疗效不佳，则更换药物，车轮大战。建议有条件的猪场应进行药敏试验，选择最敏感的抗菌药物进行治疗。

168 无公害养猪使用药物应注意什么？

生猪饲养者应供给动物适度的营养，饲养环境应符合 NY/T 388《畜禽场环境质量标准》要求，加强饲养管理，采取各种措施以减少应激，增强动物自身的免疫力。生猪饲养使用饲料应符合 NY 5032《无公害食品　畜禽饲料和饲料添加剂使用准则》的规定。生猪疾病以预防为主，应严格按《中华人民共和国动物防疫法》的规定防止生猪发病死亡。必要时进行预防、治疗和诊断疾病所用的兽药，必须符合《中华人民共和国兽药典》《兽药质量标准》《中华人民共和国兽用生物制品质量标准》和进口兽药质量标准、饲料药物添加剂使用规范的相关规定。所用兽药必须来自具有兽药生产许可证和产品批准文号的生产企业，或者具有进口兽药许可证的供应商。所用兽药的标签应符合《兽药管理条例》的规定。使用兽药时，还应遵循以下原则：

（1）允许使用消毒防腐剂对饲养环境、圈舍和器具进行消毒，但应符合 NY/T 5033《无公害食品　生猪饲养管理准则》的规定。

（2）优先使用疫苗预防猪的疾病，但应使用符合《中华人民共和国兽用生物制品质量标准》要求的疫苗对生猪进行免疫接种，同时应符合 NY 5031《无公害食品　生猪饲养兽医防疫准则》的规定。

（3）允许使用《中华人民共和国兽药典》收载的用于生猪的兽用中药材、中药成方制剂。

（4）允许在临床兽医的指导下使用钙、磷、硒、钾等补充药，以及微生态制剂、酸碱平衡药、体液补充药、电解质补充药、营养药、血容量补充药、抗贫血药、维生素类药、吸附药、泻药、润滑剂、酸化剂、局部止血药、收敛药和助消化药。

（5）慎重使用经农业农村部批准的拟肾上腺素药、平喘药、抗（拟）胆碱药、肾上腺皮质激素类药和解热镇痛药。

（6）禁止使用麻醉药、镇痛药、镇静药、中枢兴奋药、化学保定药及骨骼肌松弛药。

（7）允许使用某些抗菌药和抗寄生虫药，其中治疗药应凭兽医处方购买。要严格遵守药物的用法与用量，休药期等有关规定。

（8）建立并保存药物使用记录。治疗用药记录包括生猪编号、发病时间及症状、治疗用药物名称（商品名及有效成分）、给药途径、给药剂量、疗程、治疗时间等。

（9）禁止使用未经国家畜牧兽医行政管理部门批准的用基因工程方法生产的兽药。

（10）禁止使用未经农业农村部批准或已经淘汰的兽药。

169 怎样给猪打针、投药？

（1）打针　给猪打针常用以下4种方法，即肌内注射法、皮下注射法、静脉注射法和腹腔注射法。

① 肌内注射法　是最常用的方法，注射部位一般选择在肌肉丰满、神经干和大血管少的颈部和臀部。注射时，针头直刺入肌肉2～4厘米深，注入药液（图7-4），注毕拔出针头。注射前后均应消毒，刺入时用力要猛，注药的速度要快，用力的方向应与针头一致，以防折断针头。

②皮下注射法　将药液注入皮肤与肌肉之间的组织内。注射部位可选择在皮薄而容易

图7-4　肌内注射法

移动的部位，如大腿内侧、耳根后方等。注射时，左手捏起局部的皮肤，成为皱褶，右手持注射器，由皱褶的基部刺入，进针2～3厘米，注毕拔出针头，注射前后均应消毒。当药液量大时，要分点注射。

③ 静脉注射法　将药液注入静脉内，使之迅速发挥作用。注射部位常选择在耳部大静脉。注射时，先用手指捏压耳部静脉管，使静脉充盈、怒张，然后手持连接针头的注射器，沿静脉管使针头与皮肤呈10°～15°刺入皮肤及血管，松开耳根部压力，见回血后左手固定针头刺入的部位，右手拇指徐徐推动活塞，注入药液（图7-5），

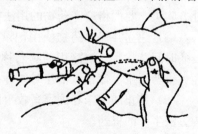

图7-5　静脉注射法

注完后，左手持棉球压针孔处，右手迅速拔针，防止血肿发生。

④腹腔注射法　即将药液注入腹腔。仔猪常用这种方法。注射时，用手提起猪的两后腿，形成倒立，在耻骨缘中线旁 3～5 厘米处，针头垂直地刺入 2～3 厘米，药液注射后拔出针头（图 7 - 6）。

（2）投药　猪的投药方法主要有混饲/饮法、口投法、胃管投药法和注射法等。

①混饲/饮法　对于还能吃食的病猪，用药量少且药物没有特殊气味时，可将药物均匀地混合在少量的饲料或饮水中，让猪自由采食。

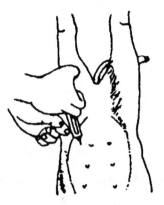

图 7 - 6　腹腔注射法

②口投法　一人握住猪的两耳或前肢，并提起前肢和前躯，另一人用木棍将猪嘴撬开，将药片、药丸或其他药剂置于舌根背面处。或用长嘴瓶子、汤匙伸入口角内，缓慢地倒入药液，咽下后，再灌第二次。要注意防止连续大量灌入或在猪叫唤时投给，以防药液进入气管。

③胃管投药法　用绳套套住猪的上腭，用力拉紧，猪自然向后退。这时用开口器的两端绳，勒紧两嘴角。用胃管从开口器中央插入，至胃管前端至咽部时，轻轻刺激，引起吞咽动作，便插入食道内。判断方法是将橡皮球捏扁，橡皮球上端捏紧，当手松开橡皮球后，不再鼓起，证明橡皮管在食道内，再送胃管至食道深部，从漏斗进行灌药。

170 利用注射法给猪投药时应注意哪些问题？

（1）注射器应坚固无损坏，注射针头应锐利无损。

（2）注射器清洗、消毒（煮沸或蒸汽消毒）后，方可使用。消毒金属注射器时，应松动螺旋部位。

（3）吸取药液前，先用酒精棉球消毒安瓿的颈部和瓶盖，并仔细查看药品说明书，与处方要求是否相符，检查药液是否变质、过期、失效等。

（4）用过的注射器仍应清洗、消毒，然后妥善保管。（目前，养猪场多使用一次性注射器，用后废弃，进行无害化处理。）

（5）注入大量药液时，需将药液调温到与体温相近后，再行注射。

（6）腹腔注射时，注射部位、深度一定要准确，否则，容易伤及胃、肝脏、膀胱等脏器。

171 怎样做药物敏感试验？

抗菌药物已广泛应用于猪病防治，但某种抗菌药物长期或不合理地使用，可导致细菌产生耐药性。如果盲目地滥用抗菌药物，不仅造成药物的浪费，同时也耽误了治疗时机。药物敏感试验简称药敏试验，是一项药物体外抗菌作用的测定技术。通过本试验，可选用最敏感的药物进行临诊治疗。同时，也可根据这一原理，测定抗菌药物的质量，以防假冒伪劣产品和过期失效药物进入猪场。常用的药敏试验方法有纸片法、试管法和琼脂扩散法3种。

（1）纸片法　各种抗菌药物的纸片，市场有售，是一种直径6毫米的圆形小纸片，要注意密封保存，贮藏于阴暗干燥处，切勿受潮。注意有效期，一般不超过6个月。

① 试验材料　经分离和鉴定后的纯培养菌株（例如大肠杆菌、链球菌等）、营养肉汤、琼脂平皿、棉拭子、镊子、酒精灯、药敏纸片若干。

② 试验步骤

Ⅰ. 将测定菌株接种到营养肉汤中，置37℃条件下培养12小时，取出备用。

Ⅱ. 用无菌棉拭子蘸取上述菌液，均匀涂于琼脂平皿上。

Ⅲ. 待培养基表面稍干后，用无菌小镊子分别取所需的药敏纸片均匀地贴在培养基表面，轻轻压平，各纸片间应有一定的距离，并分别做上标记。

Ⅳ. 将培养皿置 37℃温箱内培养 12～18 小时后，测量药敏纸片抑菌圈直径的大小（以毫米表示）。

③ 结果判定　一般来说，药敏纸片抑菌圈直径在 20 毫米以上为极度敏感，15～20 毫米为高度敏感，10～15 毫米为中度敏感，10 毫米以下为低敏感，无抑菌圈为不敏感。对多黏菌素的作用，抑菌圈在 10 毫米以上为高度敏感，6～9 毫米为低度敏感。

（2）试管法　本法较纸片法复杂，但结果较准确、可靠。此法不仅适用于抗菌药物对细菌的敏感性测定，也可用于定量检查。

① 试验方法　取试管 10 支，排放在试管架上，于第一管中加入肉汤 1.9 毫升，其余各管均各加 1 毫升。吸取配好的抗菌药物 0.1 毫升，加入第一管，混合后吸取 1 毫升放入第二管，混合后再由第二管移 1 毫升到第三管，如此倍比稀释到第九管，从中吸取 1 毫升弃掉，第十管不加药物，作为对照。然后各管加入幼龄试验菌 0.05 毫升（培养 18 小时的菌液，1∶1 000 稀释）。置 37℃温箱内培养 18～24 小时观察结果。必要时也可每管取 0.2 毫升分别接种于培养基上，经 12 小时培养后计数菌落。

② 结果判定　培养 18 小时后，凡无细菌生长的药物最高稀释倍数管中药物的浓度即为该菌对药物的敏感度。若药物本身浑浊而肉眼不易观察的，可将各稀释度的细菌涂片镜检，或计数培养皿上的菌落。试管法药物敏感试验判定标准参见表 7 - 1。

表 7 - 1　试管法药敏试验判定参考标准

药物名称	药物敏感程度		
	高度敏感（微克/毫升）	中度敏感（微克/毫升）	抗药（微克/毫升）
磺胺类药物	<50	50～1 000	>1 000
链霉素	<5.0	5～20	>20
青霉素	<0.1	0.1～2.0	>20
庆大霉素	<1.0	1.0～2.0	>10

（3）琼脂扩散法　本法是利用药物可以在琼脂培养基中扩散的原理，进行抗菌试验，其目的是测定药物的质量，初步判断药物抗菌作用的强弱，用于定性，方法较简便。

①试验材料　被测定的抗菌药物（例如青霉素，选择不同厂家生产的几个品种，以做比较）、试验用的菌株（例如链球菌）、营养肉汤、营养琼脂平皿、棉拭子、微量吸管等。

②试验步骤

Ⅰ．将试验细菌接种到营养肉汤中，置37℃温箱培养12小时，取出备用。

Ⅱ．用无菌棉拭子蘸取上述菌液均匀涂于营养琼脂平皿上。

Ⅲ．将等量的被测药液（如同样的稀释度和数量），置于含菌的平板上，培养后，根据抑菌圈的大小，初步判定该药物抑菌作用的强弱。

Ⅳ．药物放置的方法有多种：第一，直接将药液滴在平板上；第二，用滤纸片蘸取药液置于含菌平板上；第三，在平板上打孔（用琼脂沉淀试验的打孔器），然后将药液滴入孔内；第四，先在无菌平板上划出一道沟，在沟内加入被检的药液，沟上方划线接种试验菌株。以上药物放置方法可根据具体条件选择使用。

172　猪为什么要进行疫苗接种？

猪的免疫接种是将疫苗或菌苗用特定的人工方法接种于猪体，使猪在不发病的情况下产生抗体，从而在一定时期内对某种传染病具有抵抗力，从而达到个体乃至群体预防和控制传染病的目的。免疫接种是诸多预防传染病手段中最经济、最方便、最有效的方法之一。

疫苗和菌苗是利用毒力（即致病力）较弱或已被处理致死的病毒、细菌制成的。用病毒制成的叫疫苗，用细菌制成的叫菌苗。疫苗和菌苗按规定方法使用没有致病性，但有良好的抗原性。

173　影响猪群免疫力的因素有哪些？

免疫应答是一个生物学过程，不可能提供绝对的保护，在免疫接种群体的所有成员中，免疫水平也不会相同，这是因为免疫反应受到遗传和环境等诸多因素的影响。在一个随机的动物群体里，免疫反应的范围倾向于正态分布，也就是说，大多数动物对抗原的免疫反应倾向于中等水平，而一小部分动物则免疫反应很差，这一小部分动物尽管已经免疫接种，却不能获得足够抵抗感染的保护力。因此，随机动物群不可能因免疫接种而获得百分之百的保护率。一般认为，在一个猪群中，绝大部分猪能获得保护，少部分易感猪即使被感染，也不至于造成该疫病的流行。以下诸因素均能影响猪群的免疫力：

（1）遗传因素　动物机体对接种抗原有免疫应答在一定程度上是受遗传因素控制的。猪的品种繁多，免疫应答各有差异，即使同一品种不同个体的猪，对同一疫苗的免疫反应强弱也不一致。

（2）营养状况　例如，机体缺乏维生素 A，导致淋巴器官萎缩，影响淋巴细胞的分化、增殖、受体表达与活化，可使体内 T 细胞、NK 细胞数量减少，吞噬细胞的吞噬能力下降，B 细胞的抗体产生能力下降。此外，其他维生素及微量元素、氨基酸的缺乏，都会严重地影响机体的免疫功能。因此，营养状况是免疫机制中不可忽略的因素。

（3）环境因素　猪的免疫功能在一定程度上受到神经、体液和内分泌的调节，在猪舍过冷、过热、拥挤、湿度过大和通风不良等应激因素的影响下，可导致猪对抗原的免疫应答能力下降，免疫接种后猪表现出低抗体和细胞免疫应答减弱。

维持猪场良好的环境卫生条件，给予猪群适合的生存条件，杜绝传染源，对于疫病防治同样重要。

（4）疫苗质量　疫苗的质量好坏十分重要，包括疫苗产品本身的质量、保存以及使用过程中的质量等。疫苗应有标签，写有批准文号、使用说明、有效日期和生产厂家。不同剂型的疫苗应按其要求的温度进行运输和贮存。

在疫苗的使用过程中，有很多影响免疫效果的因素，如疫苗的稀释方法、接种途径、免疫程序等，各个环节都应给予足够的重视。

（5）血清型　有些病原含有多个血清型，如猪大肠杆菌病、猪肺疫等。病原的血清型多，给免疫防治造成困难，选择适当的疫苗株是取得理想免疫效果的关键。在血清型多、又不了解为何种血清型的情况下，应选用多价苗。

（6）母源抗体　母源抗体的被动免疫对新生仔猪十分重要，然而对疫苗接种却带来了一定的影响，尤其是用弱毒疫苗时。如果仔猪有较高水平的母源抗体，会影响疫苗的免疫效果。仔猪首次免疫的日龄应根据母源抗体测定的结果来确定。

（7）其他因素　如猪患慢性病或寄生虫病、各种疫苗间的干扰（尤其是弱毒苗）、接种人员的素质和业务水平等。近年来发现一些免疫障碍性疾病，如猪伪狂犬病、猪繁殖与呼吸综合征等都能使猪的免疫功能下降，免疫应答能力减弱，从而影响疫苗的免疫效果。

174 如何做好猪群免疫接种工作？

（1）确保疫苗的质量

① 要从正规的渠道进货，把好疫苗的采购关。产品必须要有批准文号、有效日期和生产厂家，"三无"产品不可用。可能有的新产品或试产品尚无批文，但其生产和研制单位必需可靠，发现疫苗的质量问题便于追查。

② 疫苗怕热，需要低温保存，特别是活苗对温度更加敏感。猪用疫苗种类很多，不同制剂其保存温度与有效期限是有差别的，使用时必需按其使用说明书进行操作。

（2）规范免疫接种技术

① 免疫接种工作应指定专人负责，包括免疫程序的制订、疫苗的采购和贮存、免疫接种时工作人员的调配和安排等。根据免疫程序的要求，有条不紊地开展免疫接种工作。

② 疫苗使用前要逐瓶检查疫苗瓶有无破损、封口是否严密、标签是否完整、有效日期是否已超过，且要有生产厂家及批准文号，其中有一项不合格，均不能使用，应做报废处理，以确保疫苗

的质量。

③ 免疫接种工作必须由兽医防疫技术人员执行。接种前要对注射器、针头、镊子等器械进行清洗和煮沸消毒，备有足够的碘酊棉球、稀释液、免疫接种登记表格和肾上腺素等药物。

④ 免疫接种前应检查了解猪群的健康状况，对于精神不振、食欲欠佳，呼吸困难、腹泻或便秘的猪打上记号或记下耳号暂时不接种疫苗。

⑤ 凡要求肌内接种的疫苗（参照疫苗使用说明书），操作要点如下：

Ⅰ. 吸入苗液，排出注射器内空气，调节用量。

Ⅱ. 接种前对术部进行消毒。

Ⅲ. 接种时将注射器垂直刺入肌肉深处。

Ⅳ. 注射完毕拨出针头，消毒并轻压术部。

⑥ 对哺乳仔猪和保育猪进行免疫接种时，需要饲养员协助保定，保定时应做到轻抓、轻放。接种时动作要快捷、熟练，尽量减少应激。

⑦ 免疫接种的剂量参考照说明书的规定（个别疫苗可以适当增加剂量），种猪要求每头换 1 个针头，哺乳仔猪和保育猪要求 1 圈换 1 个针头。紧急免疫接种时应 1 头猪 1 个针头。

⑧ 免疫接种的时间应安排在猪群喂料之前空腹时进行，免疫接种后 2 小时要有人巡视检查，若遇有过敏反应的猪，立即用肾上腺素进行抢救。

（3）制订合理的免疫程序　有良好的疫苗和规范的接种技术，若没有合理的免疫程序，仍不能充分发挥疫苗应有的作用。因为一个地区、一个猪场可能发生多种传染病，而可以用于预防这些传染病的疫苗性质又不尽相同，有的免疫期长，有的免疫期短。因此，免疫程序应该根据当地疫病流行情况及规律，猪的用途、日龄、抗体水平和饲养管理条件，以及疫苗的种类、性质等方面的因素来制订，不能做硬性统一规定。所制订的免疫程序可根据具体情况随时调整。

175 制订猪群免疫程序应注意哪些问题？

猪群饲养阶段的综合免疫程序，要根据具体情况先确定对哪几种病进行免疫，然后合理安排。制订免疫程序时，应主要考虑以下几个方面的因素：本地区疫病的流行状况及严重程度，猪群类型，母源抗体的水平，猪体免疫应答能力，疫苗的种类，免疫接种的方法，各种疫苗的联合接种，以及免疫对猪体健康和生产能力的影响等。

176 怎样制订中、小型猪场主要传染病的免疫程序？

在生产中，一般情况下，中、小型猪场可参考下列免疫程序：

（1）猪瘟

① 种公猪　每年春、秋两季用猪瘟兔化弱毒疫苗各免疫接种1次。

② 种母猪　于产前30天免疫接种1次，或春、秋两季各接种1次。

③ 仔猪　20日龄、70日龄各免疫接种1次；或仔猪出生后未吃初乳前立即用猪瘟兔化弱毒疫苗免疫接种1次，接种2小时后可哺乳。

④ 后备猪　产前1个月免疫接种1次，选留作种用时立即免疫接种1次。

（2）猪蓝耳病

① 种猪　每年免疫4次，每次肌内注射1头份（2毫升/头）。

② 后备猪　配种前免疫2次，于配种前4周和6～8周分别免疫，每次肌内注射1头份（2毫升/头）。

③ 仔猪　断奶前1周免疫1次，肌内注射1头份（2毫升/头）。

④ 商品猪　仔猪断奶前1周初免，在高致病性猪蓝耳病流行地区，可根据实际情况在初免后1个月加强免疫1次。

（3）猪丹毒、猪肺疫

① 种猪　春、秋两季分别用猪丹毒和猪肺疫菌苗各免疫接种

1次。

②仔猪　断奶后分别用猪丹毒和猪肺疫菌苗免疫接种1次。70日龄分别用猪丹毒、猪肺疫菌苗免疫接种1次。

（4）仔猪副伤寒　仔猪断奶后（30～35日龄）口服或注射1头份仔猪副伤寒菌苗。

（5）仔猪大肠杆菌病（黄痢）　妊娠母猪于产前40～42天和15～20天分别用大肠杆菌腹泻菌苗（K_{88}、K_{99}、987P）免疫接种1次。

（6）仔猪红痢　妊娠母猪于产前30天和15天分别用红痢菌苗免疫接种1次。

（7）猪气喘病

①种猪　成年猪每年用猪气喘病弱毒菌苗免疫接种1次。

②仔猪　7～15日龄免疫接种1次。

③后备种猪　配种前免疫接种1次。

（8）猪乙型脑炎　种猪、后备母猪在蚊蝇季节到来前（4—5月份），用乙型脑炎弱毒疫苗免疫接种1次。

（9）猪传染性萎缩性鼻炎

①公猪、母猪　春、秋两季各免疫接种1次。

②仔猪　70日龄免疫接种1次。

177 怎样制订中、小型猪场寄生虫病驱虫计划？

在养猪生产中，一般情况下，中、小型猪场控制寄生虫病可参考以下驱虫计划：

（1）药物选择　应选择高效、安全、广谱的抗寄生虫药。

（2）常见蠕虫和外寄生虫驱虫计划

①首次执行本寄生虫病控制计划的猪场，应首先对全场猪进行彻底驱虫。

②对妊娠母猪，于产前1～4周内用抗寄生虫药驱虫1次。

③对公猪每年至少用药2次。对外寄生感染严重的猪场，每年应用药4～6次。

④ 所有仔猪在转群时用药 1 次。

⑤ 后备母猪在配种前用药 1 次。

⑥ 新购进的猪用伊维菌素治疗 2 次（每次间隔 10～14 天）后，隔离饲养至少 30 天才能和其他猪并群。

178 猪免疫接种的常用方法有哪些？

猪免疫接种的常用方法有口服法、肌内注射法、皮下注射法、皮内注射法、静脉注射法和气雾法等。

（1）口服法　分饮水和饲喂两种方法。经口免疫应按猪群头数计算饮水量和采食量，停饮或停喂半天，然后按实际头数 150%～200% 的量加入疫苗，以保证饮、喂疫苗时，每头猪都能饮用一定量的水和吃入一定量的料，得到充分免疫。此法主要用于集约化猪场，其优点是省时、省力，适宜于大群免疫，但每头猪饮（吃）入的疫苗量不能像其他免疫方法一样准确。另外，应注意疫苗要用冷水稀释，最好不要用自来水，如必须用，则应先接水储存一天再用，以减少氯离子对疫苗的影响。

（2）肌内注射法　注射部位多选择在猪的臀部和颈部，注射时针头直刺入肌肉 2～4 厘米深，然后注入疫苗液。肌内注射法的优点是注射方法简便，药液吸收快。其缺点是在一个部位不能大量注射，若臀部接种不当，易引起跛行。

（3）皮下注射法　注射部位多选择在猪的耳根后方，注射时先用左手拇指和食指捏起局部皮肤，成为皱褶，右手持注射器将针头刺入皮肤与肌肉之间，然后注入疫苗液。皮下注射法的优点是操作简单，吸收较快；缺点是接种疫苗剂量较大。大部分常用的疫苗和高免血清均可采用皮下注射法。

（4）皮内注射法　注射部位多选择在猪的耳根后方，一般仅适用于猪瘟结晶紫疫苗等少数制品。皮内注射的优点是使用药液少，同样的疫苗较皮下注射反应小，同量药液较皮下接种产生免疫力高。缺点是操作麻烦，技术要求高。

（5）静脉注射法　注射部位多选择在猪的耳静脉。兽医生物制品中的免疫血清除了皮下和肌内注射外，均可采取静脉注射，特别是在紧急治疗传染病时。疫苗、诊断液一般不做静脉注射。

静脉注射接种的优点是可使用大剂量，奏效快，可及时抢救病猪。缺点是要求一定的设备和技术条件。此外，如为异种动物血清，会引起过敏反应。

（6）气雾免疫法　此法是用压缩空气通过气雾发生器，将稀释的疫苗喷射出去，使疫苗形成直径为1～10微米的雾化粒子，均匀地浮游在空气之中，猪通过呼吸道吸入肺内，以达到免疫接种的目的。此法主要用于集约化猪场，优点是省时、省力，适宜于大群免疫。缺点是疫苗用量要在2～3倍，有时还会诱发猪的呼吸道疾病。

气雾发生器由喷头及动力机械组成。喷头有对口式、平等式两种。压缩空气的动力可因地制宜，利用各种气泵或用电动机、柴油机带动空气压缩泵。无论何种方法做动力，都要保持0.19帕以上的压力，才能达到使疫苗雾化的目的。

免疫时，疫苗用量主要根据圈舍的大小而定。用量确定后，用生理盐水将其稀释，装入雾化器瓶中，关闭猪舍门窗、排气扇等。操作者将喷头保持与猪头部同高，均匀喷射。喷射完毕20～30分钟后，打开门窗和排气扇。操作人员要注意防护，戴上大而厚的口罩，如出现发热、关节酸痛等症状，应及时就医。

179 养猪常用的疫苗有哪些？怎样合理使用？

（1）干燥猪瘟兔化弱毒疫苗（猪瘟冻干苗）

【性状】淡黄色或淡红色海绵状疏松团块，易与瓶脱离，加稀释液后迅速溶解。

【用途】预防猪瘟。

【用法与用量】临用前，按瓶签说明头份加灭菌生理盐水稀释。不论大小猪，一律肌内或皮下注射1毫升，注射后4天产生免疫力。

【免疫期】0.5～1年。

【注意事项】

① 断奶后无母源抗体的仔猪注射一次即可。

② 有疫情威胁时，仔猪可于出生后 21～30 日龄和 65 日龄各注射一次。

③ 已稀释的疫苗限当日用完。

【有效期】 －15℃保存 1 年，0～8℃保存 6 个月，25℃保存10 天。

（2）高致病性猪繁殖与呼吸综合征活疫苗（IXAI‐R 株）

【作用与用途】 用于预防高致病性猪繁殖与呼吸综合征（俗称高致病性猪蓝耳病）。接种后 21～28 天机体产生免疫力，免疫期为4 个月。

【用法与用量】 该疫苗应在兽医指导下使用。接种方法为耳根后部肌内注射。按瓶签注明头份，用生理盐水稀释。仔猪断奶前后进行首免，每头仔猪接种 1 头份，4 个月后加强免疫 1 次；母猪配种前免疫 1 次，每头接种 1 头份。

【不良反应】 接种后个别猪可能出现过敏反应，可用抗组胺药物（如肾上腺素等）治疗。

【注意事项】

① 初次使用的猪场应先做小群试验。

② 仅用于接种健康猪。

③ 不应用于紧急免疫接种。

④ 阴性猪群、种公猪、怀孕母猪禁用。

⑤ 疫苗在运输、保存、使用过程中应避免高温和阳光照射，不与消毒剂接触。

⑥ 接种用器具应无菌，注射部位严格消毒。

⑦ 疫苗稀释后在 1 小时内用完。

⑧ 剩余的疫苗及用具经消毒处理后废弃。

⑨ 生猪屠宰前 30 天内不进行接种。

（3）猪口蹄疫灭活疫苗

【性状】 乳白色或淡红色黏滞性乳状液，经贮存后允许液面上有少量油，瓶底有微量水（分别不得超过 1/10），摇之即呈均匀乳状液。

【用途】预防猪口蹄疫。

【用法与用量】疫苗注射前充分摇匀，猪耳根后肌内注射，体重 10～25 千克猪注射 2 毫升，25 千克以上猪注射 3 毫升。

【免疫期】6 个月。

【有效期】本品保存于 2～10℃ 冷库，有效期为 1 年。

【注意事项】

① 疫苗应冷藏运输（但不得冻结）或尽快运往使用地点。

② 疫苗在使用前和使用过程中，均应充分振摇。疫苗瓶开封后，应当日用完。

③ 接种前应对猪进行检查。患病、瘦弱或临产母猪不予注射。

④ 本疫苗适用于接种疫区、受威胁区、安全区的猪。接种时，应从安全区到受威胁区，最后再接种疫区内安全群和受威胁群。

⑤ 非疫区的猪，接种疫苗 21 天后方可移动或调运。

⑥ 接种时，应严格遵守操作规程，接种人员在更换衣服、鞋、帽和进行必要的消毒之后，方可参与疫苗的接种。

⑦ 接种时，有专人做好记录，写明省（区）、县、镇、自然村、畜主姓名、家畜种类、大小、性别、接种头数和未接种头数等。在安全区接种后，观察 7～10 天，并详细记载有关情况。

（4）猪圆环病毒 2 型灭活疫苗

【性状】淡黄色乳状液。

【用途】预防猪圆环病毒 2 型感染。

【用法与用量】颈部肌内注射。14 日龄以上猪，每头 2.0 毫升。

【免疫期】4 个月。

【有效期】本品保存于 2～8℃ 保存，有效期为 12 个月。

（5）猪丹毒氢氧化铝甲醛菌苗

【性状】灰白色均匀混悬液，久置后发生灰白色沉淀，上层为橙黄色透明液体，振摇后能均匀分散。

【用途】预防猪丹毒。

【用法与用量】皮下或肌内注射，猪体重 10 千克以上 5 毫升，未断奶仔猪 3 毫升（间隔 30 天再注射 3 毫升），注射后 7 天产生免疫力。

【免疫期】6 个月。

【注意事项】用时用力振摇均匀。

【有效期】2～15℃保存 18 个月，16～18℃保存 1 年。

（6）猪肺疫氢氧化铝菌苗

【性状】用力振摇后为均匀混浊液。

【用途】预防猪肺疫。

【用法与用量】不论大小猪一律皮下注射 5 毫升。

【免疫期】9 个月。

【注意事项】用时用力振摇均匀。

【有效期】－15℃保存 1 年，0～8℃保存 6 个月，20～25℃保存 10 天。

（7）猪瘟、猪丹毒二联冻干苗

【性状】微黄色或淡褐色海绵状疏松团块，易与瓶脱离，加水稀释后迅速溶解。

【用途】预防猪瘟、猪丹毒。

【用法与用量】按瓶签标明头份数，加入生理盐水或铝胶生理盐水稀释，每头猪肌内注射 1 毫升。

【免疫期】猪瘟 1 年，猪丹毒 6 个月。

【有效期】－15℃保存 1 年，0～8℃保存 6 个月，20～25℃保存 10 天。

（8）猪瘟、猪丹毒、猪肺疫三联冻干苗

【性状】微黄色或淡褐色海绵状疏松团块，易与瓶脱离，加水稀释粹后迅速溶解。

【用途】预防猪瘟、猪丹毒、猪肺疫。

【用法与用量】临用前，按瓶签标明头份数用 20％铝胶生理盐水稀释，不论大小猪一律肌内或皮下注射 1 毫升。

【免疫期】猪瘟 1 年，猪丹毒和猪肺疫 6 个月。

【有效期】－15℃保存 1 年，0～8℃保存 6 个月，20～25℃保

存 10 天。

（9）猪水疱病活疫苗

【性状】 淡粉红色混悬液。

【用途】 预防猪水疱病。

【用法与用量】 肌内注射 2 毫升。

【免疫期】 6 个月。

【注意事项】 用时用力振摇均匀。

【有效期】 -15℃保存 1 年，4～10℃保存 3 个月，20～25℃保存 7 天。

（10）仔猪副伤寒弱毒冻干苗

【性状】 灰白色海绵状疏松团块，易与瓶脱离，加稀释液后迅速溶解。

【用途】 预防仔猪副伤寒。

【用法与用量】 临用前，用 20％氢氧化铝胶生理盐水稀释。肌内注射（耳后浅层）仔猪 1 毫升。

【免疫期】 6 个月。

【注意事项】

① 注射时猪可能出现过敏反应，1～2 天即可自行恢复。

② 本疫苗可口服，但注明口服者不能注射用。

【有效期】 -15℃保存 1 年，2～8℃保存 9 个月，25～30℃保存 10 天。

（11）仔猪红痢菌苗

【性状】 灰白色均匀混悬液。久置后，发生灰白色沉淀，上层为橙色透明液体，经振摇后能均匀分散。

【用途】 预防仔猪红痢。

【用法与用量】 初产母猪在分娩前 30 天和 15 天分别注射 5～10 毫升。经产母猪如前胎已注射过本品，可在分娩前 15 天肌内注射 3～5 毫升。

【免疫期】 1 年。

【有效期】 2～15℃冷暗处保存 18 个月。

（12）破伤风抗毒素

【性状】橙黄色澄明液体，在冷暗处久置后，瓶底有微量灰白色沉淀。

【用途】用于预防或治疗破伤风。

【用法与用量】皮下、肌内或静脉注射。预防用量 1 200～3 000AE（抗毒素单位），治疗用量 5 000～20 000AE。

【有效期】2～15℃保存 2 年。

180 保管和使用疫（菌）苗应注意什么？

疫（菌）苗是利用病毒或细菌，除去或减弱它对动物的致病作用而制成的。分灭活苗和弱毒苗两类。

要使疫（菌）苗接种到猪体后产生确实的免疫力，必需合理保存、运输和使用。一般情况下，保存液体疫（菌）苗要避免高温、结冻和阳光直射，保存温度为 2～15℃。保存冻干菌时，一般在零下低温贮藏，如猪瘟、猪丹毒弱毒冻干菌，应在－15℃条件下保存，如在 0～4℃或 0～8℃条件下保存，保存时间将缩短1/4～1/2。凡需低温保存的疫（菌）苗，在运输中应采取冷链措施，使温度不高于 10℃。

使用疫（菌）苗时应注意以下几个方面：

（1）使用前要了解当地是否有疫情，决定是否用或用何种疫（菌）苗。并对自家猪群进行一次健康检查，对患病、瘦弱、妊娠后期的猪做好登记，暂不接种。

（2）要认真阅读疫（菌）苗使用说明书。

（3）疫（菌）苗在使用前仔细检查瓶口，瓶盖是否密封，对瓶签上的名称、批号、有效期等做好记录。对不同温度条件下贮存的疫苗要进行有效期的换算。过期的、冻干苗失真空的、瓶内有异物等异常变化的疫苗不能使用。

（4）稀释疫（菌）苗的用具及接种疫（菌）苗时使用的器械在接种前后均须洗净消毒。

（5）疫（菌）苗稀释后要充分振荡药瓶，并放在冷暗处，吸药时在瓶塞上固定一个专用针头。

（6）在接种疫（菌）苗的过程中，要使疫（菌）苗避光、避热，开瓶后按规定时间用完。如用注射法，每注射一头猪需换一个消毒过的针头。

（7）在接种工作进行中或完毕后（一般在 24 小时内），观察是否有严重接种反应的猪，如果有，应及时治疗。

（8）用猪丹毒、猪肺疫、仔猪副伤寒等弱毒菌苗的前后 10 天，禁用各种抗生素类药物。

（9）口服菌苗所用的拌苗饲料禁用酸败发酵等偏酸性饲料，禁用热水、热食。

181 怎样进行疫苗的质量测定？

（1）物理性状的观察　生物制品使用前应认真检查有无破损，外观是否符合各类制品规定的要求。例如，冻干活菌（疫）苗应是疏松海绵状固体，稀释后团块迅速溶解均匀，无异物和干缩现象。凡玻璃瓶有裂纹、瓶塞松动，以及药品色泽等物理性状与说明不相符者，不得使用。

（2）冻干活菌苗、疫苗真空度的测定　测定真空度采取高频火花测定器。测定时瓶内出现蓝色或紫色光者为真空（切勿直对瓶盖），不透光者为无真空。无真空疫苗不得使用，若使用这种冻干菌苗免疫必然失败。

（3）效力检验　效力检验在生产实践中具有重要意义。凡合法生物制品制造厂所生产的菌苗、疫苗，均应为经过检验的合格产品，产品附有批准文号、生产日期、批号、有效期等说明。但在生产实践中，往往由于保存、运输及使用不当，造成菌苗、疫苗质量下降。为确保免疫效果，疫苗使用前应进行效力检验。检验方法应严格按农业农村部颁布的规程进行。

182 猪群接种疫苗后为什么还会发病？

（1）疫苗不可能提供绝对的保护　因为猪群接种疫苗后体内发

生的免疫反应是一个生物学过程，在免疫接种群体的所有成员中，免疫水平并不相同。免疫反应受到遗传和环境等因素的影响。

（2）正常免疫反应受到抑制　如严重的寄生虫感染、营养不良和应激反应等，会导致猪正常的免疫反应受到抑制。特别要注意的是仔猪体内有母源抗体，一定水平的母源抗体会抑制弱毒疫苗的作用，从而导致免疫失败。

（3）疫苗使用不当　如在疫区进行紧急接种或在未暴发疫情的地区免疫，常有一部分猪在接种时已处于潜伏期，它们往往在接种后的短期内发病。

（4）疫苗失效　如活毒苗贮存不当，使用时已灭活；活菌苗与抗生素并用；用化学消毒剂消毒注射器；接种时皮肤涂擦酒精过多导致疫苗被灭活等。这些都可以导致免疫失败。

183 猪群一旦发生传染病怎么办？

猪群一旦发生传染病，应采取以下措施：

（1）疫情报告　当发生传染病时，应向当地兽医主管部门报告，按兽医法规的要求，采取措施，迅速扑灭。

（2）检疫隔离　许多传染病在流行初期传染性强，传播速度快，应尽快开展检疫，将病猪和可疑病猪隔离。隔离舍应离健康猪舍远一些，设专人管理，用具严格分开，非有关人员禁止出入。

（3）封锁疫区　传染病一经发生，即应迅速划定疫区，采取严密的封锁措施，以防止传染病向安全区散播。同时，要严防易感动物误入疫区，将疫情就地扑灭。封锁后，严禁猪及猪肉产品、饲料等向外流动。封锁及解除封锁的有关事宜，应由当地兽医主管部门按有关规定执行。

（4）紧急预防接种　在疫区周围的邻近地区，可用疫苗紧急预防注射。最好使用相应的弱毒疫（菌）苗，如猪瘟兔化弱毒疫苗、猪丹毒弱毒菌苗等。在猪瘟流行地区，对没有症状、体温正常的猪，也可进行紧急预防注射。注射针头应每头猪一换，不得重复使用。

（5）病死猪处理　病死猪尸体的妥善处理对消灭传染源有重要意义。

（6）消毒　封锁期间和解除封锁时，都要进行彻底消毒。

① 猪舍消毒　先清除剩余的饲料、粪便、垫草，以及围栏、墙壁等处的污物，再根据条件任选 5％～20％漂白粉、10％～20％石灰乳、1％～3％氢氧化钠溶液、20％～30％草木灰溶液等进行消毒。对圈舍及运动场地面，也可用上述药品消毒。

② 工具消毒　运输车辆和饲养管理工具、容器等，可用 5％～10％漂白粉或 2％～3％氢氧化钠溶液消毒，经 2～3 小时，用清水冲洗干净。

③ 粪便污水消毒　少量粪便、垫草等可以烧毁或深埋。数量多时，可用堆积发酵法进行消毒。

184 猪场常用的消毒方法有哪些？

消毒的目的是为了消灭滞留在外界环境中的病原微生物，它是切断传播途径、防止传染病发生和蔓延的一种手段，是猪场一项重要的防疫措施。

（1）消毒的种类　猪场的消毒可分为以下两种。

① 预防性消毒　是指未发生传染病的安全猪场，为防止传染病传入，结合平时的清洁卫生工作和门卫制度所进行的消毒。如全圈猪出栏后的猪圈消毒，猪场进出口的人员和车辆的消毒，饮用水的消毒等。

② 临时性消毒　指猪场内发现疫情或可能存在传染源的情况下开展的消毒工作，其目的是随时、迅速地杀灭传染性病原体。对于可能被污染的场所和物体也应立即消毒，包括猪舍、地面、用具、空气、猪体等。其特点是临时的、局部的，但需要反复、多次进行，是猪场常采用的一种消毒方法。

（2）消毒的方法　猪场中常用的消毒方法有物理消毒学、化学消毒学及生物消毒法 3 类。

① 物理消毒法　主要包括清扫冲洗、通风干燥、太阳曝晒、

紫外线照射和火焰喷射等。

Ⅰ. 清扫冲洗　猪圈、环境中存在的粪便、污物等，用清洁工具进行清除并用高压水泵冲洗，不仅能除掉大量肉眼可见的污物，以及许多肉眼见不到的微生物，而且也为提高使用化学消毒法的效果创造了条件。

Ⅱ. 通风干燥　通风虽不能杀灭病原体，但可在短期内使舍内空气交换，减少微生物的数量。在寒冷的冬、春季节，为了保温，常紧闭猪舍的门窗，在猪群密集的情况下，易造成舍内空气污浊，氨气积聚。通风换气对防病有重要作用。同时，通风能加快水分蒸发，使物体干燥，不利于微生物生存。

Ⅲ. 太阳曝晒　病原微生物对阳光敏感，阳光消毒是一种经济、实用的办法。适用于清洁工具、料槽、车辆的消毒。

Ⅳ. 紫外线照射　即用紫外线灯进行照射消毒。紫外线的杀菌原理有多种说法，可能是紫外线对酶类、毒素、抗体等都有灭活作用，因此，有人认为它的作用机制在于引起细菌细胞及其产物中某些分子基团的改变，这些基团对紫外线有特异性吸收作用。但紫外线的穿透力很弱，只对表面光滑的物体有较好的消毒效果，而且距离只能在 1 米以内，照射时间不少于 30 分钟。此外，紫外线对人的眼睛和皮肤有一定的损害，并不适宜放置在猪场进出口处对人员的消毒。

Ⅴ. 火焰喷射　用专用的火焰喷射消毒器，喷出的火焰具有很高的温度，这是一种最彻底而简便的消毒方法，可用于金属栏架、水泥地面的消毒。专用的火焰喷射器需用汽油或柴油作为燃料。不能消毒木质、塑料等易燃的物品。消毒时应注意安全，并要顺序进行，以免遗漏。

② 化学消毒法　具有杀菌作用的化学药品可广泛地应用于猪场的消毒，这些化学药品可以影响细菌的化学组成、菌体形态和生理活动。不同的化学药品对于细菌的作用不一样，有的使菌体蛋白质变性或沉淀，有的能阻碍细菌代谢的某个环节，如使原生质中酶类或其他成分被氧化等，因而呈现抑菌或杀菌作用。

化学消毒是将消毒药配制成一定浓度的溶液，用喷雾器对需要消毒的地方进行喷洒消毒。此法方便易行，大部分化学消毒药都可用喷洒消毒法。消毒药的浓度按药物的说明书配制。

③ 生物消毒法　主要用于粪便、垫草的无害化处理，即将病猪污染过或没有污染过的粪便、垫草、污物等堆积在一起进行发酵处理，利用粪便污物中微生物生命活动所产生的热量，在几天或2个月内杀死非芽孢菌、病毒、寄生虫卵等，起到消毒作用。

185 猪场常用的化学消毒剂有哪些剂型？如何选用？

在猪场的消毒工作中，以化学消毒剂使用最普遍，而化学消毒剂的种类繁多，其商品名称更是五花八门，理想的消毒剂应具备下列条件：具有高效的杀菌消毒效果；无不适气味，无刺激性，对人畜无害；对环境无二次污染；稳定性好，保质期长；物美价廉，使用方便。

目前市售的消毒剂中，符合以上全部条件的不多，但每种消毒剂都有其特点，各猪场应根据需要酌情选用。

（1）酚类　市售的商品名有来苏儿、石炭酸、农福、菌毒敌、菌毒净、菌毒灭、杀特灵等。

① 杀菌机制　高浓度可裂解细胞壁，使菌体蛋白质凝集；低浓度使细胞酶系统失去活力。

② 杀菌消毒效果　浓度2%～5%的溶液作用30分钟可杀死细菌繁殖体、真菌和某些种类的病毒，对细菌芽孢无杀灭作用。

③ 优点　对蛋白质的亲和力较小，抗菌活性不易受环境中有机物和细菌数量多少的影响，适用于消毒分泌物及排泄物。化学性质稳定，不会因贮放时间过久或遇热而改变药效。

④ 缺点　有特殊的刺激性气味，杀菌消毒能力有限，长期浸泡易使物品受损。

（2）氯制剂　市售商品名称有漂白粉、抗毒威、优氯净、次氯酸钠、消毒王、氯杀宁、百毒克等。

① 杀菌机制　在水中产生次氯酸，使菌体蛋白质变性。次氯

酸分解形成新生态氧，氧化菌体蛋白质。氯直接作用于菌体蛋白。

②杀菌消毒效果　浓度1％的溶液在pH 7左右，5分钟可杀灭细菌繁殖体，30分钟可杀灭细菌芽孢。

③优点　杀菌谱广，使用、运输方便、价廉。

④缺点　性能不稳定，有效氯易丧失，有机物、酸碱度、温度影响杀菌效果。气味重，腐蚀性强，有一定的毒性，残留氯化有机物有致癌作用，慎用。

（3）含碘类　市售商品名有碘伏、碘酊、三氯化碘、百菌消、爱迪伏等。

①杀菌机制　碘元素直接卤化菌体蛋白质，产生沉淀，使微生物死亡。

②杀菌消毒效果　可杀灭大部分微生物，浓度6％的溶液30分钟可杀灭芽孢。

③优点　性质稳定，杀菌谱广，作用快，毒性低，无不良气味，适用于猪场饮用水的消毒。

④缺点　成本高，有机物和碱性环境影响杀菌效果，日光也能加速碘分解。因此，环境消毒受到限制。

（4）季铵盐类　市售商品名有新洁尔灭、百毒杀、消毒净、度米芬等。

①杀菌机制　改变菌体的通透性，使菌体破裂。具有表面活性作用，影响细菌新陈代谢。使蛋白质变性，灭活菌体内酶系统。

②杀菌消毒效果　浓度0.5％的溶液对部分细菌有杀灭作用，对结核杆菌、真菌等效果不佳，对亲水性病毒无效，对细菌芽孢仅有抑制作用，无杀灭作用。

③优点　杀菌浓度低，杀菌性与刺激性小，性质较稳定，无色，气味小。

④缺点　对部分病毒杀灭效果不好，对细菌芽孢无杀灭作用，效果受有机物的影响较大，价格较贵。

（5）碱类　市售商品有氢氧化钠、碳酸钠、石灰等。

①杀菌机制　高浓度的氢氧根离子（OH^-）能水解蛋白质和

核酸，使细菌的酶系统和细胞结构受损。碱还能抑制细菌的正常代谢机能，分解菌体中的糖类，使细菌死亡。

② 杀菌消毒效果 2%氢氧化钠就能杀死细菌和病毒，对革兰氏阴性菌较革兰氏阳性菌有效。浓度4%的溶液45分钟可杀灭细菌芽孢。

③ 优点 杀菌消毒的效果较好，有皂化去垢作用，无色无味，价格低廉。

④ 缺点 能灼伤人、畜的皮肤和黏膜，对铝制品、油漆漆面和纤维织物有腐蚀作用。若大量含碱性药物的污水流入江河，可使鱼虾死亡，流入农田造成禾苗枯萎，对环境造成严重的二次污染，要限用、慎用。

（6）过氧化物类 市售商品名有过氧乙酸、过氧化氢、臭氧、二氧化氯等。

① 杀菌机制 释放出新生态氧，起到杀菌消毒的作用。

② 杀菌消毒效果 浓度0.5%的溶液能杀灭病毒和细菌繁殖体，浓度1%的溶液5分钟内能杀死细菌芽孢。

③ 优点 无残留毒性，杀菌力强，易溶于水，使用方便。

④ 缺点 易分解不稳定，价格较高，液体运输不便。

186 怎样防治猪瘟？

猪瘟是由猪瘟病毒引起的急性、热性、高度接触性传染病。急性型以败血症及内脏器官出血、坏死和梗死为特征；慢性型以纤维素坏死性肠炎为主要病理特征。

【流行特点】本病在自然条件下只感染猪。不同品种、年龄、用途的家猪和野猪均易感染。本病的发生没有季节性，在新疫区常急性暴发，发病率、死亡率均很高。在常发地区，猪群有一定的免疫力，病情常呈亚急性型或慢性经过。本病的感染途径主要是消化道和呼吸道，病猪通过粪、尿及各种分泌物（唾液、鼻液等）排出大量病毒，易感猪通过直接或间接接触被病毒污染的饲料、饮水、场地、工具等均可感染。此外，场内饲养的其他动物（猫、犬）、昆虫、鼠等均是机械性传染媒介。

【临床症状】潜伏期为 5～10 天。根据病程的长短和临床症状，可分为急性型、慢性型和非典型猪瘟。

(1) 急性型 病猪发病突然，症状急剧，体温升高到 41～42℃，口渴，废食，嗜睡，皮肤和黏膜发绀和出血（彩图 7-1），多数病猪有明显的脓性结膜炎，有的病猪出现便秘，随后出现下痢，粪便恶臭。怀孕母猪可出现流产，仔猪出现神经症状，如磨牙、痉挛、转圈等。特急性型病例甚至症状尚不明显即因败血症而死亡，一般在出现症状后几小时或几天死亡。

(2) 慢性型 多发于老疫区，也有的是由急性型转为慢性型。病猪症状不典型，体温时高时低，消瘦，贫血，喜卧，行动迟缓，食欲不振，喜饮水，便秘和腹泻交替。有的病猪皮肤有紫斑或坏死痂，病程多在 4 周以上。

(3) 非典型猪瘟 近年来国内发生较普遍的一种猪瘟病型，感染猪潜伏期长，症状轻微而且病变不典型，俗称"无名高热"。死亡率为 30%～50%。有的猪自愈后出现干耳和干尾，甚至皮肤出现干性坏疽并脱落。这种类型的猪瘟病程为 1～2 个月，有的猪有肺炎和神经症状。仔猪常大量死亡，自愈猪变为侏儒症或僵猪。

【病理变化】典型猪瘟，全身淋巴结肿大，尤其是肠系膜淋巴结，外表呈暗红色，中间有出血条纹，切面呈红白相间的大理石样外观；扁桃体出血或坏死；喉部软骨常有新鲜的出血点（彩图 7-2）；胃和小肠呈现出血性炎症；在大肠黏膜上形成特征性的纽扣状溃疡（彩图 7-3）；肾呈土黄色，表面和切面有针尖大的出血点（彩图 7-4）；膀胱黏膜层布满出血点；脾的边缘有时见到红黑色的坏死斑块，似米粒大小，质地较硬，突出被膜表面。妊娠母猪感染后，可见流产的胎儿水肿，表皮出血和小脑发育不全。

非典型猪瘟病理变化轻微，如淋巴结呈现水肿状态，轻度出血，脾稍水肿，膀胱黏膜仅有少数出血点，回盲瓣可能有溃疡、坏死，但很少有纽扣状溃疡等典型病变。

【鉴别诊断】

（1）猪瘟与猪急性败血性猪丹毒的鉴别　二者均有精神沉郁、体温升高、食欲不振、步态不稳、皮肤表面有出血斑点等临床症状，肠道、肺、肾出血等病理变化。猪急性败血性猪丹毒的病原为猪丹毒丝菌；以3～12月龄猪易感，发病急，常呈现突然死亡；病猪皮肤上有蓝紫色斑，指压褪色；胃底部和小肠有严重的出血性炎症，脾肿大呈樱桃红色，肾为出血性肾小球肾炎，淋巴结淤血肿大；实质脏器涂片有大量散在或成堆的革兰氏阳性小杆菌；抗生素治疗有效。

（2）猪瘟与急性猪肺疫的鉴别　二者均有精神沉郁、体温升高、喜伏卧、皮肤表面有出血斑点等临床症状，肠道、心内膜出血等病理变化。急性猪肺疫的病原为多杀性巴氏杆菌；病猪呈现高热、呼吸高度困难，黏膜呈蓝紫色，咽喉部有热痛性肿胀，自口鼻流出泡沫样带血的鼻液，常窒息死亡；剖检可见颈部皮下有出血性浆液浸润，肺出血、水肿，淋巴结出血，切面呈红色，实质脏器涂片可见革兰氏阴性两端浓染的小杆菌；抗生素治疗有效。

（3）猪瘟与猪急性副伤寒的鉴别　二者均有精神沉郁、体温升高、喜伏卧、步态不稳等临床症状，肠道、心、肺出血等病理变化。猪副伤寒的病原为沙门氏菌；多发于2～4周龄仔猪，阴雨连绵季节多发，疫情发展较猪瘟缓慢；病猪耳、腹部股内侧皮肤呈蓝紫色；剖检可见肠系膜明显肿大，肝实质内有黄色或灰白色小坏死点，脾肿大呈暗紫色。

（4）猪瘟与猪流感的鉴别　二者均有精神沉郁、体温升高、喜伏卧、步态不稳等临床症状，肠道充血等病理变化。猪流感的病原为A型流感病毒；病猪呼吸急促，急剧咳嗽，并间有喷嚏，口鼻流出泡沫样液体，结膜呈蓝紫色；剖检可见主要病变在呼吸道，鼻腔潮红，咽、喉、气管和支气管黏膜充血，并附有大量泡沫，有时混有血液，喉头及气管内有泡沫性黏液，肺部呈紫色病变。

（5）猪瘟与猪败血型链球菌病的鉴别　二者均有精神沉郁、体温升高、皮肤表面有出血斑点等临床症状，内脏器官充血、出血等病理变化。猪败血型链球菌病的病原为链球菌；病猪常发生多发性关节炎，运动障碍；剖检可见鼻黏膜充血、出血，喉头、气管充血，有多量泡沫，脾肿胀，脑和脑膜充血、出血。

（6）猪瘟与猪弓形虫病的鉴别　二者均有精神沉郁、体温升高、食欲不振、黏膜发绀、皮肤表面有出血斑点等临床症状。猪弓形虫病的病原为弓形虫；常发于6—8月份，幼龄猪最易感，常先零星发病，随后暴发流行；病仔猪排水样稀便，呼吸困难，咳嗽，流水样或黏液性鼻液，孕猪流产；剖检可见肺稍肿胀，间质增宽呈半透明状，表面有小出血点，胸腔内有黄色透明液体，淋巴结特别是肺门淋巴结水肿、呈灰白色，切面湿润；取肺及肺门淋巴结或胸腔渗出液涂片，姬姆萨染色可见橘瓣状或新月状速殖子或假包囊。

（7）猪瘟与猪附红细胞体病的鉴别　二者均有精神沉郁，体温升高（42℃），绝食，不愿活动，病初粪成球并附黏液，耳、鼻、腹下、腹股沟出现紫斑等临床症状。猪附红细胞体病的病原为猪附红细胞体；病猪有时咳嗽，可视黏膜苍白、黄疸，全身皮肤发红，即使发生紫斑也是先发红后再出现不规则的紫斑；剖检可见全身肌肉色变淡，脂肪黄染，肝呈土黄色或棕黄色，脾肿大，质柔软，有粟粒大丘疹样结节和暗红色出血点，血稀薄如水，凝固不良；采血涂片，加等量生理盐水，在400～600倍显微镜下镜检，可见血细胞表面及血浆中游动的各种形态的虫体。

【防治措施】

（1）及时进行预防接种　坚持春、秋两季定期给猪注射猪瘟兔化弱毒疫苗，不要漏注，注射后4～6天产生免疫力，免疫期可达一年以上。为了避免哺乳仔猪发生猪瘟，最好能在仔猪20日龄左右和断奶时各注射一次疫苗。

（2）尽量做到自繁自养和圈养，严防从外地引入传染源　必须从外地购猪时，应先经预防注射疫苗后，再隔离饲养2周，方可混入猪群。

（3）改善饲养管理　做好栏舍、环境、饲具的清洁卫生工作。

（4）综合应急措施　发生猪瘟时，应马上对全群健康猪进行猪瘟疫苗接种，并对可疑猪隔离观察，尽早确诊，及时采取措施，将损失减少到最低限度。目前尚无特效药物治疗此病。可将病死猪进行无害化处理，发病猪舍、运动场及有关器械用2%～3%氢氧化钠溶液或其他强力消毒剂进行彻底消毒，粪尿及垫草、剩料等污物堆积发酵或烧毁。

187 怎样防治猪口蹄疫？

猪口蹄疫是由口蹄疫病毒引起的偶蹄兽的一种急性、热性和高度接触性传染病。临床特征为病猪的口腔黏膜、蹄部和乳房皮肤出现水疱和溃疡。

【流行特点】 本病潜伏期短，传染快，流行广，发病率高，在同一时间内，往往牛、羊、猪一起发病。猪对口蹄疫病毒易感性强，越年幼的仔猪发病率及死亡率越高，1月龄内的哺乳仔猪死亡率可达60%～80%。本病一年四季均可发生，但在寒冷的冬、春季节较为多发。

病畜是该病的主要传染源。一旦动物被感染，在症状出现之前，体内就开始排出大量致病力很强的病毒，症状严重时期排毒量最多，症状恢复时期排毒量逐渐减少。传染途径主要是消化道、损伤的黏膜（口、鼻、眼、乳腺）、皮肤等。传染的原因有直接的，如病猪与健康猪接触；有间接的，如病猪的唾液、乳、尿、粪、血液及病猪的肉、内脏污染了饲料、饮水及工具等。野生动物、鼠、犬、猫、鸟类、昆虫均是本病的重要传播媒介。

【临床症状】 本病潜伏期为2～7天，有时较长。病猪的主要症状表现在蹄部。病初体温升至40～41.5℃，经3天左右，在蹄叉、蹄冠、蹄踵等处出现水疱，不久破溃，表面出血，糜烂。病猪跛行，严重者不能站立，甚至蹄壳脱落。少数病例在口腔发生病变，流涎、咀嚼及吞咽困难。病猪鼻盘、齿龈、舌、额部等也可出现水疱，破溃后露出浅的溃疡面，不久可愈合。也有的病例，母猪的乳房和乳头的皮肤发生水疱，破溃后发生糜烂，不久结痂。哺乳仔猪常无口蹄疫症状，出现急性胃肠炎和心肌炎而死亡。

【病理变化】病猪蹄部、口腔、乳房皮肤有水疱和糜烂病变，个别病猪局部感染化脓，有脓样渗出物（彩图7-5、彩图7-6）。

死亡的哺乳仔猪，胃肠可发生出血性炎症，肺浆液性浸润，心包膜有点状出血，心包液混浊，心肌切面有灰白色或淡黄色斑或条纹，称为"虎斑心"，心肌变软，类似煮过的肉。由于心肌纤维变性、坏死、溶解，释放出有毒分解产物而使仔猪死亡。

【鉴别诊断】

（1）猪口蹄疫与猪水疱病的鉴别　二者均有精神沉郁、体温升高、食欲不振、口腔和蹄部出现水疱等临床症状。猪水疱病的病原为猪水疱病病毒；在大型猪场中易发生，在农村养猪户中发生较少；病猪水疱首先从蹄与皮肤交接处发生，而后口腔有小水疱，舌面水疱则罕见；病料接种7～9日龄乳鼠无反应，猪水疱病血清对本病有保护作用。

（2）猪口蹄疫与猪水疱性口炎的鉴别　二者均有精神沉郁、体温升高、食欲不振、口腔出现水疱等临床症状。猪水疱性口炎的病原为水疱性口炎病毒；多发于夏季，并多为散发，蹄部很少或无水疱；病料接种乳兔不感染，猪口蹄疫血清对该病无保护作用。

（3）猪口蹄疫与猪水疱性疹的鉴别　二者均有精神沉郁、体温升高、食欲不振、口腔和蹄部出现水疱等临床症状。猪水疱性疹的病原为水疱性疹病毒；多呈地方性流行或散发，发病率在10％～100％；病料接种2日龄乳鼠、1～9日龄乳鼠及乳兔均无反应；口蹄疫和猪水疱病血清均均无保护作用。

（4）猪口蹄疫与猪痘的鉴别　二者均有精神沉郁，体温升高，食欲不振，口腔、鼻镜出现水疱等临床症状。猪痘的病原为猪痘病毒；由虱、蚊、蝇叮咬传播，多发生春、秋季潮湿时，呈地方性流行；病猪痘疹主要发生在躯干、下腹部和股内侧，先发生丘疹而后转为水疱，表面平整，中央稍凹陷呈脐状，不久结成痂皮，毛少、无毛处多见，蹄部水疱少见。

【防治措施】预防猪口蹄疫，除采取综合检疫措施外，主要是通过注射口蹄疫灭活苗进行预防接种，注射后 14 天产生免疫力，免疫期 3 个月。在牛羊注射口蹄疫疫苗期间，邻近猪场应封锁。

188 怎样防治猪繁殖与呼吸综合征（猪蓝耳病）？

猪繁殖与呼吸综合征又称猪蓝耳病，是由蓝耳病病毒引起的猪的一种繁殖和呼吸障碍性传染病。其特征为母猪发热、厌食，怀孕后期发生流产，产出死胎、木乃伊胎和弱胎等；幼龄仔猪出现呼吸困难症状和高死亡率。

【流行特点】自然流行中，本病仅见于猪。潜伏期为 3～37 天。不同年龄、品种、性别的猪均可感染，但易感性有一定差异。繁殖母猪和仔猪发病比较严重，肥育猪发病比较温和。本病呈流行性传播，传播迅速，主要经空气通过呼吸道感染。病毒在感染猪体内可长期存在。因此，病猪和带毒猪是重要的传染源。由于病毒可经精液传播，故使用流行期疫区种公猪的精液时需特别注意。

【临床症状】由于感染猪的类型不同，病猪感染的严重程度不同，临诊表现不同。

（1）妊娠母猪　患猪发热（40～41℃）厌食，精神沉郁、昏睡，不同程度的呼吸困难，咳嗽，后肢麻痹，前肢屈曲，步态不稳，皮肤苍白，颤抖，偶尔呕吐，间情期延长或不孕，妊娠后期流产、早产（提前 2～8 天），产出死胎（大多为黑色，也有白色）、木乃伊胎、弱仔，产后无乳，临产时也有因呼吸困难而死亡（体温下降至 35℃左右）。少数病猪双耳、腹侧及外阴皮肤有青紫色或蓝色斑块，双耳发凉。

（2）种公猪　发病率低（2%～10%）。病猪厌食，昏睡，呼吸加快，咳嗽，消瘦，发热，个别猪双耳发蓝。公猪暂时性精液减少和活力下降。因病毒在肺泡巨噬细胞内繁殖，导致巴氏杆菌病发病率明显升高。

（3）哺乳仔猪　以 1 月龄内仔猪最易感染。病猪体温升高至 40℃以上，呼吸困难，有时呈腹式呼吸，精神沉郁、昏睡，丧失吃奶能力，食欲减退或废绝，腹泻，离群独处或挤作一团，被毛粗乱，后腿及肌肉震颤，共济失调，有的仔猪口鼻奇痒，常用鼻盘、口端摩擦圈舍墙壁，鼻内有面糊状或水样分泌物，断奶前死亡率可达30%～50%，个别可达80%～100%。

（4）育成猪及育肥猪　病猪厌食，发热（40～41℃），精神沉郁、昏睡，呼吸加快，继而出现呼吸困难，腹泻，眼睑水肿。有的出现神经症状，有些病例双耳背面边缘及尾皮肤出现青紫色斑块（彩图7-7）。

【病理变化】尸僵完全，皮肤色淡呈蜡黄色，鼻孔有泡沫，皮下脂肪较黄，稍有水肿。肺部病变多样，色呈粉红，大理石样（彩图7-8）。肝脏病变较多，有萎缩、气肿、水肿等。气管、支气管充满泡沫，胸腹腔积水较多，个别有灰白样坏死。胃有出血、水肿。肾包膜易剥离，表面布满针尖大出血点。肺门淋巴结充血、出血。个别病例小肠、大肠胀气。

仔猪、育成猪常见眼睑水肿。仔猪皮下水肿，体表淋巴结肿大，心包积液。有时肺呈灰褐色，肺尖叶、中间叶和后叶病变没有差异。

胎儿和死胎，早期、晚期的弱仔，木乃伊化胎儿一般无明显病变，皮肤呈棕色，腹腔有淡黄色积液。有的胎儿和死胎出现皮下水肿，心包积液。

【鉴别诊断】

（1）猪繁殖与呼吸综合征与猪流行性乙型脑炎的鉴别　二者均表现不孕、死胎、木乃伊胎等繁殖障碍症状。猪流行性乙型脑炎的病原为猪流行性乙型脑炎病毒；发病高峰在7—9月份，病猪表现为视力减弱，乱冲乱撞；怀孕母猪多超过预产期才分娩；公猪睾丸先肿胀，后萎缩，多为一侧性；剖检可见脑室内积液，多呈黄红色，软脑膜呈树枝状充血，脑回有明显肿胀，脑沟变浅；死胎常因脑水肿而显得头大，皮肤呈黑褐色、茶褐色或暗褐色。

（2）猪繁殖与呼吸综合征与猪布鲁氏菌病的鉴别　二者均表现不孕、流产、死胎等繁殖障碍症状。猪布鲁氏菌病的病原为布鲁氏菌；与猪繁殖与呼吸综合征相比，布鲁氏菌病母猪流产前常有乳房肿胀，阴户流出黏液，产后流出红色黏液，一般产后 8～10 天可以自愈；公猪出现睾丸炎，附睾肿大，触摸有痛感；剖检可见母猪子宫黏膜有许多粟粒大小黄色结节，胎盘上有大量出血点；流产胎儿皮下水肿，脐部尤其明显。

（3）猪繁殖与呼吸综合征与猪细小病毒感染的鉴别　二者均表现不孕、流产、木乃伊胎等繁殖障碍症状。猪细小病毒感染的病原为细小病毒；初产母猪多发，一般体温不高，后肢运动不灵活或瘫痪；一般妊娠第 50～70 天感染时多出现流产；妊娠 70 天以后感染多能正常生产；猪不出现呼吸困难症状。

（4）猪繁殖与呼吸综合征与猪伪狂犬病的鉴别　二者均表现不孕、流产、木乃伊胎等繁殖障碍症状。猪伪狂犬病的病原为猪伪狂犬病病毒；20 日龄至 2 月龄的仔猪表现为流鼻液、咳嗽、腹泻和呕吐，并出现神经症状；剖检可见流产的胎盘和胎儿的脾、肝、肾上腺和脏器的淋巴结有凝固性坏死。

（5）猪繁殖与呼吸综合征与猪弓形虫病的鉴别　二者均表现精神不振、食欲减退、体温升高、呼吸困难等症状。猪弓形虫病的病原为弓形虫；病猪体温最高可达 42.9℃，躯体下部、耳翼、鼻端出现淤血斑，严重的出现结痂、坏死；体表淋巴结肿大、出血、水肿、坏死；肺膈叶、心叶呈不同程度的间质水肿，表现为间质增宽，内有半透明胶冻样物质，肺实质有小米粒大的白色坏死灶或出血点；磺胺类药物治疗效果明显。

（6）猪繁殖与呼吸综合征与猪钩端螺旋体病的鉴别　二者均表现流产、死胎、木乃伊胎等繁殖障碍症状。猪钩端螺旋体病的病原为钩端螺旋体；主要在 3—6 月份流行；急性病例在大、中猪表现为黄疸，可视黏膜泛黄、发痒，尿红色或浓茶样；亚急性型和慢性型多发于断奶仔猪或体重在 30 千克以下的仔猪，表现为皮肤发红、黄疸；剖检可见心内膜、肠系膜、肠、膀胱有出血，膀胱内有血红蛋白尿。

（7）猪繁殖与呼吸综合征与猪衣原体病的鉴别　二者均表现不

孕、死胎、木乃伊胎等繁殖障碍症状。猪衣原体病的病原为衣原体；衣原体感染母猪所产仔猪表现为发绀，寒战、尖叫，吸乳无力，步态不稳，腹泻；病程长的可出现肺炎、肠炎、关节炎、结膜炎；公猪出现睾丸炎、附睾炎、尿道炎、龟头包皮炎等。

(8) 猪繁殖与呼吸综合征与猪一般性流产的鉴别　二者均表现流产，但后者为多种非病原体因素所致个别发生，无传染性，体温不高，不会出现木乃伊胎，没有呼吸困难等症状。

(9) 猪繁殖与呼吸综合征与猪一般性肺炎鉴别　二者均表现精神不振、食欲减退、体温升高、呼吸困难等临床症状。猪一般性肺炎无传染性，个别发生，除了咳嗽、呼吸困难外，不见流产、死胎、木乃伊胎。

【防治措施】本病传染性很强，对养猪业危害极大，目前尚无特效药物疗法。主要采取综合防治措施，最根本的方法是清除病猪和清洗消毒措施，切断传播途径。清除病猪和清洗消毒工作应反复进行，关键在于清除感染的断奶仔猪，保持育成猪舍无本病毒。这样，断奶仔猪转栏时，只要不与污染的育成猪舍共用通风系统，则不会发生感染。在育成猪舍急性发病时，用抗生素或其他药物治疗控制其他并发症，可大大提高猪成活率。但幸存猪断奶后，会成为带毒猪。

疫苗接种是预防本病的主要手段。在流行地区，必要时可试用灭活油乳剂疫苗免疫后备猪及怀孕母猪（间隔 21 天，肌内注射 2 次），对后备猪和育成猪也可试用弱毒疫苗。

189 怎样防治猪轮状病毒感染？

猪轮状病毒感染是由猪轮状病毒引起的一种人畜共患的急性肠道传染病，仔猪的主要症状为厌食、呕吐、下痢，中猪和大猪为隐性感染，没有症状。

【流行特点】本病的发生有一定的季节性，多发生于秋末至来年的早春。各种年龄的猪都可感染，感染率最高达 90%～100%，在流行地区由于大多数成年猪都已感染而获得免疫力。

因此，发病猪多是 8 周龄以下的仔猪，日龄越小的仔猪发病率越高，发病率一般为 50%～80%，病死率一般在 10% 以内。患病的人、畜及隐性感染的带毒猪是本病的传染源，轮状病毒主要存在于病猪及带毒猪的消化道，随粪便排到外界环境后，污染饲料、饮水、垫草及土壤等再进入消化道感染。排毒时间可持续数天，严重污染环境，加之病毒对外界环境有顽强的抵抗力，使该病毒在成猪、中猪、仔猪之间反复循环感染。另外，人和其他动物也可散播传染。

【临床症状】潜伏期一般为 12～24 小时。常呈地方性流行。病猪初精神沉郁，食欲不振，不愿走动，有些仔猪吮奶后发生呕吐，后出现严重腹泻，粪便呈黄色、灰色或黑色，为水样或粥状（彩图 7-9）。症状的轻重取决于发病猪的日龄、免疫状态和环境条件，缺乏母源抗体保护的初生仔猪症状最重，环境温度下降或继发大肠杆菌病时，常使症状加重，病死率增高。通常 10～20 日龄仔猪的症状较轻，腹泻数日即可康复，3～8 周龄仔猪症状更轻，成年猪为隐性感染。

【病理变化】病变主要在猪的消化道，表现为胃内充满凝乳块和乳汁；肠管变薄，内容物为液状，呈灰黄色或灰黑色；小肠绒毛缩短；肠系膜淋巴结肿胀；胆囊肿大。

【鉴别诊断】

（1）猪轮状病毒感染与猪传染性胃肠炎的鉴别　二者均表现有精神沉郁、腹泻、脱水等临床症状。猪传染性胃肠炎的病原为猪传染性胃肠炎病毒；只感染猪，其他动物不发病；从刚出生的仔猪到成年猪均可发病，表现为呕吐、水样腹泻；新生仔猪病死率高达 100%。而轮状病毒主要感染 8 周龄以内的仔猪。患传染性胃肠炎的病猪剖检后，除了小肠病变外，少数病例还可见胃底出血。用空肠和回肠的黏膜上皮细胞制成涂片进行直接免疫荧光检测，可以最终确诊。

（2）猪轮状病毒感染与猪流行性腹泻的鉴别　二者均表现有精神沉郁、腹泻、脱水等临床症状。猪流行性腹泻的病原为冠状病毒；临床与病理特征与猪传染性胃肠炎基本相同，但是对胃黏膜的损伤较小，通过直接免疫荧光方法可以最终确诊。

（3）猪轮状病毒感染与仔猪白痢的鉴别　二者均表现有精神沉郁、腹泻、脱水等临床症状。仔猪白痢的病原为大肠杆菌；多发于10～20日龄仔猪；病猪排乳白色稀粪，有特异腥臭味，一般不见呕吐；剖检病变主要在胃和小肠前部；肠壁薄而透明，不见出血表现；细菌分离鉴定可见致病性大肠杆菌；抗生素和磺胺类药物对该病有疗效。

（4）猪轮状病毒感染与仔猪黄痢的鉴别　二者均有精神沉郁、腹泻、脱水等临床症状。仔猪黄痢的病原为大肠杆菌；多发于1周龄以内的仔猪，粪便多为黄色稀便，不见呕吐；粪便呈弱碱性，pH 7～8；药物治疗及时有效，治疗不及时或脱水严重时病死率很高，尤其是3日龄以内的仔猪；从肠内容物或粪便中可分离到致病性大肠杆菌。

（5）猪轮状病毒感染与仔猪红痢的鉴别　二者均表现有精神沉郁、腹泻、脱水等临床症状。仔猪红痢的病原为C型产气荚膜梭菌；主要侵害1～3日龄仔猪，粪便呈红褐色（亚急性型的为黄色），粪便中含有灰白色的组织碎片；感染时，每窝仔猪中有1～4头表现症状，通常较大和较健康的猪先发生，急性症状的病死率高达100%，慢性的存活率较高；剖检可见皮下胶冻样浸润，胸腔、腹腔、心包积水呈樱桃红色，空肠呈暗红色，肠内容物呈暗红色；肠黏膜下层或淋巴结有小气泡；细菌分离鉴定可见革兰氏阳性的两端钝圆的单个或双个杆菌，进一步生化鉴定为产气荚膜梭菌。

（6）猪轮状病毒感染与猪伪狂犬病的鉴别　二者均表现有精神沉郁、呕吐、腹泻、脱水等临床症状。猪伪狂犬病的病原为猪伪狂犬病病毒；病猪体温升高，达41～41.5℃；除了呕吐和腹泻外，还有神经症状；母猪可见流产、死胎和木乃伊化胎儿；仔猪伪狂犬病病死率很高；剖检可见鼻腔、扁桃体炎性水肿；取发病仔猪延脑制成乳剂后，肌内注射兔的腿部，几天后，注射部位出现奇痒，即可确诊；直接免疫荧光试验、酶联免疫吸附试验等也有助于确诊。

（7）猪轮状病毒感染与猪痢疾的鉴别　二者均表现有精神沉郁、腹泻、脱水等临床症状。猪痢疾的病原为密螺旋体，不同年龄、不同品种的猪均可感染，1.5～4月龄的猪最为易感，无明显的季节性，以黏液性和出血性下痢为特征，初期粪便稀软，后期伴有半透明黏液使粪便呈胶冻样；剖检病变主要在大肠，可见结肠、盲肠黏膜肿胀、出血，肠内容物呈酱色或巧克力色，大肠黏膜可见坏死，有黄色或灰色伪膜；显微镜检查可见猪密螺旋体，每个视野2～3个或以上。

【防治措施】目前无特效的治疗药物。发现病猪立即隔离，停止喂乳，以葡萄糖盐水或复方葡萄糖溶液（葡萄糖43.20克、氯化钠9.20克、甘氨酸6.60克、柠檬酸0.52克、柠檬酸钾0.13克、无水磷酸钾4.35克，溶于2 000毫升水中即成）给病猪自由饮用。同时，进行对症治疗，投服收敛止泻剂，如药用炭、次硝酸铋、硅碳银等，使用抗菌药物（如青霉素、链霉素、庆大霉素、环丙沙星或恩诺沙星等）防止继发细菌性感染，脱水严重时可静脉注射5%葡萄糖注射液、生理盐水或复方氯化钠注射液等。必要时用5%碳酸氢钠注射液纠正酸中毒，一般都可获得较好的疗效。也可试用中草药进行治疗。

加强饲养管理，认真执行兽医防疫措施，增强母猪和仔猪的抗病力。在流行地区，可用猪轮状病毒油佐剂苗于怀孕母猪临产前30天，肌内注射2毫升；仔猪于7日龄和21日龄各注射1次，注射部位在后海穴（尾根和肛门之间凹窝处），每次每头注射0.5毫升。弱毒苗于临产前5周和2周分别肌内注射1次，每次每头1毫升。同时，要使新生仔猪早吃初乳，接受母源抗体的保护，以减少发病和减轻病症。

190 怎样防治猪细小病毒感染？

猪细小病毒感染又称猪繁殖障碍病，是由细小病毒引起的繁殖失常。其特征为受感染的母猪，特别是初产母猪产出死胎、畸形胎、木乃伊胎或病弱仔猪，偶有流产，但母猪本身无明显症状。

【流行特点】猪是唯一已知的易感动物。本病通过胎盘传给胎儿，感染母猪所产死胎、木乃伊胎或活胎组织内带有病毒，并可由阴道分泌物、粪便或其他分泌物排毒。感染公猪的精液也含有病毒，可通过配种传染给母猪。污染的猪舍是猪细小病毒的主要贮存场所。本病主要发生于初产母猪，呈地方性流行或散发。疾病发生后，猪场可能连续几年不断出现母猪繁殖异常。母猪怀孕早期感染本病毒时，胚胎、胎猪死亡率高达80%～100%。

【临床症状】主要表现为母猪繁殖异常，如多次发情而不受孕，产出死胎、木乃伊胎或只产少数仔猪，并可出现流产。不同症状的出现与母猪在不同孕期感染有关。在怀孕30～50天感染时，主要是产木乃伊胎，如早期死亡，产出小的黑色木乃伊胎；如晚期死亡，则子宫内有较大木乃伊胎。怀孕50～60天感染时，主要产死胎。怀孕70天感染时常出现流产。怀孕70天之后感染，母猪多能正常生产，产出仔猪有抗体并带毒，有些甚至能成为终身带毒者，如果将这些猪留作种用，此病很可能在猪群中长期存在，难以根除。公猪感染本病毒后，对其受精率或性欲没有明显的影响。因此，应特别注意带毒种公猪通过配种传染给母猪。

【病理变化】怀孕母猪感染未见明显的肉眼病变，仅见子宫内膜有轻微炎症。胎儿在子宫内有被溶解、吸收的现象，受感染的胎儿表现不同程度的发育障碍和生长不良，可见充血、水肿、出血、体腔积液、脱水（木乃伊化）及坏死等病变（彩图7-10、彩图7-11）。

【鉴别诊断】

（1）猪细小病毒感染与猪繁殖与呼吸综合征的鉴别　二者均表现不孕、死胎、木乃伊胎等繁殖障碍症状。猪繁殖与呼吸综合征的病原为蓝耳病病毒；病母猪厌食，昏睡，呼吸困难，体温升高；除了流产、死胎、木乃伊胎外，还可能出现提前2～8天的早产，在2周内流产、早产的猪超过80%，1周龄内仔猪病死率大于25%；其他猪也出现厌食、昏睡、咳嗽、呼吸困难等病症，部分仔猪可出现耳朵发绀。

（2）猪细小病毒感染与猪衣原体病的鉴别　二者均表现不孕、死胎、木乃伊胎等繁殖障碍症状。猪衣原体病的病原为衣原体；衣原体感染母猪所产仔猪表现为发绀、寒战、尖叫、吸乳无力、步态不稳，腹泻；病程长的可出现肺炎、肠炎、关节炎、结膜炎；公猪出现睾丸炎、附睾炎、尿道炎、龟头包皮炎等。

（3）猪细小病毒感染与猪流行性乙型脑炎的鉴别　二者均表现不孕、死胎、木乃伊胎等繁殖障碍症状。猪流行性乙型脑炎的病原为猪流行性乙型脑炎病毒；发病高峰在 7—9 月份，体温较高（40～41.5℃），同胎的胎儿大小及病变有很大的差异（也有整窝的木乃伊胎出现），多数超过预产期才分娩；出生后仔猪高度衰弱，并伴有震颤、抽搐、癫痫等神经症状；公猪多患有单侧睾丸炎，有热、痛；剖检可见脑室积液呈黄红色，软脑膜树枝状充血，脑沟回变浅，出血。

（4）猪细小病毒感染与猪布鲁氏菌病的鉴别　二者均表现不孕、流产、死胎等繁殖障碍症状。猪布鲁氏菌病的病原为布鲁氏菌；母猪流产多发生于妊娠后第 4～12 周，有的在第 2～3 周发生流产；母猪流产前精神沉郁，阴唇、乳房肿胀，有时阴户流出黏液性或脓性分泌物，一般产后 8～10 天可以自愈；公猪常见双侧睾丸肿大，触摸有痛感；剖检可见子宫黏膜有许多黄色粟粒大小结节，胎盘有大量出血点，胎膜显著变厚，因水肿而呈胶冻样。

（5）猪细小病毒感染与猪钩端螺旋体病的鉴别　二者均表现流产、死胎、木乃伊胎等繁殖障碍症状。猪钩端螺旋体病的病原为钩端螺旋体；主要在 3—6 月份流行；急性病例在大、中猪表现为黄疸，黏膜泛黄、发痒，尿呈红色或浓茶样；亚急性型和慢性型多发于断奶猪或体重 30 千克以下的小猪，皮肤发红、黄疸；剖检可见心内膜、肠系膜、肠、膀胱有出血，膀胱内有血红蛋白尿。

（6）猪细小病毒感染与猪伪狂犬病的鉴别　二者均表现流产、死胎、晚产等繁殖障碍症状。猪伪狂犬病的病原为猪伪狂犬病病毒；膘情好而健壮的初生仔猪，生后第二天即表现为眼红、昏睡，体温升高至 41～41.5℃，口流白沫，两耳后竖，遇到响声即兴奋尖叫，站立不稳；20日龄至断奶前后，发病的仔猪表现为呼吸困难、流鼻液，咳嗽，腹泻，有的猪出现呕吐；剖检可见母猪胎盘有凝固样坏死，流产胎儿的实质脏器也出现凝固性坏死；用延脑制成无菌悬液，于家兔腿部肌内注射，大腿内侧的皮下出现瘙痒，注射部位被撕咬出血，即可确诊。

【防治措施】本病尚无有效治疗方法。为了控制本病，首先应控制带毒猪传入猪场。在引进种猪时应加强检疫，采集其血清做血凝抑制试验，当血凝抑制滴度在 1∶256 以下时，方可引进。引进猪需隔离饲养 2 周，再进行一次血凝抑制试验，证实是阴性者，方可与本场猪混饲。在本病污染的猪场，对初产母猪，在配种前可通过自然感染或疫苗接种的方法使猪获得主动免疫力，控制本病的发生。自然感染，即在一群血清阴性的后备母猪中放进一些血清阳性的母猪（可能是带毒猪）同圈饲养，通过带毒母猪的排毒，使初产母猪受到感染而产生免疫力。自然感染方法的缺点是，猪场受强毒污染严重，不能作为种猪输出，且这种方法只适用于本病流行的地区。我国现有猪细小病毒灭活疫苗，在母猪配种前 1～2 个月进行免疫接种，可预防本病的发生。仔猪母源抗体可持续 14～24 周，在抗体滴度高于 1∶80 时可抵抗猪细小病毒感染。因此，仔猪断奶后，移到无本病流行的地区饲养，可培育出阴性母猪。

191 怎样防治猪伪狂犬病？

猪伪狂犬病是由猪伪狂犬病病毒引起的猪的急性传染病，其主要特征是发热及中枢神经系统障碍。成年猪常为隐性感染，妊娠母猪可出现流产、死胎及木乃伊胎，新生仔猪除表现发热和神经症状外，还可见消化系统症状。

【流行特点】一般呈地方流行性，一年四季均可发生，但多发生于冬、春两季和产仔旺盛时期。一般是分娩高峰的猪舍首先发病，几乎每窝仔猪均发病，窝发病率几乎可达 100%，单发较少，后由整窝发病变为一窝有 2～5 头发病，死亡率下降，其他猪舍为散发，死亡率也较低。发病猪主要是 15 日龄以内仔猪，最早为 4 日龄仔猪，发病率几乎可达 100％，死亡率约为 85％，随着年龄的增长，发病率和死亡率逐渐降低。成年猪多为隐性感染。

对伪狂犬病病毒有易感性的动物甚多，有猪、牛、羊、犬及某些野生动物等。病猪和隐性感染猪可长期带毒、排毒，是本病的主要传染源。鼠类粪尿中含大量病毒，也能传播本病。本病的传播途径较多，经消化道、呼吸道、破损的皮肤以及生殖道均可感染。仔猪常因吃了感染母猪的乳而发病。怀孕母猪感染本病后，病毒可经胎盘使胎儿感染，以致引起流产和死胎。

【临床症状】哺乳仔猪症状最为严重。发病初期眼周围发红、闭目昏睡，体温升高，呼吸困难，口角有较多泡沫或大量流涎，呕吐，下痢，食欲不振，精神沉郁，肌肉震颤，步态不稳，四肢运动不协调，后躯麻痹，眼球震颤，最常见而且突出的是间歇性抽搐、肌肉痉挛性收缩，角弓反张，仰头歪颈，有前进或后退或转圈等强迫运动症状（彩图 7-12），呈癫痫样发作及昏睡等症状，持续 4～10 分钟，症状逐渐缓解，间歇数分钟至数十分钟后，又重复出现，一般多数病猪于症状出现后 1～2 天内死亡，病死率可达 100％。若发病 6 天后才出现神经症状，则有恢复的希望，但可能有永久性后遗症，如眼瞎、偏瘫、发育障碍等。

断奶仔猪的一般症状和神经症状较初生仔猪轻，病死率也低，病程一般为 4～8 天，病猪表现为体温升高，呼吸迫促，被毛粗乱，食欲减退或废绝，耳尖发绀。如果在断奶前后发生腹泻，排黄色水样粪便，这样的病猪死亡率可达 100％。

育肥猪常呈隐性感染，较常见的症状为微热，打喷嚏或咳嗽，精神沉郁，便秘，食欲不振，数日即恢复正常。有的病猪可能见到"犬坐"姿势，偶尔出现呕吐或腹泻，很少见到神经症状。

怀孕母猪于受孕后 40 天以上感染时，常有流产、死产及延迟分娩等现象。胎儿大小相差不显著，无畸形胎；死产胎儿有不同程度的软化现象；流产胎儿大多在脑壳及臀部皮肤有出血点，胸腔、腹腔、心包腔有多量棕褐色潴留液，肾及心肌出血，肝、脾有灰白色坏死点。母猪怀孕末期感染时，可有活产胎儿，但往往因活力差，于产后不久出现典型的神经症状而死亡。母猪于流产、死产前后，大多没有明显的临床症状。

【病理变化】临床上呈现严重神经症状的病猪，死后常见明显的脑膜充血及脑脊髓液增加，鼻咽部充血或有卡他性、化脓性、出血性炎症，扁桃体水肿，并伴有咽炎和喉头水肿及其淋巴结有坏死病灶，杓状软骨和会厌软骨常有纤维素性坏死性假膜覆盖，肺可见水肿和出血点，上呼吸道内有大量泡沫样水肿液，肝脏和脾脏有1～2毫米大小的灰白色坏死点，心肌松软、水肿，心内膜有斑状或点状出血，心包积液，肾点状出血（彩图7-13），胃底部有大面积出血，小肠黏膜水肿、充血，大肠黏膜出血。组织学检查，有非化脓性脑膜炎及神经节炎变化。

【鉴别诊断】

（1）猪伪狂犬病与猪链球菌病的鉴别　二者均表现食欲不振、体温升高和精神症状。猪链球菌病的病原为链球菌；病猪除有神经症状外，常伴有败血症及多发性关节炎症状，白细胞数增加，用青霉素等抗生素治疗有良好效果。

（2）猪伪狂犬病与猪水肿病的鉴别　二者均表现精神沉郁、运动失调、痉挛等症状。猪水肿病的病原为致病性大肠杆菌；多发生于离乳期，病猪脸部、眼睑水肿，体温不高，声音改变；剖检可见胃壁及结肠肠系膜水肿；从肠系膜淋巴结及小肠内容物中容易分离到致病性大肠杆菌。

（3）猪伪狂犬病与猪食盐中毒的鉴别　二者均表现精神沉郁、运动失调、痉挛等症状。猪食盐中毒为非传染病，病猪有吃食盐过多的病史，其体温不高，喜欢喝水，无传染性；病理组织学检查在小脑部血管有证病意义的嗜酸性粒细胞管套；检测血钠达180～190毫摩尔/升，嗜酸性细胞减少。

（4）猪伪狂犬病与猪瘟的鉴别　二者均表现食欲不振、体温升高、木乃伊胎和精神沉郁、运动失调、痉挛等精神症状。猪瘟的病原为猪瘟病毒；怀孕母猪感染后，主要发生木乃伊胎和死产现象；死产胎儿呈现皮下水肿、腹水、头部和四肢畸形、皮肤和四肢点状出血、肺和小脑发育不全以及肝脏有坏死灶等病变；采集病猪的扁桃体或死猪的脾脏和淋巴结，送实验室做冰冻切片或组织切片，丙酮固定后用猪瘟荧光抗体染色检查，2～3小时即可确诊，检出率达90%以上。

（5）猪伪狂犬病与猪细小病毒感染的鉴别　二者均表现母猪流产、死胎、木乃伊胎等症状。猪细小病毒感染的病原为细小病毒；发病无季节性，流产几乎只发生于头胎，母猪除流产外无任何症状，其他猪即使感染猪细小病毒，也无任何症状，木乃伊胎现象非常明显。

（6）猪伪狂犬病与猪繁殖与呼吸综合征的鉴别　二者均表现母猪流产、死胎、木乃伊胎等症状。猪繁殖与呼吸综合征的病原为猪繁殖与呼吸综合征病毒；感染猪群早期有类似流感的症状；除母猪发生流产、早产和死产外，患病哺乳仔猪高度呼吸困难，1周龄内的新生仔猪病死率很高，主要病变为细胞性间质性肺炎；公猪和育肥猪都有发热、厌食及呼吸困难症状。

（7）猪伪狂犬病与猪流行性乙型脑炎的鉴别　二者均表现母猪流产、死胎、木乃伊胎等繁殖障碍症状，以及精神沉郁、运动失调、痉挛等症状。猪流行性乙型脑炎的病原为猪流行性乙型脑炎病毒；仅发生于蚊蝇活动季节，妊娠母猪患病后发生流产和产死胎；公猪发生睾丸肿胀，一般为单侧；仔猪呈现体温升高，精神沉郁，四肢轻度麻痹等症状。

（8）猪伪狂犬病与猪布鲁氏菌病的鉴别　二者均表现母猪流产、死胎症状。猪布鲁氏菌病的病原为布鲁氏菌；一般发生于布鲁氏菌病流行地区，无季节性；母猪患病表现为体温正常，无神经症状，无木乃伊胎；公猪可见双侧睾丸肿胀；如诊断困难，可采血做布鲁氏菌病凝集试验，呈阳性反应。

（9）猪伪狂犬病与猪衣原体病的鉴别　二者均表现母猪流产、死胎症状。猪衣原体病的病原为衣原体；患病母猪流产前，大多数没有任何先兆；公猪呈现睾丸炎、附睾炎；小猪呈现慢性肺炎、角膜结膜炎、多发性关节炎等症状；病料涂片染色镜检，在细胞内可见到衣原体的包涵体。

【防治措施】

（1）治疗　本病目前尚无特效疗法，在病猪出现神经症状之前，注射高免血清或病愈猪血清有一定疗效，但是耐过猪长期携带病毒，应继续隔离饲养。

（2）预防　坚持自繁自养，如需要购进猪时，应从洁净猪场购进，进行严格的隔离检疫（1个月），并采血送实验室检查。保持猪舍地面、墙壁、设施及用具等的卫生，坚持每周消毒1次，粪尿及时清理，放入发酵池或沼气池处理。全场范围内扑灭鼠类及其他野生动物等，严禁散养家禽和犬、猫进入猪场。

感染种猪场的猪伪狂犬病净化可根据各场的条件分别采取以下措施：全群淘汰更新，适用于高度污染的种猪场、种猪血统并不太昂贵的猪场及猪舍的设备不允许采用其他方法清除本病的猪场；淘汰阳性反应猪，每隔30天进行血清学试验检查1次，连续检查4次以上，直至完全淘汰阳性猪为止；隔离饲养阳性母猪所生的后裔，为保全优良血统，对阳性母猪的后裔在3～4周龄断奶时，分别按窝隔离饲养至16周龄，血清学试验测其抗体，淘汰阳性猪，30天后再测其抗体，连续2次检测均为阴性者，可作为后备种猪；注射猪伪狂犬病油乳剂灭活苗，种猪（包括公、母）每6个月注射1次，母猪于产前1个月再加强免疫1次，仔猪于1月龄左右注射1次，隔4～5周重复注射1次，以后隔半年注射1次；种猪场一般不宜用弱毒疫苗。

发病肥育猪场的处理方法，发病猪淘汰，其余仔猪和母猪一律注射猪伪狂犬病弱毒疫苗（K61弱毒株），乳猪第一次注苗0.5毫升，断奶后再注苗1毫升，3月龄以上的中猪、成年猪及怀孕母猪（产前1个月）2毫升，免疫期1年。也可注射猪伪狂犬病油乳剂灭活苗，除免疫注射外，应加强猪场的一般综合性防治措施，防止猪伪狂犬病的传播。

192 怎样防治猪水疱病？

猪水疱病是由水疱病毒引起的一种极似口蹄疫的急性、热性、接触性传染病。其主要特征是病猪蹄、鼻、口腔、乳房及皮肤出现水疱。

【流行特点】 本病自然流行，只感染猪，其他动物不感染。发病无明显季节性，多发于猪高度集中、饲养密度大且地面潮湿的地方，在分散饲养的情况下，极少引起流行。本病主要通过消化道、呼吸道、皮肤和黏膜传染。发病的猪及其产品是主要传染源，病猪的新鲜粪、尿，以及被病毒污染后的运输工具、饲料和水均是本病的传播媒介。

【临床症状】 潜伏期一般为 2～5 天，成年猪发病率高于仔猪。病初只有少数病猪可见体温升高，在蹄冠、蹄叉、蹄底或副蹄出现一个或几个黄豆至蚕豆大的水疱（彩图 7 - 14），随后融合在一起，充满透明的液体，1～2 天后水疱破裂，形成溃疡面，病猪疼痛加剧，不愿行走，严重者蹄匣脱落，卧地不起。少数病猪的鼻盘、口腔和乳头周围也会出现水疱（彩图 7 - 15）。一般病程在 10 天左右，然后自然康复。

【病理变化】 剖检病变主要在蹄部，口腔和鼻端出现水疱、溃疡等病变，内脏器官一般无明显变化，有的仅见有局部淋巴结出血或偶尔可见心内膜有条纹状出血。

【鉴别诊断】

（1）猪水疱病与猪口蹄疫的鉴别　二者均表现精神沉郁、体温升高、食欲不振、口腔和蹄部出现水疱等临床症状。猪口蹄疫的病原为口蹄疫病毒；一般呈流行性或大流行性发生，以冬、春、秋寒冷季节多发，口、鼻、舌发生水疱比较普遍而不是少数；用病料接种 1～2 日龄和 7～9 日龄乳鼠，两组均死亡。

（2）猪水疱病与猪水疱性口炎的鉴别　二者均表现精神沉郁、体温升高、食欲不振、口腔出现水疱等临床症状。猪水疱性口炎的病原为水疱性口炎病毒；多种动物均易感染，多发于夏季和秋初，病猪先在口腔发生水疱，随后蹄冠和趾相继发生水疱，水疱数较少；用间接酶联免疫吸附法（间接 ELISA）检测水疱性口炎抗体是一种快速准确和高度敏感的检测方法。

（3）猪水疱病与猪水疱性疹的鉴别　二者均表现精神沉郁、体温升高、食欲不振、口腔和蹄部出现水疱等临床症状。猪水疱性疹的病原为水疱性疹病毒；病猪有时在腕前、跗前皮肤出现水疱，水疱较大；用病料接种 2 日龄和 7～9 日龄乳鼠及乳兔均不发病。

【防治措施】

（1）不要从疫区调入猪及其肉产品。

（2）加强检疫、隔离、封锁措施，收购和调运生猪时应逐头检查，如发现病猪，就地处理，不能调出。

加强对市场的管理和检疫，严禁病猪和同群猪上市。猪群患病要严格封锁、扑杀。病猪肉及其头、蹄不准鲜销上市，应做高温处理。

（3）注意环境卫生和消毒，消毒液应选用 5％氨水、10％漂白粉溶液、3％热氢氧化钠溶液，热溶液比冷溶液效果好。

193 怎样防治猪水疱性口炎？

猪水疱性口炎是由水疱性病毒引起的一种极似口蹄疫、猪水疱病的急性、热性、接触性传染病。其主要特征是病猪口腔、鼻盘及蹄部出现水疱。

【流行特点】 在自然环境条件下，以牛、马、猪较易感，羊、犬、兔不易得病。一般通过唾液和水疱液传播，但传染强度不如口蹄疫，传染途径主要是损伤黏膜和消化道。发病有明显的季节性，常在昆虫活跃的 5—10 月份发病，以 8—9 月份为流行高峰。

【临床症状】 自然感染的潜伏期为 3～5 天。病猪先体温升高，精神沉郁，食欲减退，经过 1～2 天，口腔和蹄部出现水疱，多发生于舌、唇部、鼻端及蹄叉部。水疱内含黄色透明液体，水疱破裂后显露溃疡面，体温降至正常或偏高，蹄部病变严重的可出现跛行，不愿站立。如无继发感染，创面较快地形成痂块，多取良性经过，一般在 7～10 天内康复，如出现继发感染，则蹄匣脱落，露出鲜红样出血面，不能站立，有的呈犬坐姿势。

【病理变化】病猪内脏器官无明显变化，只是在口腔、蹄部出现水疱或溃疡面等。

【鉴别诊断】

（1）猪水疱性口炎与猪口蹄疫的鉴别　二者均表现精神沉郁、体温升高、食欲不振、口腔出现水疱等临床症状。猪口蹄疫的病原为口蹄疫病毒；一般发病多在冬季、早春等寒冷时期，传染迅速，常为大流行；用病料接种 2 日龄和 7～9 日龄乳鼠及乳兔均发病，口蹄疫血清有保护作用。

（2）猪水疱性口炎与猪水疱病的鉴别　二者均表现精神沉郁、体温升高、食欲不振、口腔出现水疱等临床症状。猪水疱病的病原为猪水疱病病毒；仅猪感染，一年四季均有发生，以猪密集、调动频繁的猪场传播较快，病猪先在蹄部发生水疱，随后仅少数病例在口、鼻发生水疱，舌面罕见水疱；用病料接种 2 日龄和 7～9 日龄乳鼠及乳兔，7～9 日龄乳鼠不发病，2 日龄乳鼠及乳兔发病。

（3）猪水疱性口炎与猪水疱性疹的鉴别　二者均表现精神沉郁、体温升高、食欲不振、口腔出现水疱等临床症状。猪水疱性疹的病原为水疱性疹病毒；仅感染猪，病猪有时在腕前、跗前皮肤出现水疱，水疱较大，大者直径达 30 毫米；用病料接种 2 日龄和 7～9 日龄乳鼠及乳兔均不发病。

【防治措施】在疫区可使用当地病猪组织和血液制备的结晶紫甘油疫苗或鸡胚结晶紫甘油疫苗进行预防接种。只要加强饲养管理，病猪能很快康复。疫区要严格封锁，用具等要彻底消毒，消毒液可用 2% 氢氧化钠溶液等。

本病无特效的治疗方法。当无并发症时，由于本病病情轻微和病程持续时间不长，一般只需采取保守疗法和加强护理即可。

194 怎样防治猪流行性乙型脑炎？

猪流行性乙型脑炎也叫日本乙型脑炎，是由乙脑病毒（流行性乙型脑炎病毒）引起的一种人畜共患的急性传染病。妊娠母猪感染后表现流产和死胎，公猪发生睾丸炎，肥育猪持续性高热，仔猪常呈脑炎症状。

【流行特点】本病可感染多种动物和人，主要通过蚊虫传播，蚊子感染乙脑可以终生带毒，并能在蚊子体内增殖病毒越冬，成为翌年的传染源。因此，乙脑流行有明显的季节性，多发生于夏秋蚊子滋生季节。

【临床症状】患病后肥育猪精神沉郁，食欲减退，饮欲增加，体温升高到41℃左右，嗜睡喜卧，强行赶起则摇头甩尾，似正常样，但不久又卧下。结膜潮红，粪便干燥，尿呈深黄色。仔猪可出现神经症状，如磨牙、口吐白沫、转圈运动、视力障碍、盲目冲撞等，最后倒地不起而死亡。

成年猪或妊娠母猪自身在受乙型脑炎病毒感染后不一定表现临床症状，但妊娠母猪感染后，表现流产，胎儿多是死胎或木乃伊胎，少有发育正常的胎儿。

公猪感染后睾丸发炎，常表现一侧性肿大，触摸有热感，体温升高，精神不振，食欲减退，性欲降低。经2～3天后炎症消失，但睾丸变硬或萎缩造成终生不育。

【病理变化】病猪脑、脑膜和脊髓膜充血，脑室和脑硬膜下腔积液增多。睾丸切面可见颗粒状小坏死灶，最明显的变化是楔状或斑点状出血和坏死。间质结缔组织增生，常与阴囊粘连。

母猪子宫黏膜充血，黏膜表面有较多的黏液。死胎皮下水肿、肌肉褪色如水煮样。胸腔和心包腔积液，心、脾、肾、肝肿胀并有小点出血。

【鉴别诊断】

（1）猪流行性乙型脑炎与猪繁殖与呼吸综合征的鉴别　二者均表现母猪流产及产死胎、木乃伊胎等症状。猪繁殖与呼吸综合征的病原为猪繁殖与呼吸综合征病毒；该病除引起母猪流产、产死胎、木乃伊胎外，还表现为母猪提前2～8天早产，早产的猪超过80%，1周龄内仔猪病死率大于25%；其他猪也出现厌食、昏睡、咳嗽、呼吸困难等病症；部分仔猪可出现耳朵发绀；不见公猪睾丸炎和仔猪的神经症状。

（2）猪流行性乙型脑炎与猪细小病毒感染的鉴别　二者均表现母猪流产、产死胎及木乃伊胎等繁殖障碍症状。猪细小病毒感染的病原为细小病毒；该病的流产、死胎、木乃伊胎在初产母猪多发，其他猪无症状；不见公猪的睾丸炎和仔猪的神经症状。

（3）猪流行性乙型脑炎与猪伪狂犬病的鉴别　二者均表现母猪流产、产死胎和木乃伊胎等繁殖障碍症状，以及精神沉郁、运动失调、痉挛等神经症状。猪伪狂犬病的病原为猪伪狂犬病病毒；可以感染多种动物；膘情好而健壮的初产仔猪若染病，出生后第2天即出现眼红、昏睡，体温升高至41～41.5℃，口流白沫，两耳后竖，遇到响声即兴奋尖叫、站立不稳；20日龄至断奶前后发病的仔猪表现为呼吸困难、流鼻液、咳嗽、腹泻，有的猪出现呕吐；剖检可见母猪胎盘有凝固性坏死，流产胎儿的实质脏器也出现凝固性坏死；用延脑制成无菌悬液，肌内或皮下注射家兔2～3天后，注射部位出现瘙痒，继而被撕咬出血，则可确诊。

（4）猪流行性乙型脑炎与猪弓形虫病的鉴别　二者均表现母猪流产、产死胎等繁殖障碍症状，以及精神沉郁、运动失调、痉挛等神经症状。猪弓形虫病的病原为弓形虫；病猪表现高热，最高可达42.9℃，呼吸困难，身体下部、耳翼、鼻端出现淤血斑，严重的出现结痂、坏死，体表淋巴结肿大、出血、水肿、坏死，肺膈叶、心叶呈不同程度间质水肿，表现间质增宽，内有半透明胶冻样物质，肺实质中有小米粒大的白色坏死灶或出血点；磺胺类药物治疗可得到显著效果。

（5）猪流行性乙型脑炎与猪传染性脑脊髓炎的鉴别　二者均表现食欲不振、体温升高、精神沉郁、运动失调、痉挛等症状。猪传染性脑脊髓炎的病原为猪脑脊髓炎病毒；3周龄以上的猪很少发生，发病及康复均迅速；母猪不见流产，公猪无睾丸炎。

（6）猪流行性乙型脑炎与猪布鲁氏菌病的鉴别　二者均表现母猪流产、死胎等繁殖障碍症状。猪布鲁氏菌病的病原为布鲁氏菌；

猪、牛、羊等多种动物均可感染；母猪流产多发生于妊娠后第4至第12周，有的第2至第3周即发生流产，流产前精神沉郁，阴唇、乳房肿胀，有时阴户流黏液性或脓性分泌物，一般产后8～10天可以自愈；仔猪不见神经症状；与流行性乙型脑炎不同的是，公猪常见双侧睾丸肿大，触摸有痛感；母猪剖检可见子宫黏膜有许多粟粒大黄色小结节，胎盘有大量出血点，胎膜显著变厚，因水肿而成胶冻样。

（7）猪流行性乙型脑炎与猪李氏杆菌病的鉴别　二者均表现食欲不振、体温升高、精神沉郁、运动失调、痉挛等症状，并均有脑及脑膜充血水肿等病理变化。猪李氏杆菌病的病原为李氏杆菌；多发生于断奶后仔猪，初期兴奋时表现为盲目乱跑或低头抵墙不动，四肢张开，头颈后仰如观星姿势；剖检可见脑干，特别是脑桥、延髓和脊髓变软，有小的化脓灶。

（8）猪流行性乙型脑炎与猪链球菌病（神经型）的鉴别　二者均表现食欲不振、体温升高、精神沉郁、运动失调、痉挛等症状。猪链球菌病（神经型）的病原为链球菌；脑膜脑炎型猪链球菌病除有神经症状外，常伴有败血症及多发性关节炎、脓肿等症状，白细胞数增加；用青霉素等抗生素治疗有良好效果。

【防治措施】

（1）采取综合性防疫措施　注意猪场周围的环境卫生，排出积水，消除蚊蝇的滋生场所，同时也可用驱虫药在猪舍内外经常喷洒，以消灭蚊蝇。

（2）及时进行免疫　受本病威胁的地区可使用猪乙型脑炎弱毒疫苗，于流行前1个月进行免疫接种。

（3）对症治疗　本病目前尚无特效治疗药物，但可根据实际情况进行镇静、退热、镇痛和抗菌药物治疗，以便缩短病程和防止继发感染。

195 怎样防治猪传染性胃肠炎？

猪传染性胃肠炎是由猪传染性胃肠炎病毒引起的急性、高度接触性消化道传染病，多发生于寒冷季节，其主要特征是急性腹泻，同时出现呕吐。

【流行特点】本病除猪以外，其他动物不感染。发病有明显季节性，多发于冬季、春季寒冷时期（12 月份至翌年 4 月份）。具有高度接触传染性，常呈地方性流行。不同年龄、性别、品种的猪均能发病，但以仔猪发病严重，特别是 10 日龄以内的仔猪死亡率高。病猪粪便带毒时间可达 2 个月之久，传染途径主要是消化道，也可由呼吸道传染。

【临床症状】病毒潜伏期一般为 12～18 小时。一般，一个猪场刚开始发病，在 1～3 天内可使全群感染。仔猪发生呕吐、腹泻及口渴，粪便呈白色、黄色或绿色，内含有未消化的母乳，后呈水样，甚至向外喷射，腹部、耳尖及肛门附近皮肤发紫，迅速脱水，消瘦，多随即死亡。7 日龄以内的仔猪死亡率可达 100％。成年猪症状轻微，有的食欲不振，发生呕吐及腹泻。母猪发生泌乳停止，一般症状持续 5～7 天即停止，逐渐恢复食欲，很少出现死亡。

【病理变化】病变主要在消化道。病猪胃肠黏膜充血、点状出血，胃肠腔内充满稀薄的食糜，呈灰黄色。肠系膜血管、肝、脾、肾、淋巴结均表现明显的淤血。心肌因衰竭而扩张，左心室内膜和冠状沟有明显的出血点和出血斑。

【鉴别诊断】

（1）猪传染性胃肠炎与猪流行性腹泻的鉴别 二者在临床上都是以腹泻为主，脱水相似。猪流行性腹泻的病原为冠状病毒；多发生于寒冷季节，大小猪几乎同时发生腹泻，大猪在数日内可康复，仔猪有部分死亡；应用猪流行性腹泻病毒的荧光抗体或免疫电镜可检测出猪流行性腹泻病毒抗原或病毒。

（2）猪传染性胃肠炎与猪轮状病毒感染的鉴别 二者均表现精神沉郁、呕吐、腹泻、脱水等临床症状。猪轮状病毒感染的病原为轮状病毒；在一般情况下，猪轮状病毒主要发生于 8 周龄以内的仔猪上，虽然也有呕吐，但是没有猪传染性胃肠炎严重，病死率也相对较低；剖检不见胃底出血；应用轮状病毒荧光抗体或免疫电镜可检测出轮状病毒。

（3）猪传染性胃肠炎与仔猪红痢的鉴别　二者均表现精神沉郁、腹泻、脱水等临床症状。仔猪红痢的病原为 C 型产气荚膜；一般只发生于 7 日龄以内仔猪，不见呕吐，腹泻为红褐色粪便；病程为最急性或急性；剖检可见小肠出血、坏死，肠内容物呈红色，坏死肠段浆膜下有气泡等病变；能分离出梭菌；一般来不及治疗。

（4）猪传染性胃肠炎与仔猪黄痢的鉴别　二者均表现精神沉郁、腹泻、脱水等临床症状。仔猪黄痢的病原为大肠杆菌；多发于 1 周龄以内的仔猪；病猪排黄色稀粪，但较少发生呕吐；病程为最急性或急性；剖检可见十二指肠、空肠肠壁变薄，严重的呈透明状，胃黏膜可见红色出血斑，肠内容物多为黄色；细菌分离鉴定，可从粪便和肠内容物中分离到致病性大肠杆菌。

（5）猪传染性胃肠炎与仔猪白痢的鉴别　二者均表现精神沉郁、腹泻、脱水等临床症状。仔猪白痢的病原为大肠杆菌；多发于 10～20 日龄仔猪；病猪排乳白色稀粪，有特殊的腥臭味，一般不见呕吐；剖检病变主要在胃和小肠的前部，肠壁菲薄透明，不见出血；细菌分离鉴定可见致病性大肠杆菌；抗生素和磺胺类药物对该病有较好疗效。

（6）猪传染性胃肠炎与猪痢疾的鉴别　二者均表现精神沉郁、腹泻、脱水等临床症状。猪痢疾的病原为密螺旋体；不同年龄、品种的猪均可感染，1.5～4 月龄猪最为常见，无明显的季节性，以黏液性和出血性下痢为特征，初期粪便稀软，后期伴有半透明黏液使粪便呈胶冻样；病变主要在大肠，可见结肠、盲肠黏膜肿胀、出血，肠内容物呈酱色或巧克力色，大肠黏膜可见坏死，有黄色或灰色伪膜；显微镜检查可见猪密螺旋体，每个视野 2～3 个或更多。

（7）猪传染性胃肠炎与猪坏死性肠炎的鉴别　二者均表现精神沉郁、腹泻、脱水等临床症状。猪坏死性肠炎的病原为坏死杆菌；急性病例多发生于 4～12 月龄的猪，主要表现为排焦黑色粪便或血痢并突然死亡；慢性病例常见于 6～20 周龄育肥猪，病死率一般低于 5%，下痢，粪便呈糊状、棕色或水样，有时混有血液，体重下降，生长缓慢（最常见）；最常见的病变部位位于小肠末端 50 厘米处以及邻近结肠上 1/3 处，并可形成不同程度的增生变化，可以看到病变部位肠壁增厚，肠管变粗，回肠内层增厚。

（8）猪传染性胃肠炎与猪副伤寒的鉴别　二者均表现精神沉郁、腹泻、脱水等临床症状。猪副伤寒的病原为沙门氏菌，多发生于 2～4 月龄仔猪，而猪传染性胃肠炎引起的腹泻在各个年龄猪均可发生。患猪副伤寒的病猪体温升高（41～42℃），而患猪传染性胃肠炎时不见体温升高。猪副伤寒引起腹泻，粪便中混有血液和假膜，呈淡黄色或灰绿色；大肠表现为大肠壁增厚，黏膜有坏死，上面附有伪膜如麸皮；耳根、胸前、腹下皮肤有紫红色出血斑；肝脏有糠麸样细小灰黄色坏死点；脾脏肿大，呈暗蓝色，硬度如橡皮。

（9）猪传染性胃肠炎与猪瘟的鉴别　二者均表现精神沉郁、腹泻等临床症状。猪瘟的病原为猪瘟病毒；病猪除表现腹泻外，还表现很多其他的全身症状，如高热到 41～42℃，腹泻和便秘交替出现，全身出血性素质，皮肤有出血点，肾脏、膀胱有出血点，慢性的病例可以见到回盲瓣处有纽扣状溃疡；淋巴结出血，切面呈大理石样；母猪可表现产死胎、流产；猪瘟直接免疫荧光检查为阳性。

【防治措施】

（1）加强饲养管理，做好产房和保育舍的保温工作，如果产房和保育舍温度维持在 25～26℃，基本上可以控制本病的发生，即使个别发生，症状也比较轻。本病主要在冬季严寒时期发生，饲养员必须坚守工作岗位，早晚应及时关好舍内门窗。

（2）做好卫生消毒工作，舍内粪便及时清除，出入口设有消毒池，经常进行消毒。

（3）在本病多发地区，每年入冬前（8—9 月份）对全场仔猪进行疫苗预防接种。

（4）本病目前没有特效的治疗药物。为了防止病猪严重脱水而死亡，在仔猪发病期可用盐水补液（葡萄糖 20 克、氯化钠 3.4 克、氯化钾 1.5 克、碳酸氢钠 2.5 克，温水 1 000 毫升）。

196 怎样防治猪流行性腹泻？

猪流行性腹泻是由猪流行性腹泻病毒引起的一种急性肠道传染病。其主要特征为病猪排水样便、呕吐、脱水。

【流行特点】 本病的发生有一定的季节性，多发生于冬季，特别是 12 月份至翌年 2 月份发生最多。不同年龄、品种和性别的猪都能感染发病，哺乳仔猪和架子猪以及肥育猪的发病率通常为 100%，母猪为 15%～90%，病猪和病愈猪的粪便含有大量病毒，病毒主要经消化道传染，也可经呼吸道传染，并可由呼吸道分泌物排出，传播迅速，数日之内可波及全群。一般流行过程延续 4～5 周，可自然平息。

【临床症状】 临床症状与传染性胃肠炎相似。仔猪的潜伏期为 15～30 小时，肥育猪约 2 天。病猪开始体温稍升高或仍正常，精神沉郁，食欲减退，继而排水样便，粪便内含有黄白色的凝乳块，呈灰黄色或灰色，腹泻最严重时，排出的几乎全是水，吃食或吮乳后部分仔猪发生呕吐，日龄越小，症状越重，1 周龄以内的仔猪常于腹泻 2～4 天后因脱水死亡，病死率为 50%。出生后立即感染本病的仔猪病死率更高。断奶仔猪、肥育猪及母猪持续腹泻 4～7 天，逐渐恢复正常。成年猪发生呕吐和厌食。

【病理变化】 病猪消瘦、脱水、皮肤干燥，胃内有大量黄白色的凝乳块，小肠病变具有特征性，肠管膨满、扩张，含有大量黄色液体，肠壁变薄，小肠绒毛缩短，肠系膜淋巴结水肿。

【鉴别诊断】

（1）猪流行性腹泻与猪传染性胃肠炎的鉴别　两者的流行病学特点、临床症状、病理变化及病毒粒子形态都十分相近，没有办法区分，只有通过血清学方法才能将两者区分开，如直接免疫荧光、中和试验和间接酶联免疫吸附试验等。

（2）猪流行性腹泻与猪轮状病毒感染的鉴别　二者均表现精神沉郁、腹泻、脱水等临床症状。猪轮状病毒感染的病原为轮状病毒；在一般情况下，该病主要发生于 8 周龄以内的仔猪，虽然也有呕吐，但没有猪流行性腹泻严重，病死率也相对较低，不见胃底出血；肠内容物、粪便或病毒分离的细胞培养物电镜检查可见到轮状病毒粒子。

（3）猪流行性腹泻与仔猪红痢的鉴别　二者均表现精神沉郁、腹泻、脱水等临床症状。仔猪红痢的病原为 C 型产气荚膜梭菌；一般只在发生于 7 日龄以内仔猪，不见呕吐，腹泻为红褐色粪便；病程为最急性或急性；剖检可见小肠出血、坏死，肠内容物呈红色，坏死肠段浆膜下有气泡等病变；能分离出产气荚膜梭菌；一般来不及治疗。

（4）猪流行性腹泻与仔猪黄痢的鉴别　二者均表现精神沉郁、腹泻、脱水等临床症状。仔猪黄痢的病原为大肠杆菌；多发于 1 周龄以内的仔猪，病猪排黄色稀粪，但较少发生呕吐，病程为最急性或急性；剖检可见十二指肠、空肠肠壁变薄，严重的呈透明状，胃黏膜可见红色出血斑，肠内容物多为黄色；可从粪便和肠内容物中分离到致病性大肠杆菌。

（5）猪流行性腹泻与仔猪白痢的鉴别　二者均表现精神沉郁、腹泻、脱水等临床症状。仔猪白痢的病原为大肠杆菌；多发于 10～20 日龄仔猪，病猪排乳白色稀粪，有特殊的腥臭味，一般不见呕吐；病猪病变主要在胃和小肠的前部，肠壁菲薄透明，不见出血；细菌分离鉴定可见致病性大肠杆菌；抗生素和磺胺类药物对该病有较好疗效。

（6）猪流行性腹泻与猪痢疾的鉴别　二者均表现精神沉郁、腹泻、脱水等临床症状。猪痢疾的病原为猪痢疾密螺旋体；不同年龄、品种的猪均可感染，1.5～4 月龄猪最为常见，无明显的季节性，以黏液性和出血性下痢为特征，初期粪便稀软，后有半透明黏液使粪便呈胶冻样；病变主要在大肠，可见结肠、盲肠黏膜肿胀、出血，肠内容物呈酱色或巧克力色，大肠黏膜可见坏死，有黄色或灰色伪膜；显微镜检查可见猪密螺旋体，每个视野 2～3 个或更多。

（7）猪流行性腹泻与猪坏死性肠炎的鉴别　二者均表现精神沉

郁、腹泻、脱水等临床症状。猪坏死性肠炎的病原为坏死杆菌；急性病例多发生于4～12月龄的猪，主要表现为排焦黑色粪便或血痢并突然死亡；慢性病例常见于6～20周龄育肥猪，病死率一般低于5％；下痢呈糊状、棕色或水样，有时混有血液，体重下降，生长缓慢（最常现）；病猪病变部位在小肠末端50厘米处以及邻近结肠上1/3处，并可形成不同程度的增生变化，可以看到病变部位肠壁增厚，肠管变粗，回肠内层增厚。

【防治措施】除了综合性的防治措施以外，应注意提高产仔舍的温度，一般应在30℃以上，可以减少本病的发生。本病的预防主要采取疫苗接种的方法。猪流行性腹泻组织灭活疫苗有很好的免疫效果。使用方法为后海穴接种。被动免疫：于母猪产前20～30天注射3毫升。主动免疫：仔猪体重10千克以内每头注射0.5毫升；10～15千克，每头注射1毫升；25～50千克，每头注射2毫升；50千克以上，每头注射3毫升。也可以使用猪传染性胃肠炎与猪流行性腹泻二联灭活疫苗和弱毒疫苗。

目前尚无特效治疗方法，通常对症治疗，可以降低仔猪死亡率，促进康复。病猪可每日饮服或灌服补液盐溶液（氯化钠3.5克、碳酸氢钠2.5克、氯化钾1.5克、葡萄糖20克，温水1 000毫升）。为防止继发感染，可应用抗生素、磺胺类药物、抗菌增效剂等进行治疗。也可试用康复猪或母猪血清进行注射或口服治疗。

197 怎样防治猪流行性感冒？

猪流行性感冒是由猪A型流感病毒引起的急性、高度接触性传染病，其主要特征是发病突然，传播迅速，具有高热、肌肉疼痛和呼吸道炎等症状。

【流行特点】本病流行具有季节性，多发于气候骤变的晚秋和早冬时期，炎热季节很少发生，不同品种、年龄的猪均可感染，常呈地方性流行。传播方式主要是病猪和带毒猪（痊愈后带毒6周）的飞沫，经呼吸道而传染。

【临床症状】潜伏期为5～7天。突然发病，常见猪群同时发病，体温升高，有时高达 42℃，精神萎靡，结膜发红，不愿起立行走，经常伏卧在垫草上（彩图 7-16），食欲减退或废绝，呼吸急促，急剧咳嗽，并间有喷嚏，先流清鼻液，后流黏性鼻涕，粪便干硬，尿呈茶红色，病程 5～7 天，妊娠母猪发病常引起流产。一般病例若无并发症，经 1 周左右可以恢复健康。个别猪转为慢性，出现持续咳嗽、消化不良等症状。本病一般能持续 1 个月以上，如并发肺炎，则易死亡。

【病理变化】病猪呼吸道病变最为显著。鼻腔潮红。咽喉、气管和支气管黏膜充血，并附有大量泡沫，有时混有血液。喉头及气管内有泡沫性黏液。肺部呈紫色病变，严重的呈鲜牛肉状，病区膨胀不全，其周围肺组织气肿和苍白色（彩图 7-17）。胃肠内浆液增多，并有充血。

【鉴别诊断】

（1）猪流行性感冒与猪急性气喘病的鉴别　二者均表现食欲不振、体温升高、精神沉郁、呼吸困难、咳嗽等临床症状。猪急性气喘病的病原为猪肺炎支原体；临床主要症状为咳嗽（反复干咳）和气喘，一般不打喷嚏，不出现疼痛反应，病程长；病变特征是融合性支气管肺炎，尖叶、心叶、中间叶和膈叶前缘呈"肉样"或"虾肉样"实变。

（2）猪流行性感冒与猪肺疫的鉴别　二者均表现食欲不振、体温升高、精神沉郁、呼吸困难、咳嗽等临床症状。猪肺疫的病原为多杀性巴氏杆菌；咽喉型病猪咽喉部肿胀，呼吸困难，呈犬坐姿势，流涎；胸膜肺炎型病猪咳嗽，流鼻液，呈犬坐犬卧姿势，呼吸困难，叩诊肋部有痛感，并引起咳嗽；剖检皮下有大量胶冻样淡黄色或灰青色纤维素性浆液，肺有纤维素性炎症，切面呈大理石样，胸膜与肺粘连，气管、支气管发炎且有黏液；用淋巴结、血液涂片，镜检可见有卵圆形两极浓染的革兰氏阴性短杆菌。

【防治措施】

（1）在阴雨潮湿季节和气候急剧变化时，应加强猪群的饲养管理，要勤换垫草，保证舍内通风，保持舍内干燥。

（2）发现疫情后应立即隔离病猪，供给富含维生素的饲料。用10％～20％石灰乳和30％漂白粉溶液消毒猪舍和用具等，防止本病传播。由于流感病毒抗原经常发生变异，故目前还没有特效疫苗。

（3）治疗无特效药，一般采用抗生素与磺胺类药物控制继发症。

198 怎样防治猪传染性脑脊髓炎？

猪传染性脑脊髓炎是由脑脊髓炎病毒引起的中枢神经系统传染病，其主要特征是四肢麻痹和脑、脊髓炎。

【流行特点】 猪是唯一的易感动物，幼龄仔猪（4～5周龄）最易发病，成年猪多为隐性感染。病猪和健康带毒猪可通过粪便排毒，主要通过污染的饲料、饮水等经消化道感染，经呼吸道和其他途径感染也是重要的传播途径。在新疫区，发病率和病死率较高；在老疫区，多呈散发。当本地变为地方性流行和产生猪群免疫时，主要局限在断奶仔猪和幼龄猪发病，成年猪通常具有较高的循环抗体水平，吸吮母乳的仔猪因母乳中含有较高的抗体而不感染，若母乳中抗体水平低或无，则仔猪断奶前也可能发病。

【临床症状】 潜伏期为5～7天，早期发热（40～41℃），精神沉郁，食欲减退或废绝，倦怠，后肢发生轻度不协调，不久出现神经症状，表现共济失调。病情严重者，出现眼球震颤，肌肉抽搐，头颈后弯，昏迷。接着发生麻痹，有时呈犬坐姿势，或侧卧，受到声响或触摸刺激时，可引起四肢不协调运动或头颈后弯，通常于出现症状的3～4天内死亡，有些病例在精心护理下可存活下来，但残存肌肉萎缩和麻痹症状。

由毒力较低的毒株引起的病例症状较轻，发病率和病死率均低，病初体温升高，后肢控制能力减退，运动失调，背部软弱，这些症状大多可在几天内消失。有些病猪随后出现兴奋，发抖，平衡失调，运动失控，最后肢体麻痹等症状。14日龄以内的仔猪表现感觉过敏，肌肉震颤，关节着地，共济失调，后退行走，呈犬坐姿势，最终出现脑炎症状。

【病理变化】病变主要分布在脊髓腹角、小脑灰质和脑干。肉眼病变不明显。组织学检查可见非化脓性脑脊髓灰质炎变化，灰质部分的神经细胞变性和坏死，神经胶质细胞增生聚集，有明显的噬神经现象，小血管周围有大量淋巴细胞浸润，形成明显的管套现象。在神经细胞质内有嗜酸性包涵体。病程较长的，有心肌和肌肉萎缩现象。

【鉴别诊断】

（1）猪传染性脑脊髓炎与猪水肿病的鉴别　二者均表现食欲不振、体温升高、运动失调、惊厥、麻痹等临床症状。猪水肿病的病原为致病性大肠杆菌；健康、膘情好的仔猪更容易发病，病死率高，主要是断奶前后的仔猪多发，寒冷和饲养环境的改变可以诱发本病的发生；除神经症状外，主要表现为眼睑、皮下水肿；剖检可见胃壁、肠系膜水肿，水肿呈胶冻样，胃壁增厚2～3倍。

（2）猪传染性脑脊髓炎与猪流行性乙型脑炎的鉴别　二者均表现食欲不振、体温升高、精神沉郁、运动失调、痉挛等症状。猪流行性乙型脑炎的病原为猪流行性乙型脑炎病毒；一般仅发生于蚊蝇活动季节，除妊娠母猪发生流产和死胎外，公猪可发生睾丸肿胀，一般为单侧，仔猪呈现体温升高，精神沉郁，肢体轻度麻痹等神经症状。

（3）猪传染性脑脊髓炎与猪伪狂犬病的鉴别　二者均表现为仔猪易感，体温升高至41～41.5℃，并有精神沉郁、行动失调、站立不稳、痉挛、尖叫、角弓反张等临床症状。猪伪狂犬病的病原为猪伪狂犬病病毒；病猪耳尖发紫，腹泻，呕吐；剖检可见到病猪鼻腔出血性或化脓性炎症、咽喉水肿、浆液浸润，黏膜有出血斑，胃底大面积出血，小肠黏膜出血、水肿；用病猪的延脑制成悬液，在家兔股内侧进行皮下注射，24小时后出现精神沉郁、发热、呼吸加快，注射部位发痒引起撕咬，再经4～6小时衰竭死亡。

（4）猪传染性脑脊髓炎与猪血凝性脑脊髓炎的鉴别　二者均表现食欲不振、体温升高、精神沉郁、运动失调、痉挛等临床症状。

猪血凝性脑脊髓炎的病原为血凝性脑脊髓炎病毒；该病表现为仅有少数的猪体温升高，病猪常聚堆、咳嗽、打喷嚏；病程为10天左右；剖检可见卡他性鼻炎、非化脓性脑炎的变化；实验室诊断是区分和确诊的可靠方法。

（5）猪传染性脑脊髓炎与猪李氏杆菌病的鉴别　二者均表现体温升高、精神沉郁、行动失调、站立不稳、痉挛等临床症状，并均有脑及脑膜充血水肿等剖检病变。猪李氏杆菌病的病原为李氏杆菌；多发生于断奶后仔猪，初期兴奋时表现为盲目乱跑或低头抵墙不动，四肢张开，头颈后仰呈观星状姿势；剖检可见脑干，特别是脑桥、延髓和脊髓变软，有小的化脓灶。

（6）猪传染性脑脊髓炎与猪食盐中毒的鉴别　二者均表现全身肌肉痉挛、震颤、僵硬等临床症状。猪食盐中毒是因采食含盐多的食物而发病。病猪表现口渴，喜饮，尿少或无尿，口腔黏膜潮红、肿胀，兴奋时奔跑，急性瞳孔散大，腹下皮肤发绀。

【防治措施】本病目前尚无特效疗法。在加强护理的基础上进行对症治疗，有一定效果。也可试用康复猪的血清或血液进行治疗。

要特别注意引进种猪的检疫，以防止引入带毒猪。一旦发生本病，要迅速确诊，坚决采取隔离、消毒等措施，予以消灭。疫情严重时，可试用灭活疫苗或弱毒疫苗，或让母猪在怀孕前1个月与发生过本病的猪接触，使其自然感染，产生免疫力，以保护将来出生的哺乳仔猪。

199 怎样防治猪包涵体鼻炎（巨细胞病毒感染）？

猪包涵体鼻炎又称猪巨细胞病毒感染、猪巨细胞包涵体病，是以鼻炎症状为特征的一种仔猪常见传染病。

【流行特点】本病的易感动物仅限于猪，引起胎儿和仔猪死亡、鼻炎、肺炎、发育迟缓和生长缓慢。在管理条件良好的猪群，该病只呈地方性流行。常通过鼻道传染，病猪尿液也常造成环境污染。感染本病的怀孕母猪的鼻和眼分泌物、尿液和子宫颈液体以及发病公猪的睾丸和附睾中都可以分离出该病毒。

【临床症状】首次感染本病的成年猪可能有一般感染性病变，在毒血症阶段表现出厌食、倦怠，妊娠母猪在怀孕期无其他临床症状，胎儿感染可能死产，新生仔猪可能产后无症状即死亡。5～10日龄仔猪感染后表现急性经过，起初频繁打喷嚏、流泪，鼻孔流出浆液性分泌物，而后因鼻塞和吸乳困难，表现精神沉郁、厌食、消瘦及麻痹症状。有些可在发病后 5 天死亡，病死率最高达 20%，耐过仔猪有的增重较慢。猪巨细胞病毒感染不诱发萎缩性鼻炎，但可致少数青年猪产生鼻甲骨萎缩、颜面变形等鼻炎症状，其他症状还有贫血、苍白、水肿、颤抖和呼吸困难等。亚急性型多发生在 2 周龄以上仔猪，通常只有轻度的呼吸道感染，发病率和病死率低，多数病猪经 3～4 周恢复正常，4 周龄以上的猪感染后若无并发或继发感染，一般不表现出临床症状。

【病理变化】病变主要在上呼吸道。鼻黏膜有卡他性、脓性分泌物，鼻黏膜深部和肾表面常有因细胞聚集而形成的灰白色小病灶。严重病例可见胸腔和全身皮下组织显著水肿，在胸腔中可见心包膜和胸膜渗出液，肺水肿遍及全肺，肺尖叶和心叶有肺炎灶，肺小叶腹尖呈紫红色，在喉头及跗关节周围皮下水肿明显，所有淋巴结均肿大、水肿并带有淤血点，肾和心肌有点状出血，淤血点在肾包膜下最为广泛，以至于肾外观呈斑点状或完全发紫、发黑。少数病例小肠可见出血，病变从整个肠段到 1 厘米以内的局部区域均有分布。胎儿感染不出现肉眼可见的特征性病变，其典型病变是出现死产、木乃伊胎、胚胎死亡和不育等症状。木乃伊胎随机分布，有时随胎龄而异。3 月龄以上猪感染后几乎无肉眼可见病变。

【鉴别诊断】

(1) 猪包涵体鼻炎与猪传染性萎缩性鼻炎的鉴别　二者均表现食欲不振、打喷嚏、流鼻液、鼻甲骨萎缩、颜面变形等临床症状。猪传染性萎缩性鼻炎的病原为支气管败血波氏杆菌；鼻炎症状比较严重，病初打喷嚏，鼻孔流出血样分泌物，逐渐形成黏液性、脓性鼻液；眼周因鼻泪管堵塞而变黑，常伴发结膜炎；病猪经常拱地、摇头，在墙壁、食桶、地面摩擦鼻子；重病猪呼吸困难，发出鼾声；接着鼻甲骨开始萎缩，并延及鼻中隔和筛骨等，颜面呈现畸形，膨隆短缩，鼻弯曲歪斜；抗菌药物治疗有效。

（2）猪包涵体鼻炎与仔猪贫血症的鉴别　二者均表现食欲不振、精神沉郁、贫血、黏膜苍白等临床症状。仔猪贫血症因缺铁所致，为非传染性疾病，多发于15日龄至1月龄的哺乳仔猪；病猪表现为精神委顿，心搏亢进，呼吸增快、气喘，在运动后更为明显，眼结膜、鼻端及四肢颜色苍白，黄疸，补铁后病情明显好转。

（3）猪包涵体鼻炎与仔猪水肿病的鉴别　二者均表现食欲不振、精神沉郁、皮肤水肿等临床症状。仔猪水肿病的病原为致病性大肠杆菌；健康、膘情好的仔猪更容易发病，病死率高，主要是断奶前后的仔猪多发；寒冷和饲养环境的改变可以诱发本病；病猪表现精神委顿，反应过敏，兴奋不安，盲目行走，转圈，震颤，口吐白沫，叫声嘶哑，眼睑、面部、头部、颈部及胸腹水肿，最后倒地侧卧，四肢划动，呈游泳状，在昏迷中和体温下降时死去；剖检可见胃壁、肠系膜水肿，水肿呈胶冻样，胃壁增厚2～3倍；从肠系膜淋巴结及小肠内容物中容易分离到致病性大肠杆菌。

【防治措施】

（1）在本病呈地方性流行的猪群中，采用良好的管理体系，该病不会造成太大的危害。

（2）在引种时应严格检疫。

（3）通过剖宫产可建立无病毒猪群。由于本病毒能通过胎盘传播，因此需对子代至少连续70天进行血清学监测。

（4）目前尚无理想疫苗。患过本病的母猪初乳内含有中和抗体，对哺乳仔猪有一定的保护力。

（5）对本病无特异性治疗方法，在发生鼻炎时，为预防细菌继发感染可使用抗生素。

200　怎样防治仔猪先天性震颤？

仔猪先天性震颤又叫传染性先天性震颤，是由先天性震颤病毒引起，在仔猪出生不久，出现全身或局部肌肉阵发性挛缩的一种疾病。多呈散发性发生。

【流行特点】本病仅见于新生仔猪，受感染母猪怀孕期间不显示临床症状。成年猪多为隐性感染。本病是由母猪经胎盘传播给仔猪的，未发现仔猪间相互传播的现象。公猪可能通过交配传给母猪，母猪若产过1窝发病仔猪，则以后产的几窝仔猪都不发病，在同一感染猪群中，产仔季节早期出生的仔猪症状最重，后来出生的仔猪的震颤症状较为轻微，不同品种及杂交猪对本病的易感性没有明显差别。有人认为，本病的发生与母猪孕期营养不良有关，如维生素和无机盐缺乏，磷、钙比例失调等，可促使本病发生。

【临床症状】母猪在发病仔猪出生前后无明显的临床症状。仔猪的症状轻重不等。若全窝仔猪发病，则症状往往严重；若一窝中只有部分仔猪发病，则症状较轻。震颤呈双侧性，一般表现在头部、四肢和尾部。轻的仅限于耳、尾，重的可见全身抖动，表现剧烈的、有节奏的阵发性痉挛。由于震颤严重，使仔猪行动困难，无法吃奶，常饥饿而死。仔猪如能存活1周，则一般不死，通常于3周内震颤逐渐减轻以至消失。缓解期或睡眠时震颤减轻或消失，但因噪声、寒冷等外界刺激，可引发或加重症状。症状轻微的病猪可在数日内恢复，症状严重者耐过后，仍有可能长期遗留轻微的震颤，且生长发育也受到影响。

【病理变化】病猪无肉眼可见的明显病变。对中枢神经的组织学检查，可见明显的髓鞘形成不全，脑血管周围充血，小脑发育不全，小动脉轻度炎症和变性，小脑硬脑膜纵沟窦水肿、增厚和出血等。

【鉴别诊断】

（1）仔猪先天性震颤与猪李氏杆菌病的鉴别　二者均表现精神不振、运动失调、肌肉震颤等临床症状。猪李氏杆菌病的病原为李氏杆菌；各种年龄的猪均可感染，病猪表现体温升高，食欲不振，头颈后仰，前肢或四肢张开呈典型的观星状姿势；剖检可见脑膜及脑实质充血、发炎和水肿，脑脊液增加、混浊，脑桥、延脑、脊髓变软并有点状化脓灶，血管周围有细胞浸润；采病猪血液或肝、脾、肾、脊髓液涂片染色镜检，可见呈"V"或"Y"形排列的革兰氏阳性小杆菌。

（2）仔猪先天性震颤与仔猪水肿病的鉴别　二者均表现精神不振、运动失调、肌肉震颤等临床症状。仔猪水肿病的病原为致病性大肠杆菌；多在仔猪断奶前后发生，膘情好的发病严重；主要表现为脸部和眼部水肿，有时水肿可以蔓延到颈部和腹部；剖检可见胃底区有厚的透明胶冻样水肿，肠系膜水肿。

（3）仔猪先天性震颤与猪传染性脑脊髓炎的鉴别　二者均表现精神不振、运动失调、肌肉震颤等临床症状。猪脑传染性脊髓炎的病原为脑脊髓炎病毒；可发生于各种年龄的猪；病猪四肢僵硬，常倒向一侧，肌肉、眼球震颤，呕吐，受到声响或触摸的刺激时能引起强烈的角弓反张和大声尖叫，皮肤知觉反射减少或消失，最后因呼吸麻痹而死亡；剖检可见脑膜水肿，脑膜和脑血管充血。

（4）仔猪先天性震颤与仔猪维生素A缺乏症的鉴别　二者均表现精神不振、运动失调、肌肉震颤等临床症状。仔猪维生素A缺乏症是由母体或母乳中维生素A缺乏所致；仔猪发病后典型症状是皮肤粗糙、皮屑增多、咳嗽、下痢、生长发育迟缓；严重病例表现运动失调，多为步态摇摆，随后失控，最终后肢瘫痪；剖检可见胃肠道炎症和黏膜增厚，也可见心、肺、肝、肾充血。

（5）仔猪先天性震颤与仔猪低血糖症的鉴别　二者均表现精神不振、运动失调、肌肉震颤等临床症状。仔猪低血糖症的病因是由于母猪妊娠后期饲养管理不良而缺奶或无奶，仔猪因病理因素而吮乳不足所致；一般在出生后第2天发病，病猪突然四肢无力或卧地不起，卧地后呈角弓反张状，瞳孔放大，口角流出白沫等症状，此时感觉迟钝或消失，最后昏迷而死；剖检可见肝脏呈橘黄色，边缘锐利，质地像豆腐，稍碰即破，胆囊肿大，肾呈淡黄色，有散在的红色出血点。

【防治措施】目前本病无特效治疗药物。对发病仔猪要加强饲养管理，保持猪舍的卫生清洁、温暖和干燥，防止各种刺激。使发病仔猪靠近母猪以便能吃上奶，仔猪吃不到母乳时，应进行人工辅助吃奶，或对仔猪进行人工哺乳，这可减少死亡损失。为避免由公猪通过配种将本病传给母猪，应注意查清公猪的来历，不从有先天性震颤的猪场引进种猪。

201 怎样防治断奶仔猪多系统衰弱综合征？

本病于1991年首先在加拿大发现，到1994年在加拿大广泛流行，在1996年报告于美国和法国，1997年报告于西班牙。自那时以来，此病已在许多国家和地区得到了诊断，如意大利、德国、丹麦、荷兰、英国和墨西哥等。目前，世界上普遍公认该病的病原以圆环病毒为主，我国于2000年检出血清阳性猪，并随后分离到猪圆环病毒。

【流行特点】本病可见于5～16周龄的仔猪，但最常见于6～8周龄，一般有4%～10%的猪发病。本病常在健康猪群中散发。患病个体的早期死亡率可达80%，断奶后总死亡率通常为7%，但在有些猪群中可达18%。

【临床症状】病猪表现进行性消瘦、被毛粗乱，还常常伴以呼吸道症状，皮肤呈灰白色，有时可见黄疸。在许多病例中还可见淋巴结肿大，肿胀的淋巴结有时可被触摸到。其他症状则各不相同，多见为腹泻、肾衰竭和胃溃疡。

此病的一个特点是发展缓慢。有些猪群发病很慢，常与其他疾病混淆。猪群一次发病可持续12～18个月。

【病理变化】眼观病变具有特点：胴体消瘦和黄疸，脾脏和全身淋巴结异常肿大，肾脏有时肿胀并可见白色小点，肺脏如橡皮状并且呈花斑状外观。

【鉴别诊断】

（1）断奶仔猪多系统衰弱综合征与仔猪营养不良症的鉴别　二者均表现消瘦。仔猪营养不良症为散在发生，主要是由于饲料中日粮不能满足其营养需求所致；不见呼吸困难和黄疸症状，同时也不见仔猪的震颤；发病日龄没有明显的特征性，消瘦，不局限于断奶后的仔猪。

（2）断奶仔猪多系统衰弱综合征与猪传染性萎缩性鼻炎的鉴别　二者均表现食欲不振、呼吸困难、营养不良等临床症状。猪传染性萎缩性鼻炎的病原为支气管败血波氏杆菌；病猪可见到由于鼻甲骨萎缩导致的鼻子变歪，同时感染猪可见鼻出血、眼角形成泪斑，剖检在第一臼齿和第二臼齿剖面可见到鼻甲骨萎缩。

（3）断奶仔猪多系统衰弱综合征与猪繁殖与呼吸综合征的鉴别　二者均表现呼吸困难、肺炎和免疫抑制等临床症状。猪繁殖与呼吸综合征在妊娠母猪中表现有流产、产死胎和木乃伊胎等症状，且呼吸困难在各个年龄段均可见，主要以哺乳仔猪为主。

（4）断奶仔猪多系统衰弱综合征与猪气喘病的鉴别　二者均表现食欲不振、呼吸困难等临床症状。猪气喘病的病原为肺炎支原体；各种年龄的猪均可感染；病猪不见消瘦、仔猪震颤和黄疸；剖检病变主要在肺脏，表现为肺脏呈对称性的肉变、肝变；病原分离可以得到猪肺炎支原体。

【防治措施】抗生素治疗和良好的饲养管理，有助于解决并发感染的问题，但对本病无治疗作用。

目前无疫苗可供使用。控制此病主要依靠加强综合性的管理措施。例如：降低猪群的饲养密度；实施严格的"全进全出"制度，至少在同一猪舍内实施"全进全出"制度；在每一批猪饲养期间以及在各批猪之间都要实施严格的生物安全措施。在这些措施中应使用有效的消毒剂；不要将不同来源的猪混群，也不要将不同日龄的猪饲养在同一猪舍中；减少应激因素（温度变化、贼风和有害气体），创造良好的饲养环境；采用适当的手段（免疫接种、抗生素治疗和加强管理）控制并发感染，降低发病猪的死亡率；尽可能保证猪群具有稳定的免疫状态。

202 *怎样防治猪丹毒？*

猪丹毒是由猪丹毒丝菌引起的一种急性、热性传染病，其主要特征是：急性型呈败血症经过，亚急性型在皮肤上出现特异性疹块，慢性病例则多表现为非化脓性关节炎或疣状心内膜炎。

【流行特点】猪丹毒广泛流行于世界各地，对养猪业危害很大，一般多为散发和地方性流行，常发生在夏、秋炎热季节，冬、春寒冷季节很少发生。因夏秋雨水多、湿热，适合细菌繁殖，加之蚊、蝇等昆虫多，极易传播，一旦发生疫情，很容易扩散，发生流行。

【临床症状】潜伏期为 1～8 天。临床上可分为急性型（败血型）、亚急性型（疹块型）和慢性型 3 种。

（1）急性型（败血型）　此型最为常见，以发病突然、死亡率高为特征。初期表现为一头或数头猪无明显症状而突然死亡，其他猪相继发病。病猪体温升高至 42～43℃，食欲废绝，呼吸急促，嗜睡，运动失调。先便秘并有脓性黏液附着，后拉稀并带血。结膜充血，有浆液性分泌物。患病后期耳、颈、背、胸、腹部、四脚内侧等处可出现大小不等的红斑，用手指按压红色可暂时消退，稍后红斑变为暗红色。死前体温降至正常以下，不死的转为亚急性型或慢性型。

（2）亚急性型（疹块型）　此型症状较轻，主要以出现疹块为特征。病猪体温在 41℃ 以上，精神不振，食欲减退，多于背、胸、腹部及四肢皮肤上出现扁平凸起的紫红色疹块（打火印），呈方形或菱形（彩图 7-18），白猪易观察，黑色或棕色猪种不易观察，但若用力贴平皮肤触摸，可感觉有疹块凸起，有的不明显，刮毛后才能发现。疹块发生后，体温逐渐下降至正常，脱痂后好转，病势减轻，数日后痊愈。病程一般在 10 天左右，死亡率不高。个别转为败血型或继发感染的可引起死亡，妊娠母猪有的发生流产。

（3）慢性型　多由急性型或亚急性型转变而来。病猪主要患有心内膜炎和四肢关节炎，或两者并发。发生心内膜炎时，病猪表现呼吸困难、消瘦、贫血、喜卧、举步缓慢、行走无力，此类型很难治愈，最终多因麻痹而死亡。发生关节炎时病猪表现为四肢关节炎性肿胀、僵硬疼痛，一肢或两肢跛行，甚至卧地不起，食欲较差，生长缓慢，消瘦。

【病理变化】急性型表现为病猪皮肤上有大小不一、形状不同的红斑，呈弥漫性红色，脾肿大，呈樱桃红色，肾淤血肿大，呈暗红色，皮质有出血点，肺淤血、水肿，胃、十二指肠发炎、有出血点，关节液增多。亚急性型特征为病猪皮肤上有方形或菱形红色疹块，内脏的变化比急性型轻。慢性型特征是病猪心脏房室瓣常有疣状心内膜炎，瓣膜上有灰白色增生物，呈菜花状，关节肿大，有炎症，在关节腔内有纤维素性渗出物。

【鉴别诊断】

（1）猪丹毒与猪瘟的鉴别　二者均表现精神沉郁、体温升高、食欲不振、步态不稳、皮肤表面有出血斑点等临床症状，并均有肠道、肺、肾出血等病理变化。猪瘟的病原为猪瘟病毒；猪瘟急性病例的死亡常常在出现症状几天后，而败血型猪丹毒病猪的死亡常在初期症状出现后数小时至三天；猪瘟发展到发病高峰期比较慢，而猪丹毒比较快；猪瘟常导致腹泻，而猪丹毒则不常见；猪丹毒可导致脾轻度肿大、紧张、呈蓝红色，而猪瘟一般不导致脾肿大，有楔形的出血性梗死；猪丹毒患猪的淋巴结充血、肿胀，呈紫红色，而患猪瘟的猪淋巴结出血，切面呈大理石样斑纹；猪丹毒患猪的肾淤血、肿大，俗称"大红肾"，而猪瘟患猪的肾不见肿大而呈密集小点出血。

（2）猪丹毒与猪肺疫的鉴别　二者均表现精神沉郁、体温升高、食欲不振、步态不稳、皮肤表面有出血斑点等临床症状。猪肺疫的病原为多杀性巴氏杆菌；咽喉型病猪咽喉部肿胀、呼吸困难、呈犬坐姿势、流涎；胸膜肺炎型病猪咳嗽、流鼻液、呈犬坐姿势、呼吸困难，叩诊肋部有痛感并引起咳嗽；剖检可见皮下有大量胶冻样、淡黄色或灰青色纤维素性浆液，肺有纤维素性炎症，切面呈大理石样；胸膜与肺粘连，气管、支气管发炎且有黏液；用淋巴结、血液涂片，镜检可见有卵圆形呈两极浓染的革兰氏阴性短杆菌。

（3）猪丹毒与猪败血型链球菌病的鉴别　二者均表现精神沉郁、体温升高、食欲不振、步态不稳、呼吸困难、皮肤表面有出血斑点等临床症状，并均有肝、肺、肾出血等病理变化。猪链球菌病的病原为链球菌；病猪从口、鼻流出淡红色泡沫样黏液，腹下有紫红斑，后期少数耳尖、四肢下端、腹下皮肤出现紫红或出血性红斑；剖检可见脾肿大1～3倍，呈暗红色或紫蓝色，偶见脾边缘黑红色出血性梗死灶；采心血、脾、肝病料或淋巴结脓汁涂片，可见到革兰氏阳性、多数散在或成双排列的短链圆形或椭圆形无芽孢球菌。

（4）猪丹毒与猪流感的鉴别　二者均表现精神沉郁、体温升高、食欲不振、呼吸困难、步态不稳等临床症状。猪流感的病原为猪流感病毒；病猪呼吸急促，常有阵发性咳嗽，眼流分泌物，眼结膜肿胀，鼻液中常有血，皮肤不变色；抗生素治疗无效。

（5）猪丹毒与猪弓形虫病的鉴别　二者均表现精神沉郁、体温升高、食欲不振、步态不稳，皮肤表面有出血斑点等临床症状。猪弓形虫病的病原为弓形虫；病猪粪便呈煤焦油样，呼吸浅快，耳郭、耳根、下肢、腹下、股内侧有紫红斑；剖检可见肺呈橙黄色或淡红色，间质增宽、水肿，支气管有泡沫，肾黄褐色，有针尖大小坏死灶，坏死灶周围有红色炎症带，胃有出血斑，片状或带状溃疡；肠壁肥厚、糜烂和溃疡；病料（肺、淋巴结、脑、肌肉）涂片或将病料悬液注入小鼠腹腔发病后取病料涂片，可见到半月形的弓形虫。

【防治措施】

（1）加强猪群的饲养管理，做好卫生防疫工作，提高猪群的自然抵抗力。

（2）保持环境和使用器具的清洁及定期用消毒剂消毒；粪便垫料堆积发酵处理后方可使用。

（3）按时接种猪丹毒菌苗。

（4）治疗　青霉素为本病的特效药。治疗时不宜过早停药（应在体温和食欲恢复正常后24小时），以防止疾病复发或转为慢性。四环素、土霉素、林可霉素也是治疗本病的有效药物。

① 青霉素　每千克体重1万～1.5万国际单位，肌内注射，每天2次。

② 四环素、土霉素　每天每千克体重为7～15毫克，肌内注射。

③ 林可霉素　每次每千克体重 11 毫克，肌内注射，每天 1 次。

203 怎样防治猪肺疫？

猪肺疫又称猪巴氏杆菌病，是由多杀性巴氏杆菌引起的急性、热性传染病，以急性败血及组织器官出血性炎症为主要特征。

【流行特点】本病一年四季均可发生，但以秋末春初气候骤变时发病较多，在南方多发生在潮湿、闷热的多雨季节，中、小猪多发，成年猪患病症状较轻。特别是圈舍寒冷潮湿、卫生条件差、饲喂不当、猪比较消瘦等情况下均易发生本病。病猪的排泄物、分泌物不断排出有毒力的细菌，污染饲料、饮水、用具和外界环境，通过消化道传染给健康猪，或通过飞沫经呼吸道感染健康猪。根据猪的抵抗力和细菌的毒力，本病的流行类型可分为地方性流行和散发两种，一般后者更为多见。

【临床症状】本病潜伏期为 1~5 天，临床上根据病程长短可分为最急性型、急性型和慢性型 3 个类型。

(1) 最急性型　临床表现为突然发病、迅速死亡。病程稍长、症状明显者可表现体温升高（41~42℃）、颈部高热红肿、食欲废绝、卧地不起、呼吸极度困难、口鼻流出泡沫、可视黏膜发绀，病程为 1~2 天，死亡率几乎 100%。

(2) 急性型　为本病主要的和常见的类型。病猪体温升高（40~41℃），病初发生痉挛性干咳，后变为湿咳，呼吸困难、鼻流黏稠液体，常伴有脓性结膜炎，触诊胸部有剧烈疼痛，并表现精神不振、步态不稳、拒食呆立、心跳加速、结膜发绀等症状。病初便秘，后期出现腹泻，多因窒息而死亡。病程为 5~8 天，耐过者转为慢性型。

(3) 慢性型　主要表现慢性肺炎和慢性胃肠炎症状。病猪有时表现持续性咳嗽与呼吸困难、食欲不振、进行性营养不良、极度消瘦、行动不稳或呈犬坐状姿势，口、鼻、肛门黏膜发绀，有的因极度衰弱而死。

【病理变化】最急性型猪肺疫病理变化常不明显。急性型猪肺疫病理变化较为明显，咽喉肿胀、潮红，周围结缔组织有炎性浸润。喉头腔、气管、支气管腔内有带泡沫的黏液，黏膜呈暗红色，有的表面有纤维素附着。两侧肺膨隆，呈暗红色，肺膜上有小出血点，肺小叶间质增宽，肺的质地变硬（彩图7-19）。心包液增多并呈橘红色，心外膜可见点状出血。全身淋巴结呈暗红色，切面平整。胃与小肠前段有卡他性炎症。慢性型猪肺疫患猪肺的变化较为突出，肺间质水肿，两侧肺心叶、尖叶、主叶前下部可见肺膜有纤维素膜附着，小叶呈暗红色与灰红色大理石样变化。有明显心包炎变化，脾和淋巴结明显肿大。

【鉴别诊断】

（1）猪肺疫与猪瘟的鉴别　二者均表现精神沉郁、体温升高、食欲不振、步态不稳、皮肤表面有出血斑点等临床症状，并均有肠道、肺、肾出血等病理变化。猪瘟的病原为猪瘟病毒；病猪口渴，废食、嗜睡，皮肤和黏膜发绀和出血，多数病猪有明显的脓性结膜炎，有的病猪出现便秘，随后出现下痢，粪便恶臭；剖检可见全身淋巴结肿大，尤其是肠系膜淋巴结，外表呈暗红色、中间有出血条纹，切面呈红白相间的大理石样外观，扁桃体出血或坏死，胃和小肠呈出血性炎症，在大肠的回盲瓣段黏膜上形成特征性的纽扣状溃疡，肾呈土黄色，表面和切面有针尖大的出血点，膀胱黏膜层布满出血点。

（2）猪肺疫与猪气喘病的鉴别　二者均表现精神沉郁、体温升高、食欲不振、呼吸困难等临床症状。猪气喘病的病原为猪肺炎支原体；主要临床症状为咳嗽（反复干咳）和气喘，一般不打喷嚏，不出现疼痛反应，病程长；病变特征是融合性支气管肺炎，尖叶、心叶、中间叶和膈叶前缘呈"肉样"或"虾肉样"实变。

（3）猪肺疫与猪流感的鉴别　二者均表现精神沉郁、体温升高、食欲不振、呼吸困难等临床症状。猪流感的病原为猪流感病毒；病猪咽、喉、气管和支气管内有黏稠的黏液，肺有下陷的深紫色区。

（4）猪肺疫与猪繁殖与呼吸综合征的鉴别　二者均表现精神沉郁、体温升高、食欲不振、呼吸困难等临床症状。猪繁殖与呼吸综合征的病原为猪繁殖与呼吸综合征病毒；病猪发病初期具有类似流感的症状，母猪出现流产、早产和死产；剖检可见褐色、斑驳状间质性肺炎，淋巴结肿大，呈褐色。

（5）猪肺疫与猪传染性胸膜肺炎的鉴别　二者均表现精神沉郁、体温升高、食欲不振、呼吸困难、步态不稳、皮肤表面有出血斑点等临床症状。猪传染性胸膜肺炎的病原为胸膜肺炎放线杆菌；病猪呼吸极度困难，常站立或呈犬坐姿势，口鼻流出泡沫样分泌物；剖检可见肺弥漫性急性出血性坏死，尤其是膈叶背侧特别明显。

【防治措施】

（1）加强猪群的饲养管理，提高猪群的自然抵抗力　合理配合饲料，保持猪舍内干燥、清洁和良好的通风，定期进行消毒。

（2）免疫接种　定期接种猪肺疫菌苗。

（3）治疗　对本病敏感的药物有青霉素、链霉素、四环素、土霉素、林可霉素等，首选药物为青霉素。

① 青霉素　每千克体重 8 000～10 000 国际单位，肌内注射，每天 2 次（间隔 12 小时）。

② 链霉素　每千克体重 50 毫克（1 克相当于 100 万单位），肌内注射，每天 1～2 次。

③ 四环素、土霉素　每天每千克体重为 7～15 毫克，肌内注射。

④ 林可霉素　每次每千克体重 11 毫克，肌内注射，每天 1 次。

204 怎样防治猪传染性胸膜肺炎？

猪传染性胸膜肺炎是由胸膜肺炎放线杆菌引起的猪的一种呼吸道传染病，以急性出血性纤维素性胸膜肺炎和慢性纤维素性坏死性胸膜肺炎为特征。

【流行特点】不同年龄、性别和品种的猪都有易感性，但以3月龄幼猪最易感。猪群之间的传播主要通过引入带菌猪或慢性感染猪，公猪在本病的传播中起重要作用。由于细菌主要存在于呼吸道中，往往通过空气飞沫传播，大群饲养条件下最易接触传播，不良气候条件或运输后最易流行。在不同猪群中本病的发病率和死亡率差异很大，但通常在50%以上。

【临床症状】潜伏期为1～7天或更久，常为最急性型和急性型。

（1）最急性型　病猪不表现任何症状而突然死亡，有的病例可从口和鼻孔流出泡沫状的血样渗出物（彩图7-20）。

（2）急性型　呈败血症表现，猪突然发病，精神沉郁、食欲废绝、体温升高至42℃以上、呼吸极度困难、张口呼吸、咳嗽，常站立或呈犬坐姿势而不愿卧下。若不及时治疗，多在1～2天内因窒息而死亡。病初症状较为缓和者，若能耐过4～5天，则症状逐渐减退，多能自行康复，但病程延续时间较长。

很多猪感染后无临床症状或症状轻微，呈隐性感染或慢性经过，一旦有呼吸道并发症、继发感染或经历运输后会发展为急性病例。

【病理变化】病变多局限于呼吸系统。急性病例病死猪的鼻腔内有血性泡沫，多为两侧性肺炎病变，肺组织呈紫红色，切面似肝组织，肺间质内充满血色胶样液体（彩图7-21）。病程不足24小时者，胸膜只见淡红色渗出液，肺充血和水肿，不见硬实的肝变。病程超过24小时者，在肺炎区出现纤维素性渗出物附着于表面，并有黄色渗出物渗出。在病程较长的慢性病例中，可见到硬实的实变肺炎区，表面有结缔组织化的粘连性附着物，肺炎病灶呈硬化或坏死性，常与胸膜粘连。

【鉴别诊断】

（1）猪传染性胸膜肺炎与猪气喘病的鉴别　二者均表现精神沉郁、体温升高、食欲不振、呼吸困难等临床症状。猪气喘病的病原为猪肺炎支原体；临床主要症状为咳嗽（反复干咳）和气喘，一般不打喷嚏，不出现疼痛反应，病程长；病变特征为融合性支气管肺炎，尖叶、心叶、中间叶和膈叶前缘呈"肉样"或"虾肉样"实变。

（2）猪传染性胸膜肺炎与猪流感的鉴别　二者均表现精神沉郁、体温升高、食欲不振、呼吸困难等临床症状。猪流感的病原为A型流感病毒；病猪咽、喉、气管和支气管内有黏稠的黏液，肺有下陷的深紫色区；抗生素和磺胺类药物治疗无效。

（3）猪传染性胸膜肺炎与猪繁殖与呼吸综合征的鉴别　二者均表现精神沉郁、体温升高、食欲不振、呼吸困难等临床症状。猪繁殖与呼吸综合征的病原为猪繁殖与呼吸综合征病毒；病猪发病初期具有类似流感的症状，母猪出现流产、早产和死产；剖检可见褐色肺部病灶、斑驳状间质性肺炎、淋巴结肿大、褐色。

【防治措施】

（1）饲养管理　坚持自繁自养，加强检疫，严格消毒。一旦发现本病，及时隔离治疗。

（2）免疫　由于不同菌株之间交叉免疫性不强，因此，目前虽有商品菌苗，但预防慢性坏死性胸膜肺炎的效果不佳。制备自家苗进行预防接种可取得理想结果。

（3）治疗　抗菌药物对治疗本病有效。土霉素混于饲料中连喂3天，可防止出现新病例。有些国家和地区对本病流行严重的猪场通过血清学检查，清除带菌猪，结合在饲料中添加抗菌药物，能有效地防治本病。

205 怎样防治猪链球菌病？

猪链球菌病是由链球菌属中某些血清群引起的一些疾病的总称。猪常发生的有出血性败血症、急性脑膜炎、急性胸膜炎、化脓性关节炎、淋巴结脓肿等。

【流行特点】病猪及带菌猪是本病的主要传染源，经呼吸道和伤口感染。不同年龄、性别、品种的猪都有易感性，但仔猪和体重在50千克左右的肥育猪发病较多，发病的哺乳仔猪死亡率高。

本病一年四季均可发生，春季和夏季发生较多，其他季节常见局部流行或散发。在新疫区常呈地方性流行，在老疫区多呈散发。

【临床症状】本病潜伏期一般为 1~3 天，最短 4 小时，长者可达 6 天以上。根据临床症状和病理变化可分为败血症型、急性脑膜炎型、胸膜肺炎型、关节炎型和淋巴结脓肿型。

（1）败血症型　流行初期常有最急性病例，多不见症状而突然死亡，多数病例常见精神沉郁、喜卧、厌食、体温升高至 41℃以上、呼吸急促、流浆液性鼻液，少数猪在发病后期，耳尖、四肢下端、腹下呈紫红色，并有出血斑点，可发生多发性关节炎，跛行。病程为 2~4 天，多数死亡。

（2）急性脑膜炎型　大多数病例病初表现精神沉郁、食欲废绝、体温升高、便秘，而后出现共济失调、磨牙、转圈等神经症状、后躯麻痹、前肢爬行、四肢呈游泳状，最后因衰竭或麻痹而死亡（彩图 7-22）。病程 1~2 天。

（3）胸膜肺炎型　少数病例表现肺炎或胸膜肺炎型。病猪呼吸急促、咳嗽，呈犬坐姿势，最后窒息死亡。

（4）关节炎型　多由前 3 型转来，也可在发病之初即出现关节炎症状。病猪单肢或多肢关节肿痛、跛行，行走困难或卧地不起，病程 2~3 周。

（5）淋巴结脓肿型　主要发生于刚断奶至出栏的肥育猪，以下颌淋巴结脓肿最为多见，咽部、耳下淋巴结也可受侵害。受害淋巴结呈现肿胀、硬而有热痛（炎症初期），采食、咀嚼、吞咽困难，一旦肿胀变软（此时脓肿成熟），上述症状消失，不久脓肿破溃，流出绿色或乳白色的脓汁。病程 3~5 周，一般不引起死亡。

【病理变化】

（1）败血症型　病死猪皮肤上有生前同样的红斑，尸僵不全，血液凝固不良，口、鼻流出血样泡沫状的液体，淋巴结发黑，气管内充满泡沫，肺充血或有出血斑，心内膜出血，胆囊壁肿大，有时有出血块，肾呈紫色，皮质上密密麻麻地出现出血斑点，膀胱发黑，有出血病变，胃底部出血，脾脏肿大。

（2）急性脑炎型　脑脊髓液显著增多，脑部血管充血，脑膜有轻度化脓性炎症，软脑膜下及脑室周围组织液化坏死，脑沟变浅。部分病例具有上述败血症型的内脏病变。

（3）胸膜肺炎型　肺呈现化脓性支气管炎病变，多见于尖叶、心叶和膈叶前下部。病变部坚实，灰白色、灰红色和暗红色的肺组织相互间杂，切面有脓样病灶，挤压后从细支气管内流出脓性分泌物（彩图7-23）。肺膜粗糙、增厚，与胸壁粘连。

（4）关节炎型　受害关节肿胀，严重者关节周围化脓，关节软骨坏死，关节皮下有胶样水肿，关节面粗糙，滑液混浊，呈淡黄色，有的形成干酪样黄白色块状物。

（5）淋巴结脓肿型　常发生于下颌淋巴结，淋巴结红肿发热，切面有脓汁或坏死。少数病例出现内脏病变。

【鉴别诊断】

（1）猪链球菌病与猪丹毒的鉴别　二者均表现精神沉郁、体温升高、食欲不振、呼吸困难、步态不稳、皮肤有出血斑点等临床症状。猪丹毒的病原为猪丹毒丝菌；病猪常表现卧地不起，驱赶甚至用脚踢也不动弹，全身皮肤潮红，体表有疹块，为方形、菱形、圆形等高出周边皮肤的红色或紫红色疹块；剖检可见脾呈桃红色或暗红色，被膜紧张、松软，白髓周围有红晕，并可见淋巴结肿胀，切面灰白、周边暗红；采取脾脏、肾脏或血液涂片染色，镜检可见到纤细的革兰氏阳性小杆菌（呈紫红色）。

（2）猪链球菌病与猪李氏杆菌病的鉴别　二者均表现精神沉郁、体温升高、食欲不振、呼吸困难、步态不稳、皮肤发绀等临床症状。猪李氏杆菌病的病原为李氏杆菌；脑膜炎型李氏杆菌病主要表现头颈后仰、前肢或四肢张开呈典型的观星状姿势；剖检可见脑膜、脑实质充血、发炎和水肿，脑脊液增多、混浊，脑桥、延脑、脊髓变软并有点状化脓灶，血管周围有细胞浸润；采血液或肝、脾、肾、脊髓液涂片染色镜检，可见呈"V"或"Y"形排列的革兰氏阳性小杆菌。

（3）猪链球菌病与猪瘟的鉴别　二者均表现精神沉郁、体温升高、食欲不振、呼吸困难、步态不稳、皮肤发绀等临床症状。猪瘟的病原为猪瘟病毒；病猪口渴、废食、嗜睡，皮肤和黏膜发绀、出血，多数病猪有明显的脓性结膜炎，有的病猪出现便秘，随后出现下痢，粪便恶臭；剖检可见全身淋巴结肿大，尤其是肠系膜淋巴结，外表呈暗红色，中间有出血条纹，切面呈红白相间的大理石样外观，扁桃体出血或坏死，胃和小肠呈出血性炎症，在大肠的回盲瓣段黏膜上形成特征性的纽扣状溃疡，肾呈土黄色，表面和切面有针尖大的出血点，膀胱黏膜层布满出血点；用抗生素和磺胺类药物治疗无效。

【防治措施】

（1）彻底清除本病传染源　发现病猪，及时隔离治疗，带菌母猪尽可能淘汰，污染的环境和各种用具彻底消毒，急宰猪屠宰后发现可疑病变时，要将猪胴体高温消毒后方可食用。

（2）消除本病感染因素　猪舍内不能有尖锐的、易使猪受伤的物体，如料槽破损处的尖锐物、碎玻璃、尖石头等易引起外伤的物体，应彻底清除；注意去势、注射的无菌操作和新生仔猪的断脐消毒，防止伤口感染。

（3）预防接种　在疫区合理使用菌苗进行预防接种。

（4）治疗　应尽早用药，药量要足，最好通过药敏试验选用最有效的抗菌药物。若未进行药敏试验，可选用对革兰氏阳性菌敏感的药物，如青霉素、林可霉素、磺胺嘧啶。

① 青霉素　每头每次40万～80万国际单位，肌内注射，每天2～4次。

② 林可霉素　每千克体重5毫克，肌内注射。

③ 磺胺嘧啶钠注射液　每千克体重0.07克，肌内注射。

对已出现脓肿的病猪，待脓肿成熟后，及时切开，排出脓汁，用3%双氧水或0.1%高锰酸钾液冲洗后涂擦碘酊。

206 怎样防治猪气喘病？

猪气喘病是由肺炎支原体引起的一种慢性接触性传染病，主要以病猪咳嗽、气喘为特征。

【流行特点】 本病一年四季均可发生，以冬、春寒冷季节多见，不同年龄、性别、品种的猪均可感染，但多见于断奶前后的仔猪。气候突变、饲养管理不善，都能促使本病的发生和加重病情。本病主要通过呼吸道感染，呈散发或地方性流行。传染源是病猪和隐性感染猪，在其咳嗽、气喘、打喷嚏时，健康猪吸入含病原体的飞沫而感染。本病只感染猪，不感染其他动物和人。

【临床症状】 本病潜伏期一般为11～16天，最短3～5天，最长可达1个月以上。主要症状是咳嗽、气喘，尤其是早晚吃食或运动时，常发生短声连咳。随病程发展，呼吸加快，每分钟达50～60次，甚至100次以上。腹式呼吸明显，呼吸快而浅，到后期呼吸慢而深，甚至张口喘气。病初有少量浆液性鼻液，病重时，流出脓性鼻液。食欲和体温一般正常，仅在患病后期继发其他传染病时，出现体温升高、食欲减退等症状。患病仔猪消瘦衰弱，被毛粗乱，生长发育停滞。隐性感染猪无明显症状，仅偶尔出现轻咳。

【病理变化】 主要病变在肺、肺门淋巴结和纵隔淋巴结，肺有不同程度的水肿和气肿。在心叶、尖叶、中间叶及部分膈叶下方呈小叶融合性支气管肺炎变化。肺呈淡灰色或灰红色半透明状，病变界限明显，似鲜嫩肌肉样。当病程延长、病情加重时，病变部呈淡紫色或深紫色、灰黄色，坚韧度增加。病变部切面湿润致密，常从小支气管流出浑浊灰白色泡沫状浆液或黏液。肺门和纵隔淋巴结显著增大，切面外翻、湿润，呈黄白色。

【鉴别诊断】

（1）猪气喘病与猪传染性胸膜肺炎的鉴别　二者均表现精神不振、体温升高、呼吸困难、咳嗽等临床症状。猪传染性胸膜肺炎的病原为胸膜肺炎放线杆菌；病猪剖检可见肺弥漫性急性出血性坏死，尤其是膈叶背侧，严重的可引起胸膜炎和胸膜粘连。

（2）猪气喘病与猪繁殖与呼吸综合征的鉴别　二者均表现精神不振、体温升高、呼吸困难、咳嗽等临床症状。猪繁殖与呼吸综合征的病原为猪繁殖与呼吸综合征病毒；病猪呈多灶性至弥漫性肺炎，呼吸困难的猪只有极少部分出现耳朵发绀，胸部淋巴结水肿、增大，呈褐色；母猪可出现流产、产死胎和木乃伊胎。

（3）猪气喘病与猪流感的鉴别　二者均表现精神不振、体温升高、呼吸困难、咳嗽等临床症状。猪流感的病原为流感病毒；病猪咽、喉、气管和支气管内有黏稠的黏液，肺有下陷的深紫色区。

（4）猪气喘病与猪应激综合征的鉴别　猪应激综合征虽然也有呼吸急促、张口呼吸、气喘和体温升高等临床症状，但同时还表现肌肉苍白、松软或有渗出液。

【防治措施】

（1）饲养管理　在未发病地区或猪场，坚持自繁自养，尽量不从外地引入猪，若必须引入时，一定要严格隔离观察，防止猪气喘病及其他传染病传入，并定期做好消毒工作。

（2）免疫接种　受气喘病威胁的猪群可用猪气喘病灭活苗进行免疫接种。

（3）早发现，早隔离　对发病的猪群，要做到早发现、早隔离、早治疗。对于种猪尽早淘汰，逐步更新猪群，做好饲养管理工作。

（4）治疗　一般早期用药效果比较好。

① 土霉素　每天每千克体重 25～40 毫克，肌内注射。

② 卡那霉素　每天每千克体重 4 万～8 万单位，肌内注射。

此外，喹诺酮类药物如恩诺沙星等对本病也有良好疗效。

207 怎样防治仔猪副伤寒？

仔猪副伤寒是由沙门氏菌引起的热性传染病。主要表现为败血症和坏死性肠炎，有时发生脑炎、脑膜炎、卡他性或干酪性肺炎。

【流行特点】本病主要发生于 4 月龄以内的断奶仔猪，成年猪和哺乳母猪很少发病。细菌可通过病猪或带菌猪的粪便、污染的水源和饲料等经消化道感染健康猪。健康猪的肠道内也常有沙门氏菌存在，当饲养管理不良、卫生条件差、气候骤变等因素使猪体抵抗力降低时常诱发本病。本病一年四季均可发生，但春初、秋末等气候多变时期常发，且常与猪瘟、猪气喘病并发或继发，猪群中一般呈散发或地方性流行。

【临床症状】本病潜伏期为3～30天，按其病程可分为急性型、亚急性型和慢性型。

（1）急性型 多见于断奶后不久的仔猪和地方性流行的初期。其特征是急性败血症症状，体温升高至41～42℃，病猪精神沉郁、伏卧、食欲废绝、呼吸困难、步行摇晃、呕吐和腹泻，有时表现腹痛症状。白皮猪可看到耳、四蹄尖、嘴端、尾尖等处呈蓝紫色。当本病暴发时，常出现1～2头猪死亡，但不呈现任何症状。有的病猪于2～3天后体温稍有下降。肛门、尾巴、后肢等部位污染混合血液的黏稠粪便，有时伴有呼吸困难。病后2～4天死亡，不死的转为亚急性或慢性，很少自愈。

（2）亚急性型 基本与急性型相同，病猪呈间歇性发热，初便秘，后下痢，食欲不振、爱喝水、消瘦。一般经7天左右因极度衰竭继发肺炎而死，不死的转为慢性，自然康复者少。

（3）慢性型 此型最为多见，刚开始发病时不易观察，以后消瘦，食欲减退，呈周期性下痢，皮肤呈污红色。体温有时上升继而又降到常温，有的表现肺炎症状，一般数周后死亡。也有恢复健康的，但康复猪生长缓慢，多数成为带菌的僵猪。

【病理变化】急性病例的脾脏明显肿大，以中部1/3处更为严重，边缘钝圆，触感绵软，类似橡皮，呈暗蓝色，切面外翻呈蓝红色，肿大的淋巴滤泡呈颗粒状，脾髓质不软化；肾皮质出血；有时心外膜下、肺膜下也有出血，肺有小叶性肺炎灶；肝脏薄膜下有针尖大小的、先为灰红色后转为白色的小坏死灶，有时胆囊黏膜出现粟粒大的结节；胃及十二指肠黏膜高度充血和点状出血，肠系膜淋巴结高度肿大，切面外翻呈红色。

亚急性和慢性病变主要表现在胃肠道。胃黏膜潮红，特别在胃底部，出现坏死灶，盲肠黏膜增厚，有浅平溃疡和坏死，肠道表面附着灰黄色或暗褐色假膜，用刀刮去溃疡，溃疡底呈污灰色，溃疡周围平滑，中央稍下凹，有的形如糠麸，肠系膜淋巴结肿大，肝、脾、肾及肺均有干酪样坏死灶。

【鉴别诊断】

（1）仔猪副伤寒与猪瘟的鉴别　二者均表现高热、先便秘后腹泻、皮肤有红斑、眼有分泌物等临床症状。猪瘟的病原为猪瘟病毒，猪瘟可以感染所有日龄的猪，而仔猪副伤寒主要是 2～4 月龄的猪感染。猪瘟慢性病例可见到回盲瓣处有扣状溃疡，肾、膀胱点状出血，脾梗死，淋巴结出血，切面大理石样外观；抗生素治疗无效。

（2）猪副伤寒与猪肺疫的鉴别　二者均表现高热，皮肤有出血点、出血斑，咳嗽、呼吸困难等临床症状。猪肺疫的病原为多杀性巴氏杆菌，猪肺疫可以在各个年龄段的猪中发生，主要以肺炎表现为主；而仔猪副伤寒主要是 2～4 月龄的猪感染，以顽固性腹泻为主。猪肺疫病猪剖检可见肺肝变区扩大，并呈灰黄色、灰白色坏死灶，内含干酪样物质，胸腔有纤维素沉着；用病猪的淋巴结、血液涂片，可见两端明显浓染的卵圆形革兰氏阴性小杆菌。

（3）仔猪副伤寒与猪痢疾的鉴别　二者均表现精神沉郁、体温升高、食欲不振、腹泻等临床症状。猪痢疾的病原为猪痢疾密螺旋体；不同年龄、品种的猪均可感染，1.5～4 月龄猪最为常见，无明显的季节性；以黏液性和出血性下痢为特征，初期粪便稀软，后有半透明黏液使粪便成胶冻样，结肠、盲肠黏膜肿胀、出血，肠内容物呈酱色或巧克力色，大肠黏膜可见坏死，有黄色、灰色伪膜；显微镜检查可见猪痢疾密螺旋体，每个视野 2 个（以上）。

【防治措施】

（1）饲养管理　加强饲养管理，改善环境条件，消除不良因素对猪群的影响。

（2）免疫接种　在常发本病的地区，按时对猪群进行仔猪副伤寒菌苗接种。

（3）治疗　治疗应在隔离消毒、改善饲养管理的基础上，以足够的药物剂量及早进行，同时要有一个较长的疗程。因为坏死性肠炎症状需要很长时间才能得到改善，若中途停药，往往会复发而引起死亡。常用的抗生素类药物有卡那霉素、强力霉素等。此外，喹诺酮类药物（如恩诺沙星）、磺胺类药物也有较好疗效。

① 卡那霉素　每天每千克体重6～12毫克，肌内注射；精神、食欲明显好转后，剂量减半，继续用3～5天。

② 强力霉素　每次每千克体重1～1.5毫克，口服，每天1次。

208 怎样防治猪传染性萎缩性鼻炎？

猪传染性萎缩性鼻炎是由支气管败血波氏杆菌引起的慢性呼吸道传染病，其主要特征为病猪患鼻炎、鼻甲骨下陷萎缩、颜面部变形及生长迟缓。

【流行特点】任何年龄的猪均可感染，但哺乳仔猪，特别是6～8周龄的仔猪最易感，多引起鼻甲骨萎缩。随着年龄增长，发病率有所下降，病症减轻，3月龄以后的猪感染时症状不明显，一般成为带菌猪。病猪和带菌猪是本病的主要传染源，主要通过飞沫感染易感猪。不同品种猪的易感性有所差异，如长白猪易感，而国内地方品种猪较少发病。本病多为散发，但也可呈地方性流行。饲养管理条件的好坏对本病的发生起重要作用，如饲养管理不良、猪舍拥挤、卫生条件差、营养缺乏等因素可促使本病的发生。

【临床症状】最早一周龄仔猪可见鼻炎症状，一般2～3月龄最显著。病初打喷嚏，鼻孔流出血样分泌物，逐渐形成黏液性、脓性鼻液，特别在吃食时流出较多。眼周皮肤因鼻泪管堵塞而变黑，并常伴发结膜炎。由于鼻黏膜受到刺激，病猪表现不安，经常拱地、摇头，在墙壁、食桶、地面摩擦鼻子。重病猪呼吸困难，发出鼾声，接着鼻甲骨开始萎缩，并延及鼻中隔和筛骨等，颜面呈现畸形，膨隆短缩，鼻弯曲歪斜（彩图7-24），这时呼吸更加困难，由鼻孔流出更多黏液性或脓性鼻液，鼻常出血。有时病变由鼻腔蔓延到脑或肺，从而伴发脑炎或肺炎。病猪死亡率不高，但生长停滞，成为僵猪。

【病理变化】病变局限于鼻腔和邻近组织。特征性变化为鼻甲骨萎缩，尤其是鼻甲骨下卷曲最常见，严重时鼻甲骨消失，鼻中隔弯曲，导致鼻腔成为一个鼻道，有的下鼻甲消失，只剩下小块黏膜皱褶附在鼻腔外侧壁上，鼻腔黏膜常附有脓性渗出物。

【鉴别诊断】

（1）猪传染性萎缩性鼻炎与猪坏死性鼻炎（坏死杆菌病）的鉴别　二者均表现精神沉郁、呼吸急促、流脓性鼻液等临床症状。猪坏死性鼻炎的病原是坏死杆菌；病猪鼻黏膜出现溃疡，并形成黄白色伪膜，严重的蔓延到鼻旁窦、气管、肺组织，从而出现呼吸困难、咳嗽、流化脓性鼻液和腹泻；病料涂片镜检可见串珠状长丝形菌体。

（2）猪传染性萎缩性鼻炎与猪一般性鼻炎的鉴别　二者均表现鼻阻塞、流鼻液、打喷嚏等临床症状。猪一般性鼻炎无传染性，且病猪不出现鼻盘上翘、嘴歪一侧的症状；剖检鼻甲骨不萎缩变形。

（3）猪传染性萎缩性鼻炎与猪巨细胞病毒感染的鉴别　二者均表现精神沉郁、呼吸急促、流鼻液等临床症状。猪巨细胞病毒感染的病原是猪巨细胞病毒；病猪有贫血、苍白、水肿、颤抖和呼吸困难等症状，严重病例可引起胎儿和仔猪死亡。

【防治措施】

（1）引进种猪时必需隔离　不从疫区引进种猪，确需引进时，必需隔离观察1个月以上，证明无本病方可混群。

（2）加强猪群的饲养管理　仔猪饲料中应配合适量的矿物质和维生素添加剂，哺乳母猪与其他猪分开饲养，断奶仔猪实行"全进全出"的饲养方式，避免新断奶仔猪与年龄较大的仔猪接触。

（3）免疫接种　在本病流行严重的地区或猪场进行菌苗免疫接种。

（4）治疗　治疗时采用全身与局部相结合的治疗方案，疗效较好。

① 全身疗法可用链霉素肌内注射，连用 3～5 天，疗效较好。另外，还可选用青霉素、土霉素、磺胺类药物等。

② 对鼻甲骨萎缩的病猪，可用 0.05～0.1 克苯丙酸诺龙肌内注射，隔 14 天注射一次，重症猪隔 3～4 天注射一次。注意：本药只能短期使用。另外，可用复方碘溶液、1％～2％硼酸溶液、0.1％高锰酸钾溶液、链霉素溶液滴鼻或冲洗鼻腔。

209 怎样防治猪坏死杆菌病？

猪坏死杆菌病是一种哺乳动物及禽类共患的慢性传染病，其主要特征是病猪受损伤的皮肤和皮下组织、口腔黏膜或胃肠黏膜发生坏死。

【流行特点】 本病在家畜中以猪、绵羊、牛、马最易感染，常呈散发或地方性流行。在多雨季节、低温地带常发本病，在水灾地区常呈地方性流行，如有饲养管理不当，猪舍脏污潮湿、密度大、拥挤，母猪喂奶时仔猪争乳头造成创伤等情况，均可造成本病的感染发病，仔猪生牙时期也易感染。本病常为其他传染病的继发感染，如猪瘟、副伤寒、口蹄疫等。

【临床症状】 本病潜伏期为 1～3 天。按发病部位不同，分为 4 种类型。

（1）坏死性皮炎　发病以成年猪为主，一般无全身症状，常在皮下脂肪较多的部位，如颈部、臀部、胸腹侧等处发生坏死性溃疡。病初创口较小，并附有少量脓汁，以后坏死向深处发展，并迅速扩大，形成创口小而囊腔深大的坏死灶，流出少量黄色、稀薄、有臭味的液体。少数病猪坏死处深达肌层，有时可看到腹膜。母猪的坏死区常在乳房附近，一般只有 1～2 处溃疡。

（2）坏死性口炎　多发于仔猪群。病猪食欲减退，消瘦，检查中可发现其口腔、唇、舌、齿龈等黏膜或扁桃体有明显溃疡，并附有伪膜和痂皮。刮去伪膜后，可见浅黄色干酪样渗出物和坏死组织，有恶臭。

（3）坏死性鼻炎　病猪鼻部软组织坏死，严重者波及鼻和脸部骨组织，影响吃食和呼吸，有时坏死可蔓延到气管和肺。

（4）坏死性肠炎　多发于刚断奶不久的仔猪，若饲喂粗糙饲料，如草粉、粗糠等，易发生本病。一般无特殊症状，只见猪体消瘦。

【病理变化】病程短与病势轻的病猪，内脏器官没有明显病变；但病程长与病势重的病猪可见肝硬化，肾包膜不易剥离，膀胱黏膜肥厚，口腔及胃黏膜有纤维素性坏死性炎症，肠黏膜上更为严重。

【鉴别诊断】

（1）猪坏死杆菌病（坏死性皮炎）与猪皮肤曲霉病的鉴别　二者均表现耳、颈、腹侧及蹄冠等部位肿胀、发痒、结黑色痂如甲壳，体温升高（39.5～40.7℃）等临床症状。猪皮肤曲霉病的病原为曲霉；病猪眼结膜潮红，眼、鼻流浆液性分泌物，呼吸有鼻塞音，肿胀破溃流浆液性渗出液，背部、腹侧有散在性结节，在不脱毛触摸时才能感觉到，触摸时能减轻痒感而不避让；取病料加15％氢氧化钾溶液1滴，盖上盖玻片镜检可见多量分隔菌丝，未见到孢子。

（2）猪坏死杆菌病（坏死性肠炎）与猪痢疾的鉴别　二者均表现下痢，粪便中含有黏液、血块、黏膜碎片等临床症状。猪痢疾的病原为猪痢疾密螺旋体；病猪的粪便腥臭，最急性病例弓腰腹痛，常抽搐死亡；急性病例也腹痛、消瘦，随后呈恶病质状态；剖检可见结肠及盲肠肿胀、出血、有皱襞，肠内容物呈巧克力色或酱色；取病料镜检可见能缓慢蛇行运动的较大螺旋体。

（3）猪坏死杆菌病（坏死性肠炎）与猪副伤寒的鉴别　二者均表现体温升高（40.5～41.5℃），腹泻粪便中带有血液，坏死组织有伪膜、恶臭，消瘦等临床症状。猪副伤寒的病原为沙门氏菌；病猪粪便初期呈淡黄色或灰绿色，后期皮肤出现湿疹、皮肤发绀；剖检可见回肠后段和大肠淋巴结中央坏死，渗出纤维素形成糠麸样假膜；取病料涂片、染色镜检，可见两端钝圆或卵圆形、不运动、不形成芽孢和荚膜的革兰氏阴性小杆菌。

271

【防治措施】

（1）猪舍应建在高燥、向阳的地方，注意保持舍内干燥，粪便进行无害化处理。

（2）猪群不宜过大，群内个体重及年龄应相近，按时喂料，喂料量要适中，以免争食咬斗。哺乳仔猪应剪短犬齿，以免争乳而咬伤颊部，损伤母猪乳头。要消灭舍内蚊、蝇，避免蚊蝇叮咬而感染坏死杆菌。隔离病猪，污染的用具、垫草、饲料等要进行消毒或烧毁。

（3）要注意猪舍环境的卫生和消毒，以清除病原。

（4）治疗

① 坏死性皮炎　可先用0.1％高锰酸钾溶液、2％来苏儿、3％双氧水等洗净病灶，彻底清除坏死组织，直至露出创面为止。然后，撒消炎粉于创面或涂擦10％甲醛溶液直至创面呈黄白色为止，或用木焦油涂擦患部，用5％碘酊涂抹。

② 坏死性口炎　用0.1％高锰酸钾溶液冲洗口腔，然后用碘甘油或5％龙胆紫涂擦口腔，每天2次，直至痊愈。

③ 坏死性肠炎　口服磺胺类药物。

210 怎样防治仔猪白痢？

仔猪白痢又称迟发性大肠杆菌病，是一种由大肠杆菌引起的哺乳仔猪急性肠道传染病。以下痢，排出乳白色、淡黄色或灰白色、黏稠、有特殊腥臭味的糊状粪便为特征，发病率高，死亡率不高。

【流行特点】 本病主要发生于5～25日龄的哺乳仔猪。一年四季均可发生，但冬季、早春、炎热季节发病较多，一般在气候突然转变时，如寒流、下雪或下雨等，发病仔猪突然增多，当气候转暖后，病猪逐渐不治而愈。特别是冬季产房寒冷，病猪数量增多，几乎遍及每窝仔猪。实践证明，母猪的饲养管理较差、猪舍环境不好，都是引起本病的重要原因。

大肠杆菌在自然界分布广泛，在猪消化道内也普遍存在，其中有些大肠杆菌只有微弱致病力，有的则有明显的致病力。在某些诱因条件下（如饲料突变、乳汁缺乏等），仔猪肠道内乳酸杆菌比例大减，而致病性大肠杆菌占有优势，大量生长繁殖，产生毒素引起发病。

【临床症状】病猪拉稀，排出白色、灰色或黄色糊状有特殊腥臭味的稀便，肛门周围被稀便污染，精神不振，四肢无力。病情严重时，背拱起，毛粗乱，食欲减退或废绝，喜欢钻进垫草里卧睡，慢慢消瘦而死亡。病程一般3～4天，长的可达1～2周。病死率高低与饲养管理及治疗情况有直接关系，一般情况下，死亡率不高。

【病理变化】病死猪外观苍白、消瘦，肛门和尾部附着污秽的、带有特殊腥臭味的粪便。小肠呈现肠炎变化，整个肠管松弛，肠管浆膜呈灰红色，肠系膜血管呈树枝状，肠淋巴结轻度肿大，呈橘红色，肠管充满灰白色稀便，黏膜潮红。

【鉴别诊断】

（1）仔猪白痢与猪传染性胃肠炎的鉴别 二者均表现精神沉郁、体温升高、食欲不振、腹泻等临床症状。猪传染性胃肠炎的病原为猪传染性胃肠炎病毒；各年龄段的猪均可发生，冬、春寒冷季节多发；部分猪出现呕吐，大猪和小猪均可发生；发病迅速，几天即可导致全群发病；病猪表现水样腹泻，粪便呈黄色、绿色或白色，有恶臭或腥臭味，病变部位在小肠，表现为肠壁菲薄透明，肠内容物稀薄如水，呈黄色，内有大量凝乳块；抗生素和磺胺类药物治疗无效。

（2）仔猪白痢与猪流行性腹泻的鉴别 二者均表现精神沉郁、体温升高、食欲不振、腹泻等临床症状。猪流行性腹泻的病原为猪流行性腹泻病毒；各种年龄的猪均可感染发病，而仔猪白痢主要是5～25日龄哺乳仔猪发病；患流行性腹泻后有部分猪出现呕吐，而仔猪白痢不见呕吐；流行性腹泻病猪粪便呈水样，粪便灰黄色、灰白色，不见血样便，偶见胃黏膜出血点，胃黏膜溃疡，十二指肠、空肠段肠壁变薄透明；抗生素、磺胺类药物治疗无效；实验室诊断可以通过直接免疫荧光、酶联免疫吸附试验等方法确诊。

（3）仔猪白痢与猪痢疾的鉴别 二者均表现精神沉郁、体温升高、食欲不振、腹泻等临床症状。猪痢疾的病原为猪痢疾密螺旋体；不同年龄、品种的猪均可感染，1.5～4月龄猪最为常见，无明显的季节性；以黏液性和出血性下痢为特征，初期粪便稀软，后有半透明黏液使粪便成胶冻样，结肠、盲肠黏膜肿胀、出血，肠内容物呈酱色或巧克力色，大肠黏膜可见坏死，有黄色、灰色伪膜；显微镜检查可见猪痢疾密螺旋体，每个视野2个（以上）。

（4）仔猪白痢与仔猪红痢的鉴别　二者均表现精神沉郁、体温升高、食欲不振、腹泻等临床症状。仔猪红痢的病原为C型产气荚膜梭菌；主要发生于1～3日龄哺乳仔猪，7日龄以上很少发病；病猪下痢粪便中带有血液，呈红褐色，并含有坏死组织碎片；剖检可见皮下胶冻样浸润，胸腔、腹腔、心包积液呈樱桃红色，胃和十二指肠不见病变，空肠内充满血色液体；呈慢性经过的猪肠壁增厚、弹性消失，浆膜可见黄色或灰黄色的假膜，易剥离，黏膜下有高粱粒大和小米粒大的气泡；用病猪的心血、肺、胸腔积液等涂片或分离细菌，染色后在光学显微镜下观察，可见两端钝圆的单个或双个革兰氏阳性杆菌，进一步生化鉴定为产气荚膜梭菌。

（5）仔猪白痢与仔猪黄痢的鉴别　二者均表现精神沉郁、体温升高、食欲不振、腹泻等临床症状。仔猪黄痢表现为腹泻，粪便呈黄色，而仔猪白痢腹泻粪便一般为灰白色。仔猪黄痢表现为出生后12小时突然有1～2头发病，以后相继发生腹泻，病变部位主要在十二指肠、空肠，肠壁变薄，严重的呈透明状，胃黏膜可见红色出血斑。仔猪白痢一般在胃和十二指肠不见病变，空肠可见出血、暗红色。仔猪黄痢肠内容物多为黄色，而仔猪白痢多为灰白色。

【防治措施】预防本病的主要措施是消除各种诱因，增强仔猪消化道的抗菌机能，加强母猪的饲养管理，做好圈舍的卫生和消毒，给仔猪及早补料。对发病仔猪应及时治疗，可选用土霉素、恩诺沙星、磺胺脒等药物。

（1）土霉素　每千克体重50毫克，内服，每天2次。

（2）恩诺沙星　肌内注射，每千克体重2.5毫克，每天2次。

（3）磺胺脒　每千克体重100～150毫克，内服，每天2次。

211 怎样防治仔猪黄痢?

仔猪黄痢又称早发性大肠杆菌病,是由大肠杆菌引起的仔猪急性、高度致死性肠道传染病,以剧烈腹泻、排黄色稀便、迅速死亡为特征。

【流行特点】本病多发于1~3日龄仔猪,多集中在产仔旺季,其死亡率随日龄增长而降低。出生后24小时左右发病的仔猪,如不及时治疗,死亡率可达100%。本病的传染源是带菌母猪,尤其是引进品种的母猪。

【临床症状】本病潜伏期最短为8~10小时,一般为一天左右。临床表现为,刚出生的仔猪尚健康,数小时后突然下痢,粪便呈水样、黄色或灰黄色,有气泡并带腥臭味。病初肛门周围多不留便迹,易被忽视。由于不断拉稀以致肛门松弛失禁,粪水顺后肢流下,在尾端和后躯附着粪便。捕捉时由于挣扎,常由肛门冒出黄色粪水。重者尾部脱毛或表皮脱落,肛门周围及小母猪阴户尖端皮肤发红。病猪精神沉郁、衰弱,停止吃奶,眼窝下陷,很快脱水、昏迷而死亡。

【病理变化】病死猪消瘦、脱水,后躯被黄色稀便污染。肠黏膜有急性、卡他性炎症,肠腔内有多量黄色液状内容物和气体,肠腔扩张,肠壁变薄,肠黏膜呈红色,病变以十二指肠最为严重,空肠和回肠次之,结肠较轻,肠系膜淋巴结充血、出血、肿胀。

【鉴别诊断】

(1)仔猪黄痢与仔猪红痢的鉴别 二者均表现精神沉郁、体温升高、食欲不振、腹泻等临床症状。仔猪红痢的病原为C型产气荚膜梭菌;病猪下痢粪便中带有血液,呈红褐色,并含有坏死组织碎片;剖检可见皮下胶冻样浸润,胸腔、腹腔、心包积液,呈樱桃红色,胃和十二指肠不见病变,空肠内充满血色液体;呈慢性经过的猪肠壁增厚、弹性消失,浆膜可见黄色或灰黄色的假膜,易剥离,黏膜下有高粱粒大和小米粒大的气泡;用病猪的心血、肺、胸腔积液等涂片或分离细菌，染色后在光学显微镜下观察，可见两端钝圆的单个或双个革兰氏阳性杆菌，进一步生化鉴定为产气荚膜梭菌。

（2）仔猪黄痢与仔猪白痢的鉴别　二者均表现精神沉郁、体温升高、食欲不振、腹泻等临床症状。仔猪白痢主要以 10～30 日龄多发，以 20 日龄左右最常见，3 日龄以内和 1 月龄以上很少发生；病猪粪便呈白色或灰白色，有特殊的腥臭味；病死率低。

（3）仔猪黄痢与猪传染性胃肠炎的鉴别　二者均表现精神沉郁、体温升高、食欲不振、腹泻等临床症状。猪传染性胃肠炎的病原为猪传染性胃肠炎病毒；各年龄段猪均可发生，冬、春寒冷季节多发；部分病猪出现呕吐，大猪和小猪可发生；发病迅速，几天即可导致全群发病；病猪表现水样腹泻，粪便呈黄色、绿色或白色，有恶臭或腥臭味；病变部位在小肠，表现为肠壁菲薄透明，肠内容物稀薄如水，呈黄色，内有大量凝乳块；抗生素和磺胺类药物治疗无效。

（4）仔猪黄痢与猪伪狂犬病的鉴别　二者均表现精神沉郁、体温升高、食欲不振、腹泻等临床症状。猪伪狂犬病的病原为猪伪狂犬病病毒；病猪体温升高达 41～41.5℃，发病后有呕吐，同时表现出神经症状，遇到声音的刺激兴奋尖叫，步态不稳，肌肉痉挛，角弓反张等；同群或同场的怀孕母猪出现流产、死胎、木乃伊胎等症状；剖检可见鼻出血性或化脓性炎症，肺水肿，胃底部大面积出血，小肠黏膜充血。

（5）仔猪黄痢与仔猪副伤寒的鉴别　二者均表现精神沉郁、体温升高、食欲不振、腹泻等临床症状。仔猪副伤寒的病原为沙门氏菌；多发生于 2～4 月龄仔猪，病猪体温升高达 41～42℃，粪便中混有血液、假膜，耳根、胸前、腹下皮肤有紫红色出血斑；病变部位在大肠，表现为大肠壁增厚，黏膜有坏死，上面附有麸皮样伪膜；亚急性型病猪眼有脓性分泌物，粪便呈淡黄色或灰绿色；剖检可见肝脏有糠麸样细小灰黄色坏死点，脾肿大呈暗蓝色，坚硬如橡皮。

【防治措施】预防本病，应采取严格的综合防疫措施，如加强母猪的饲养管理，做好圈舍及用具的卫生和消毒，让仔猪及早吃到初乳，增强自身免疫力。在经常发生本病的猪场，可对预产母猪进行大肠杆菌病菌苗接种。对发病的仔猪及时治疗，可选用链霉素、恩诺沙星、磺胺脒等药物。

（1）链霉素　每头每次 20 万单位，内服，每天 2 次。

（2）恩诺沙星　每千克体重 2.5 毫克，肌内注射，每天 2 次。

（3）磺胺脒　每千克体重 100～150 毫克，内服，每天 2 次。

212 怎样防治仔猪红痢？

仔猪红痢又称仔猪出血性肠炎，是由 C 型产气荚膜梭菌引起的仔猪急性肠道传染病。其临床特征为患病仔猪出血性下痢，病程短，死亡率高。

【流行特点】本病常发于 1～3 日龄哺乳仔猪，7 日龄以上很少发病。本病发病季节不明显，任何产仔季节均可发病，任何品种的猪均可感染，带菌母猪和病猪是主要的传染源。病菌随粪便排出体外，污染猪舍和哺乳母猪的乳头、皮肤，初生仔猪通过吸吮母猪乳头或舔食污染地面而感染。病菌侵入空肠中，在肠壁内生长繁殖，产生大量的外毒素，使受害肠壁充血、出血和坏死。

该菌在自然界分布很广，如人畜肠道、土壤、粪便及污水中均含有，其芽孢对外界抵抗力很强。病菌一旦传入猪场，病原就会长期存在，如不采取有效的预防措施，以后出生的仔猪将会继续发生本病。

【临床症状】本病的潜伏期很短。一般可分为急性型、亚急性型和慢性型 3 种。

（1）急性型　此型最为常见，仔猪初生后 3 小时左右或当天即可发病，表现突然下痢、排出血样稀便，随之虚弱、衰竭、拒绝吮乳，数小时内死亡。也有少数病猪未见下痢，有的本次吮乳时正常，下次吮乳时死于一旁。

（2）亚急性型　病程在 2 天左右。病猪食欲不振、消瘦、下痢、脱水，后躯沾满血样或稍带黄色的稀便，并常混有坏死组织碎片和小气泡。一窝仔猪往往所剩无几或全部死亡，其死亡日龄常在5日龄左右。

（3）慢性型　此种类型除由急性型或亚急性型转化而来外也有个别仔猪于出生后就发生慢性型红痢。病猪呈现持续性出血性腹泻，粪便黄灰色糊状，或稍带红色，肛门周围附有粪痂，生长停滞，于10日龄左右死亡或成为僵猪。

【病理变化】病变主要在空肠，有时还扩展到整个回肠，一般十二指肠不受损害。急性型为出血性肠炎，亚急性型或慢性型可见肠坏死，而出血性病变不太严重，坏死的肠段呈浅黄色或土黄色，其浆膜下层及充血的肠系膜淋巴结中有小气泡。病猪的心肌苍白，心外膜有出血点；肾呈灰白色，皮质有小点出血；膀胱黏膜也有小点出血。

【鉴别诊断】

（1）仔猪红痢与仔猪黄痢的鉴别　二者均表现精神沉郁、体温升高、食欲不振、腹泻等临床症状。仔猪黄痢的病原为致病性大肠杆菌；患仔猪黄痢的猪表现为腹泻，粪便呈黄色，而仔猪红痢腹泻粪便一般为红褐色。猪群感染仔猪黄痢表现为出生后12小时突然有1～2头发病，以后相继发生腹泻。仔猪黄痢的病变部位主要在十二指肠、空肠，肠壁变薄，严重的呈透明状，胃黏膜可见红色出血斑；仔猪红痢一般胃和十二指肠不见病变，空肠可见出血，呈暗红色。患仔猪黄痢的猪肠内容物多为黄色，而患仔猪红痢的多为红褐色。细菌分离鉴定，发生仔猪黄痢时可从粪便和肠内容物中分离到致病性大肠杆菌。

（2）仔猪红痢与仔猪白痢的鉴别　二者均表现精神沉郁、体温升高、食欲不振、腹泻等临床症状。仔猪白痢的病原为大肠杆菌；主要以10～30日龄仔猪多发，以20日龄左右最常见；病猪粪便的颜色为乳白色，有特殊的腥臭味；剖检病变主要在胃和小肠的前部，肠壁菲薄透明，不见出血表现；细菌分离鉴定可见致病性大肠杆菌。

（3）仔猪红痢与猪传染性胃肠炎的鉴别　二者均表现精神沉郁、体温升高、食欲不振、腹泻等临床症状。猪传染性胃肠炎的病原为猪传染性胃肠炎病毒，多发于冬、春寒冷季节，从出生的仔猪到成年猪均可发病。仔猪红痢主要发生在 7 日龄以内的仔猪，尤其以 1～3 日龄更为严重。传染性胃肠炎可使部分猪出现呕吐，而患仔猪红痢的猪不见呕吐。患传染性胃肠炎的猪腹泻粪便呈水样，粪便呈黄色、绿色或白色，不见血样便，偶见胃黏膜出血点，或胃底潮红，胃黏膜溃疡，十二指肠、空肠肠壁变薄透明；抗生素、磺胺类药物治疗无效；可以通过直接免疫荧光、酶联免疫吸附试验等方法确诊。

（4）仔猪红痢与猪流行性腹泻的鉴别　两者均表现 1 周龄内的仔猪发病，腹泻，病程短，死亡率高。猪流行性腹泻的病原为猪流行性腹泻病毒；病猪呕吐，病初粪便色黄黏稠，后变成水样，粪中含有黄白色凝乳块；育成猪也得病，但症状较轻；剖检胃有多量黄白色凝乳块，小肠病变有特征性，通常膨满扩张，充满黄色液体，肠壁变薄，小肠系膜充血，肠系膜淋巴结水肿。

（5）仔猪红痢与猪伪狂犬病的鉴别　二者均表现精神沉郁、体温升高、食欲不振、腹泻等临床症状。猪伪狂犬病的病原为猪伪狂犬病病毒；病猪体温升高达 41～41.5℃，发病后有呕吐，同时表现出神经症状，遇到声音的刺激兴奋尖叫，步态不稳，肌肉痉挛，角弓反张等；同群或同场的怀孕母猪出现流产、产死胎和木乃伊胎等症状；剖检可见鼻出血性或化脓性炎症、肺水肿、胃底部大面积出血、小肠黏膜充血；抗生素、磺胺类药物治疗无效。

【防治措施】

（1）做好猪舍和环境的卫生消毒工作，在接生前对母猪的乳头和周围皮肤进行清洗和消毒，以减少本病的发生和传播。

（2）在本病多发地区或猪场，母猪分别于产前 1 个月和 15 天注射仔猪红痢灭活菌苗，使新生仔猪通过吸吮母猪乳汁获得被动免疫。

213 怎样防治猪李氏杆菌病？

猪李氏杆菌病是由李氏杆菌引起的一种散发性传染病，其特征为病猪表现脑膜脑炎，有时可出现败血症和流产。

【流行特点】 本病多为散发，发病率低，但致死率高，各种年龄的猪均可感染发病，幼龄猪（2月龄以内）比成年猪易感性高，发病也较急，治愈率很低。

患病或带菌猪是本病的传染源。由患病猪的粪、尿、乳汁、精液以及眼、鼻、生殖道的分泌物都能分离出本菌。鼠的体内是李氏杆菌的贮存所，被鼠粪、尿污染的饲料、饮水是本病的重要传染媒介。尤其在冬、春寒冷季节，鼠患比较严重的猪场本病发生率较高，往往是一窝发生一头，随之接连出现3～4头，多为体质较弱的仔猪。

【临床症状】 潜伏期一般为2～3周，临床上以神经型多见。一般体温正常，病的后期可降至常温以下。病初运动失常，做同方向的圆圈运动，或前冲后撞，或以头抵地而不动，有的头颈后仰，前肢或四肢张开。病猪肌肉震颤、强硬，特别在颈部和颊部更为明显；出现阵发性痉挛，口吐白沫，横卧在地，四肢乱爬。也有的病例病初就发生前肢或四肢麻痹，不能站立。病程可达1个月以上。妊娠母猪无明显症状而发生流产。幼龄猪常发生败血症，可见体温高、拒食、口渴，有的出现咳嗽、腹泻、皮疹及呼吸困难，1～3天后死亡。

【病理变化】 剖检不见明显的特殊病变。伴有明显神经症状而死亡的病猪，脑膜可见充血和水肿变化，脑脊液增加稍混浊，脑干变软，有细小脓灶，病理组织学观察可见脑脊髓血管充血，周围主要由单核细胞构成管套，血管周围腔隙扩大；有时可见肝脏内有小坏死灶。伴有呼吸困难而死亡的猪可见卡他性支气管炎变化，心外膜点状出血，心包液增加，呈黄红色。

【鉴别诊断】

（1）猪李氏杆菌病与猪传染性脑脊髓炎的鉴别 二者均表现食

欲不振、体温升高、精神沉郁、运动失调、痉挛等临床症状。猪传染性脑脊髓炎的病原为猪脑脊髓炎病毒；仅发生于猪，病猪四肢僵硬，常倒向一侧，肌肉、眼球震颤，呕吐，受到声响或触摸刺激时能引起强烈的角弓反张和大声尖叫，皮肤知觉反射减少或消失，最后因呼吸麻痹死亡；剖检可见脑膜水肿、脑膜和脑血管充血；病料触片镜检无细菌；用病料制成悬液脑内接种易感猪，出现特征性症状和中枢神经典型病变。

（2）猪李氏杆菌病与猪伪狂犬病的鉴别　二者均表现食欲不振、体温升高、精神沉郁、运动失调、痉挛等临床症状。猪伪狂犬病的病原为猪伪狂犬病病毒；能侵害各种家畜和野生动物；怀孕母猪常发生流产和死胎；哺乳仔猪得病后常表现呼吸困难、呕吐、下痢，特征性的神经症状是初期兴奋状态，后期麻痹；剖检肝、肾坏死灶最具特征，周围有红色晕圈，中央呈黄白色或灰白色。

（3）猪李氏杆菌病与猪血凝性脑脊髓炎的鉴别　二者均表现食欲不振、体温升高、精神沉郁、运动失调、痉挛等临床症状。猪血凝性脑脊髓炎的病原为猪血凝性脑脊髓炎病毒；多见于2周龄以下哺乳仔猪，病猪初厌食，后昏睡、呕吐、便秘，常聚堆、打喷嚏、咳嗽、磨牙，对响声和触摸过敏，尖叫；剖检可见脑脊髓有炎症（脑膜、脑实质不充血，仅发炎、水肿，没有小化脓灶）；将呼吸道分泌物或脑脊髓处理后，接种于猪胎肾原代单层细胞或甲状腺单层细胞，如有血凝性脑脊髓炎病毒存在，可见融合细胞形成。

（4）猪李氏杆菌病与猪水肿病的鉴别　二者均表现食欲不振、体温升高、精神沉郁、运动失调等临床症状。猪水肿病的病原为致病性大肠杆菌；主要发生于断奶前后的仔猪，膘情好的更易患病；病猪常出现眼睑、头部皮下水肿；剖检可见胃壁水肿、增厚，肠系膜水肿；细菌分离可鉴定为致病性大肠杆菌。

【防治措施】目前尚无本病的菌苗可用于预防接种。预防措施主要是开展猪场灭鼠工作，驱除体内、外寄生虫，发现病猪及时隔离，对污染的环境进行彻底消毒，病死猪尸体要无害化处理。

本病在治疗上无良好效果，如早期发现，用磺胺-5-甲氧嘧啶和链霉素及时治疗，可有一定疗效。最好对同窝无症状的猪给予同样的预防治疗，可预防本病继续蔓延。

214 怎样防控猪炭疽？

炭疽是由炭疽杆菌引起的人畜共患的急性败血性传染病。猪也可感染本病，但不像牛、羊那样易感。

【流行特点】 本病常以散发形式出现，其传染程度与气候、雨量有密切关系。气候温暖、雨量较多时多发，特别是大雨以后或洪水泛滥时，会扩大传染力。其主要传染源是病畜，新鲜尸体的血液、组织和脏器中含有多量病菌，若尸体处理不当，如解剖、乱扔或掩埋太浅等，易引起病原体散布，使当前疫区变为长久的疫源地。本病主要经消化道感染，也可由呼吸道、皮肤创伤和吸血昆虫叮咬而感染。

【临床症状】 猪炭疽常因病原体的数量、毒力及侵害部位不同而表现不同类型，大体上可分为咽型、肠型、败血症型和隐性型。

（1）咽型　因病菌侵入猪颈部淋巴结，引起淋巴结及邻近组织炎症，发生水肿。病初体温升高，咽喉及耳下腺显著肿胀，并逐渐波及颈部和胸前，影响呼吸和采食，口、鼻黏膜呈蓝紫色水肿，出现水肿后很快窒息而死。有时舌、硬腭和唇处发生痈性肿胀。

（2）肠型　病猪出现呕吐、拒食、便秘或腹泻，粪便夹杂血液，重症死亡，轻症自愈。

（3）败血症型　常呈急性经过，发病时猪体温升高至42℃以上，拒食，临死前皮肤发绀，天然孔流出紫色带泡沫的血液。病程为1～2天。此型很少见。

（4）隐性型　无临床症状，常在屠宰后才发现病变。

【病理变化】 急性败血症型炭疽血液凝固不良，呈黑红色，脾脏特别肿大，机体各部有出血；咽型炭疽咽部淋巴结肿大几倍，坚硬、出血、切面干燥，并有坏死灶，扁桃体肿胀，周围有严重的胶样浸润；肠型炭疽病变主要限于小肠，小肠呈弥漫性或局限性出血性肠炎，肠黏膜可见大小不等的坏死和溃疡。最急性病例的淋巴结仅有肿胀、充血或弥漫性出血，严重的有坏死且呈砖红色。慢性病例可见有形成包囊的坏死灶，呈干酪样；腹腔有浅红色腹水，脾脏质软、肿大；肝脏肿胀，有坏死灶；肾暗红色，实质有出血。

【鉴别诊断】

（1）猪炭疽与最急性型猪肺疫的鉴别　咽喉部肿胀的炭疽病变与最急性型猪肺疫相似。最急性型猪肺疫有明显的急性肺水肿症状，口、鼻流泡沫样分泌物，呼吸特别困难；从肿胀部抽取病料涂片，用碱性亚甲蓝染色液染色镜检，可见到两端浓染的巴氏杆菌。

（2）猪炭疽与猪水肿病的鉴别　二者均表现食欲不振，精神沉郁，头、颈、胸部水肿等临床症状。猪水肿病的病原为致病性大肠杆菌；主要发生于断奶前后的仔猪，膘情好的更易患病；病猪常出现眼睑、头部皮下水肿；剖检可见胃壁水肿、增厚，肠系膜水肿；细菌分离可鉴定为致病性大肠杆菌。

（3）猪炭疽与猪败血性链球菌病的鉴别　二者均表现精神沉郁、体温升高、食欲不振、步态不稳、呼吸困难、皮肤表面有出血斑点等临床症状。猪败血性链球菌病的病原为链球菌；病猪从口、鼻流出淡红色泡沫样黏液，腹下有紫红斑，后期少数耳尖、四肢下端、腹下皮肤出现紫红斑或出血性红斑；剖检可见脾肿大 1～3 倍，呈暗红色或紫蓝色，偶见脾边缘有黑红色出血性梗死灶；采心血、脾、肝病料或淋巴结脓汁涂片，可见到革兰氏阳性、多数散在或成双排列的短链圆形或椭圆形无芽孢球菌。

【防控措施】

（1）在发病地区，每年要接种炭疽菌苗。猪在接种前后 15 天不能进行去势与其他外科手术。

（2）发现病猪要尽快做出诊断，病死猪不能解剖，必须无害化处理。要严格执行封锁、隔离程序，对病猪立即给予治疗，圈舍内外及用具等必须用消毒液进行消毒。

215 怎样防治猪破伤风？

猪破伤风是由破伤风梭菌引起的一种创伤性传染病，其特征为病猪对外界刺激的反射兴奋性增高，肌肉持续性痉挛。

【流行特点】各种家畜均可感染，马、驴、骡最易感，猪、羊、牛次之。在自然感染时，通常是小而深的创伤中侵入病原体，产生毒素而引起发病。本病多为散发，常见于猪去势、外伤及仔猪脐部感染之后。如果该菌芽孢侵入伤口，而伤口又被泥土、粪便、痂皮封盖造成缺氧条件，这样对芽孢增殖更为有利，加速本病的发生或加重症状。

【临床症状】本病潜伏期最短为1天，最长可达90天以上。病初只见猪行动迟缓，吃食较慢，易被忽略。随着病情的发展，可见病猪四肢僵硬、腰部不灵活、两耳竖立、尾部不活动、瞬膜露出、牙关紧闭、流口水、肌肉发生痉挛，当强行驱赶时，猪痉挛加剧并嘶叫，卧地后不能起立，出现角弓反张或偏侧反张，角弓反张出现后很快死亡。

【病理变化】病猪死后血液凝固不全，呈黑红色，没有明显的肉眼可见病变，肺充血和水肿，有的有异物性坏疽性肺炎，浆膜有时有出血点和出血斑。

【鉴别诊断】

（1）猪破伤风与猪土霉素中毒的鉴别　二者均表现全身肌肉震颤、四肢站立如木马、腹式呼吸、口吐白沫等临床症状。猪土霉素中毒是因过量注射土霉素而发病，注射几分钟即出现烦躁不安、结膜潮红、瞳孔散大、反射消失。

（2）猪破伤风与猪传染性脑脊髓炎的鉴别　二者均表现废食、阵发性肌肉痉挛、四肢僵硬、角弓反张、声响可激起大声尖叫等临床症状。猪传染性脑脊髓炎的病原是脑脊髓炎病毒；病猪体温升高（40～41℃），有呕吐，惊厥持续24～36小时，进一步发展表现为知觉麻痹、卧地、四肢做游泳动作、皮肤反射减弱或消失；将病料脑内接种易感小猪，接种猪出现特征性症状和中枢神经系统典型病变。

【防治措施】

（1）在对猪实施去势术时，所用器械和术部均应消毒，手术后猪不要接触泥土，圈舍保持清洁、干燥。

（2）圈舍内不应有尖锐物品，修理圈（栏）门时应注意，不要使钉子与铁丝露头。

（3）治疗　当病猪出现牙关紧闭、四肢强直等症状时很难治愈，只有在病初时治疗才有希望。当怀疑猪患有本病时，应及时将病猪移至暗室，使之安静，避免光线和声音刺激，彻底清除伤口内的坏死组织和分泌物，用3％双氧水、2％高锰酸钾溶液冲洗消毒，然后采取下列治疗措施。

① 破伤风抗毒素　每头猪1万～2万单位，肌内或静脉注射，以中和游离毒素。

② 对症疗法　为缓解肌肉痉挛，可用氯丙嗪25～50毫升，肌内注射。病猪不能采食和饮水时，应静脉注射10％葡萄糖注射液，每次10～50毫升。为防止继发症，可肌内注射青霉素，每千克体重1万国际单位，24小时一次；也可肌内注射链霉素，每天每千克体重0.01～0.02克。

③ 大蒜疗法　以体重25千克的病猪为例，其他病猪按体重大小适当增减用量。治疗时，取30克左右的紫皮大蒜，去根去皮，捣细成泥，然后迅速加入100℃开水10毫升，待凉时用注射器抽取蒜汁20毫升，注入病猪后肢内侧皮下，每肢注射10毫升。发病3天内有效，一次不愈者，间隔5小时再注射一次。

216 怎样防治猪痢疾？

猪痢疾又称血痢、黑痢、黏液出血性下痢或弧菌性痢疾等，是由猪痢疾密螺旋体引起的一种肠道传染病，其特征为大肠黏膜发生卡他性出血性炎症，有的发展成为纤维素性坏死性炎症，临床症状为黏液性出血性下痢。

【流行特点】在自然条件下，本病只感染猪，不分品种、年龄，一年四季均可发生，尤其是刚断奶的仔猪在秋末季节容易发生。主要通过消化道感染，健康猪吃入污染的饲料、饮水而感染。病猪是主要的传染源，也可通过猫、鼠、犬、鸟类、苍蝇等传播媒介引起间接传染。在发病的猪场中常年不断，时好时坏，流行经过缓慢、持续时间较长，不会造成暴发。

【临床症状】潜伏期长短不一，自然感染的潜伏期多为7～14天。腹泻是最常见的症状，但严重程度不同。最初1～2周多为急性经过，死亡较多，3～4周后逐渐转为亚急性或慢性，病程长，但很少死亡。急性病例的猪精神沉郁，食欲减退，体温升高（40～40.5℃），开始时呈水样下痢或黄色软便，之后粪便充满血液、黏液，有腥臭味；腹泻导致脱水，饮欲增加，消瘦，最终因极度衰竭而死亡或转为慢性。病程为7～10天。慢性病例症状较轻，病程较长，达2～6周，病猪反复下痢，时轻时重，排出灰白色带黏液的稀便，并常带有暗褐色血液；病猪表现进行性消瘦、生长迟滞，虽多数能自然康复，但对养猪生产影响很大。

【鉴别诊断】

（1）猪痢疾与猪副伤寒的鉴别　二者发病年龄相似，多为2～4月龄幼猪，均表现腹泻、体温升高（41～42℃）等临床症状，粪便中混有血液、假膜；病变部位均为大肠，表现为大肠壁增厚，黏膜有坏死，上面附有伪膜如麸皮样。但是猪副伤寒可见耳根、胸前、腹下皮肤有紫红色出血斑，亚急性型病猪眼有脓性分泌物，粪便呈淡黄色或灰绿色；剖检可见肝脏有糠麸样细小灰黄色坏死点，脾脏肿大呈暗蓝色，坚硬如橡皮。

（2）猪痢疾与猪胃肠炎的鉴别　二者腹泻症状相似。猪胃肠炎可见呕吐、眼结膜先潮红后黄染，镜检不见密螺旋体。

（3）猪痢疾与猪传染性胃肠炎的鉴别　二者均表现精神沉郁、体温升高、腹泻等临床症状。猪传染性胃肠炎的病原为猪传染性胃肠炎病毒；发病迅速，很快传播全场，在冬、春季节多发；大猪和小猪均可感染，尤其是10日龄以内的仔猪，病死率可达100%；病猪腹泻呈水样，不见血便；小肠黏膜涂片或冷冻切片直接免疫荧光检查，呈阳性。

【防治措施】

（1）坚持自繁自养的原则，避免引入带菌猪。如需引进种猪，应从无猪痢疾病史的猪场引种，并实行严格的隔离检疫，观察1～2月，确定健康后方可入群。

（2）加强卫生管理和防疫消毒工作。

（3）目前尚无预防本病的有效菌苗。一旦发现病猪应及时淘汰或隔离治疗，同群未发病的猪可立即用药物预防，同时进行环境清洁和消毒工作，减少应激因素的刺激。

（4）建立健康猪群　根除本病，应考虑培养无特定病原体猪，建立健康猪群，逐步清除原有猪群。

（5）治疗　常用的药物有痢菌净、林可霉素、硫酸新霉素等。

① 痢菌净　治疗用量为每千克体重5毫克，口服，1日2次，连用5天。

② 林可霉素　治疗用量为每吨饲料100克，连用3周。

③ 硫酸新霉素　治疗用量为每吨饲料300克，连用3～5天。

217 怎样防治猪水肿病？

猪水肿病是由致病性大肠杆菌引起的一种仔猪传染病，其特征为病猪全身或局部麻痹、共济失调、眼睑水肿。

【流行特点】本病主要发生于断奶前后的仔猪，多发于春、秋两季，特别在气候突变和阴雨季节多发。一般呈散发，有时呈地方性流行。促使本病发生的主要诱因是卫生条件差，仔猪断奶前后饲喂富含蛋白质的饲料，引起胃肠机能紊乱，促进了病原菌繁殖、产生毒素而导致发病。

【临床症状】猪突然发病，有些病例前一天晚上尚未见异常，第二天早上却死在圈舍内。发病稍慢的病例，表现精神委顿、食欲减退或废绝，反应过敏、兴奋不安，盲目行走、转圈，震颤，口吐白沫，叫声嘶哑，眼睑、面部、头部、颈部及胸腹水肿（彩图7-25），最后倒地侧卧，四肢划动，呈游泳状，在昏迷中和体温下降时死去。一般病程为数小时或2天左右，最长为1周，很少能耐过而自愈。

【病理变化】主要病变为全身多处组织水肿，特别是胃壁黏膜显著水肿，多见于胃大弯部和贲门部。切开水肿部位，常有大量透明或微带黄色液体流出。胃底有弥漫性出血性变化，胆囊和喉头常有水肿，小肠黏膜有弥漫性出血变化，肠系膜有胶冻样水肿，心肌松弛而软，冠状沟常见有水肿（彩图 7-26）。肺表现水肿或气肿，个别小叶有出血性炎症。胸腔、腹腔及心包腔常积有较多的淡黄色液体，见空气后即变成胶冻样凝固块。此外，脊髓、大脑皮层及脑干也有非炎性水肿。

【鉴别诊断】

（1）猪水肿病与猪营养不良性水肿的鉴别　二者均表现精神沉郁、体表水肿等临床症状。猪营养不良性水肿多由于饲料中蛋白质含量不足或乳汁摄入量不够所导致，没有明显的年龄界限，很少发生，不见神经症状，在发病猪病料中不能分离出致病性大肠杆菌。

（2）猪水肿病与猪其他神经性疾病的鉴别　这些疾病的共同点是均表现出神经症状，但其他具有神经症状的疾病不见水肿变化，同时还伴有其他的临床症状，可以与猪水肿病相区别。

【防治措施】预防本病主要是对断奶前后仔猪加强饲养管理，多喂营养丰富、易消化的青绿饲料，增加矿物质、维生素的供给，尤其是微量元素硒和维生素 E、维生素 B_1、维生素 B_2 的供给量。为抑制大肠杆菌的致病作用，在饲料中添加土霉素、链霉素等，对防治本病有一定作用。本病目前没有特效药物，主要采取对症疗法，可选用链霉素、土霉素、磺胺类药物等抗菌药，人工盐、硫酸镁盐等泻剂，安钠咖、氢氯噻嗪、葡萄糖、甘露醇、激素、维生素制剂等强心、利尿、补液、解毒药物。治疗时可采取综合疗法。

（1）用 20％磺胺嘧啶钠 5 毫升肌内注射，每天 2 次；维生素 B_1 3 毫升肌内注射，每天 1 次。也可用磺胺二甲基嘧啶、链霉素、土霉素治疗。

（2）氢化可的松 50～100 毫升或维生素 B_1 200 毫升或亚硒酸钠维生素 E 1～2 毫升，肌内注射。同时，配合解毒、抗休克等措施，能获得满意疗效。

（3）必要时，进行辅助和对症治疗，可投给硫酸镁 15～30 克、氢氯噻嗪 20～40 毫升、维生素 B_1 100 毫克，加水 1 次喂服，连用

2次。

218 怎样防治猪渗出性皮炎？

猪渗出性皮炎是由表皮葡萄球菌引起的一种接触性传染病，多见于7~30日龄仔猪，临床上以渗出性坏死性表皮炎为特征。

【流行特点】表皮葡萄球菌广泛存在于自然界。病猪和带菌猪是主要的传染源，外界环境，如垫草、饲料也可成为传染源。本病通过接触感染传播，特别是通过损伤的皮肤和黏膜，甚至汗腺、毛囊等途径。以7~30日龄仔猪多发。

【临床症状】初期表现精神不振，结膜发炎，有眼眵，一般体温不高，面部、颈部、背部等无毛处出现湿疹样病变，皮肤发红，出现红褐色斑块及浆液、黏液渗出，继而表皮脱落并与渗出液形成痂皮，如鱼鳞状、发痒，痂皮脱落出现溃烂面，被毛潮湿，呈灰色，皮肤呈橙黄色，有腥臭味。随着病程延长，皮肤增厚且发生坏死，形成褶皱而结痂，痂皮干燥龟裂，但体温一般正常。若本病不及时治疗，会造成大量死亡，存活仔猪生长发育迟缓，成为僵猪。

【鉴别诊断】

（1）猪渗出性皮炎与猪丹毒的鉴别　二者均表现精神沉郁、食欲不振、皮肤发红且有红色疹块等临床症状。猪丹毒的病原为丹毒丝菌；病猪常表现卧地不起，驱赶甚至脚踢也不动弹，全身皮肤潮红，有方形、菱形、圆形等高出周边皮肤的红色或紫红色疹块；剖检可见脾呈桃红色或暗红色，被膜紧张、松软，白髓周围有红晕，且淋巴结肿胀，切面灰白，周边暗红；采取脾脏、肾脏或血液涂片染色，镜检可见到纤细的革兰氏阳性小杆菌（呈紫红色）。

（2）猪渗出性皮炎与猪皮肤真菌病的鉴别　二者均表现精神沉郁、食欲不振、皮肤发红且有红色疹块、消瘦、生长受阻等临床症状。猪皮肤真菌病的病原为皮肤癣菌、曲霉菌和念珠菌等致病性真菌；病猪皮肤充血、水肿、发炎，出现红色丘疹、水疱，而后形成结痂，有奇痒感，不断摩擦墙壁、料槽等粗糙物。

（3）猪渗出性皮炎与猪维生素 B_2 缺乏症的鉴别　二者均表现

食欲不振、生长受阻、皮肤干燥且有红斑、疹块等临床症状。猪维生素 B$_2$ 缺乏症是因饲料中缺乏维生素 B$_2$ 所致，无传染性；病猪呕吐，腹泻，有溃疡性结肠炎、肛门黏膜炎，腿弯曲强直，步态僵硬，行走困难，角膜发炎，晶体浑浊。

（4）猪渗出性皮炎与猪马铃薯中毒的鉴别　二者均表现精神沉郁、食欲不振、皮肤发红且有红色疹块等临床症状。猪马铃薯中毒有饲喂马铃薯史，病猪初期兴奋不安、狂躁、呕吐、流涎、腹痛、腹泻，继而精神沉郁，昏迷、抽搐，后肢无力，后渐进性麻痹、呼吸极度困难，可视黏膜发绀，心脏衰弱，共济失调，瞳孔放大。

【防治措施】

（1）卫生与消毒　本病是一种环境性疾病，因此应注意改善环境卫生，定期清扫、消毒圈舍。

（2）饲养管理　加强饲养管理，不喂有毒、有刺激性的饲料，同时要防止发生外伤，外科手术前后应严格消毒。

（3）接种疫苗或类毒素制剂　如对母猪进行表皮葡萄球菌灭活苗免疫，所生仔猪具有对本病的免疫力。进行预防注射时，应按操作规程进行，坚持彻底消毒，每头猪一个注射器，防止感染。

（4）治疗　猪患病初期，可使用抗菌药物进行治疗。使用抗菌药物时，应做药敏试验，选择敏感抗菌药。

① 青霉素　一次肌内注射 40 万～80 万国际单位，每天 2 次，连用数天。

② 硫酸卡那霉素　一次肌内注射 1 毫升，每天 2 次，连用数天。

③ 10％磺胺嘧啶钠　一次肌内注射 10 毫升，每天 2 次，连用数天。

④ 2.5％恩诺沙星注射液　每千克体重 1 毫克，肌内注射，每天 2 次，连用数天。

⑤ 土霉素碱　每吨饲料中加土霉素碱 300 克，连喂 14 天。

⑥ 其他　双花 100 克，板蓝根 200 克，研末，每次 25 克，每天 2 次，拌料喂服母猪。患部用温水洗净，擦干后涂抹水杨酸软膏

或磺胺软膏，也可涂擦植物油。

219 怎样防治猪布鲁氏菌病？

布鲁氏菌病是由布鲁氏菌引起的一种人畜共患的慢性传染病，致病特征是侵害生殖器官，如母畜发生流产和不孕，公畜引起睾丸炎。

【流行特点】本病的感染范围很广，除人和猪、羊、牛最易感外，其他动物如马、犬、兔、鹿、骆驼以及啮齿动物等均可自然感染。被感染的人和动物，一部分表现临床症状，大部分为隐性感染或带菌者。猪多发于3—4月份和7—8月份（产仔高峰季节），不同年龄、性别有一定差异，母猪比公猪易感，小猪对本病有一定抵抗力，性成熟后易感。病猪和带菌猪是本病的主要传染源，消化道是主要传染途径，其次是生殖道和皮肤、黏膜，病猪的乳汁、精液、脓汁、胎衣、羊水、子宫和阴道分泌物及流产胎儿均含有病菌，很容易污染场地、用具、水源、饲料等。病猪的肉和内脏也含有大量的病菌，易使工作人员受到感染，应提高警惕，予以重视。

【临床症状】母猪流产是主要症状，流产前往往表现阴唇、阴道黏膜潮红肿胀，并流出黄红黏液，乳房肿胀，乳量减少；有时无任何前驱症状突然流产，也有时产出死胎或胎儿活力不强；流产后，呈现胎衣不下和子宫内膜炎，从阴道内流出红褐色污秽不洁的恶臭分泌物，不发情，或只发情不受孕，也有些母猪按期发情，但产出的是死猪或弱猪。公猪感染发病时表现为睾丸炎，一侧或两侧睾丸肿大（彩图7-27），有热痛，若炎症持续较久，会发生睾丸、附睾萎缩，甚至阳痿；小公猪在去势时，可见睾丸与阴囊粘连；若脊椎部受侵时，会出现步态异常或后肢麻痹，关节肿胀而跛行。

【病理变化】主要病变在生殖器官。母猪的子宫黏膜呈现化脓性、卡他性炎症，并有小米粒大的灰黄色结节。公猪睾丸和精索呈现化脓性病灶或坏死。受侵害器官附近的淋巴结也有病变，如睾丸淋巴结、乳房淋巴结等呈现多汁、肿胀，有时可见脓肿和灰黄色小结节。脊椎部可见骨疽，四肢的某个关节及其周围有浆液性纤维素性炎症，在肺、脾、皮下有时出现脓肿，个别病例也会在腱鞘内发生病变。

【鉴别诊断】

（1）猪布鲁氏菌病与猪流行性乙型脑炎的鉴别　二者均表现精神不振、体温升高、母猪流产、公猪睾丸炎等临床症状。猪流行性乙型脑炎的病原为流行性乙型脑炎病毒；多发于7—9月份；病猪表现为视力减弱，乱冲乱撞；怀孕母猪多超过预产期才分娩；公猪睾丸先肿胀，后萎缩，多为一侧性；剖检可见病猪脑室内积液多，呈黄红色，软脑膜呈树枝状充血，脑回有明显肿胀，脑沟变浅；死胎常因脑水肿而显得头大，皮肤呈黑褐色、茶褐色或暗褐色。

（2）猪布鲁氏菌病与猪细小病毒感染的鉴别　二者均表现精神不振，母猪流产、死胎等临床症状。猪细小病毒感染的病原为猪细小病毒，初产母猪多发；病猪一般体温不高，后躯运动不灵活或瘫痪；一般妊娠50～70天感染时多出现流产，妊娠70天以后感染时多能正常生产；不出现呼吸困难症状。

（3）猪布鲁氏菌病与猪伪狂犬病的鉴别　二者均表现精神不振，体温升高，母猪流产、死胎，公猪睾丸炎等临床症状。猪伪狂犬病的病原为猪伪狂犬病病毒；母猪感染伪狂犬病表现为流产、死胎、木乃伊胎；20日龄至2周龄的仔猪表现为流鼻液、咳嗽、腹泻和呕吐，出现神经症状；剖检可见流产胎盘和胎儿的脾、肝、肾上腺和脏器的淋巴结有凝固性坏死。

（4）猪布鲁氏菌病与猪弓形虫病的鉴别　二者均表现精神不振，体温升高，母猪流产、产死胎等临床症状。猪弓形虫病的病原为弓形虫；病猪高热，最高可达42.9℃，呼吸困难，身体下部、耳翼、鼻端出现淤血斑，严重的出现结痂、坏死，体表淋巴结肿大、出血、水肿、坏死；肺膈叶、心叶呈不同程度间质水肿，表现间质增宽且内有半透明胶冻样物质，肺实质中有小米粒大的白色坏死灶或出血点；磺胺类药物治疗效果明显。

（5）猪布鲁氏菌病与猪钩端螺旋体病的鉴别　二者均表现精神不振，体温升高，母猪流产、死胎等临床症状。猪钩端螺旋体病的病原为猪钩端螺旋体；病猪皮肤干燥发痒、黏膜泛黄、尿呈红色或浓茶样；母猪表现发热、乳腺炎；剖检可见肝脏肿大呈棕黄色，膀胱黏膜有出血点。

（6）猪布鲁氏菌病与猪衣原体病的鉴别 二者均表现精神不振、母猪流产、死胎等临床症状。猪衣原体病的病原为衣原体；病猪一般体温不高，流产前无症状，很少拒食，不出现呼吸促迫、困难症状；公猪感染后常出现睾丸炎、附睾炎、尿道炎、包皮炎等；剖检可见母猪子宫内膜出血，并有坏死灶；流产胎衣呈暗红色，表面有坏死区域，周围水肿；病料涂片染色后镜检，可见衣原体。

（7）猪布鲁氏菌病与猪硒中毒的鉴别 二者均表现精神不振、体温升高，母猪流产、死胎等临床症状。猪硒中毒的病因是摄食硒过量；病猪皮肤发红、发痒，掉皮屑，脱毛、蹄冠、蹄缘交界处出现环状贫血苍白线；剖检可见皮下脂肪少而呈黄色，肌肉色淡或呈黄红色，肌肉中可见大小不一、灰白色、半透明鱼肉样的病灶；饲料检测硒含量高（7毫克/千克以上）。

【防治措施】本病没有治疗价值，一般不采取治疗措施，主要是加强预防工作。健康猪场应严防本病侵入。必须引进种猪时，应隔离检疫，确认健康后方可入场。

发现病猪，应进行全群血清学检查。凡是可疑的阳性猪，均应隔离、淘汰。病猪的分泌物、死胎、胎衣等必须清理干净，加强消毒。疫区可采用布鲁氏菌猪型二号冻干苗进行预防接种。

220 怎样防治猪附红细胞体病？

附红细胞体病是由附红细胞体引起的一种人畜共患传染病。临床上以高热、贫血、黄疸、消瘦和全身发红等为特征。

【流行特点】不同年龄、品种的猪都有易感性，但仔猪更易感，其发病率和病死率均较成年猪高。饲养管理不良、气候恶劣、并发其他疾病等应激因素，可使隐性感染的猪发病，或扩大传播使病情加重。本病的传播可能与猪虱有关。除此之外，还可能通过未消毒的针头、手术器械和交配而感染。

【临床症状】本病潜伏期为 6～10 天。按临床表现分为急性型、亚急性型和慢性型。

(1) 急性型　常发生于仔猪，病猪皮肤和黏膜苍白、黄染、发热、精神沉郁、食欲不振、排血尿，发病后 1～3 天内死亡，死亡率高达 90％以上，即使康复也发育迟缓。

(2) 亚急性型　常发生于肥育猪，病猪体温高达 40～42℃，稽留热，食欲减退甚至废绝，精神沉郁，不愿站立，黏膜苍白或黄染，全身皮肤发红，尤其是耳部、腹部、四肢皮肤发红或发绀，压之不褪色，排尿发黄或排血尿，后期贫血苍白。发病快者 3～4 天，慢者数周内死亡。康复猪生长受阻，严重的导致贫血死亡。

(3) 慢性型　常发生于成年母猪与育肥猪。病猪高热，食欲不振，出现贫血、黄疸，粪便干硬，偶尔带血，有时便秘和下痢交替发生，被毛无光，皮肤表层脱落，育肥猪生长缓慢，成年母猪常流产、不发情或屡配不孕。

【病理变化】剖检可见贫血，皮肤黏膜苍白，血液稀薄，全身性黄疸。肝脏肿大，呈黄棕色，胆囊内充满黏稠的胆汁，脾脏肿大变软，有时可见淋巴结水肿，胸腹腔及心包腔内有多量液体。

【鉴别诊断】

(1) 猪附红细胞体病与猪瘟的鉴别　二者均表现精神沉郁、食欲不振、体温升高、皮肤表面有出血斑点、先便秘后下痢等临床症状。猪瘟的病原为猪瘟病毒；病猪口渴、废食、嗜睡，皮肤呈不同于疹块的弥漫性紫红色出血点，黏膜发绀、出血；多数病猪有明显的脓性结膜炎，有的病猪出现便秘，随后出现下痢，粪便恶臭；剖检可见全身淋巴结肿大，尤其是肠系膜淋巴结，外表呈暗红色，中间有出血条纹，切面呈红白相间的大理石样外观，扁桃体出血或坏死，胃和小肠呈出血性炎症，在大肠的回盲瓣段黏膜上形成特征性的纽扣状溃疡，肾呈土黄色且表面和切面有针尖大的出血点，膀胱黏膜层布满出血点。

(2) 猪附红细胞体病与猪肺疫的鉴别　二者均表现精神沉郁、食欲不振、体温升高、皮肤表面有出血斑点等临床症状。猪肺疫的病原为多杀性巴氏杆菌；咽喉型病猪咽喉部肿胀，呼吸困难，呈犬坐姿势，流涎；胸膜肺炎型病猪咳嗽，流鼻液，呈犬坐姿势，呼吸困难，叩诊肋部有痛感，并引起咳嗽；剖检皮下有大量胶冻样淡黄色或灰青色纤维素性浆液，肺有纤维素性肺炎，切面呈大理石样，胸膜与肺粘连，气管、支气管发炎且有黏液；用病猪淋巴结、血液涂片，镜检可见有革兰氏阴性、卵圆形呈两极浓染的短杆菌。

（3）猪附红细胞体病与急性败血性猪丹毒的鉴别　二者均表现精神沉郁、食欲不振、体温升高、皮肤表面有出血斑点等临床症状。区别在于：急性败血性猪丹毒的病原为猪丹毒丝菌；以 3～12 月龄猪易感，发病急，常突然死亡；病猪皮肤上有蓝紫色斑，指压褪色；胃底部和小肠有严重的出血性炎症，脾肿大呈樱桃红色，肾为出血性肾小球肾炎，淋巴结淤血肿大；病猪实质脏器涂片有大量单独存在或成堆的革兰氏阳性小杆菌。

（4）猪附红细胞体病与猪败血型链球菌病的鉴别　二者均表现精神沉郁、食欲不振、体温升高、皮肤表面有出血斑点等临床症状。猪败血型链球菌病的病原为链球菌；病猪常发生多发性关节炎、运动障碍；剖检可见鼻黏膜充血、出血，喉头、气管充血，有多量泡沫，脾肿胀，脑和脑膜充血、出血。

（5）猪附红细胞体病与猪弓形虫病的鉴别　二者均表现精神沉郁、食欲不振、体温升高、皮肤表面有出血斑点等临床症状。猪弓形虫病的病原为弓形虫；常发生于 6—8 月份，幼龄猪最易感，常先零星发病，随后暴发流行；病仔猪排水样稀便、呼吸困难、咳嗽、流水样或黏液性鼻液，孕猪流产；剖检可见肺稍肿胀，间质增宽呈半透明状，表面有小出血点，胸腔内有黄色透明液体，淋巴结特别是肺门淋巴结水肿、呈灰白色，切面湿润；取肺及肺门淋巴结或胸腔渗出液涂片，姬姆萨染色可见橘瓣状或新月状速殖子或假囊。

（6）猪附红细胞体病与仔猪缺铁性贫血的鉴别　二者均表现贫血、黄疸等临床症状。仔猪缺铁性贫血为非传染性疾病；哺乳仔猪多于出生后 8～9 天出现贫血症状，以后随年龄增大贫血逐渐加重；

病猪表现被毛粗乱、皮肤及可视黏膜淡染甚至苍白、呼吸加快、消瘦，易继发下痢或与便秘交替出现，血液色淡而稀薄，不易凝固；实验室血检，血红蛋白量下降至 50～70 毫克/毫升，严重时为20～40 毫克/毫升，红细胞降至 300 万个/毫米^3，且大小不均；骨髓涂片铁染色，细胞外铁粒消失，幼红细胞几乎见不到铁粒。

（7）猪附红细胞体病与猪胃溃疡的鉴别　二者均表现贫血、黄疸等临床症状。猪胃溃疡为非传染性疾病；多发于较大的架子猪，常由圈舍比较拥挤、饲喂过于精细的饲料所致；染病表现为同一圈舍的猪有 1～2 头精神不振，食欲下降或废绝，体重减轻，贫血，体表苍白，经常出现腹痛、呕吐，排煤焦油样黑粪，体温正常或偏低；剖检可见食管部、幽门区及胃底部黏膜溃疡。

【防治措施】

（1）综合防疫　本病目前尚无有效疫苗。防治本病主要是采取一般性防疫措施，做好饲养管理和圈舍卫生，消除应激因素，驱除体内、外寄生虫，注意医疗器械的清洁与消毒。发现病猪后，应立即隔离治疗。

（2）治疗　临床上可选用土霉素、四环素、新胂凡纳明、苯胺亚砷酸等，对本病有较好的疗效。

① 土霉素、四环素　每千克体重 15 毫克，分 2 次肌内注射，连续使用，直至痊愈。也可按每千克饲料添加 600 毫克土霉素或四环素进行连续饲喂。

② 新胂凡纳明　每千克体重 15～45 毫克，治疗时以 5% 葡萄糖溶液溶解，制成 5%～10% 注射液，缓慢静脉注射，一般在用药后 2～24 小时内，病原体可从血液中消失，3 天内症状也可消除。

③ 苯胺亚砷酸　按每千克饲料 180 毫克混饲，连用 1 周后，改为每千克饲料 90 毫克混饲，连用 1 个月。对可疑病猪，剂量减半。

221 怎样防治猪支原体性关节炎？

猪支原体性关节炎是由猪滑液支原体引起的非化脓性关节炎，

多发生于仔猪和架子猪，常侵害膝关节，有时可见于肩关节、肘关节、跗关节以及其他关节。

【流行特点】本病感染和扩散的速度与群体密度及环境有关。在猪群中感染率为5％～15％，暴发时可达50％。

【临床症状】病猪一肢或四肢跛行，膝关节肿胀疼痛；突然发生跛行，关节轻度肿胀，多侵害跗关节。站立时患肢提举不敢落地负重，重症者不能站立。体温升高至41～41.5℃，接着出现睾丸炎、关节炎和跛行等症状，急性跛行持续3～10天后逐渐好转。重症时，病猪因疼痛剧烈而不能站立。病程2～3周，多可康复，康复数月后跛行又可复发，体重40千克以上病猪关节液增多达2～20倍。

【病理变化】典型病变：滑膜水肿、充血，关节腔内有大量黄褐色或淡黄色滑液，渗出物以浆液性纤维素性为特征，呈澄清稀薄或稍变混浊，或浆液中含有较大块的纤维素薄片。亚急性感染时，滑膜呈黄色至褐色，充血、增厚，绒毛轻度肥大，关节滑膜囊呈浆液性纤维素性或浆液性出血性炎症，肿胀、充血。慢性感染时滑膜增厚明显，可能见到血管翳形成，有时见到关节软骨溃烂。

【鉴别诊断】

（1）猪支原体性关节炎与猪鼻腔支原体病的鉴别　二者均表现体温稍高（不超过40℃）、关节肿胀、跛行等临床症状，以及滑膜肿胀、充血等病理变化。猪鼻腔支原体病多于感染第3天、第4天发病，跗关节、膝关节、腕关节、肩关节同时肿胀，病猪出现过度伸展、腹部及喉部症状、身体蜷曲；剖检有纤维素性心包炎、胸膜炎、腹膜炎，浆膜云雾状粘连。

（2）猪支原体性关节炎与慢性猪丹毒的鉴别　二者均表现体温升高（40～41℃）、关节肿大、跛行等临床症状。慢性猪丹毒在出现慢性关节炎之前曾有高热（41～43℃），以及败血症型或疹块型猪丹毒的症状；剖检心瓣膜有灰白色血栓性菜花样增生物；采病料涂片镜检，可见猪丹毒丝菌；用青霉素或抗猪丹毒血清治疗有效。

（3）猪支原体性关节炎与猪衣原体病的鉴别　二者均表现体温

稍高（40～41.5℃）、关节肿大、跛行等临床症状，以及关节内有纤维素性渗出液等病理变化。猪衣原体病病原是衣原体；以母猪发病较多，仔猪多因胎内感染，出生后皮肤发绀、寒战、尖叫、吮奶无力、步态不稳、精神沉郁，严重时黏膜苍白、腹泻；断奶前后的仔猪染病后常患心包炎、胸膜炎、支气管炎，咳嗽、气喘等；剖检可见关节周围水肿，关节液灰黄色混浊，混有灰黄色絮片，成纤维细胞中可看到衣原体原生小体和包涵体。

（4）猪支原体性关节炎与猪钙、磷缺乏症的鉴别　二者均表现体温升高，食欲减退，关节肿大，严重时不能站立等临床症状。钙、磷缺乏症病猪体温正常，吃食时多时少，并有吃鸡屎、煤渣、砖块及啃墙等异嗜现象，吃食时无嚓嚓声，虽步行强拘而不显跛行；剖检内脏无明显变化。

（5）猪支原体性关节炎与猪链球菌性关节炎的鉴别　二者均表现体温升高、食欲减退、关节肿大等临床症状。猪链球菌性关节炎的病原是链球菌；多发于3周龄之内的仔猪，主要临床表现是病猪被毛粗乱，食欲减退或废绝，体温升高达41℃以上，运动时出现不同程度的跛行；局部检查可见患部关节肿胀、增温而有压痛，一般常感染四肢末端关节；剖检可见关节滑膜腔内有多量脓性分泌物，分泌物呈白色而浓稠，以后随病程经过转为慢性时，其分泌物变为干酪样。

【防治措施】

（1）饲养管理　平时加强饲养管理，搞好圈舍卫生，保持猪体清洁。舍饲时应加强通风，同时注意饲养密度不要过大。发现病猪后，将病猪隔离，进行治疗，全群检查。

（2）治疗　急性经过的病猪，于发病后第一天开始注射林可霉素，每天1次，连用3天。为减轻疼痛，可对病猪注射可的松，但只需注射1次，不能反复应用。

222 怎样防治猪囊虫病？

猪囊虫病是由有钩绦虫的幼虫（亦称囊虫）寄生于猪体内所引

起的寄生虫病。囊虫病人畜共患，其危害严重，直接影响人的身体健康，也给养猪生产带来一定的经济损失。

【流行特点】有钩绦虫的幼虫一般寄生在猪的肌肉组织中，如咬肌、舌肌、心肌、膈肌、肋间肌、臀肌、腰肌、大腿肌最为多见，少数在脂肪和内脏器官中也能见到。外观呈白色半透明的囊状小泡，囊内有一个米粒大小的白点（囊虫头）。成虫寄生在人的小肠内，寄生在人体小肠内的有钩绦虫长 2～7 米，乳白色，呈扁平带状，分头节、颈节和体节，由 800～1 000 个节片组成（图 7-7）。

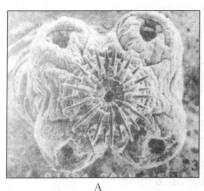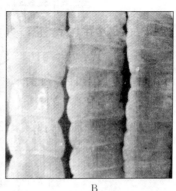

A   B

图 7-7　有钩绦虫

A. 头节　B. 体节

本病多为散发。有散养猪习惯、人无厕所的地区猪囊虫病发病率较高，主要通过消化道感染，绦虫病病人是主要传染源。

猪是有钩绦虫（亦称链状带绦虫）的中间宿主，成虫寄生在人的小肠内，虫体每一个孕卵节片内含 3 万～5 万个虫卵，孕卵节片不断脱落，随人的粪便排出体外，一个病人一个月可排出 200 多个孕卵节片。当猪吞食被孕卵节片污染的饲料或病人粪便时，虫卵进入猪胃肠内，在小肠内经 24～72 小时孵出幼虫钻入肠壁进入血液，通过血液循环到达全身组织，在肌肉内经 2 个月左右发育成囊虫。当人吃了未经处理或没有煮熟的含囊虫猪肉，或误食附在食品上的囊虫，经胃进入肠内，经 2～3 个月发育为成虫，又开始产卵，随粪便排出体外。这样人传给猪，猪又传给人，循环往复（图7-8）。

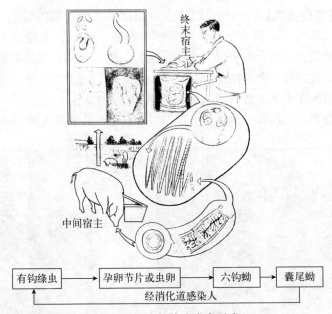

有钩绦虫 → 孕卵节片或虫卵 → 六钩蚴 → 囊尾蚴

经消化道感染人

图7-8　有钩绦虫发育示意

【临床症状】病猪少量感染时，一般无明显症状。多量囊虫寄生时，猪表现消瘦、腹泻、贫血、水肿、视力减退、四肢僵硬、跛行、呼吸困难，并伴有短促咳嗽，声音嘶哑，打呼噜，肩部宽、胸粗大、后躯狭窄，呈"雄狮状"。检查眼睑和舌部，有白色半透明的囊虫结节，触之有波动感。

【病理变化】严重感染的猪，肉呈苍白色而湿润，在咬肌、舌肌、肋间肌、臀肌等处有高粱米粒大小的半透明囊泡，泡内有小白点，即囊虫。

【鉴别诊断】

（1）猪囊虫病与猪旋毛虫病的鉴别　二者均表现眼肿大，肌肉坚硬、运动障碍，吃食、吞咽、呼吸障碍，叫声嘶哑等临床症状，以及虫体多寄生在膈肌、咬肌、舌肌、肋间肌等剖检变化。猪旋毛虫病的病原是旋毛虫；病猪前期呕吐、腹泻，后期体温升高，触摸肌肉有痛感或麻痹，但不感到有结节；剖检剪取膈肌麦粒大小压片，肉眼可见有针尖大的旋毛虫包囊，未钙化的包囊呈露滴状，半透明，比肌肉色泽淡（乳白色、灰白色或黄白色）。

（2）猪囊虫病与猪住肉孢子虫病的鉴别 二者均表现食欲减退、体温升高、消瘦、贫血、运动障碍、呼吸困难等临床症状。猪住肉孢子虫病的病原是住肉孢子虫；病猪严重感染时表现不安、腰无力、后肢僵硬或短期麻痹；剖检可见肾苍白，胸、腹水增多，肌肉呈煮水样褪色，含有小白点，肌肉萎缩，有结晶颗粒，不见虫体。

（3）猪囊虫病与猪姜片吸虫病的鉴别 二者均表现贫血、水肿、生长受阻、垂头、步态蹒跚等临床症状。猪姜片吸虫病的病原是布氏姜片吸虫；病猪肚大股瘦，腹泻，眼结膜苍白；粪检有虫卵；剖检小肠前端有出血和水肿，弥漫性出血点和坏死病变，并有虫体（如斜切的姜片状，成虫长 20～75 毫米，宽 8～20 毫米）。

【防治措施】

（1）预防本病的根本措施是积极治疗绦虫病患者，消除传染源。

（2）要做到"人有厕所猪有圈"，厕所和猪圈分开，防止猪吃到人的粪便，切断感染途径。

（3）加强肉品卫生检验，杜绝囊虫病猪肉上市。

（4）治疗

① 吡喹酮 每千克体重 50～80 毫克，口服或以液状石蜡配成 20％悬液，肌内注射，每天 1 次，连用 3 天。

② 阿苯达唑 每千克体重 30 毫克，每天 1 次，用药 3 次，每次间隔 24～48 小时，早晨空腹服药。

223 怎样防治猪蛔虫病？

猪蛔虫病是由蛔虫寄生于猪小肠中引起的寄生虫病。主要侵害

3～6 月龄的幼猪，导致猪生长发育不良或停滞，甚至造成死亡。

【流行特点】猪蛔虫是一种浅黄色、圆柱状的大型线虫，形似蚯蚓，表面光滑，头尾两端较细。雄虫长 15～25 厘米，雌虫长 30～35 厘米。蛔虫卵呈短椭圆形，呈黄褐色或淡黄色。

猪蛔虫的发育过程不需要中间宿主。成虫寄生在猪的小肠内，产卵后，卵随粪便排出体外，在适当的环境中，卵开始发育为幼虫，幼虫在卵内经过两次脱皮达到感染期阶段。当感染期幼虫卵随食物或饮水被猪吃入后，幼虫在小肠内钻出卵壳，侵入肠壁，随血液循环到达肝脏、心脏及肺脏，引起幼虫性肺炎，在猪咳嗽时，幼虫随痰液再一次进入胃肠道，并在小肠内停留下来，发育为性成熟的雄虫和雌虫。雌虫与雄虫交配后受精产卵，一条雌虫一昼夜可产卵 10 万～25 万个，一生可产卵 3 000 万个（图 7-9）。

本病广泛流行于各类猪场，一年四季均可发生，各种年龄的猪均可感染，尤其是 3～6 月龄的幼猪易感性高，症状明显。病猪和带虫猪是本病的传染源，主要通过消化道感染。在卫生条件差、饲料不足或品质差、缺乏微量元素或维生素、体质弱或者拥挤的猪群最易发生。饮水不洁、母猪乳房污染均可增加仔猪的感染机会。

【临床症状】幼猪症状较成年猪明显。蛔虫在小肠内大量寄生时，病猪消瘦、贫血、生长发育缓慢、被毛粗乱、食欲变化无常，腹泻与便秘交替出现。寄生虫体过多时，活虫互相缠绕成团，阻塞肠管，造成严重腹痛，甚至引起肠破裂。

有时虫体钻入胆管，引起胆管阻塞，出现腹痛和黄疸症状。在幼虫停于肺内期间可引起肺炎，表现为体温升高、精神不振、食欲减退、咳嗽、呼吸困难，有时呕吐。

【病理变化】幼虫移行过程中的主要病变在肺脏和肝脏。初期呈肺炎病变，肺组织致密，表面有大量出血点或暗红色斑点，可分离获得大量幼虫。肝脏表面有大小不等的白色斑纹。小肠内有大量成虫寄生，肠黏膜呈卡他性炎症、出血或溃疡，肠破裂时可见腹膜炎症和腹膜出血。蛔虫少量寄生时，肠道无明显变化，有时可在胃、胆管、胰脏内查获虫体。

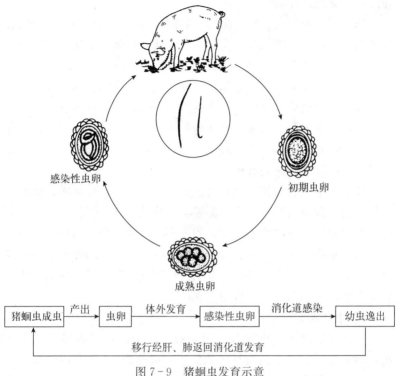

感染性虫卵

初期虫卵

成熟虫卵

| 猪蛔虫成虫 | 产出 | 虫卵 | 体外发育 | 感染性虫卵 | 消化道感染 | 幼虫逸出 |

移行经肝、肺返回消化道发育

图7-9　猪蛔虫发育示意

【鉴别诊断】

（1）猪蛔虫病与猪流行性腹泻的鉴别　二者均表现被毛粗乱、食欲不好、消瘦、腹泻和生长缓慢等临床症状。猪流行性腹泻的病原是猪流行性腹泻病毒，可感染各年龄段的猪，年龄较大的猪也可表现临床症状，而猪蛔虫病在年龄较大的猪症状不明显。

（2）猪蛔虫病与猪传染性胃肠炎的鉴别　二者均表现被毛粗乱、食欲不好、消瘦、腹泻和生长缓慢等临床症状。猪传染性胃肠炎的病原是猪传染性胃肠炎病毒；各年龄的猪均可发病，10日龄以内仔猪病死率很高，较大的或成年猪几乎没有死亡。而猪蛔虫病在3～6月龄幼猪症状严重，可表现呼吸困难、深咳，伴有口渴、流涎、呕吐、腹泻症状，病猪不愿走动，多喜躺卧，经1～2周好转或逐渐虚弱、死亡。

（3）猪蛔虫病与猪肺丝虫病（后圆线虫病）的鉴别　二者均表现咳嗽、呼吸快、眼结膜苍白等临床症状。猪肺丝虫病的病原是后圆线虫；病猪咳嗽时多发生痉挛咳嗽，一次能咳 40～60 声，没有异嗜、呕吐、拉稀、磨牙等消化道症状；剖检支气管内有成虫。

（4）猪蛔虫病与猪棘头虫病的鉴别　二者均表现体温升高、消瘦、贫血、下痢等临床症状。猪棘头虫病的病原是巨吻棘头虫；在病猪小肠可发现虫体，虫体较蛔虫大（雌虫长 30～68 厘米），前部稍粗，后部较细，体表有横纹。

（5）猪蛔虫病与猪支气管炎的鉴别　二者均表现咳嗽、体温在 40℃左右、食欲减退、呼吸迫促等临床症状。猪支气管炎不发生呕吐或吐出虫体，眼结膜不苍白，不出现痉挛性疝痛，粪中无虫卵。

（6）猪蛔虫病与猪钙、磷缺乏症的鉴别　二者均表现食欲时好时坏、异嗜、生长缓慢等临床症状。但猪钙、磷缺乏症仔猪患病后骨骼变形、步态强拘、吃食咀嚼无声。

【防治措施】

（1）在蛔虫流行的猪场，每年春、秋两季对全群猪各驱虫一次，特别是对断奶后到 6 月龄的仔猪，应驱虫 1～3 次，妊娠母猪在产前 3 个月驱虫。

（2）加强饲养管理，对断奶仔猪应给予富含维生素和微量元素的饲料，以增加抵抗力，大、小猪宜分群饲养。

（3）猪舍及用具应定期消毒，用 2%～5%氢氧化钠溶液（65℃以上）、生石灰、5%～10%石炭酸均可杀灭虫卵。

（4）保持饲料、饮水清洁，严防被猪粪污染。猪粪和垫草清除出舍后，应堆积发酵。

（5）治疗

① 左旋咪唑　每千克体重 4～6 毫克，肌内注射，或每千克体重 8 毫克，口服。

② 阿苯达唑　每千克体重 10 毫克，拌入饲料喂服。

③ 奥苯达唑　每千克体重 10 毫克，拌入饲料喂服。

④ 枸橼酸哌嗪（驱蛔灵） 每千克体重 0.3 克，拌入饲料喂服。

224 怎样防治猪肺丝虫病？

猪肺丝虫病又称猪后圆线虫病，是由后圆线虫寄生在猪肺支气管内引起的寄生虫病。

【流行特点】 猪后圆线虫有 3 种，最常见的为长刺后圆线虫，寄生于猪的支气管和细支气管内，虫体呈乳白色细丝状，雄虫长 12～26 毫米，交合刺 2 根，丝状，长达 35 毫米，雌虫长 20～51 毫米。

本病流行比较广泛，往往造成地方性流行。一年四季均可发生，但夏、秋季多发。各种年龄的猪均可感染，幼龄猪易感性高，受害严重。病猪和带虫猪是本病的传染源，主要通过消化道感染。

蚯蚓是猪肺丝虫的中间宿主。成虫寄生于猪的支气管和细支气管内，产卵后，虫卵在猪咳嗽时咳出，或随痰吞下进入消化道，再随粪便排出体外。当虫卵或幼虫被蚯蚓吞食后，在蚯蚓体内经10～20 天发育成感染期幼虫。猪吞食这样的蚯蚓，在消化道内被消化，幼虫脱离蚯蚓钻入肠壁，经淋巴、血液循环到肺，最后在支气管发育为成虫。从猪吞食含感染性幼虫的蚯蚓到幼虫在肺内发育为成虫需25～35 天（图 7-10）。

【临床症状】 病猪轻度感染时症状不明显，严重感染时，主要症状是咳嗽，尤其是早晚和剧烈运动时表现明显，病猪精神委顿、食欲不振、消瘦、毛焦无光、呼吸困难。严重感染时，发出强力阵咳，一次能咳 40～60 声，咳嗽停止时随即表现吞咽动作（咽下痰、虫体和虫卵），眼结膜苍白，流鼻液，肺部有啰音。特别严重的病例，发生呕吐、腹泻，最后极度衰竭、窒息而死亡。

【病理变化】 剖检时主要病变在肺，病变处呈灰白色隆起，界限明显，支气管内有多量成团的虫体和黏液。

【鉴别诊断】

（1）猪肺丝虫病与猪气喘病的鉴别 二者均表现精神委顿、食欲不振、消瘦、咳嗽、呼吸困难等临床症状。气喘病虽然有咳嗽，

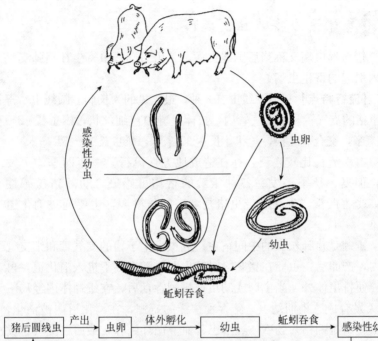

感染性幼虫

虫卵

幼虫

蚯蚓吞食

| 猪后圆线虫 | 产出 | 虫卵 | 体外孵化 | 幼虫 | 蚯蚓吞食 | 感染性幼虫 |

感染终末宿主

图 7 - 10　后圆线虫发育示意

但不是剧烈的长时间咳嗽，眼结膜发绀，不苍白，一般天气变化容易引起咳嗽，驱赶等应激因素可以使咳嗽加重；剖检可见肺脏呈对称的肉样变或虾肉样变，支气管内无虫体。

（2）猪肺丝虫病与猪气管炎的鉴别　二者均表现精神委顿、食欲不振、消瘦、咳嗽、呼吸困难等临床症状。猪气管炎病猪体温不高，不发生阵发性咳嗽；剖检可见支气管黏膜充血、有黏液，黏膜下水肿，气管、支气管内无虫体。

（3）猪肺丝虫病与猪蛔虫病的鉴别　二者均表现精神委顿、食欲不振、咳嗽、咳嗽后有吞咽动作、呼吸增速等临床症状。猪蛔虫病无痉挛性咳嗽，有时有呕吐、下痢，有时能呕出虫体。

【防治措施】

（1）对猪群定期进行驱虫，圈舍保持清洁、干燥，粪便堆积发酵，消灭虫卵。

（2）改放牧方式为舍饲方式，防止猪吃到野生蚯蚓。

（3）治疗

① 左旋咪唑　每千克体重 7～8 毫克，一次口服或肌内注射。

② 丙硫苯咪唑　每千克体重 10～15 毫克，混入饲料中口服。

③ 伊维菌素　每千克体重 0.3 毫克，一次皮下注射。

④ 枸橼酸乙胺嗪（海群生）　每千克体重 100 毫克，混入 10 毫升水中，皮下注射，每天 1 次，连用 3 天。

⑤ 青霉素、链霉素　对肺炎严重的病例，应在驱虫的同时，应用青霉素、链霉素等改善肺部状况。

225 怎样防治猪毛首线虫病？

猪毛首线虫病又称猪鞭虫病，是由毛首线虫寄生在猪肠道内引起的寄生虫病。

【流行特点】猪毛首线虫为一种乳白色线虫，虫体很明显地分成两部分，头部细长，尾部粗短，虫体外观很像一条鞭子，故又称猪鞭虫。猪毛首线虫的雄虫尾端呈螺旋状卷曲，体长 39～40 毫米；雌虫尾直，末端呈圆形，体长 40～50 毫米。

猪毛首线虫成虫寄生于猪盲肠内。性成熟的雌虫与雄虫交配排卵后，虫卵随粪便排出体外，在适宜的条件下，经 20～30 天发育成有侵袭性的虫卵，然后通过猪吃食、饮水、掘地进入猪的消化道，在肠道内幼虫逸出，钻入盲肠黏膜深处，约经 1.5 个月发育为成虫。

本病一年四季均可发生，但夏、秋季多发。各种年龄的猪均可感染，幼龄猪易感性高，2～4 月龄猪易感染受害，4～6 月龄感染率最高，以后易感性逐渐下降。病猪和带虫猪是本病的传染源，主要通过消化道感染。本病常与其他蠕虫，特别是蛔虫混合感染。

【临床症状】轻度感染时无临床症状，严重感染（虫体达数千条）时，病猪表现日渐消瘦、被毛粗乱、贫血、结膜苍白、顽固性下痢、粪便中带有血丝。随着下痢的发生，病猪瘦弱无力、步行摇晃、食欲消失、渴欲增加，最后衰弱而死。

【病理变化】在大肠尤其是盲肠中可见到大量虫体。虫体寄生部位周围有带血黏液，盲肠和结肠溃疡，并形成肉芽样结节。

【鉴别诊断】

（1）猪毛首线虫病与仔猪缺铁性贫血的鉴别　二者均表现精神委顿、日渐消瘦、被毛粗乱、贫血、结膜苍白等临床症状。仔猪缺铁性贫血多于仔猪出生后8～9天发生，以后随着年龄增大症状逐渐加重；表现被毛粗乱、皮肤及可视黏膜淡染甚至苍白、精神不振、食欲减退、离群伏卧、呼吸加快、消瘦、生长不均匀、易继发下痢或与便秘交替出现、腹蜷缩、异嗜、衰竭、血液色淡而稀薄且不易凝固；剖检可见肝肿大，脂肪变性呈淡灰色，肌肉淡红色。

（2）猪毛首线虫病与猪坏死杆菌病的鉴别　二者均表现精神委顿、日渐消瘦、腹泻等临床症状。猪坏死杆菌病的病原是坏死杆菌；有传染性，哺乳仔猪至成年猪均有发生，特别是2～5月龄的猪多发；主要表现精神不振、食欲减退、严重腹泻、生长停滞、体重减轻、被毛粗乱，如果病程延长，将会排出黑色焦油样至明显血样的粪便，以后逐渐变淡，特征性厌食，即对食物好奇，但又不吃。

（3）猪毛首线虫病与猪胃肠卡他的鉴别　二者均表现精神委顿、日渐消瘦、腹泻等临床症状。猪胃肠卡他表现食欲减退、咀嚼缓慢，体温多半无变化，常有呕吐或逆呕、渴欲强而贪饮、饮后又吐、粪干、眼结膜黄染、口臭，继而肠音增强，病猪时时努责排稀粪，粪中常夹杂黏液或血丝，最后甚至直肠脱出，稀粪污染肛门、后股和尾部。

（4）猪毛首线虫病与猪姜片吸虫病的鉴别　二者均表现精神不振、眼结膜苍白、贫血、被毛粗乱、食欲下降、拉稀、行走摇摆等临床症状。猪姜片吸虫病的病原是布氏姜片吸虫；病猪肚大股瘦，眼睑、腹下水肿；剖检可见小肠黏膜脱落呈糜烂状，姜片吸虫多寄生于小肠。

（5）猪毛首线虫病与猪华支睾吸虫病（肝吸虫病）的鉴别　二者均表现食欲减少、贫血、消瘦、下痢等临床症状。猪华支睾吸虫病的病原是华支睾吸虫；病猪多因吃生鱼虾而发病；剖检可见胆囊肿大，胆管变粗，胆管胆囊内有很多虫体。

（6）猪毛首线虫病与猪棘头虫病的鉴别　二者均表现食欲减退、贫血、消瘦、下痢等临床症状。猪棘头虫病的病原是巨吻棘头虫；一般8～10月龄猪感染（吃了金龟子的幼虫蛴螬后感染），虫体如穿透肠壁，体温可升至41℃；剖检可见呈乳白色或淡红色、长圆柱形、体表有横纹、体长7～15厘米的雄虫或体长30～68厘米的雌虫。

（7）猪毛首线虫病与猪食道口线虫病（结节虫病）的鉴别　二者均表现食欲不振、消瘦、贫血、下痢等临床症状。猪食道口线虫病的病原是食道口线虫；剖检可见幼虫在大肠黏膜下形成结节，结节周围有炎症，有齿食道口线虫引起的结节直径为1毫米，长尾食道口线虫的结节为6毫米，肉眼可见结节为黄色，破裂时形成溃疡，有时回肠也有结节。

（8）猪毛首线虫病与猪球虫病的鉴别　二者均表现食欲不振、被毛粗乱、腹泻、消瘦等临床症状。猪球虫病的病原是球虫；病猪间歇性腹泻，稀便中不带血液；直肠采粪经系列处理后镜检，可见含有孢子的卵囊。

【防治措施】

（1）在本病流行的猪场，每年春、秋两季对全群猪各驱虫一次，特别是对断奶后到6月龄的仔猪，应驱虫1～3次，妊娠母猪在产前3个月驱虫。

（2）加强饲养管理，对断奶仔猪应给予富含维生素和微量元素的饲料，以增加抵抗力，大、小猪宜分群饲养。

（3）猪舍及用具应定期消毒，用2‰～5‰氢氧化钠溶液（65℃以上）、生石灰、5％～10％石炭酸均可杀灭虫卵。

（4）保持饲料、饮水清洁，严防被猪粪污染。猪粪和垫草清除出舍后，应堆积发酵。

（5）治疗

① 左旋咪唑　每千克体重4～6毫克，肌内注射，或每千克体重8毫克，口服。

② 阿苯达唑　每千克体重10毫克，拌入饲料喂服。

③ 奥苯达唑　每千克体重10毫克，拌入饲料喂服。

④ 枸橼酸哌嗪（驱蛔灵）　每千克体重0.3克，拌入饲料喂服。

226 怎样防治猪胃线虫病？

猪胃线虫病是一种由螺咽胃虫寄生在猪胃内引起的寄生虫病。

【流行特点】本病的病原体是螺咽胃虫，为一种线虫，虫体呈淡红色，雄虫长4～7毫米，雌虫长5～10毫米，虫卵卵壳较厚，外有一层不平整的薄膜，内含幼虫。

螺咽胃虫成虫寄生于猪的胃内。性成熟的雌虫与雄虫交配排卵后，虫卵随粪便排出体外，被食粪甲虫吞食后在其体内发育为感染期幼虫，猪在吞食这些甲虫后感染。

本病流行比较广泛，全国各地均有发生，感染发病无季节性，但春、夏、秋季多发。各种年龄的猪均可感染，幼龄猪易感性高。病猪和带虫猪是本病的传染源，主要通过消化道感染。

【临床症状】轻度感染时往往不表现出症状，严重感染时，病猪表现食欲减退，渴欲增加，生长缓慢，消瘦，贫血，呕吐，急性或慢性胃炎。

【病理变化】胃内黏液很多，寄生部位黏膜红肿或覆盖假膜，虫体游离在胃内或部分深藏在胃黏膜内。

【鉴别诊断】

（1）猪胃线虫病与猪胃溃疡的鉴别　二者均表现贫血，排带血色黑粪，有时胃痛等临床症状。猪胃溃疡为普通病，多因运输、拥挤、饥饿、长期饲喂过细饲料而发病，病初磨牙、腹痛不安、经常呕吐；剖检可见贲门周围及胃底部有边缘整齐、大小不等的溃疡或糜烂，无虫体。

（2）猪胃线虫病与猪棘头虫病（钩头虫病）的鉴别　二者均表现贫血、腹痛、生长发育迟缓、粪便带血等临床症状。猪棘头虫病的病原是巨吻棘头虫；病猪下痢；剖检可见空肠有黄色或深红色豌豆大结节，可发现较大的虫体，雄虫长 7～15 厘米，雌虫长 30～68 厘米，体表有横纹。

（3）猪胃线虫病与猪毛首线虫病（猪鞭虫病）的鉴别　二者均表现贫血、消瘦、粪便带血、生长障碍等临床症状。猪毛首线虫病的病原是毛首线虫；病猪间歇性腹泻，粪便稀薄带血丝，有恶臭；剖检可见结肠黏膜呈暗红色，黏膜上布满乳白色细尖样虫体（前部钻入黏膜内），钻入处形成结节，数量很多，心肌松软苍白。

（4）猪胃线虫病与猪颚口线虫病的鉴别　二者均表现贫血、消瘦、粪便带血、生长障碍等临床症状。猪颚口线虫病的病原是刚棘颚口线虫；剖检可见虫体头部钻入胃壁处形成一个小窦，内含淡红色液体，虫体体表有小棘，头呈球状膨大，上有 9～12 个环列小钩。

【防治措施】

（1）对猪群定期进行驱虫，圈舍保持清洁、干燥，粪便堆积发酵，消灭虫卵。

（2）改放牧方式为舍饲方式，防止猪吃到甲虫。

（3）治疗

① 左旋咪唑　每千克体重 7～8 毫克，一次口服或肌内注射。

② 丙硫苯咪唑　每千克体重 10～15 毫克，混入饲料中口服。

③ 兽用敌百虫　每千克体重 0.1 克，总量不超过 7 克，口服。

227 怎样防治猪棘头虫病？

猪棘头虫病是一种由巨吻棘头虫寄生猪小肠内所引起的寄生虫病。

【流行特点】本病病原是巨吻棘头虫，虫体较大，雄虫长 70～150 毫米，雌虫长 300～680 毫米。虫体呈长圆柱形，前端粗，向后逐渐变细，体表有明显的环状皱纹，头端有一个可伸缩的吻突，在宿主体内寄生时，吻突插入黏膜，甚至穿透黏膜层。虫卵呈椭圆形，卵内有成形的小棘头蚴。

【流行特点】 本病流行比较广泛，放牧猪感染较多，常呈地方性流行，不同品种、年龄的猪均可感染，8～10 月龄猪感染率较高，有时人和犬、猫也可感染。病猪和带虫猪是本病的主要传染源，主要通过消化道感染。

猪棘头虫成虫寄生于猪的小肠，主要是空肠。性成熟的雌虫与雄虫交配排卵后，虫卵随粪便排出体外，被中间宿主金龟子或甲虫的幼虫（蛴螬）吞食后，在体内发育成感染期幼虫（称为棘头囊）。当猪吞食了含感染期幼虫的金龟子或甲虫后感染，中间宿主在猪消化道内被消化，棘头囊逸出，用吻突固着在小肠壁上，经 2～4 个月发育为成虫。棘头虫在猪体内寄生时间为 10～24 个月，死后随粪便排出（图 7-11）。

【临床症状】 病猪轻度感染时症状不明显，仅在后期表现消瘦。严重感染时食欲减退、消化不良、腹泻、尖叫不安，有时腹部着地爬行、粪便带血，病程较长者生长发育缓慢、贫血、消瘦、被毛发焦，最后常因肠壁穿孔、腹膜炎而死亡。

【病理变化】 剖检时可在小肠内找到虫体，有时虫体叮咬在肠壁上不易取下，肠黏膜局部坏死，甚至穿孔。

【鉴别诊断】

（1）猪棘头虫病与猪姜片吸虫病的鉴别　二者均表现贫血、下痢、消瘦、发育停滞等临床症状。猪姜片吸虫病的病原是布氏姜片吸虫；病猪因食用水生植物而发病，肚子很大，但是腿部很瘦，眼睑、腹下水肿；剖检可见小肠有姜片吸虫，形如斜切的姜片状。

（2）猪棘头虫病与猪毛首线虫病的鉴别　二者均表现贫血、下痢、消瘦、发育停滞等临床症状。猪毛首线虫病的病原是毛首线虫；病猪表现顽固性腹泻，有恶臭；剖检可见结肠暗红色，黏膜布满乳白色针尖样虫体，胸腔、腹腔有淡黄色液体，心肌松软、苍白。

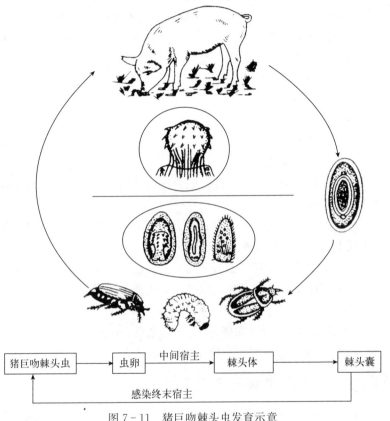

图 7-11　猪巨吻棘头虫发育示意

（3）猪棘头虫病与猪食道口线虫病的鉴别　二者均表现贫血、下痢、消瘦、生长停滞等临床症状。猪食道口线虫病的病原是食道口线虫；病猪表现便秘，如果有细菌感染，可见到化脓性大肠炎；剖检可见幼虫在大肠黏膜下形成结节，小的直径 1 毫米，大的直径达 6 毫米，黄色，结节破裂形成溃疡。

（4）猪棘头虫病与猪蛔虫病的鉴别　二者均表现体温升高、贫血、消瘦、生长停滞等临床症状。猪蛔虫病的病原是蛔虫；病猪表现出咳嗽、呼吸困难症状，虫体较小，体表无横纹。

（5）猪棘头虫病与猪囊虫病的鉴别　二者均表现贫血、消瘦、生长停滞等临床症状。猪囊虫病的病原是囊虫；病猪表现眼睑肿胀、咀嚼、吞咽困难，叫声嘶哑，肌肉僵硬，运动障碍等，同时表现为腮、耳后宽，肩臀肥大、腰部较细，显得肢体不够协调，舌下可见到半透明米粒状包囊；剖检可见肌肉苍白而湿润，肌肉中可见到豌豆大的囊虫。

【防治措施】

（1）对猪群定期进行驱虫，在本病流行地区，每年春、秋季各驱虫一次，以减少感染。

（2）加强猪群的饲养管理，圈舍保持清洁、干燥，粪便堆积发酵，消灭虫卵。

（3）饲养方式改放牧为舍饲，尤其是在6—7月份甲虫或金龟子活跃季节，以防止猪吃到中间宿主。

（4）采取必要措施，消灭中间宿主。在本病流行地区，可在猪场外的适宜地点设置诱虫灯，以捕杀甲虫或金龟子等。

（5）治疗

① 左旋咪唑　每千克体重15～18毫克，口服。

② 丙硫苯咪唑　每千克体重10～15毫克，混入饲料中口服。

228 怎样防治猪旋毛虫病？

旋毛虫病是一种由旋毛虫成虫寄生于小肠，幼虫寄生于横纹肌而引起的人畜共患寄生虫病。

【流行特点】 旋毛虫是一种纤细的小线虫，成虫为白色，前细后粗，肉眼勉强可以看见。雄虫长1.4～1.6毫米，雌虫长3～4毫米。

本病存在着广大的自然疫源，多种哺乳动物可以感染，其中以肉食动物、杂食动物常见。本病流行有很强的地域性，往往在一个省集中分布于某个地区，同一乡的各村间可存在从无感染到严重感染的差异，可在疫源点内恶性循环和随疫源的流动而向外散播。

旋毛虫为多宿主寄生虫，其成虫寄生于宿主的小肠，幼虫寄生于同一宿主的肌肉。当人或动物吃了含有旋毛虫幼虫包囊的肉后，包囊被消化，幼虫逸出钻入十二指肠和空肠黏膜内，经 1.5～3 天发育为成虫。性成熟的雄、雌虫交配后，雄虫死亡，雌虫钻入肠腺或黏膜下淋巴间隙中产幼虫，大部分幼虫经肠系膜淋巴到达胸导管，经前腔静脉流入心脏，然后随血流散布全身，横纹肌是旋毛虫幼虫最适宜的寄生部位，其他如心肌、肌肉表面的脂肪，甚至脑、脊髓中也曾发现过虫体。刚进入肌纤维的幼虫是直的，随后迅速发育增大，经 7～8 周逐渐卷曲形成包囊，约 6 个月后包囊增厚，囊内发生钙化。钙化后幼虫的感染力下降，包囊内幼虫生存时间由数年到 25 年不等（图 7-12）。

图 7-12　旋毛虫发育示意

【临床症状】猪对旋毛虫寄生有很强的耐受力，少量感染时无症状。严重感染时，病猪通常在 3～5 天后体温升高、腹泻、腹痛、呕吐、食欲减退、后肢麻痹、长期卧睡不起、呼吸减弱、发声嘶哑，有的眼睑和四肢水肿、肌肉发痒、疼痛，有的发生强直性肌肉痉挛，死亡很多。耐过猪多于 4～6 周后康复。

【病理变化】成虫引起肠黏膜损伤、出血、黏液增加，幼虫引起肌纤维纺锤状扩展，随着幼虫发育和生长，其周围逐渐形成包囊，病久后包囊钙化。

【鉴别诊断】

(1) 猪旋毛虫病与猪囊虫病的鉴别　二者均表现眼泡肿胀、咀嚼、吞咽困难，叫声嘶哑，肌肉僵硬，运动障碍等临床症状。猪囊虫病的病原是囊虫；病猪表现为大腮，耳后宽，肩臀肥大，腰部较细，显得肢体不够协调，舌下可见到半透明、米粒状包囊；剖检可见肌肉苍白而湿润，肌肉中可见到米粒大到豌豆大的囊尾蚴。

(2) 猪旋毛虫病与猪水肿病的鉴别　二者均表现食欲减退、精神不振、运动障碍等临床症状。猪水肿病的病原是致病性大肠杆菌；主要发生于膘情好的断奶前后的仔猪，呈散发，出现症状的病猪几乎全部死亡；病猪眼睑、颊部、腹部和颈部均可见到皮下水肿，肌肉震颤、抽搐，出现盲目前进及转圈运动；剖检可见胃黏膜充血、水肿，黏膜下有胶冻样浸润，水肿厚度程度严重的可达 2～3 厘米；从小肠和肠系膜淋巴结中可以分离出致病性大肠杆菌。

(3) 猪旋毛虫病与猪住肉孢子虫病的鉴别　二者均表现食欲减退、体温升高、肌肉僵硬、消瘦、腹泻等临床症状。猪住肉孢子虫病的病原是住肉孢子虫；病猪表现为贫血；剖检可见肾苍白，胃肠黏膜充血，胸、腹水增加，肌肉水样褪色，含有小白点，陈旧的已经钙化，小囊周围有细胞浸润，肌肉萎缩，除结晶颗粒外并无幼虫存在。

【防治措施】

(1) 加强猪群的饲养管理，改散养方式为圈养方式，做好猪场的清洁卫生工作，防止猪吃患病动物的尸体、粪便和内脏，禁止用未经处理的肉屑喂猪，加强猪场内灭鼠工作。

（2）加强屠宰场及集市肉品的卫生检验，严格无害化处理带虫肉（高温、加工、工业用或销毁）。

（3）提倡熟食，改变生食肉类的习惯，对一些半熟风味食品的肉类要做好检查工作。厨房用具应生、熟分开，不能混用，并注意经常清洗和消毒，养成良好的卫生习惯，防止寄生虫病的感染。

（4）治疗

① 噻苯咪唑　每千克体重50～100毫克，1次口服，连用5～10天。

② 阿苯达唑　每千克体重100毫克，1次口服，连用5～7天。

229 怎样防治猪弓形虫病？

猪弓形虫病又称猪弓形体病，是由弓形虫引起的人畜共患寄生虫病。

【病原特性】弓形虫为很微细的原虫，样子似弓形。虫体在猪、人等中间宿主内有滋养体和包囊体两种形式：滋养体一端稍尖，一端钝圆形，核位于中央或稍偏于钝端，钝端大小为4～8微米，锐端大小为1.5～4微米，呈半月状、香蕉形、梭形、梨形或椭圆形；包囊体呈圆形或椭圆形，直径为10～50微米，其中充满滋养体。在终末宿主猫体内有裂殖体、配子体和卵囊：卵囊呈椭圆形或类圆形，淡绿色，抵抗力很强，能耐酸、碱和普通消毒剂，在温暖潮湿的环境中存活1年仍有感染力。

【流行特点】本病分布很广，多种动物均可感染。其感染可通过口、眼、鼻、咽、呼吸道、肠道、皮肤等多种途径，严重感染期间还可通过胎盘垂直传播。患畜的尸体、内脏、血液、排泄物中均含有弓形虫。猪是弓形虫病的主要传播者和重要传染源，在本病的传播中起着重要作用。

在本病感染链中，当猫吃到弓形虫的滋养体或卵囊后，其在猫肠内逸出子孢子或滋养体，一部分进入血液，在猫体内无性繁殖，另一部分进入宿主的小肠上皮变成裂殖体，形成裂殖子，又进入新的上皮细胞，发育为小配子和大配子，两者结合为合子，再发育为卵囊，随粪便排出。被猪吞食的卵囊，在猪肠内逸出子孢子，进入血液，经血液循环到猪全身各处细胞内无性繁殖，引发弓形虫病。

【临床症状】潜伏期为3～7天。病猪表现精神沉郁，结膜高度发绀，皮肤上有紫红色斑块，体温升高到40.5～42℃，并持续7～10天，结膜充血，常见有眼屎，鼻镜干燥，鼻孔有浆液性、黏液性或脓性鼻液流出，呼吸困难，全身发抖，食欲减退或废绝。发病初期便秘，后期下痢，排出水样或黏液性或脓性恶臭粪便，最后卧地不起，因极度衰竭、窒息而死亡。一般病程为10天左右。妊娠母猪可发生流产、产死胎。

【病理变化】病死猪头、耳、下腹部等皮肤发紫，全身淋巴结，特别是肺门淋巴结肿大、充血出血，切面外翻、多汁，甚至呈紫黑色。肺呈紫黑色，被膜光滑，充血水肿，间质增宽，切面外翻，有多量泡沫样液体流出。肝肿大，呈灰黄色，常见有散在针尖大小或小米粒大小的坏死灶。肾呈土黄色，散布有小出血点。镜检病猪肺、肝和淋巴结，可发现弓形虫虫体。

【鉴别诊断】

（1）猪弓形虫病与急性败血症型猪丹毒的鉴别　二者均表现精神沉郁、体温升高、皮肤发红等临床症状。急性败血症型猪丹毒表现皮肤不发绀；病猪的粪便不呈暗红色或煤焦油样，无呼吸困难症状；亚急性病例，主要表现皮肤出现方形、菱形的疹块，突起于皮肤表面；剖检可见脾脏呈樱桃红色或暗红色，慢性病例可见心瓣膜有菜花样血栓赘生物。

（2）猪弓形虫病与猪瘟的鉴别　二者均表现精神沉郁、体温升高，皮肤发红、发绀等临床症状。猪瘟虽然可见全身性皮肤发绀，却不见咳嗽、呼吸困难症状；剖检可见病猪肾脏、膀胱点状出血，脾脏有出血性梗死，慢性病例可见回盲瓣处纽扣状溃疡，肝脏无灰白色坏死灶，肺脏不见间质增宽，无胶冻样物质。

（3）猪弓形虫病与猪肺疫的鉴别　二者均表现精神沉郁、体温升高，皮肤发红、发绀，呼吸困难等临床症状。对于猪肺疫病猪，胸部听诊可以听到啰音和摩擦音，叩诊肋部疼痛，加剧咳嗽，呈犬坐姿势；剖检可见病猪肺被膜粗糙，有纤维素性薄膜，肺切面呈暗红色和淡黄色，如大理石样花纹。

（4）猪弓形虫病与猪链球菌病（败血症型）的鉴别　二者均表现精神沉郁、体温升高、皮肤发红、呼吸困难等临床症状。猪链球菌病的不同病型表现出多种症状，如关节型表现出跛行，神经型表现共济失调、磨牙、昏睡等神经症状；剖检可见病猪脾脏肿大 1～2倍，呈暗红或蓝紫色，肾肿大、出血、充血，少数肿大 1～2 倍。

（5）猪弓形虫病与猪附红细胞体病的鉴别　二者均表现精神沉郁、体温升高、皮肤发红、呼吸困难等临床症状。猪附红细胞体病表现为咳嗽、气喘、全身发抖、叫声嘶哑，可视黏膜先充血后苍白、轻度黄染，血液稀薄；剖检时病猪血液凝固不良，肝脏表面有黄色条纹坏死区。

（6）猪弓形虫病与猪焦虫病的鉴别　二者均表现精神沉郁、体温升高、皮肤发红等临床症状。猪焦虫病表现呕吐，眼结膜初充血后苍白或黄白；剖检可见病猪全身肌肉出血，特别是肩、腰、背部严重，呈红色糜烂状；血液检查红细胞数为 312 万～420 万个/毫米^3，大小不一；血液涂片用甲醛固定后使用姬姆萨-瑞氏染液混染，可观察到红细胞内有圆形、环形、椭圆形、单梨形或双梨形虫体存在。

【防治措施】

（1）猪场应全面开展灭鼠活动，禁止养猫，如有野猫，设法扑灭。

（2）保持猪舍卫生，及时清除粪便，定期对环境、用具进行消毒。

（3）治疗

① 磺胺嘧啶（每千克体重 70 毫克）＋甲氧苄啶（每千克体重 14 毫克），口服，每天 2 次，连用 3～5 天。

② 磺胺六甲氧嘧啶　每千克体重 60～100 毫克，口服，或配

合甲氧苄啶 14 毫克，每天 1 次，连用 4 天。

230 怎样防治猪疥癣？

猪疥癣是一种由疥螨寄生于猪皮肤而引起的慢性皮肤寄生虫病。

【流行特点】疥螨成虫呈灰白色或略带黄色，外形椭圆形，形似蜘蛛，有 4 对足，在足的末端有吸盘或刚毛。虫体很小，肉眼很难看到，雄虫大小为（0.23～0.34）毫米×（0.17～0.24）毫米，雌虫大小为（0.34～0.51）毫米×（0.28～0.36）毫米。虫卵呈椭圆形，大小为 0.15 毫米×0.1 毫米。疥螨在潮湿、寒冷环境中生命力强，而对干燥、温暖及阳光直射的抵抗力很弱。

疥螨在猪皮肤内挖隧道寄生，以淋巴液和组织浆液为食，并在洞内产卵繁殖后代。一个雌虫每天产卵 1～2 个。虫卵经过 3～4 天变为幼虫，再过 2～3 天变成若虫，若虫再经过 3～4 天发育为成虫。性成熟的雌虫与雄虫交配，雌虫在 3～4 天后开始产卵。猪疥螨虫从虫卵发育至成虫需要 10～12 天。

本病各种年龄的猪均可感染，但以仔猪多发。感染发病没有季节性，但秋、冬、春季发病较多，夏季发病较少。带螨猪是主要传染源，健康猪通过与病猪直接接触或接触被污染的栏杆、用具、杂物等而感染。饲养管理或卫生条件差的猪场都会有本病的发生。

【临床症状】病变主要发生在皮肤细薄、被毛较少的头颈、肩胛等部位。大部分先发生在头部，特别是眼睛周围，严重时可蔓延至腹部、四肢乃至全身。由于疥螨的口器刺入皮下吸食淋巴液和组织浆，患部开始发红，局部发炎，瘙痒，经常在墙角、猪栏等粗糙处摩擦。数日后皮肤上出现小结节，随后破溃，结成痂皮，被毛脱落。病情严重时出现皮肤干裂，食欲减退，生长停滞，逐渐消瘦，甚至引起死亡。

【鉴别诊断】

（1）猪疥癣与猪湿疹的鉴别　二者均表现皮肤发红，有丘疹、水疱、瘙痒、结痂等临床症状。湿疹病猪先出现红斑，微肿而后出现丘疹（豌豆大），水疱破裂后出现鲜红溃烂面；病变皮肤刮取物检不出疥螨。

（2）猪疥癣与猪皮肤真菌病的鉴别　二者均表现皮肤潮红、瘙痒、擦痒、有痂皮覆盖等临床症状。猪皮肤真菌病的病原是致病性真菌；多发生于头、颈、肩部手掌大的有限区域，几乎不脱毛，经4～8周能自愈；取患部毛或搔脱物镜检有菌丝或孢子存在。

（3）猪疥癣与猪虱病的鉴别　二者均表现皮肤瘙痒、擦痒、不安、消瘦等临床症状。猪虱病的病原是猪虱；在病猪下颌、颈下、腋下、股内部皮肤增厚处，可找到猪虱。

【防治措施】

（1）保持圈舍通风、透光、干燥、清洁，冬、春季节勤换垫草。

（2）猪群不能过于拥挤，定期消毒圈栏、用具等。

（3）对新引进的猪应仔细检查，确定无疥螨才能合群饲养。

（4）对猪群进行定期驱虫、消毒。

（5）治疗

① 敌百虫　配成1％～3％溶液喷洒猪体或擦洗患部。若间隔10～14天再用一次，效果更好。敌百虫溶液要现用现配，不宜久存。

② 伊维菌素　每千克体重0.3毫克，皮下注射或浅层肌内注射，药效可维持20天左右。

③ 螨净　用25％螨净1毫升，加水1 000毫升喷洒。

231 怎样防治猪虱病？

猪虱病是一种由猪虱寄生于猪体表面而引起的体表寄生虫病。

【病原特性】猪虱体型较大，肉眼容易看见。雄虫长3.5～4.15毫米，雌虫长4～6毫米。体形扁平，呈灰黄色，体表有小刺。虫体由头、胸、腹3部分组成。虫卵呈长椭圆形，黄白色，着于被毛上。

【流行特点】本病各种年龄的猪均可感染，一年四季均可发生，但以寒冷季节感染严重。带虫猪是传染源，通过直接或间接接触传播，在场地狭窄、猪密集拥挤、管理不良时最易感染。也可通过垫草、用具等引起间接感染。

雌虱日产卵1～4枚，一生可产卵50～80枚。在产卵时能分泌一种物质，可把虫卵黏附在毛上或鬃上。虫卵经过12～15天孵化出幼虱，幼虱吸食血液，再经过10～14天，脱皮3次，发育为成虫。性成熟的雌虱与雄虱交配，经过10天左右开始产卵。猪虱终生生活在猪体上，离开猪体后能生活1～10天。当病猪与健康猪接触，猪虱就可以爬到健康猪身上。

【临床症状】猪虱多寄生于耳朵周围、体侧、臀部等处，严重时全身均可寄生。成虫叮咬吸血刺激病猪皮肤，引起皮肤发炎、出现小结节，猪经常搔痒和磨蹭，造成被毛脱落、皮肤损伤。幼龄仔猪感染后，症状比较严重，常因瘙痒不安，影响休息和食欲，以至影响生长发育。

【鉴别诊断】

(1) 猪虱病与猪感觉过敏的鉴别　二者均表现体表瘙痒，因搔痒导致皮肤损伤、被毛脱落等临床症状。猪感觉过敏是因吃荞麦或其他致敏饲料而发病；皮肤上出现疹块和水肿，严重时疹块成脓疱，破溃结痂，白天有阳光时症状加重，夜里症状减轻，体表无虱。

(2) 猪虱病与猪皮肤霉菌病的鉴别　二者均表现皮肤瘙痒等临床症状。猪皮肤霉菌病的病原是霉菌；病猪皮肤中度潮红，不脱毛，有小水疱，有痂皮覆盖；取患部毛或搔脱物加10%氢氧化钾溶液镜检，可见菌丝和孢子，体表无虱。

(3) 猪虱病与猪锌缺乏症的鉴别　二者均表现消瘦，皮肤瘙痒，因搔痒导致皮肤损伤等临床症状。猪锌缺乏症是因缺锌而发病；病猪皮肤有小红点，经2～3天后破溃结痂，重时连片，皮肤粗糙呈网状干裂，同时一蹄或数蹄出现纵裂或横裂，蹄壁无光泽；血清锌含量由正常0.98微克/毫升降到0.22微克/毫升，体表无虱。

（4）猪虱病与猪疥癣的鉴别　二者均表现皮肤瘙痒、不安、消瘦、擦痒等临床症状。猪疥癣的病原是疥螨；病猪体表无虱；取患部刮取物放在黑纸或黑玻片上在光亮处用放大镜观察，可见活的疥螨。

【防治措施】

（1）保持圈舍通风、透光、干燥、清洁，冬、春季节勤换垫草。

（2）猪群不能过于拥挤，定期消毒圈栏、用具等。

（3）对新引进的猪应仔细检查，确定无虱才能合群饲养。

（4）对猪群定期驱虫、消毒。

（5）治疗

① 敌百虫　溶解在水中，配成 1%～3% 溶液喷洒猪体或擦洗患部。若间隔 10～14 天再用一次，效果更好。敌百虫水溶液要现用现配，不宜久存。

② 伊维菌素　每千克体重 0.3 毫克，皮下注射或浅层肌内注射。

232 怎样防治猪亚硝酸盐中毒？

【病因】青菜类饲料（如白菜、卷心菜、萝卜叶、甜菜叶等）均含有一定量的硝酸盐和少量的亚硝酸盐，当长期堆积发生腐烂，或焖煮且长久焖在锅内贮存时，其中的硝酸盐大量转为有毒性的亚硝酸盐，这些亚硝酸盐被猪吃入体内后，猪血液中氧合血红蛋白转变成高铁血红蛋白，失去携氧能力，导致全身组织器官缺氧、呼吸中枢麻痹而死亡。

【临床症状】病猪表现为食后 10～30 分钟突然发病，狂躁不安、有疼痛感，呕吐，流涎，呼吸困难，心跳加快，走路摇摆乱撞、转圈，皮肤、耳尖、嘴唇及鼻盘等部位开始苍白，后变为青紫色，四肢及耳发凉，体温下降，倒地痉挛，口吐白沫，如不及时抢救，很快死亡。中毒轻者可逐渐恢复。

【病理变化】病猪血液呈酱油色、凝固不良，胃内充满食物，胃肠黏膜呈现不同程度的充血、出血，肝、肾呈乌紫色，肺充血，气管和支气管黏膜充血、出血，管腔中充满带红色的泡沫状液体，心外膜、心肌有出血斑点。严重病例，其胃黏膜脱落或溃疡。

【鉴别诊断】

（1）猪亚硝酸盐中毒与猪氢氰酸中毒的鉴别　二者均食后不久发病，表现呕吐、流涎、腹痛、呼吸困难、惊厥、痉挛、皮肤和可视黏膜先发绀后变苍白等临床症状。猪氢氰酸中毒是因采食木薯、高粱、玉米嫩苗、亚麻子，或桃、李、杏、梅的果仁和叶而发病；病猪牙关紧闭，眼球转动或突出，头常歪向一侧；剖检可见血液鲜红、凝固不良，胃内容物有杏仁味；取被检材料5～10克加适量水调成糊状，加10%硫酸呈酸性，瓶口加盖滤纸，并先在滤纸中心滴2滴20%硫酸亚铁溶液及2滴10%氢氧化钠溶液，小心缓慢加热，数分钟后气体上升，再在滤纸上加10%盐酸，若被检材料有氰化物存在，则滤纸中心呈蓝色，阴性反应滤纸中心呈黄色。

（2）猪亚硝酸盐中毒与猪毒芹中毒的鉴别　二者均表现采食后不安、流涎、呕吐、抽搐、呼吸急促、卧地不起等临床症状。猪毒芹中毒是因采食毒芹而发病；病猪初兴奋不安，常呈右侧横卧的麻痹状态，若使左侧卧则高声尖叫，恢复右侧卧则安静，血液稀薄发暗；取病猪胃内容物或脑捣碎经提取处理后的残渣溶于少量水中，置载玻片上加盐酸2滴，蒸干即残留盐酸毒芹碱的结晶（镜检为无色或淡黄色针状或柱状结晶，并有折光性虹彩），残渣加0.5%高锰酸钾的硫酸溶液呈紫色。

（3）猪亚硝酸盐中毒与猪有机氟化物中毒的鉴别　二者均表现呕吐、全身震颤、四肢抽搐、尖叫、瞳孔散大、昏迷、血液凝固不良、胃黏膜充血脱落、气管有泡沫等临床症状和病理变化。猪有机氟化物中毒是因吃被有机氟化物污染的饲料、饮水而发病；病初猪惊恐、尖叫，向前直冲，不避障碍，角弓反张，出现缓和后又会重新发作；用羟肟酸反应法检验，如有氟乙酰胺，呈现红色。

（4）猪亚硝酸盐中毒与猪苦楝中毒的鉴别　二者均表现绝食，

呕吐，流涎，皮肤发绀，体温下降，四肢发凉，心跳快速，呼吸困难，痉挛，倒地不起，血液暗红、凝固不良等临床症状和病理变化。猪苦楝中毒是因吃苦楝或用苦楝皮驱虫而发病；病猪卧地不起，强迫其行走则四肢发抖，强迫站立头触地，前肢跪下，后肢弯曲；剖检可见病猪气管有白色泡沫（不是血色泡沫），腹水色黄、浑浊而黏稠，胃贲门区黏膜布满粟粒大灰白色中央凹陷的小点，十二指肠黏膜呈泥土色，内容物有赭色气泡，空肠黏膜呈鲜红色，小肠后段呈乌红色。

（5）猪亚硝酸盐中毒与猪桎麻中毒的鉴别　二者均表现绝食，呕吐，流涎，瞳孔散大，呼吸困难，心跳超过 100 次/分，黏膜、皮肤发绀，血液凝固不良等临床症状和病理变化。猪桎麻中毒是因吃桎麻子或其粉而发病；病猪伸舌磨牙，腹泻（粪便初呈灰白色，后变黑红色，有腥臭味），呼吸如拉风箱，后期体温升至 41～41.5℃；剖检可见回肠后段和大结肠有大小不同的出血斑，在出血严重的部位覆有一层厚纤维素伪膜，有的盲肠肿胀肥大，有类似猪瘟的溃疡。

【防治措施】

（1）饲料应清洁、新鲜，堆放在通风的地方，经常翻动，不使其霉烂。

（2）不用发热霉烂的菜叶等喂猪，青饲料要鲜喂，切忌蒸煮和加盖焖熟。

（3）如猪发病，尽快剪耳、断尾放血，静脉或肌内注射 1%美蓝溶液（每千克体重 1 毫升），口服或注射大剂量维生素 C，静脉注射葡萄糖溶液。心脏衰弱时可注射樟脑咖啡因。

233 怎样防治猪氢氰酸中毒？

【病因】 高粱和玉米幼苗、亚麻叶、亚麻饼、桃、李、杏仁等均含有大量氰苷类物质，被猪食用后，在其体内经酶水解作用，这些氰苷类物质转化为剧毒的氢氰酸，使猪中毒。

【临床症状】 病猪表现为饱食后突然发病，表现呼吸困难、张嘴伸颈、瞳孔放大、流涎，腹部疼痛、起卧不安、有时呈犬坐姿势、呕吐，黏膜和皮肤呈青紫色，后期呈苍白色，四肢及耳发凉，剪耳和尾时不流血或只流出少量血，最后昏迷，肌肉痉挛，窒息而死。中毒轻的可自然耐过。

【病理变化】病猪尸体不易腐败，血液呈鲜红色、凝固不良，胃内充满气体、含有未消化的饲料，并有氢氰酸的特殊臭味，胃肠黏膜和浆膜出血，肺水肿或充血。

【鉴别诊断】

（1）猪氢氰酸中毒与猪亚硝酸盐中毒的鉴别　二者均表现食后突然发病，流涎、腹痛、呼吸困难、瞳孔放大、尖叫、倒地昏迷等临床症状。猪亚硝酸盐中毒是因吃了焖煮或堆放发热的蔬菜而发病，可视黏膜和皮肤呈蓝紫色或乌紫色，震颤抽搐；剖检可见血液呈黑红或咖啡色，似酱油，凝固不良，胃内容物无杏仁味；取病料1滴置于滤纸上，加10%联苯胺1～2滴，再加10%醋酸液1～2滴，滤纸变为棕色。

（2）猪氢氰酸中毒与猪食盐中毒的鉴别　二者均表现流涎、呕吐、腹痛、瞳孔放大等临床症状。猪食盐中毒是因吃含盐量多的饲料而发病；病猪兴奋时盲目奔跑，口渴喜饮，尿少或无尿，口腔黏膜肿胀，角弓反张，四肢做游泳动作，有时癫痫发作，皮肤发绀；剖检可见血液凝固不良成糊状（不呈鲜红色），脑水肿。

（3）猪氢氰酸中毒与猪毒芹中毒的鉴别　二者均表现流涎、兴奋不安、呕吐、呼吸困难、痉挛等临床症状。猪毒芹中毒是因吃毒芹而发病；病猪步态蹒跚，卧地不起，呈麻痹状态，常呈右侧卧，使之左侧卧则鸣叫，恢复右侧卧则安静；剖检可见胃黏膜重度充血、出血、肿胀，血液稀薄，色发暗。

【防治措施】

（1）用含有氰苷类物质的饲料喂猪时要限量，特别是生的高粱、玉米等幼苗。

（2）如发病，可先应用1%硫酸铜50毫升或吐根酊1～5毫升，催吐后再用0.1%高锰酸钾溶液反复洗胃；静脉注射10%～

20％硫代硫酸钠溶液 30～50 毫升及 5％维生素 C 注射液 2～10 毫升；或 1％美蓝溶液，每千克体重 1 毫升，静脉注射。

234 怎样防治猪棉籽饼中毒？

【病因】棉籽饼富含蛋白质，但同时也含有毒物质——棉籽毒素（已知有游离棉酚、棉酚紫、棉酚绿等）。棉籽毒素在猪体内排泄缓慢，有蓄积作用，一次大量喂给或长期饲喂时均可能引起中毒。妊娠母猪和仔猪对棉籽毒素特别敏感，哺乳母猪饲喂了大量未经处理的棉籽饼，不仅易引起哺乳母猪中毒，还可通过乳汁引起仔猪中毒。

【临床症状】中毒较轻的猪仅见食欲减退、下痢。重症猪精神沉郁，食欲减退或废绝，粪便呈黑褐色，先便秘后腹泻，混有黏液和血液。患猪皮肤发绀，尤以耳尖、尾部明显；后肢软弱无力，走路摇晃、发抖；心跳、呼吸加快，鼻内有分泌物流出，结膜暗红色，有黏性分泌物；肾炎，血尿；血红蛋白和红细胞减少，出现维生素 A 缺乏症，眼炎，夜盲症或双目失明。妊娠母猪发生流产。

【病理变化】病猪胃肠黏膜有卡他性或出血性炎症，肝充血、肿大，肺充血、水肿，肾肿大、出血，胸腹腔有红色透明的渗出液，全身淋巴结肿大。

【鉴别诊断】

（1）猪棉籽饼中毒与猪丹毒（疹块型）的鉴别　二者均表现精神不振、皮肤有疹块、腹下潮红、体温高（41℃）、孕猪流产等临床症状。猪丹毒的病原是猪丹毒丝菌，具有传染性；病猪没有饲喂棉籽饼史，病势较缓慢和轻微，疹块呈方形、菱形、圆形，高出于皮肤，出现疹块后体温下降，经数日能自行恢复，不出现昏睡、胸腹下水肿；采耳静脉血或切开疹块挤出血液和渗出液涂片，染色镜检可见猪丹毒丝菌。

（2）猪棉籽饼中毒与猪桑葚心病的鉴别　二者均表现精神沉郁、绝食、肌肉震颤、心内外膜有出血点等临床症状和病理变化。

猪桑葚心病多在应激因素下突然发生；病猪没有饲喂棉籽饼史；剖检可见心包、胸腹腔有草黄色积液，暴露于空气中凝结成块，心肌广泛出血，呈斑点状或条纹状，如同紫红色的桑葚，肺、肝、肾、胃和肠淤血、水肿，腹股部及剑状软骨附近的肌肉、肌间结缔组织水肿。

（3）猪棉籽饼中毒与猪菜籽饼中毒的鉴别　二者均表现精神沉郁，拱腰，后肢软弱，减食或废食，流鼻液，下痢带血，心跳、呼吸加快等临床症状，以及气管有泡沫，胸腔有积液，心内膜有出血，胃肠有出血性炎症等病理变化。猪菜籽饼中毒是因猪吃了未去毒的菜籽饼而发病，肾区有压痛，尿频，血尿，排尿痛苦，尿液落地起泡沫且很快凝固；剖检可见病猪喉气管有淡红色泡沫，肝肿大，膈面呈黄褐色或暗红色，其他部位呈黄绿色，肾被膜易剥离，表面呈黄色或灰白色，有淤血点或出血点，切面皮质、髓质界限不清。

【防治措施】

（1）限制棉籽饼饲喂量　用棉籽饼喂猪时，应限制每日喂量。成年猪饲粮中棉籽饼不超过 5%，母猪每天不超过 250 克；妊娠母猪产前 15 天停喂，产后 15 天再喂；断奶仔猪每天喂量不超过 100 克；不应长期连续饲喂棉籽饼，一般可间断性饲喂，如喂 15 天，停 15 天再喂；有条件时，妊娠母猪、哺乳母猪及仔猪最好不喂给棉籽饼。

（2）加热减毒　棉籽饼最好能经过炒、蒸的过程，使游离的棉酚变为结合棉酚，以减轻棉酚的毒性。

（3）加铁去毒　用 0.1%～0.2% 硫酸亚铁溶液浸泡棉籽饼，对棉酚的破坏率可达到 81.81%。

（4）治疗　若发现猪因棉籽饼中毒，必须立即停喂棉籽饼，改换其他饲料。治疗时，可用 5% 碳酸氢钠溶液洗胃或灌肠；胃肠炎不严重时，可内服盐类泻剂，如内服硫酸钠或硫酸镁 25～50 克；胃肠炎严重时，使用消炎剂、收敛剂，如口服磺胺脒 5～10 克、鞣酸蛋白 2～5 克。另外，安钠咖注射液 5～10 毫升，皮下或肌内注射；5％葡萄糖盐水注射液 300～500 毫升，静脉或腹腔注射。

235 怎样防治猪菜籽饼中毒？

【病因】菜籽饼是一种蛋白质饲料，其中含有芥子苷、芥子酸钾、芥子酶和芥子碱等成分，特别是芥子苷在芥子酶作用下，可水解形成异硫酸丙烯酯或丙烯基芥子油等有毒成分。若不经处理，长期或大量饲喂可引起猪中毒。

【临床症状】病猪表现为腹痛、腹泻，粪便带血，食欲减退或废绝，口吐白沫，有时出现呕吐现象，排尿次数增多，有时尿中有血，呼吸困难、咳嗽，鼻腔流出泡沫样液体，结膜发绀。严重中毒时，病猪精神极度沉郁，四肢无力，站立不稳，体温下降，耳尖和四肢末端发凉，瞳孔放大，心脏衰弱，最后虚脱而死。

【病理变化】病猪肠黏膜充血或点状出血，胃内有少量凝血块，肾出血，肝混浊肿胀，心内外膜有点状出血，肺水肿、气肿，血液如漆样且凝固不良。

【鉴别诊断】

（1）猪菜籽饼中毒与猪酒糟中毒的鉴别　二者均表现体温初高（39～41℃）后降低，食欲废绝，步态不稳，腹痛、腹泻，呼吸、心跳加快，有时尿红，胃肠黏膜充血、出血，肾肿大、苍白，肝肿大、边缘钝圆等临床症状和病理变化。猪酒糟中毒是因饲喂酒糟而发病；病初兴奋不安，便秘，卧地不起，四肢麻痹，昏迷；剖检可见病猪咽喉黏膜轻度炎症，食道黏膜充血，胃内有土褐色、酒味的酒糟，胃肠黏膜有充血、出血点（无浅溃疡），肠管有微量血块，直肠肿胀、黏膜脱落，脑和脑膜充血，切面脑实质有指头大出血区。

（2）猪菜籽饼中毒与猪棉籽饼中毒的鉴别　二者均表现精神沉郁，拱腰，后肢软弱，走路摇晃，心跳、呼吸加快，粪先干后稀，下痢带血等临床症状。猪棉籽饼中毒是因饲喂未经去毒的、占比超过日粮 10％ 的棉籽饼而发病；病猪流水样鼻液，咳嗽，有眼眵，胸腹下水肿，嘴、尾根皮肤发绀，有丹毒样疹块，血液检查红细胞减少；剖检可见病猪肾脂肪变性，实质有出血点，膀胱充满尿液，肾盂脂肪肿大、有结石，脾萎缩，肝充血、肿大、变色且其中有许多空泡和泡沫状间隙。

（3）猪菜籽饼中毒与猪棘头虫病的鉴别　二者均表现食欲减退、腹痛、腹泻、粪中带血、卧地不起等临床症状。猪棘头虫病的病原是巨吻棘头虫；病猪没有饲喂菜籽饼史，发育迟滞、消瘦、贫血，如虫体穿透肠壁，可使体温升至 41℃，粪检有虫卵；剖检可见虫体呈乳白色，有横纹，较长（雄虫体长 7～15 厘米，雌虫体长 30～68 厘米）。

【防治措施】

（1）菜籽饼喂猪要限制用量，一般占饲粮的 5％以下。

（2）配合猪的饲粮时，不要单独使用菜籽饼，应与其他蛋白质饲料进行搭配。

（3）脱毒处理

① 坑埋脱毒法　选择向阳、干燥、地温较高的地方挖一约 1 米³ 的土坑（按菜籽饼的数量决定坑的大小）。将菜籽饼用一定数量的水（1∶1 比例效果最好）浸透泡软后埋入坑内，顶部和底部盖一薄层麦草，盖土 20 厘米，2 个月后取出使用，平均脱毒率为 85％左右。

② 发酵中和法　在发酵池或缸中放入清洁的 40℃温水，然后将碎菜籽饼投入发酵。饼与水的比例为 1∶（3.5～4），温度以 38～40℃为宜，每隔 2 小时搅拌一次，经 16 小时左右，pH 达 3.8 后，继续发酵 6～8 小时，充分滤去发酵水，再加清水至原有量，搅拌均匀，后加碱中和。中和时，碱液浓度要适宜，在不断搅拌下，分次喷入，中和到 pH 保持在 7～8 不再下降为止。沉淀 2 小时，滤去废液，湿饼可作为饲料。如长期保存，还需进行干燥处理。本法脱毒率可达 90％以上。

（4）若发现猪菜籽饼中毒，必须立即停喂菜籽饼，改喂其他蛋白质饲料。治疗时，用 0.5％～1％鞣酸洗胃，口服蛋清、牛奶、豆浆等，肌内注射 10％安钠咖注射液 5～10 毫升。

236 怎样防治猪马铃薯中毒？

【病因】马铃薯的幼嫩茎、叶、外皮及幼芽中均有毒素（龙葵素），并且绿色部分还含有硝酸盐类，能形成亚硝酸盐，若猪食入过量，即可引起中毒。

【临床症状】病猪轻度中毒时，表现下痢、口腔黏膜炎、皮疹等症状；严重中毒时四肢无力，步态摇摆或倒地，肌肉痉挛，流涎，呕吐，体温正常或稍低，母猪发生流产，通常在 1～2 天内死亡。

【病理变化】病猪胃肠黏膜潮红、出血，腹腔内有暗红色的腹水，肝肿大、暗黄色，胆囊肿大，肾肿胀质软，肺、脾肿大。

【鉴别诊断】

（1）猪马铃薯中毒与猪食盐中毒的鉴别 二者均表现兴奋、狂躁、呕吐、流涎、步态不稳、瞳孔放大等临床症状。猪食盐中毒是猪因采食含盐多的饲料而发病，渴甚喜饮，尿少或不尿，不出现渐进性麻痹，皮肤不出现红色湿疹或疹块。

（2）猪马铃薯中毒与猪有机氟化物中毒的鉴别 二者均表现绝食、呕吐、瞳孔放大、昏睡、不全麻痹等临床症状。猪有机氟化物中毒是猪因食入有机氟化物污染的食物或饮水而发病；病猪惊恐尖叫、向前直冲、不避障碍、四肢抽搐，突然倒地，角弓反张，发作持续几分钟后即缓和，以后又重新发作；用羟肟酸反应法有氟即显红色。

（3）猪马铃薯中毒与猪毒芹中毒的鉴别 二者均表现绝食、流涎、呕吐、卧地不起、麻痹等临床症状。猪毒芹中毒是因猪吃毒芹而发病；病猪气喘，呼吸困难，全身抽搐，常呈右侧卧，使之左侧卧则呻吟，恢复右侧卧则安静。

【防治措施】

（1）用马铃薯喂猪时，用量不宜过多，应与其他饲料搭配，最好与青饲料混合青贮后再喂。

（2）若发现猪马铃薯中毒，必须立即停喂马铃薯。治疗时先用催吐剂，如1％硫酸铜溶液20～50毫升灌服，再用盐类泻剂或液状石蜡。另外，配合补糖、补液。出现神经症状时，可用2.5％盐酸氯丙嗪1～2毫升，肌内注射。

237 怎样防治猪酒糟中毒？

【病因】酒糟是养猪的常用饲料，但酒糟中含有酒精，且保存过久易发酵腐败产生多种有毒的游离酸和杂醇油，若长期喂饲或一次饲喂过量均可能引起中毒。

【临床症状】病猪慢性中毒时，主要表现出消化不良、皮炎、血尿等症状，妊娠母猪多有流产；急性中毒时，主要表现兴奋不安、黏膜潮红、气喘、心跳加快、行走摇摆不稳、逐渐失去知觉，常有皮疹，最后体温下降，虚脱而死。

【病理变化】肺水肿、充血，胃肠黏膜充血，肝脏肿胀、质脆。

【鉴别诊断】

（1）猪酒糟中毒与猪钩端螺旋体病的鉴别　二者均表现体温升高（40℃）、黏膜发黄、血尿、食欲减退、孕猪流产等临床症状。猪钩端螺旋体病的病原是钩端螺旋体，具有传染性；病猪皮肤干燥发痒，有的上下颌、颈部甚至全身水肿，进入猪圈即闻到腥臭味；剖检可见皮肤、皮下组织黄疸，膀胱黏膜有出血，并积有血红蛋白尿，肾肿大、淤血，间质有散在灰白色病灶；用血或尿样本经1500转/分钟离心5分钟或用脏器制备悬液，再离心、涂片、镜检，可见钩端螺旋体呈细长弯曲状，可活泼地进行旋转而呈"8""J""C""S""O"状。

（2）猪酒糟中毒与猪胃肠炎的鉴别　二者均表现体温升高（40℃左右）、食欲减少或废绝、呼吸迫促、腹泻、失禁（严重时）等临床症状。胃肠炎病猪没有饲喂酒糟史，炎症以胃为主时有呕吐，以肠为主时肠音高亢，里急后重，粪内含有未消化食物，恶臭或腥臭；剖检胃内无酒糟和酒气。

（3）猪酒糟中毒与猪棉籽饼中毒的鉴别　二者均表现体温升高

（40℃左右）、走路不稳、下痢、血尿、呼吸迫促、肌肉震颤、腹下水肿等临床症状。猪棉籽饼中毒是因吃棉籽饼或棉叶而发病；病猪精神沉郁、低头拱腰、后肢软弱，有眼眵、流鼻液、咳嗽，有的胸腹下皮肤发生潮红色丹毒样疹块；剖检可见肝充血、肿大变色，其中有许多空泡和泡沫，脾萎缩，胸腹腔有红色渗出液。

【防治措施】

（1）必须用新鲜酒糟喂猪，并且要限量，最好与青饲料搭配混饲。新鲜酒糟在饲粮中所占比例以 20%～30% 为宜，干酒糟占10% 左右。

（2）妊娠母猪、哺乳母猪和种公猪最好不饲喂酒糟，以防母猪流产、产死胎、弱胎及公猪精子畸形等。

（3）发现猪酒糟中毒后，要立即停止饲喂。治疗：5% 碳酸氢钠溶液 300～500 毫升，口服；5% 碳酸钠注射液 70～90 毫升，静脉注射；对兴奋不安的病猪，可肌内注射盐酸氯丙嗪注射液，每千克体重 2 毫克。

238 怎样防治猪霉败饲料中毒？

【病因】 饲料保管和贮存不善，如淋雨、水浸泡、潮湿、加工调制不当等，给霉菌和腐败菌创造了生长繁殖条件，使饲料发霉、腐败变质，产生大量有毒物质，如蛋白质的分解产物和细菌毒素（黄曲霉毒素、赤霉毒素、棕曲霉毒素、黄绿青霉毒素等）等。当猪采食霉败、变质的饲料后，很快就会引起急性中毒。若长期少量饲喂这种饲料，也会引起慢性中毒。

【临床症状】 猪中毒后，初期表现为精神不振、食欲减退、结膜潮红、鼻镜干燥、磨牙、流涎、有时呕吐、便秘、排便干而少、后肢行走不稳；病情继续发展，病猪食欲废绝，吞咽困难、腹痛、腹泻，粪便腥臭，常带有黏液和血液；病情发展更严重时，病猪卧地不起、失去知觉、呈昏迷状态，心跳加快、呼吸困难、全身痉挛、腹下皮肤出现红紫斑。病初体温升高到 40～41℃，病后期体温下降。慢性中毒时，病猪表现为食欲减退、消化不良、消瘦。妊娠母猪中毒常引起流产，哺乳母猪引起乳汁减少或无乳。

【病理变化】病猪胃黏膜发红有出血斑，胃壁肿胀，肠系膜呈姜黄色，心外膜有出血点，心内膜有多量出血，膀胱黏膜充血或出血，肺有不同程度水肿，肝肿大呈黄色。

【鉴别诊断】

（1）猪霉败饲料中毒与猪传染性脑脊髓炎的鉴别　二者均表现废食、后躯软弱、步态失调、肌肉震颤等临床症状。猪传染性脑脊髓炎的病原是脑脊髓炎病毒，具有传染性；病猪没有饲喂发霉饲料史，四肢僵硬、前肢前移、后肢后移、不能站立、常易跌倒，有剧烈的阵发性痉挛，受刺激时能引起角弓反张，声响也能引起大声尖叫，惊厥期一般持续 24～36 小时；剖检可见脑膜水肿，脑及脑膜血管充血，心肌、骨骼肌萎缩。

（2）猪霉败饲料中毒与猪钩端螺旋体病的鉴别　二者均表现精神不振，食欲减退，粪干，皮肤发红、发痒，结膜泛黄等临床症状。猪钩端螺旋体病的病原是钩端螺旋体，具有传染性；病猪皮肤干燥、发痒；有的上下颌、颈部甚至全身水肿，进入猪圈即闻到腥臭味；剖检可见皮肤、皮下组织黄疸，膀胱黏膜出血，并积有血红蛋白尿，肾肿大、淤血，间质有散在灰白色病灶；用血或尿样本经 1500 转/分钟离心 5 分钟或用脏器制备悬液，再离心、涂片、镜检，可见钩端螺旋体呈细长弯曲状，可活泼地进行旋转而呈"8""J""C""S""O"状。

【防治措施】

（1）禁止用霉败、变质饲料喂猪。若饲料发霉较轻而没有腐败变质，经曝晒、加热处理后，可以限量喂给。

（2）发现猪中毒后，要立即停喂霉败饲料，改喂其他饲料，尤其是多喂些青绿、多汁饲料。治疗时可采取排毒、强心、补液、对症治疗胃肠炎等措施。例如，用硫酸钠或硫酸镁 30～50 克，一次加水口服；用 10%～25%葡萄糖溶液 200～400 毫升、维生素 C 10～20 毫升、10%安钠咖注射液 5～10 毫升，静脉或腹腔注射；磺胺脒 1～5 克，加水口服，每天 2 次。

239 怎样防治猪食盐中毒？

【病因】食盐是猪不可缺少的营养物质，适量的食盐能增进食欲、促进生长，但过量喂食可引起中毒，甚至造成死亡。食盐中毒主要是由于突然饲喂了大量食盐，或大量饲喂含盐量很高的酱油渣、咸鱼粉、盐腌物质、咸菜水等，加之饮水不足而造成的。猪对食盐比较敏感，尤其是仔猪更敏感。猪食盐中毒的致死量为125～250克，平均每千克体重3.7克。如果猪每天按每千克体重摄取2克食盐，在限制饮水条件下，2～3天后就会出现中毒症状。

【临床症状】病猪表现为精神不振，食欲减退或废绝，流涎、呕吐、极度口渴，结膜潮红、腹痛、便秘或下痢、便中带血，神经机能紊乱，前冲后退、有时转圈，呼吸困难，瞳孔放大，抽搐，心脏衰弱，卧地不起，最后昏迷而死亡。

【病理变化】病猪尸僵不全，血液凝固不全，胃黏膜充血、出血，有的出现溃疡，肝肿大、瘀血，胆囊肿大，胆汁淡黄色，脑脊髓呈现不同程度充血、水肿，急性病例的脑膜和大脑实质（特别是皮质）最为明显。

【鉴别诊断】

（1）猪食盐中毒与猪癫痫的鉴别　二者均突然发作，表现口吐白沫、卧地痉挛，以及经一定间歇时间再度发作等临床症状。癫痫病猪不是因为采食含盐量多的饲料而发病，发作结束后即恢复正常，略显疲惫。

（2）猪食盐中毒与猪脑震荡的鉴别　二者均表现倒地昏迷、口吐白沫、四肢做游泳状等临床症状。脑震荡病猪是因跌撞或受打击而发病，而不是因为吃含盐量多的饲料而发病，发作结束后有一段清醒时间，不出现其他中毒症状。

（3）猪食盐中毒与猪传染性脑脊髓炎的鉴别　二者均表现体温升高（40～41℃）、盲目行走、不断咀嚼、阵发痉挛、向前冲或转圈及角弓反张等临床症状。猪传染性脑脊髓炎的病原是脑脊髓炎病毒，具有传染性；病猪没有采食含盐量多的饲料，出现前肢前移、后肢后移、四肢僵硬、声响刺激能激起大声尖叫等症状；用病猪脑脊髓制成悬液接种易感小猪，可出现特征性症状和中枢神经系统特征性典型病变。

（4）猪食盐中毒与猪流行性乙型脑炎的鉴别　二者均表现体温升高（40～41℃）、食欲不振、呕吐、眼潮红、昏睡、粪便干燥、心跳快、后躯麻痹等临床症状。猪流行性乙型脑炎的病原是猪流行性乙型脑炎病毒，具有传染性；病猪没有采食含盐量多的饲料，不发生神经兴奋（抽搐、前冲、奔跑、转圈、角弓反张、癫痫发作等），发病有季节性（7—8月份），母猪流产，公猪睾丸炎。

（5）猪食盐中毒与猪土霉素中毒的鉴别　二者均表现肌肉震颤、黏膜潮红、兴奋不安、口吐白沫、瞳孔散大等临床症状。猪土霉素中毒是因过量注射土霉素而发病，一般注射土霉素几分钟后即出现症状；病猪反射消失，站立不稳，张口呼吸，呈腹式呼吸。

【防治措施】

（1）要严格掌握每头猪每天食盐喂量，大猪 15 克，中猪 10 克，小猪 5 克左右。利用酱油渣、鱼粉等含食盐较多的饲料喂猪时，应与其他饲料合理搭配，一般不能超过饲料总量的 10％，并注意使猪每天饮足量的水。

（2）发现猪食盐中毒后，立即停喂含盐量过多的饲料。这时病猪表现极度口渴，可供给大量清水或糖水，促进排盐和解毒；利用硫酸钠 30～50 克或油类泻剂 100～200 毫升，加水一次内服；用 10％安钠咖注射液 5～10 毫升、0.5％樟脑注射液 10～20 毫升，皮下或肌内注射，以强心、利尿、排毒。

240 怎样防治猪磺胺类药物中毒？

【病因】磺胺类药物为临床上常用药物之一，如果用量过多或用法不当，就会引起中毒。

【临床症状】病猪表现精神不振、食欲减退或不食、体温正常或略高、被毛粗乱、喜卧、皮肤有的部分呈紫红色。有的病猪腹泻，排出灰黄色稀便，痉挛，后肢无力。本病突出症状是病猪后肢跛行或拖拉后肢行走，重症者多卧地不起。

【病理变化】病猪皮下有少量淡黄色液体，皮下与骨骼肌有不同程度的出血斑；淋巴结肿大，呈暗红色，切面多汁；小肠有卡他性炎症，盲结肠黏膜有小块状出血斑；肾肿大，呈淡土黄色，肾盂内有黄白色磺胺结晶沉积物。

【诊断】根据病猪过量或长时间服用磺胺类药物的病史，以及临床症状和病理变化，进行综合分析，做出诊断。

【防治措施】

（1）使用磺胺类药物时，必需严格控制剂量和疗程，一般3～5天为1个疗程。

（2）一旦出现中毒，立即停药进行治疗，可用1％硫酸铜溶液100毫升内服，催吐；用0.05％高锰酸钾溶液反复洗胃；用硫酸钠或硫酸镁按每千克体重1克，加水适量，内服，促使磺胺类药排出；用5％葡萄糖盐水注射液100毫升，维生素 B_1 注射液和维生素C注射液各2毫升，静脉或腹腔注射，每天2次，连用2天，补液解毒。

241 怎样防治猪磷化锌中毒？

【病因】磷化锌为毒鼠药，猪误食了含有磷化锌的毒饵而中毒。

【临床症状】病猪食欲显著下降，呕吐，呕吐物有蒜臭味，腹痛，腹泻，粪便带有灰黄色并混有血液，呕吐物与粪便在阴暗处呈现荧光，黏膜黄染，尿色淡黄，中毒严重者可很快死亡。病猪一般在中毒后2～3天出现皮肤出血和血尿，最后昏迷、惊厥而死。

【病理变化】病猪胃内容物有蒜臭味，在阴暗处观看可见荧光；胃肠道充血、出血，肠黏膜脱落；肾与肝瘀血、混浊肿胀；肺间质水肿，气管内充满泡沫状液体。

【诊断】根据病猪的磷化锌接触史，结合临床症状和病理变化，尤其是病猪呕吐物和粪便在阴暗处可见荧光，进行综合分析，即可做出诊断。

【防治措施】

（1）加强磷化锌毒饵的保管　毒饵最好在晚上撒放在猪圈附近，圈门应关好，白天要将残余毒饵清除。另外，撒放毒饵后，要经常进行检查，随时清除被毒死的鼠，防止猪吃到死鼠引起中毒。

（2）治疗　目前无特效解毒药。早期发现可灌服 0.2%～0.5%硫酸铜溶液 10～20 毫升，催吐，同时补糖、补液。

242 怎样防治初生仔猪贫血？

【病因】主要由于仔猪缺乏铁、铜、钴等微量元素，尤其是缺乏铁元素所造成的。仔猪出生后生长速度非常快，出生后 4 周体重可以增长 7 倍，每天需要铁 10 毫克左右。仔猪从母乳中获得的铁是微乎其微的，再动用肝、脾中贮存的少量铁仍不能满足生长的需要，因此，容易发生缺铁性贫血。仔猪吃到饲料后，可以从饲料中获得足够的铁，此后就不容易发病。

【临床症状】患病仔猪一般外表肥壮，但精神委顿，心搏亢进，呼吸增快、气喘，在运动后更为明显，眼结膜、鼻端及四肢的颜色苍白，常可出现突然死亡，或由于并发肺炎而死亡。当病程进一步发展，病猪更加精神委顿，被毛粗乱，眼结膜苍白，往往有轻度黄疸现象，有的发生下痢，对这样的仔猪进行治疗常不见效果，即使不死，将来生长速度也明显慢于健康猪。

【病理变化】病猪血液稀薄如红墨水样，肌肉变色，胸腹腔内常有积液，心脏扩张、松软，肝肿大。

【诊断】根据仔猪发病日龄、症状及病理变化容易做出诊断。当有怀疑时可进行血红蛋白检查。

【防治措施】

（1）预防仔猪缺铁性贫血，关键是给仔猪补铁，在仔猪出生后几小时内投服含铁的化合物以满足其需要。用硫酸亚铁 2.5 克、硫酸铜 1 克、氯化钴 0.2 克，溶于 1 000 毫升水中，用纱布过滤，装入瓶中，待猪吃奶时，用干净棉花蘸液刷在母猪乳头上，让仔猪吃奶时吸入，也可供仔猪饮用。

（2）用肌内注射的方式补铁，对 3 日龄仔猪肌内注射右旋糖苷铁钴注射液 2 毫升，一般一次即可。

243 怎样防治猪佝偻病与软骨病？

佝偻病常发生于生长迅速的幼龄猪，软骨病多见于妊娠后期和过多泌乳的母猪。

【病因】饲料中钙和磷缺乏，或二者比例失调或维生素 D 缺乏且日光照射不足时，幼龄猪发生佝偻病，成年猪发生软骨病。此外，猪的胃肠道疾病、寄生虫病、先天发育不良、饲粮中蛋白质饲料过多，均会诱发本病。

【临床症状】先天性佝偻病仔猪生下来即见颜面骨肿大，硬腭突出，四肢肿大，行走时关节不能屈曲。后天性佝偻病则病程进展缓慢，病猪前期喜食泥土，啃咬料槽、墙壁等，食欲减退，被毛粗乱，生长不良；继而喜卧、厌动、跛行，步态强拘，行走困难，强行运动时，步态蹒跚，有时出现低钙性抽搐、突然倒地等症状；病情严重时，骨骼变形，关节部位肿胀、肥厚，有的不能站立（彩图 7-28），胸廓两侧扁平、狭小。

成年猪患软骨病时表现行动强拘，后躯麻痹，跛行，自发性股骨、腰椎、骨盆骨等骨折。

【诊断】根据病猪骨骼变形、跛行等症状可做出初步诊断。必要时进行骨骼穿刺，穿刺部位在两眼角连线中点稍偏下缘处。根据骨质硬度降低，可确诊。

【防治措施】

（1）改善仔猪、妊娠母猪及哺乳母猪的饲养管理，给予含钙、磷充足且比例合适的饲料，饲料中可补加鱼肝油或经紫外线照射的酵母。

（2）加强运动和放牧，保持猪舍光线充足、通风、温暖、干燥，有条件时冬季可用紫外线照射，每天1次，时间 15～20 分钟，距离 1～1.5 米。

（3）治疗

① 维生素 D 制剂注射液　每头 1～2 毫升，肌内注射，每天

1次，连用5～7天。

② 浓缩维生素 AD　每头 0.5～1 毫升，拌入饲料中喂服，每天 1 次，连用数天。

③ 胶性骨化醇钙　每头 1～2 毫升，肌内注射。

注意：钙、磷制剂的补充与维生素 D 同时进行。饲料中可补加骨粉、鱼粉、甘油磷酸钙等。同时要适当运动和照射阳光。

244 怎样防治猪白肌病？

【病因】猪白肌病的发生原因比较复杂，主要与缺乏维生素 E 和微量元素硒以及运动不足有关，本病主要发生在 20 日龄以内仔猪，体重 30～60 千克、生长比较快的猪也多发。本病的发生有一定的地区性，我国东北地区比较严重。

【临床症状】病猪一般营养较好，精神、食欲、体温正常，随着病情发展出现不愿走动、心跳加快，进一步发展，则肢硬弓背、走路摇晃、前腿跪下，最后呼吸困难，心脏衰竭而死。

【病理变化】病死猪皮肤发白，结膜苍白、水肿；肌肉像水煮过一样，横切面有灰白色坏死灶；肝脏瘀血、肿胀、质脆，有的病例有坏死或出血。

【诊断】本病多发于青饲料缺乏时，根据临床症状和病理变化，特别是用硒和维生素 E 进行的治疗效果验证不难诊断。

【防治措施】

（1）在本病发生地区，应注意在猪饲粮中添加维生素 E 制剂和亚硒酸钠。

（2）对病猪注射维生素 E 注射液 2～3 毫升（每毫升含维生素 E 5 毫克），连用 3 天，同时皮下注射 0.1% 亚硒酸钠注射液 1～3 毫升。

245 怎样防治猪皮肤角化不全症？

【病因】主要由饲料中缺乏微量元素锌造成。有时饲料中并不缺少锌，但由于钙的含量多而影响了猪对锌的吸收。本病一般发生于长期单纯用干粉料饲喂的猪。

【临床症状】病初猪两耳有灰黄色鳞屑，大耳朵猪易见耳的边缘向上内卷，随后被毛粗乱且焦黄，皮肤粗硬而干裂；有的皮肤上出现小红斑，上覆鳞屑，随后全身或局部皮肤干燥变厚，弹力减退，尤以眼睑、颈部、腹下、腹侧、四肢、股内侧等处比较明显，并常呈两侧对称；在皮肤表面逐渐覆盖一层灰白色、似石棉状物质，同时由于活动牵动，局部常呈现皱褶之间颜色鲜红，一般无痒感，但也有例外；有时因搔擦而发生破溃，如感染了化脓菌则可引起局部糜烂。病猪轻症时体温、食欲均无明显异常，重症可见食欲减退，生长发育迟缓。

【诊断】根据病猪耳边缘内卷、皮肤开裂，可做出诊断。

注意与疥此同时此同时癣、渗出性皮炎相区别。

【防治措施】

（1）在饲粮中添加硫酸锌、碳酸锌等含锌添加剂，并适当限制钙的添加量，使钙、锌比例维持在 100∶1。

（2）哺乳仔猪发病时，可在母猪饲粮中加硫酸锌 0.5～1 克/千克，一般在服药后 2～3 天就出现明显疗效。皮肤开裂严重的，可外涂氧化锌软膏。

246 怎样防治猪维生素 A 缺乏症？

猪维生素 A 缺乏症是由于饲粮中维生素 A 缺乏所引起的一种营养代谢病，临床上以生长发育不良、视觉障碍和器官黏膜损伤为特征。以仔猪及育成猪多发，常于冬末、春初青绿饲料缺乏时发生。

【病因】

（1）原发性维生素 A 缺乏症　主要见于饲料中胡萝卜素或维生素 A 含量不足。饲料加工不当，使维生素 A 被氧化破坏；饲料中磷酸盐、亚硝酸盐含量过高，中性脂肪和蛋白质含量不足，影响维生素 A 在体内的转化吸收；机体由于泌乳、生长过快等原因，维生素 A 需要量增加。

（2）继发性维生素 A 缺乏症　主要见于慢性消化不良和肝脏疾病（引起胆汁生成减少和排泄障碍，影响维生素 A 的吸收），以及某些热性病、传染病等。哺乳仔猪维生素 A 缺乏则与母乳质量有关。

【临床症状】仔猪发病后典型症状是皮肤粗糙、皮屑增多、咳嗽、下痢、生长发育迟缓；严重病例，表现运动失调，多为步态摇摆，随后失控，最终后肢瘫痪；有的病猪还表现行走僵直、痉挛和极度不安；在后期发生夜盲症、视力减弱和干眼。妊娠母猪患病常出现流产和死胎，所生仔猪瞎眼或眼畸形，全身水肿，体质衰弱，易患病和死亡。公猪性欲下降或精子活力低以及排死精子。

【病理变化】无特征性变化，主要变化是病猪胃肠道炎症和黏膜增厚，也可见心、肺、肝、肾充血。

【鉴别诊断】

（1）猪维生素 A 缺乏症与猪伪狂犬病（2 月龄左右的猪）的鉴别　二者均表现咳嗽、下痢、行走困难、惊厥，孕猪患病出现流产、死胎、弱胎等临床症状。猪伪狂犬病的病原是猪伪狂犬病病毒，具有传染性；病猪轻热（39.5～40.5℃），头颈皮肤发红（不出现脂溢性皮炎），四肢僵直、震颤，不出现夜盲，母猪流产不出现畸形胎；剖检可见病猪各脏器多有充血、水肿、出血病变；用病料上清液皮下接种家兔，24 小时后局部奇痒，用力自咬皮肤，最后衰竭死亡。

（2）猪维生素 A 缺乏症与猪传染性脑脊髓炎的鉴别　二者均表现步态蹒跚、共济失调、经常跌倒、发出尖叫、角弓反张、卧倒时四肢做游泳动作等临床症状。猪传染性脑脊髓炎的病原是脑脊髓炎病毒，具有传染性；病猪体温升高（40～41℃），四肢僵硬，前肢前移，后肢后移，眼球震颤，声响能激起尖叫；用病料脑内接种易感小猪，接种后出现特征性症状。

（3）猪维生素 A 缺乏症与猪血凝性脑脊髓炎的鉴别　二者均表现咳嗽、共济失调、卧地四肢做游泳动作、尖叫、视力障碍等临床症状。猪血凝性脑脊髓炎的病原是血凝性脑脊髓炎病毒；多发于

3 周龄以下仔猪，具有传染性；病猪对声响触摸过敏，后躯麻痹，呈犬坐姿势，视觉障碍但不是夜盲；用脑脊髓接种于猪单层胎肾原代细胞或猪甲状腺单层细胞，24～48 小时即出现融合细胞。

【防治措施】

（1）保证饲料中含有充足的维生素 A（或胡萝卜素）及玉米黄素，消除影响维生素 A 吸收、利用的不利因素。

（2）做好饲料的收割、加工、调制和保管工作，如谷物饲料贮藏时间不宜过长，配合饲料要及时饲喂。

（3）发病后，可肌内注射维生素 AD 2～5 毫升，隔日 1 次。已开始吃食的猪，可每天将 10～15 毫升鱼肝油拌入饲料中；尚未吃食的猪可灌服鱼肝油 2～5 毫升，每天 2 次。对眼部、呼吸道和消化道的炎症应对症治疗。

247 怎样防治猪 B 族维生素缺乏症？

【病因】 B 族维生素缺乏症是由 B 族维生素缺乏引起的多种疾病的总称。B 族维生素来源广泛，在青饲料、酵母、麸皮、米糠及发芽的种子中含量较高，只有玉米中缺乏烟酸，但 B 族维生素易在水中丧失，很少或几乎不能在体中贮存，因此，饲料中短期缺乏或不足会影响动物的健康。

【临床症状】

（1）硫胺素（维生素 B_1）缺乏症　硫胺素缺乏时，病猪食欲显著下降、呕吐、腹泻、生长不良、皮肤和黏膜发绀，可突然死亡。

（2）核黄素（维生素 B_2）缺乏症　发病初期猪表现生长缓慢、消化机能紊乱、白内障、皮肤粗且干燥变薄，继而发生红斑疹及鳞屑性皮炎，局部脱毛、溃疡、脓肿等。这些病变主要见于鼻和耳后、背中线及其附近、腹股沟区、腹部及蹄冠部等处。母猪还可引起繁殖及泌乳性能不良。

（3）泛酸（维生素 B_3）缺乏症　病猪食欲不振、生长发育不良、被毛脱落、运动失调、拉稀、咳嗽，母猪表现繁殖和泌乳性能降低。病理剖检时可见结肠充血、水肿和发炎。

（4）维生素 B₆（吡哆素）缺乏症 病猪生长停滞、腹泻，严重的红细胞低色素性贫血、抽搐、运动失调以及肝脂肪浸润。在癫痫型抽搐之前，病猪常表现兴奋和神经质。

（5）生物素（维生素 H）缺乏症 病猪表现为脱毛，皮肤病，皮肤溃疡，后腿痉挛，蹄横向开裂、出血及口腔黏膜炎症等。

（6）烟酸（维生素 PP）缺乏症 病猪食欲消失、消瘦、严重腹泻、皮炎、神经紊乱、贫血。

【诊断】在了解使用过的饲料基础上，结合临床症状、用药物试治结果，可以做出诊断。

【防治措施】在饲粮配合时，注意充分供应富含 B 族维生素的糠麸及青绿饲料；在治疗病猪时，应在饲粮中添加 B 族维生素或增加糠麸及青绿饲料。

248 怎样防治猪胃肠卡他？

猪胃肠卡他是指猪胃肠黏膜表层性炎症。主要特征为消化不良。

【病因】原发性胃肠卡他引发原因有突然更换饲料，如在寒冷季节原来喂温食，而突然改喂凉食；饲料不洁或粗纤维过多；吃食过饱；饲料变质等。引起继发性胃肠卡他的因素很多，如寄生虫病、传染病、饲料中毒、代谢性疾病、外科病等。

【临床症状】病猪食欲减退，口腔发臭，有程度不同的舌苔，呕吐，粪便干燥，附有黏液，也有腹泻的，并混有消化不全的饲料，有渴感，尿少色黄。

【诊断】主要根据饲养管理条件和临床症状进行综合判定。

【防治措施】

（1）注意饲养管理，不喂霉烂、变质饲料。

（2）病猪应限制喂料，多给清洁饮水。病初可给予泻剂，以清理胃肠。

（3）发病后，应注意清除病因。属原发性的，一般清除病因后会不治而愈。例如，因突然更换饲料引起的，只要加强饲养管理即可逐渐恢复；过饱的，实施饥饿疗法，很快即可痊愈。属于继发性的，原发性病因去除后，胃肠卡他就会好转，如细菌性原因引起的胃肠卡他，口服庆大霉素等即可治愈。个别病例，若粪便干燥，可用硫酸钠（镁），每千克体重 1 克。腹泻猪可用小檗碱等肠道消炎药。

249 怎样防治猪胃肠炎？

猪胃肠炎是指胃肠黏膜及其深层组织的炎症变化。

【病因】无论是原发性的或继发性的，都与胃肠卡他类同，主要是病势比较剧烈。主要病因是喂给腐败变质、发霉、不洁净的饲料和饮水、冰冻饲料，误食有毒物质等。此外，冬季受寒、猪瘟等也能引发猪胃肠炎。

【临床症状】病猪突然出现剧烈而持续性腹泻，排出物呈水样，有时带有假膜、血液或脓性物，味恶臭；食欲减退或废绝、渴感严重，并伴有呕吐，有时呕吐物中带有血液或胆汁；精神沉郁，喜卧，间或发生急性腹痛而表现不安；体温通常升高至 $40\sim41℃$，耳尖及四肢末梢有冷感，鼻盘干燥，可视黏膜发红，呼吸加快，皮温不均。重症时，病猪肛门失禁，呈里急后重现象。随着病程的发展，病猪眼窝下陷，呈脱水状，四肢无力、起立困难，呼吸、心跳加快而微弱，肌肉震颤，体温下降，最后全身衰竭而死。病情重者 $1\sim3$ 天死亡，较轻者可延至 1 周左右。

由中毒引起的猪胃肠炎，体温往往正常，有腹痛症状而不一定发生腹泻，严重者食欲消失，随后四肢无力，经 $1\sim3$ 天全身痉挛而死。

【防治措施】

（1）加强饲养管理，防止饲喂给猪有毒饲料及腐败发霉饲料，注意饮水清洁，定期做好肠道寄生虫的驱虫工作，在冬季应做好圈舍通风、保温工作，以防感冒。

（2）猪一旦发生胃肠炎，应及时进行治疗。抑菌消炎是根本，可口服小檗碱、庆大霉素等。用人工盐、液状石蜡等缓泻，用木炭末或硅碳银片等止泻。脱水、自体中毒、心力衰竭等是急性胃肠炎的直接致死因素，因此，施行补液、解毒、强心是抢救危重胃肠炎的3项关键措施。例如，静脉滴注5％葡萄糖生理盐水、复方氯化钠注射液和碳酸氢钠注射液（后两者不能混用）是较常用的方法；将口服补液盐放在饮水中让病猪足量饮用也有较好效果。若有腹痛不安或呕吐表现，口服颠茄或复方颠茄片，必要时可肌内注射阿托品。

250 怎样防治猪便秘？

猪肠便秘以粪便干硬、停滞肠内、难以排出为特征，是一种常见的消化道疾病。

【病因】猪发生便秘主要原因是由于饲养管理不当，如长期饲喂含粗纤维过多的粗糙谷壳、花生壳、稻草秸及酒糟等饲料，或精料过多、青饲料不足，或缺乏饮水，或饲料不洁，如混有多量泥沙和其他异物等。临床上常见到以纯米糠饲喂刚断奶的仔猪、妊娠后期或分娩不久伴有肠弛缓的母猪而发生便秘的。某些传染病或其他热性病及慢性胃肠疾病经过中，也常继发本病。

【临床症状】病初只排少量干、硬附有黏液的粪球，随后经常做排粪姿势，不断用力努责，但只排少量黏液，无粪便排出。病猪食欲减退或废绝，有时饮欲增加，腹围逐渐增大，呈现呼吸增数、起卧不安、回顾腹部等腹痛表现；听诊肠蠕动音微弱，甚至消失；触诊腹下侧，有时可摸到肠中干硬的粪球。原发性便秘病猪体温正常，继发性便秘则伴有原发病的临床症状。

【防治措施】

（1）科学配合饲料，饲喂充足的青绿多汁饲料。对于粗纤维饲料，应经磨粉、发酵等加工处理后，在合理搭配的情况下饲喂。

（2）供给充足的饮水，尤其在多汁饲料缺乏的情况下更为重要。同时要加强运动。

（3）治疗

① 疏通肠道，可用硫酸钠（镁）30～80克或液状石蜡50～

150 毫升或大黄末 50～100 克等，加入适量水口服。

② 用温肥皂水（45℃左右），通过洗胃器或注射器深部灌肠，使干硬粪便软化并配合腹部按摩，促使粪块排出。

③ 病猪腹痛不安时，可肌内注射 20％安乃近注射液 3～5 毫升，或 2.5％盐酸氯丙嗪 2～4 毫升。

④ 病猪心脏衰弱时可用强心剂，如 10％安钠咖注射液。

251 怎样防治猪胃食滞？

【病因】猪处于饥饿状态下吃了大量饲料，也可能多吃了易膨胀和发酵的饲料，如大豆、霜后苜蓿等，食后又大量饮水，使胃内被大量饲料充满，引起胃壁扩张的消化障碍。此外，突然更换饲料或运动不足等也能引发本病。

【临床症状】病猪食欲减退或废绝，有时可见呕吐，吐出物酸臭，腹围膨大，触诊腹壁坚实、有痛感，眼结膜发红、呼吸急促；急性病例常出现腹痛，起卧不安，两前蹄刨地，体温一般无变化。

【防治措施】

（1）添加饲粮要定时定量，防止过食。

（2）适当运动，以增强胃的消化功能。

（3）猪一旦发病，应限制喂食和饮水，促其做缓步运动或进行腹部按摩，但对于病情严重者应谨慎，防止胃破裂。

（4）药物治疗　可用吐酒石 2～3 克，1 次口服，进行催吐。用克辽林 1～4 毫升加适量水 1 次灌服，防止胃内容物发酵。也可将液状石蜡或植物油作为泻剂。

252 怎样防治猪腹膜炎？

【病因】本病是腹腔浆膜发炎，由腹壁创伤、细菌经伤口感染引起。公猪去势、疝、剖宫产等手术感染，是本病发生的主要原因。严重的肠炎、便秘或子宫炎等病的蔓延以及寄生虫的侵袭，使肠壁失去了正常的屏障作用，肠内细菌经肠壁侵入腹腔，也可导致发生腹膜炎。

【临床症状】本病从病程上看，可分为急性与慢性；从损害范围来说，可分为局限性与弥漫性；就其病理变化上来分，有浆液性、纤维性、化脓性之分。

急性型腹膜炎有明显的全身症状，如发热、心跳加快，明显的胸式呼吸。病猪有痛苦感，低头喜卧，口渴，腹部下垂。急性弥漫性腹膜炎病猪在一天之内就可死亡。

慢性型腹膜炎，多见于局限性，一般无明显的全身症状，腹壁局部有硬块，生长迟缓，病程相当长，可达几个月，有的待肥育后宰杀，才从胴体中发现；个别慢性弥漫性腹膜炎，若用抗生素治疗，也能拖延1月有余。

【防治措施】

（1）在进行腹腔手术及助产过程中应注意消毒卫生工作，防止病菌感染。

（2）加强防疫和饲养管理工作，增强猪体抗病力。

（3）做好饮水与饲料的卫生管理工作，防止寄生虫的侵袭。

（4）治疗　局限性腹膜炎可应用青霉素、链霉素或磺胺类药物。若腹内有多量渗出液，应及时穿刺放液，再反复用生理盐水冲洗，直至洗出液变清为止，然后注入青霉素或链霉素。

253 怎样防治猪感冒？

感冒是由于寒冷刺激所引起的，以上呼吸道黏膜炎症为主的急性全身性疾病，以发寒、发热、鼻塞、流涕、咳嗽为特征。

【病因】气候骤变、管理不当、圈舍寒暖不定、过于拥挤、长途运输等使猪体质下降，或机体对环境的适应性降低，特别是呼吸道黏膜防御机能减退，致使猪呼吸道内的常在菌得以大量繁殖而引发本病。

【临床症状】病猪精神沉郁，畏寒怕冷，喜睡，食欲减退，鼻盘干燥，耳尖、四肢末梢发冷，呼吸加快，咳嗽，打喷嚏，流清鼻涕，体温升高至40℃以上；重症病例躺卧不起，食欲废绝。

【诊断】根据临床症状，结合受寒、受风侵袭的病史，一般容易做出诊断。感冒与流感不同，其发病率低，往往散发，没有传染性，多在动物抵抗力低时发病。

【防治措施】

（1）加强饲养管理，增强猪的抵抗力。

（2）防止猪突然受寒，避免将其放置于潮湿、阴冷的地方，特别是在大出汗后防止淋雨。

（3）在气候多变季节，如早春和晚秋气候骤变时，应积极采取有效的防寒保温措施。

（4）治疗　主要是解热镇痛、祛风散寒、防止继发感染。

① 解热镇痛　用30％安乃近注射液或地西泮5～10毫升肌内注射，或口服阿司匹林或氨基比林2～5克/次，每天2次。

② 祛风散寒　柴胡注射液，肌内注射，每次5毫升，每天2次。

③ 防止继发感染　应用解热镇痛剂后，症状未减轻时，可适当配合应用抗生素类或磺胺类药物，如青霉素、链霉素、复方新诺明等。

254 怎样防治猪支气管炎？

【病因】饲养管理不良是引发本病的主要原因之一，如猪舍狭窄、低温、猪群拥挤或吸入某些有害气体所引起，有时继发于感冒。

【临床症状】病初有阵发性短而干的咳嗽，咳时有疼痛感，逐渐变为湿咳，并伴有呼吸困难症状。听诊肺部有啰音，如分泌物厚而黏时，可听到捻发音。叩诊胸壁疼痛。精神、食欲不好。仔猪患此病时，常喜卧而不愿多动，体温往往升高，病情严重的常转为支气管肺炎。如无并发症，通常7～10天可恢复。转为慢性支气管炎时，病猪消瘦、咳嗽、气喘，常因极度衰弱而死亡。

【防治措施】

（1）保持猪舍干燥清洁、冬暖夏凉，防止猪群拥挤，预防感染。

（2）用以下药物消炎及预防并发支气管肺炎。

① 青霉素　每千克体重1万～1.5万国际单位，用蒸馏水稀释，肌内注射，每天2次。

② 10％磺胺嘧啶钠注射液　首次30～60毫升，肌内注射，以

后隔 6～12 小时注射 20～40 毫升。

③ 盐酸土霉素　0.5～1 克，用 5％葡萄糖注射液溶解，肌内注射，每天 1～2 次。

（3）祛痰止咳，可用氯化铵、碳酸氢钠、复方甘草合剂等药物。

255 怎样防治猪肺炎？

肺炎是肺实质发生炎症。因病因、病变性质及范围不同，常见的有支气管肺炎、纤维素性肺炎和异物性肺炎。

【病因】支气管肺炎和纤维素性肺炎是因为饲养管理不当（如猪舍脏乱、阴暗潮湿），天气严寒，冷风侵袭，以及肺炎双球菌、链球菌等侵入猪体内所致。此外，某些传染病（如流感、猪肺疫等）及寄生虫病（如猪肺丝虫病、猪蛔虫病等）也可继发本病。

异物性肺炎（坏死性肺炎）多因投药方法不当、误将药投入气管所引起。

【临床症状】猪患支气管肺炎和纤维素性肺炎时，体温可升高到 40℃以上，食欲减退或废绝，精神不振，结膜潮红，咳嗽，呼吸困难，心跳加快，粪干，寒战，鼻流黏液性或脓性鼻液，胸部听诊有捻发音和啰音。

猪患异物性肺炎时，除病因明显外，常发生肺坏疽，流出灰褐色鼻液，并有恶臭味。

【防治措施】

（1）加强饲养管理，防止猪感冒。

（2）给猪投药时，应掌握要领，谨慎操作，防止投错。

（3）治疗

① 青霉素　每千克体重 1 万～1.5 万国际单位，用蒸馏水稀释，肌内注射，每天 2 次。

② 链霉素　每千克体重 10 毫克，用蒸馏水稀释，肌内注射，每天 2 次。

③ 20％磺胺嘧啶钠　20 毫升，一次肌内注射，每天 2 次。

④ 硫酸卡那霉素　每千克体重 2 万～4 万单位，肌内注射，每

天 1 次。

⑤ 2.5%恩诺沙星注射液　每千克体重 1 毫升，肌内注射，每天 1 次。

256 怎样防治猪中暑？

猪对热的耐受力差，长时间在烈日照射下，就会发生日射病，而长时间在潮湿闷热的环境中则易引起热射病。日射病和热射病通常称为中暑。

【病因】猪中暑主要发生在炎热的夏季，猪长时间遭受烈日照射、长途运输、追赶、过度疲劳，以及猪舍狭窄、拥挤、通风不良，影响体热散发，都易引起本病发生。

【临床症状】病猪表现为突然发病、呼吸急促、心跳加快、体温升高到 42℃ 以上、眼结膜充血、口吐泡沫、兴奋、狂躁不安、出汗、走路摇晃、瞳孔放大、卧地不起，如抢救不及时，常因心脏衰竭而死亡。

【防治措施】

（1）夏季猪舍要通风良好，运动场应搭好凉棚。

（2）在猪圈或运动场一角设浅水池，供给充足的清凉饮水。

（3）发现猪中暑时，应立即将病猪移至凉爽、通风的地方，并用冷水喷洒头部，剪尾和耳尖放血，静脉或腹腔注射葡萄糖生理盐水 100～500 毫升。

257 怎样防治猪应激综合征？

【病因】猪机体受到频繁而短暂的急剧刺激，所表现出来的机能障碍和防御反应，称为猪应激综合征。抓捕、驱赶、运输、运动、寒冷、高温、中毒、麻醉、称重、编群、转群、恐吓、咬斗、创伤、神经紧张、过度疲劳等，均可引发本病。瘦肉型品种出现应激综合征的较多。

【临床症状】病猪表现为体温升高、喘息、心跳加快、肌肉痉挛、皮肤充血和瘀血交替出现并呈青紫色。猪发生酸中毒时，全身陷入虚脱状态，肌肉严重强直，而后死亡。本病可导致哺乳母猪泌乳减少或无乳，公猪性欲下降。

【防治措施】

（1）在生产中，应选育抵抗力强的品种（品系）与无应激反应的个体留作种用。

（2）采用营养全面的配合饲料，在饲料中添加硒、维生素 E 或维生素 C，可以抗应激。

（3）加强饲养管理，猪舍需清洁、通风、透光，消除应激因素。

（4）饲养密度应合理，避免猪混群咬斗。屠宰前应避免刺激。车船运输时猪的密度不要过大，不要在高温下长途运输。

（5）治疗

① 调整激素失调　可用肾上腺皮质激素，肌内注射。

② 氯丙嗪　每千克体重 1～2 毫克，内服或肌内注射，可减轻猪体对刺激的反应。

③ 碳酸氢钠　饲料中适量添加碳酸氢钠，可调整体液酸碱平衡，减轻应激反应症状。

258 怎样防治猪异嗜癖？

【病因】饲料单一，猪营养不全；饲粮中缺乏某些矿物质、维生素、蛋白质和某些氨基酸及食盐供给不足；钙、磷比例失调，发生佝偻病和软骨病；发生慢性胃肠疾病、寄生虫病等，都可引发猪的异食癖。

【临床症状】病猪主要表现为舐食各种各样的异物，如啃吃泥土、石块、砖头、煤渣、烂木、破布、尿碱、猪屎等；舍饲育成猪相互咬对方尾巴、耳朵，喝血，常互相攻击而发生外伤。病猪食欲减退、被毛粗糙、弓背、磨牙、消瘦、生长发育停滞；成年母猪泌乳减少，甚至吞食胎衣和仔猪。

【防治措施】

（1）加强饲养管理，合理配制饲粮，保证饲粮营养充足、各成分比例适当。

（2）发现病猪，应分析病因，及时治疗。若饲粮中缺乏蛋白质和某些氨基酸，应在原饲粮中添加鱼粉、血粉、肉骨粉或豆饼等；若缺乏维生素，应增喂青绿多汁饲料；若由佝偻病和软骨病引发本病，应补充骨粉、碳酸钙、磷酸钙及维生素D等。

259 怎样防治初生仔猪低血糖症？

本病多发于出生后1～4天的仔猪，可造成全窝或部分仔猪发生急性死亡，其特征是血糖含量比同日龄的健康仔猪低（健康仔猪常高出三四十倍）。

【病因】发病原因比较复杂，如母猪妊娠后期饲养管理不良、母猪产后感染发生子宫炎等，均能引起缺奶或无奶；若仔猪患大肠杆菌病或先天性肌阵挛病，无力吃奶等，均可引起低血糖。

【临床症状】一般在出生后第2天发病，病猪突然发生四肢无力或卧地不起，卧地后呈角弓反张状，瞳孔放大，口角流出白沫，此时感觉迟钝或消失，最后昏迷而死。

【病理变化】病猪肝脏变化最特殊，呈橘黄色，边缘锐利，质地像豆腐，稍碰即破，胆囊肿大，肾呈淡黄色，有散在的红色出血点。

【防治措施】

（1）加强母猪的饲养管理，防止仔猪受寒与饥饿。

（2）治疗时，腹腔注射5％葡萄糖注射液5～10毫升，或喂给糖水。应争取早期治疗，晚期治疗不见效果。要及时查找母猪缺奶或无奶的原因。若是母猪营养不良引起的，要改善饲料。若是母猪感染所致，应用针对病原选用合适的药物治疗。

260 怎样防治初生仔猪溶血病？

本病多发生于个别窝仔猪中，刚出生仔猪吃奶不久引起血细胞溶解，死亡率达100％。

【病因】母猪的血型与仔猪不同而引起。

【临床症状】仔猪出生后全部情况良好，一切正常，吃初乳后数小时至十几小时发病。整窝仔猪发病，白色猪可见全身苍白黄染，病猪停止吮奶，精神委顿，怕冷，震颤，被毛粗乱，衰弱，后躯摇晃；最明显的症状为黄疸，眼结膜黄色；尿透明，呈红棕色或暗红色；体温正常，心跳及呼吸次数增加；一般经 24～50 小时死亡；但该母猪代为喂乳的其他窝仔猪发育良好，不发病。

【病理变化】病仔猪全身黄染，肝呈不同程度的肿胀，脾呈褐色，稍肿大，肾肿大而充血，膀胱内积存暗红色血液。

【防治措施】

（1）对于已发现此病的母猪，改用与上次配种公猪不同血统的公猪配种，以预防本病的发生。

（2）仔猪发病后，迅速寄养于其他母猪，或用人工哺乳，一般3天后症状逐渐减轻，15天后黄疸症状全部消失。如果有产仔期相近的母猪，而2头母猪均很温顺，可以采取整窝猪调换哺乳。目前在治疗上尚无良药。

261 怎样防治母猪不孕症？

【病因】母猪营养不良，性机能减退，发情失常或不发情；母猪过肥造成内分泌失调；母猪过老，卵巢发生进行性萎缩，性机能减退或消失；血缘很近的公、母猪进行交配，有时不能正常受精。此外，慢性子宫内膜炎和卵巢囊肿、阴道炎等也可导致母猪不孕。

【临床症状】发情无规律，或长时间不发情，性欲减退，无明显的发情征候，屡配不孕。

【防治措施】

（1）加强母猪的饲养管理，合理搭配饲料，保持母猪八成膘。

（2）掌握母猪的发情规律，做到适时配种。

（3）选择优良种公猪配种，防止近亲交配。

（4）对于不孕母猪，应做详细的调查、分析，找出不孕原因，根据不同原因，采取不同的处理方法。如母猪营养不良所致，要加强营养；过肥的，应加强运动；过老应淘汰，不能再留作种用；对于子宫内膜炎，应采取冲洗子宫等方法；若是性欲缺乏，可肌内注射苯甲酸雌二醇2毫升或己烯雌酚3～5毫升。

262 怎样防治妊娠母猪流产？

【病因】母猪营养不良，饲粮中缺乏蛋白质、维生素等；饲喂发霉、变质饲料；挤压或击伤，用药不当；高度近亲繁殖；传染病（布鲁氏菌病或乙型脑炎等）或寄生虫病等。

【临床症状】母猪乳房肿胀，阴道黏膜充血，从阴道流出污红色分泌物；母猪有努责，生产不足月的死胎。有的母猪无明显症状而突然流产。

【防治措施】

（1）母猪饲粮营养要全价，不喂霉变饲料。

（2）妊娠中期的母猪要单圈饲养。

（3）母猪有流产征兆时，可用黄体酮 10～30 毫克，一次肌内注射，每天 1 次，连用 2～3 次。

263 怎样防治母猪产后胎衣不下？

母猪产后胎衣通常在全部仔猪产出后不久排出，如 3 小时后胎衣未排出，称为胎衣不下。

【病因】多由于饲养管理不当，如运动不足、缺乏维生素及矿物质等引起。此外，流产、难产、子宫炎也可引起。

【临床症状】母猪分娩后胎衣未排出或未全排出。病猪精神不振，不断弓腰努责。若胎衣停滞过久，会引起腐败，并从阴门流出污红色腐臭的液体。病情严重时，猪体温升高，废食，甚至引发败血症而死亡。

【防治措施】

（1）母猪妊娠期间要给予足量的全价饲料，并促其适当运动。

（2）发现母猪胎衣不下时，可采用收缩子宫的药物进行治疗。

① 垂体后叶素　母猪分娩后 10～60 分钟，如胎衣不下，可肌内注射垂体后叶素 1～2 毫升（10～20 单位）。

② 10%氯化钠溶液　50～100 毫升一次静脉注射，或 1 000～1 200 毫升注入子宫。

③ 10%氯化钙注射液 50～100 毫升静脉注射。

④ 10%安钠咖注射液 5～10 毫升肌内注射，可助其排出胎衣。

264 怎样防治母猪子宫炎？

母猪子宫炎是母猪子宫内膜发生炎症的疾病。

【病因】主要原因是人工授精时不遵守卫生规则，器械和输精管消毒不严，使母猪子宫内膜发生微生物感染；母猪难产时，手术助产不卫生也可引发感染；另外，子宫脱出、胎衣不下、子宫复旧不全、流产、胎儿腐败分解、死胎存留在子宫内等，均能引起子宫炎。

【临床症状】病猪主要表现为弓背，努责，从阴门流出黏液性或脓性分泌物，重症病例的分泌物呈污红色或棕色，并有恶臭味，站立走动时向外排出，卧下时排出更多。急性病例表现为体温升高、精神沉郁、食欲不振、不愿给仔猪哺乳，有的病猪发情不正常，发情时流出更多的炎性分泌物，这种猪通常屡配不孕，偶尔妊娠，也易引起流产。

【防治措施】

（1）猪舍保持清洁干燥，母猪临产时要调换清洁垫草；助产时严格消毒，操作要轻巧细微；产后加强饲养管理。人工授精时严格消毒。在处理难产时，取出胎儿、胎衣后，将抗生素装入胶囊内直接塞入子宫腔内，可预防子宫炎的发生。

（2）治疗可选用 10%氯化钠溶液、0.1%高锰酸钾溶液、0.1%雷佛奴耳、1%明矾溶液、2%碳酸氢钠溶液，可任选一种冲洗子宫，但必须把冲洗液排净。最后，注入青霉素和链霉素。对体温升高的病猪，可用安乃近 10 毫升或安痛定 10～20 毫升，肌内注射。

265 怎样防治母猪乳腺炎？

乳腺炎是由病原微生物侵入母猪乳房引起的炎症。

【病因】主要是由于母猪腹部下垂接触粗糙地面，在运动中擦伤乳房而感染发炎；或因猪舍潮湿，天气寒冷，母猪乳房冻伤，仔猪咬伤乳头等继发细菌感染而发炎。另外，在母猪产前、产后，突然喂给大量多汁和发酵饲料，乳汁分泌过多，积聚于乳房内，也易引起乳腺炎。

【临床症状】病猪一个乳房和几个乳房同时发生肿胀、疼痛，当仔猪吃奶时，母猪突然站立，不让仔猪吃奶。诊断、检查乳房时，可见乳房充血、肿胀，触诊乳房发热、硬结、疼痛，挤出乳汁稀薄如水，逐渐变为乳清样，乳汁中有絮状物。发生化脓性乳腺炎时，病猪表现为挤出的乳汁呈黄色或淡黄色的絮状物，脓肿破溃时，流出大量脓汁。发生坏疽性乳腺炎时，病猪乳房肿大，皮肤呈紫红色，乳汁呈红色，并带有絮状物和腥臭味。严重病例，精神不振，食欲减退或废绝，伏卧不起，泌乳停止，体温升高。

【防治措施】

（1）哺乳母猪舍应保持清洁干燥，冬季产仔时应多垫柔软干草，在仔猪断奶前后最好能做到逐渐减少母猪喂乳次数，使其乳腺活动慢慢降低。

（2）母猪发病后，病初用毛巾或纱布浸冷水，冷敷发炎病灶，然后涂擦10％鱼石脂软膏。对体温升高的病猪，用安乃近10毫升或安痛定10～20毫升，肌内注射。乳房发生脓肿时，必须在脓肿成熟之后才可切开排脓，用3％双氧水或0.3％高锰酸钾溶液冲洗脓腔，之后，涂紫药水和消炎软膏。

266 怎样防治种公猪睾丸炎？

【病因】主要由于种公猪阴囊外伤化脓、尿道或输精管炎症化脓、布鲁氏菌病转移等引起。

【临床症状】病猪表现一侧或两侧睾丸肿大，阴囊皮肤红肿、温热，体温升高，食欲减退，后肢运动障碍。

【防治措施】

（1）防止种公猪阴囊受伤。若是继发性的，应及时治疗原发病，初期可冷敷、外涂西药膏剂进行消炎。

（2）防止种公猪睾丸外伤。发现睾丸肿胀，可外涂 10％鱼石脂软膏，或注射青霉素 20 万～40 万国际单位，消炎。

267 怎样防治仔猪脐炎？

【病因】接生时，脐带消毒不严或由于圈舍脏污而引起仔猪脐带的断端细菌感染。

【临床症状】仔猪出生数天后，脐带湿润、肿胀，脐带基部红肿，有时脐孔周围脓肿，从脐带排出脓液，溃烂，脐部疼痛而弓背，不喜欢运动。常发生转移性关节炎。病猪食欲不振、发热、下痢、跛行。

【防治措施】

（1）接生时，仔猪脐带要用碘酊消毒。

（2）当仔猪脐带发炎时，可在脐部涂上碘酊，脐孔周围注射青霉素；当化脓时，可切开排脓，用 0.1％高锰酸钾溶液洗净后，撒上消炎粉；当发生转移性关节炎时，可注射抗生素或磺胺类药物。

268 怎样防治猪风湿病？

【病因】病因不太明确，潮湿、寒冷、运动不足、过肥及饲料变换等都可能成为诱因。

【临床症状】多见突然发病，患部肌肉紧张疼痛，步态强拘。病猪先从后肢开始发病，逐渐向腰部及全身扩大。跛行随着运动时间的增加而缓解。关节风湿以肿胀为主，突然发生于一至数个关节，以腕关节和膝关节多见，患部有热感，压之疼痛，病猪卧倒后不愿起立。

【防治措施】

（1）圈舍内垫草要经常换晒，堵塞圈舍一些破损洞孔，避免猪在寒冷季节淋雨。

（2）病猪可用 2.5％醋酸可的松注射液 5～10 毫升，每天 2次，肌内注射；或用醋酸氢化可的松注射液 2～4 毫升，患部关节腔内注射。

269 怎样防治猪外伤？

【病因】猪体的创伤一般是由于锐性外力或强烈的钝性外力作用于猪体，使局部组织出现损伤。如猪互相咬架，车轮碾压或重物挤压，镰刀、钉子、树杈子等尖锐物体的扎、切等均可引起创伤。

【临床症状】创伤发生后，根据有无细菌感染化脓情况，可分为新鲜创和化脓感染创。新鲜创是发生不久或没有被细菌感染的创伤，主要表现为出血、疼痛和一定程度的机能障碍，创伤周围有不同程度肿胀。化脓感染是指创内被细菌感染，出现了化脓性炎症。除具有新鲜创的某些症状外，又可分为化脓创和肉芽创。化脓创指创伤部位出现化脓性炎症，创伤组织充血、增温、化脓，并有脓汁渗出。肉芽创指创伤部位化脓性炎症减轻或消退，有肉芽组织生成，呈红色，表面平整，呈颗粒状，上面附有少量黏稠的脓汁。

【防治措施】

（1）不同圈舍的猪混群时要加强管理，防止殴斗。

（2）防止过激驱赶猪，采取一些防范措施，避免猪体被尖锐物体扎伤、划伤。

（3）治疗

① 新鲜创　如果创缘整齐，创内组织未见损伤且无异物，可用生理盐水洗净后撒布青霉素和消炎粉，再用5％碘酊涂擦创口周围，根据创口大小进行缝合或开放疗法。如果创口内有异物（如毛、草、泥、沙）或损伤的组织血块，应修整创缘，清除异物，用0.1％高锰酸钾溶液冲洗，撒布消炎药物，外涂碘酊，缝合，包扎。

② 化脓创　要彻底排出脓汁，清除污血烂肉（坏死组织），用0.2％高锰酸钾溶液冲洗，再用3％双氧水冲洗。如创道较深，可扩大创口或用灭菌纱布条蘸0.2％雷佛奴耳溶液引流，以利于排出创液。

③ 肉芽创　治疗时注意保护肉芽组织，促进肉芽生长。如创面有少量脓汁，可用生理盐水或雷佛奴耳溶液冲洗，撒布消炎粉或涂

碘酊；无脓汁时，用灭菌纱布蘸上磺胺乳剂或鱼肝油软膏敷于创面上。

270 怎样防治种公猪阴茎出血？

【病因】机械性损伤最为多见，主要是由于管理或器械使用不当而引起，如过度使用、采精操作不熟练等。

【临床症状】在周围地上或障碍物上可见鲜血。种公猪配种、采精时更为明显，表现食欲不振、精神萎靡；内出血一般出血量少，在射精后较多，所采精液中混有血液或少量血块；外出血一般出血量较多，且不断流出。

【防治措施】

（1）加强种公猪管理，合理使用种公猪，当阴茎出血时应暂停使用。

（2）治疗

① 外出血时，可用消毒棉球浸 3％双氧水敷于创面上。

② 毛细血管出血时，可用 0.1％肾上腺素溶液喷洒局部。

271 怎样防治猪脱肛？

【病因】猪脱肛是指猪直肠的一部分或大部分脱出于肛门外面。本病多发生于体质衰弱的小猪，常由消化不良、便秘或顽固性下痢引起。母猪分娩时过度努责，也可造成脱肛。

【临床症状】病猪表现为直肠脱出肛门，不能自行恢复；外观直肠呈圆柱形或半圆球形，初期黏膜呈粉红色，时间稍长因肠管受到肛门括约肌的压迫，血流不畅，造成瘀血、炎症和水肿，黏膜呈暗紫色，表面干燥，形成横的皱襞，最后变为化脓性坏死，严重的病例可因败血症而死亡。

【防治措施】

（1）对幼龄猪，要喂柔软饲料，保证有足够的蛋白质和青饲料供应，平时应使其适当运动，饮水要充足。

（2）猪发病后，治疗的原则是整复脱出肠管，防止继发外伤和坏死。整复前先用 0.5％高锰酸钾溶液或 1％明矾溶液冲洗直肠和肛门周围的污染物。然后，助手将猪的后腿抬起，术者将脱出的直肠送回。如果脱出时间较长，黏膜发生水肿和轻度坏死，整复有一定困难，可针刺水肿黏膜，排出水肿液，小心剪去坏死膜，但切忌剪断肠壁肌层，然后撒布明矾粉，将脱出的肠管送回。整复时为防止努责，可在肛门边缘 1～2 厘米处上、左、右 3 点皮下注射 1％普鲁卡因溶液 10～30 毫升。整复后为防止再脱出，可在肛门周围做荷包缝合，入针时不要穿过直肠腔，留出一定的排粪口，7～10天后拆除缝线。

八、猪场建设与饲养设备

272 环境条件对养猪有什么影响？

猪体处于各种环境之中，在一般情况下，猪体与环境保持平衡，如果环境发生变化，平衡就受到破坏，猪体就会产生抗逆反应，以求生存，这种抗逆反应和对环境调节的能力，叫作猪的抗逆性和适应性。它们都是有一定限度的，如果刺激过大，超过极限时，就会影响猪的健康，甚至造成猪的死亡。为了提高养猪生产水平，环境管理因素的影响是很重要的，特别是生产性能好的品种，受环境的影响就更大。因此，改善环境条件、加强饲养管理，是保证养猪高产、稳产的一项重要措施。

（1）温度对猪的影响　猪是恒温动物，最适宜的温度是 15～21℃，环境温度过高或过低对猪的生长发育都是不利的，而猪的不同品种、年龄和体型，对气温变化的适应能力也各不相同，在生产中应根据实际情况采用不同的保温措施。肥育猪皮下脂肪厚，体内热量散发受阻，耐热性差，在夏季要注意降温；仔猪皮下脂肪少，皮薄，毛稀，体表面积相对较大，抗寒性差，惧冷怕潮，在其出生时要注意保温。在农村，为提高仔猪成活率，采取春、秋两季产仔。在修建猪舍时，必须注意温度对猪的影响，创造良好的环境温度条件，这样才能取得较好的饲养效果。

（2）湿度对猪的影响　舍内湿度与猪的健康和生长发育有很大关系。猪舍内的空气必须保持清洁、干燥，在这样的猪舍中能培育出健壮的仔猪，并有利于猪的肥育。一般，空气湿度与温度共同对猪产生影响，在高温高湿时，妨碍猪体内的热量蒸发，因此加剧了高温的危害，使肥育猪增重减缓，死亡率增加；在低温高湿时，猪体内热量散发过多，同样也会产生不良影响。一般来说，猪舍内相对湿度保持在 65％～75％ 为宜。

（3）光照对猪的影响　光照可增强血液循环，促进新陈代谢，也可使皮下组织合成维生素 D，保证正常的钙磷代谢，促进骨骼生长，提高猪的生长发育速度。但在天气炎热的夏季，猪受烈日照射过久，会造成热应激，导致日射病，因此，夏季在猪舍运动场搭设凉棚、规划绿化遮阳有十分重要的意义。

273 选择猪场场址应注意什么？

新建猪场选择场址是一项很重要的工作，场址选择的好坏，会影响养猪生产水平和经济效益，因此需要多方面考虑，避免造成浪费。选择场址应注意以下几项必要的条件。

（1）交通方便　养猪场每天要进出的物资（饲料、粪便、产品）数量很大，如果交通不方便，会增加运输费用，提高饲养成本。因此，选定的场址必需交通方便，但应比较僻静，远离交通干线（铁路、公路）、牲畜交易市场和屠宰厂等，以防疫病传入。

（2）地势高，干燥平坦，排水良好　猪场要朝南或朝东南稍有斜坡，这样既便于排水，又能得到充足的阳光，冬季有利于防风。一般以砂质土壤为宜，低洼潮湿的地方不宜建猪场。

（3）水质要求良好　猪场的水源要充足，水质要清洁，取水要方便。饮水常常是疫病的重要传染媒介，最好是用地下水或自来水。

（4）要有充足的电力资源　随着机械化、电气化的发展，猪场到处都需要用电，电力资源是必不可少的建场条件。

（5）与居民住宅要有一定距离　位于居民区的下风向。

274 猪场怎样布局好？

猪场场址选定之后，即刻考虑猪场总体规划和布局问题，因为布局是否合理，直接关系到是否能正常组织生产、是否能提高劳动效率和降低生产成本以及增加经济效益。场内建筑物的安排要做到利用土地经济，布局整齐，建筑物紧凑，尽量缩短供应距离。猪场的总体布局应尽量使猪舍坐北朝南，各建筑物排列成行，将整个猪场划为生产区、管理区、生活区和隔离区4部分。

(1) 生产区　包括猪舍、饲料加工厂、饲料调制间、饲料仓库、人工授精室和交配场、消毒池等。猪舍是猪场的主要部分，应设在猪场中心较干燥的地方，位于办公室、宿舍区的下风向和病猪隔离舍的上风向。就猪舍布局来说，肥育猪舍和仔猪舍应设在猪场进口较近的地方。种猪舍应设在猪场进口较远的地方。肥育猪舍与种猪舍之间应有一定的距离，一般为60～100米。公猪舍与母猪舍应间隔10米以上，且位于母猪舍的上风向。为了配种方便，公猪舍距离人工授精室或交配场不能太远，人工授精室和交配场应设在母猪舍附近。每栋猪舍前后间距10～20米，左右间距10～15米，运动场可设在猪舍一侧或两侧。

大型猪场在生产区进口处应有更衣室、消毒室和消毒池，凡进入生产区的人员应先洗手、消毒、更衣和换鞋。外来车辆要通过消毒池消毒后才准进入场内。

(2) 管理区　包括猪场的办公室、会议室、接待室和车库等。从防疫的角度出发，管理区与生产区隔离，自成一院，其位置设在生产区的上风向。

(3) 生活区　包括职工宿舍、食堂、文化娱乐室等，应位于生产区的上风向。

(4) 隔离区　包括兽医室、病猪室等，应设在生产区的下风向位置，并远离生产区100米以上。

猪场道路应设置南北主干道，东西两侧设置连道。另外，场内道路应设净道和污道，并相互分开，互不交叉。水塔应尽量安排在猪场地势最高处。为了防疫和隔离噪声的需要，在猪场四周应设置隔离林，并在冬季的主风向设置防风林，猪舍之间的道路两旁应植树种草，绿化环境。

275 猪舍的类型有哪些？各有什么特点？

猪舍的类型繁多，分类的方法不尽相同。按猪舍屋顶形式可分为单坡式、双坡式、联合式、平顶式和拱式（图 8-1）等；按猪栏排列可分为单列式、双列式和多列式；按猪舍墙和窗的设置可分为开放式、半开放式（图 8-2）、有窗式和无窗式；按饲养猪的种类可分为公猪舍、母猪舍、仔猪舍、肥育猪舍等；按机械化程度可分为半机械猪舍、机械化猪舍和工厂化猪舍。

图 8-1　猪舍屋顶样式示意

1. 单坡式　2. 双坡式　3. 联合式　4. 平顶式　5. 拱式

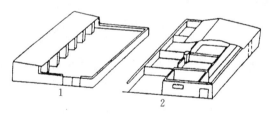

图 8-2　开放式和半开放式猪舍示意

1. 开放式　2. 半开放式

（1）单列式猪舍　即在猪舍内有一列猪栏，根据形式又可分为带走廊的单列猪舍和不带走廊的单列猪舍。单列式猪舍投资少，结构简单，维修方便，且通风透光，一般适用于养猪专业户和小型猪场（图 8-3）。

单列式猪舍根据其屋顶的形式又可分为单坡式、双坡式、平顶式、拱式和联合式等。

单坡式猪舍屋顶前檐高，后檐低，屋顶向后排水，这种结构通风透光，但保温性差；双坡式猪舍屋顶中间高，前后檐高度相当，

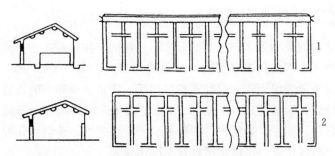

图8-3　单列式猪舍示意
1. 带走廊　2. 不带走廊

两面排水，其通风、透光及保温性能均较好，但造价比单坡式猪舍高；平顶式猪舍屋顶一般用钢筋混凝土制成，造价较高，隔热性能和排水性能均比较差，不适合南方高温多雨地区，但这种猪舍的结构牢固，可抵御风沙侵袭，在北方较为适用。

　　单列式猪舍根据墙的设置又可分为开放式和半开放式两种。开放式猪舍3面有墙，一面无墙；半开放式猪舍三面设墙，一面为半截墙。

　　（2）双列式猪舍　双列式猪舍舍内有南北两列猪栏（图8-4），中间有一条通道，或南、北、中有3条走道。这种猪舍结构紧凑，容量大，能充分利用猪舍的面积，且便于管理，其劳动效率比单列式猪舍高，适合规模较大、现代化水平较高的猪场使用。但这种猪舍跨度较大，结构较为复杂，造价较高，尤其是北面的猪栏采光较差，冬季寒冷，不利于猪群的生长繁殖。

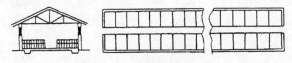

图8-4　双列式猪舍示意

　　（3）多列式猪舍　即舍内有3列或3列以上的猪栏（图8-5），这种猪舍容纳的猪较多，猪舍面积利用率高，有利于充分发挥机械的效率，为大型机械化养猪场所采用。但是，多列式猪舍南北跨度较大，采光、通风差，不适合南方高温地区使用。

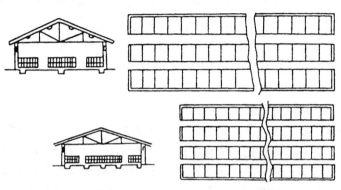

图 8-5　多列式猪舍示意

（4）塑料暖棚猪舍　在我国北方寒冷地区采用开放式或半开放式猪舍，冬季的防寒保温性能很差。近年来，北方地区的不少猪场在冬季采用塑料薄膜覆盖开放式或半开放式猪舍的运动场，有效地提高了猪舍的防寒保温性能，取得了明显的经济效益。

276 在一般猪舍设计上有哪些要求？

猪舍建筑也是养好猪的重要条件之一，理想的猪舍应具备以下条件：

（1）冬暖夏凉　猪舍温度高低对猪群保健和生长发育影响很大。温度过高，体热不易散发，猪的食欲降低，代谢机能减退，饲料利用率下降，对疾病的抵抗力降低。温度过低，增加猪体热能的消耗，因而猪的生长发育减缓，甚至停止生长或者感染疾病。解决的方法首先是正确选择猪舍的朝向，较理想的猪舍是坐北朝南，或坐西朝东南。这样，炎热的夏季多东南风向，可吹入猪舍内，保持凉爽，冬、春季向阳，阳光直射猪舍内，光照时间长，可以自然取暖。其次还要考虑猪舍门窗设计，适当降低猪舍的举架，以不影响操作为宜。一般双坡单列封闭式猪舍前檐高1.8米，后檐高1.6米。另外，还要正确选用建筑材料（如空心大块砖），为猪舍冬暖夏凉创造条件。

（2）通风透光，保持干燥　通风可加快猪体热量的散发，并可清除猪舍空气中的有害气体，改善空气中的化学成分和猪舍卫生，同时，对猪舍地面干燥有很大作用；充足的光照可使猪舍保持干燥和冬季保温。在设计时应因地制宜，参照采光系数和通风率进行设计。

（3）便于日常操作　猪舍的过道、栏舍门、饲料槽、饮水槽设计要合理，便于操作。猪舍的过道宽度为1.2～1.5米；饲料槽最好在猪栏外，让猪把头伸到猪栏外面吃食，也可在猪栏内2/3、猪栏外1/3处，这样可以在添料时保证饲料不被猪撞撒，减少饲料的损失。每个圈都要设门，门宽为50～55厘米，门高与猪栏同高，而且要坚固。

（4）便于日常清洁、消毒　猪舍的门口一定要设消毒池和消毒装置，最大限度控制传染性病原的住入。

277 在不同类猪舍设计上有哪些要求？

不同类猪群的生物学特性及用途不同，因此对猪舍设计的要求也不同。

（1）公猪舍　有较大的运动场，猪栏要求较宽，隔栏高度一般为1.2～1.4米。大中型猪场需要的公猪数量较多，最好建一栋单列式、封闭式的公猪舍。人工授精室和精液检查室可设在公猪舍的一端。

（2）母猪舍　母猪舍的建筑应根据母猪空怀、分娩和哺乳等阶段决定。因为初生仔猪对环境适应能力差，体液调节机能不健全，在产栏内应增设保温箱，初生仔猪放入保温箱内免得仔猪因冬季寒冷而被冻死。保温和干燥是母猪舍必须具备的重要条件。此外，还应给仔猪设补饲间和排水良好的运动场。

（3）肥育猪舍　肥育猪需要安静、少运动，以降低基础代谢，有利于增重。肥育猪舍要求通风、防潮和保温，使舍内夏季凉爽、冬季温暖，空气新鲜、干燥。肥育猪舍多采用双列封闭式，这样既可以增加养猪数量，又降低养猪成本。使用固定料槽或自动料槽喂料。在猪舍一端的山墙上部安装两个排风扇，并在屋脊上每隔7～8米设一个排风筒来交换内外空气。在猪舍的中间通道下有一个排尿沟，粪便由人工清扫后用粪车拉到堆粪处。

278 在猪舍建筑上有哪些基本要求？

在猪舍建筑上，总的要求是因地制宜、坚固耐用、经济实用。

（1）地基　猪舍一般不是高层建筑，对地基的压力不会很大，因此，除了淤泥、沙土等非常松软的土质以外，中等以上密度的土层均可以作为猪舍的地基。

（2）基础　基础是猪舍的地下部分，也是整个猪舍的承重部分，常用碎砖、河卵石或混凝土等做成方形柱墩。基础深入地下的程度由建筑物的大小、地基的种类、地下水位的高低及冻土层的深度决定。

（3）墙脚　墙脚是墙壁与基础之间的过渡部分，一般比室外的地面高出20～40厘米，在墙脚与地面的交接处应设置防潮层，以防止地下或地面的水沿基础上升，使墙壁受潮，通常可用水泥砂浆涂抹墙脚。

（4）墙壁　猪舍的墙壁要求坚固耐用，同时又要求具有良好的隔热、保温性能，保护舍内的小环境不受外界气候急剧变化的影响。多用草泥、土坯、砖及石料等材料建筑猪舍。草泥或土坯墙的造价低且具有良好的隔热性能，冬暖夏凉，但是很容易被暴雨或大水冲浊，需要经常维修，一般只适用于气候干燥地区。石料墙坚固耐用，但保温性能较差。砖墙也比较坚固，而且保温防潮，是较理想的猪舍墙体。

（5）屋顶　猪舍屋顶要求结构简单、坚固、耐用、排水便利，且具有良好的保温性能。多采用稻草、瓦、预制板、泥灰、石棉瓦等材料修建屋顶。稻草的屋顶造价低，且具有良好的保温性能，但不耐久，且防火性能差。用瓦、预制板、石棉瓦等修造的屋顶坚固、耐用，但造价较高，且保温性能不如用稻草修造的屋顶。

（6）地面　猪舍地面要求坚实、平整、无缝隙，保温性能好，具有一定的弹性，不透水，且具有适当的坡度，易于清扫和消毒。为了保持舍内干燥，舍内地面应比舍外地面高出 20～30 厘米。舍内地面可采用土、砖、水泥等材料修建。土质地面造价低，地面柔软，但容易渗水，地面不易保持平整，不利于清扫和消毒。砖砌地面坚固、耐用，保温性能良好，但如果施工不当，地面不平整，砖缝隙易渗水，不易清扫和消毒，容易造成地面的污染和受潮。水泥地面坚固、平整，耐酸碱，不透水，易于清扫和消毒，但造价高，地面硬度大，导热性强，冬季需要铺设垫草，以防猪受寒。目前，一些猪场修建猪舍多用水泥地面，水泥地面一般用碎砖做基础，上铺混凝土（比例是水泥 1 份、沙子 3 份、石子 6 份）厚 10 厘米，压实抹平，再涂一层 2 厘米厚的水泥砂浆即可。

（7）门、窗　猪舍门的设置首先应保证猪群能自由出入，以及运料和出粪等日常生产的顺利进行。因此，猪舍门一般设在猪舍两端，宽度与通道相等，高 2 米左右，不设门槛。猪舍过长时中部也可设门，便于饲养管理。

猪舍窗的位置和大小直接影响到舍内温度、光照度和湿度。窗户面积越大，采光越多，通气越好，但散热也多，冬季保温性能差。猪舍窗分直立式（高大于宽）与横卧式（宽大于高）两种。两者在面积相同的情况下，直立式比横卧式光照度大 15%～20%，但直立式没有横卧式保温好。

猪舍窗户的宽度：南面为 1.2～1.5 米，高度为 0.7～0.8 米，窗台距地面 1.1～1.3 米；北面应小一些，高一些。

（8）舍内隔墙（隔栏）　猪栏周围的隔墙要求坚固耐用，一般用单砖砌成，外抹水泥。也有用钢筋、钢管围成隔栏。前者取材方便，造价低；后者通风、透光良好，但造价较高。隔栏一般是固定的，但也可在猪栏间做活动的隔栏，这样便于调节猪栏面积，同时也便于机械化清粪。

（9）粪尿沟　粪尿沟要求平滑，有 1°～1.5° 的坡度。断面呈椭圆形，宽 15 厘米，深 10 厘米。单列式猪舍粪尿沟设在运动场的墙外边，双列式猪舍设在中央两侧。粪池设在猪舍一端或猪舍外粪场处。粪池应不漏水，边缘高于地面，便于防雨保持肥效。粪池大小视饲养规模而定。

（10）通道　通道的宽度应根据猪栏排列形式和饲喂操作方式来决定。单列式猪舍的通道多设在靠北墙的一边，宽度 1.2～1.5 米；双列式猪舍通道多设在猪舍中间，宽度 1.5 米。

279 怎样建造塑料暖棚猪舍？

北方地区冬季漫长寒冷，若没有保温措施，养猪耗费饲料却不增重，给养猪业造成较大的经济损失，而塑料暖棚养猪解决了北方冬季养猪生产的这一难题。塑料暖棚猪舍一般都是由原来的简易开放式猪舍改造而成。总结各地经验，塑料暖棚猪舍建造要点为：

（1）建造尺寸　猪舍前高 1.5 米，后高 1.7 米，脊高 2.5 米，内部总跨度 5 米（图 8-6）。

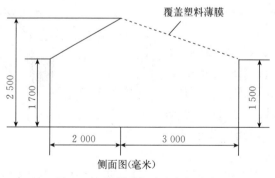

覆盖塑料薄膜

2 500

1 700

1 500

2 000　　3 000

侧面图(毫米)

图 8-6　塑料暖棚猪舍侧面示意

（2）建筑要点　水泥土面抹完压平后，再用旧竹扫帚拍一拍，形成一定的麻面，这样猪行走不打滑。猪舍的房盖要抹 3～5 厘米厚的泥，然后再上瓦，这样冬季防寒，夏季防日晒。猪舍的墙最好用空心水泥大块砖。

（3）冬季扣暖棚要领　一是扣暖棚时间应为11月初，拆除时间为翌年3月下旬，可根据当地气温变化情况决定。二是扣暖棚时要用泥巴将塑料膜四周压严，并顺着前坡的木棱将塑料膜固定，以防大风刮破。三是在暖棚的最高点，每个猪舍要留一个通风孔，每天上午10时后通风换气，排出有害气体，降低棚内湿度。

280 猪栏的类型有哪些？各具什么特点？

猪栏的类型比较多，按饲养猪的种类可分为公猪栏、空怀母猪栏、妊娠母猪栏、分娩栏（产仔栏）、保育栏和生长肥育猪栏等。

按猪栏构造可分为实体猪栏、栏栅式猪栏、综合式猪栏和装配式猪栏等。

实体猪栏为钢筋混凝土预制板或砖制成，优点是造价低，防风，安静，减少疾病传播；缺点是视线差，通风不良（图8-7）。

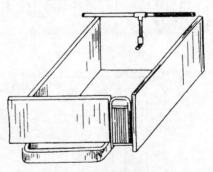

图8-7　实体猪栏示意

栏栅式猪栏常用钢管、角钢、圆钢、钢筋等焊接成栏栅状，经装配固定而成。优点是通风、视线好，便于防疫消毒，但所需钢材多，造价高（图8-8）。

综合式猪栏有两种形式：一种是两猪栏相邻的隔栏采用实体砖砌成矮墙结构，走道正面为栅栏结构（图8-9）；另一种是猪栏下部为砖砌实体结构（约为1/2），上部为栏栅结构，改进了实体猪栏视线差和通风不良的缺点。

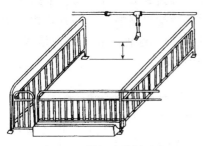

图 8-8　栏栅式猪栏示意

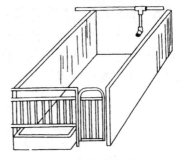

图 8-9　综合式猪栏示意

装配式猪栏由主体和钢管组成，立柱上有横向孔和纵向孔，随猪体型大小、数量多少变化，猪栏可做相应调整（图 8-10）。

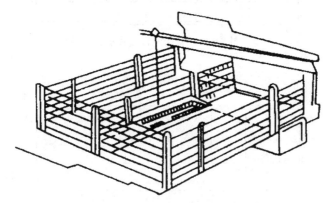

图 8-10　装配式猪栏示意

281 怎样制作公猪栏？

猪栏结构有实体、栏栅式和综合式 3 种，面积一般为 7～9 米^2，高 1.2 米。公猪栏与待配母猪栏的配置方式有两种。一种是公猪栏与待配母猪栏紧密相连的配置方式，即 3～4 个待配母猪栏对应一个公猪栏，公猪栏同时又是配种栏，母猪配完种后赶回原来的猪栏内。采用这种配置方式，母猪必须单栏定位饲养，每个公猪栏内也只能饲养 1 头公猪（图 8-11）。这种配置方式占地面积小，不需另设配种区，配种时仅需驱赶母猪到公猪舍，简化了操作程序。另一种配置方式是将公猪栏和待配母猪栏分为两列，相对配置，两列中间作为配种区（图8-12）。这种配置方式占地较大，但有利于待配母猪体质恢复和公猪运动。

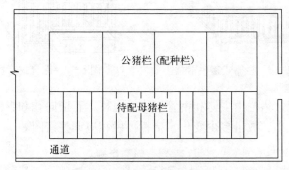

图8-11　紧密配置方式示意

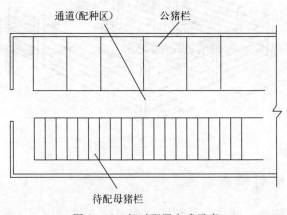

图8-12　相对配置方式示意

282 怎样制作母猪栏？

（1）普通母猪栏　由于采取的饲养方式不同，猪栏面积有所不同。如采用群养，每栏饲养母猪5头，猪栏面积为7～9米²，每头母猪1.5～1.8米²。猪栏结构有实体、栏栅式和综合式3种，多为单过道双列式，栏高1米，地面不能过于光滑。

母猪（尤其是妊娠母猪）可采用单体限位饲养，即一个母猪栏饲养一头母猪。一般采用金属结构，典型尺寸为2.1米×0.6米×1.0米（即长×宽×高）。优点是猪栏面积小，便于观察母猪发情表现和合理饲养，环境相对安静（猪与猪之间干扰少），减少了机械性流产。缺点是成本高，投资大，由于运动受到限制，腿部、蹄部疾病的发病率升高，影响受胎率和利用年限。

妊娠母猪可采用大栏饲养、单栏饲喂的方式，饲喂时每一头母猪自动进入小栏内，采食结束后在大栏内运动（图8-13）。

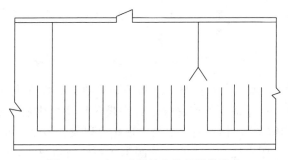

图8-13　大、小栏结合的母猪栏示意

（2）母猪分娩栏　母猪分娩栏一般采用单饲猪栏，中间部分为分娩母猪限位区，两侧为哺乳仔猪活动区。母猪限位区前端有饲料槽和饮水槽（或自动饮水器），后端有防母猪后退的装置（杆状或片状），以保持两侧仔猪安全往来。母猪限位区两侧有防压装置（杆状或片状）。在仔猪活动区设有补料槽和自动饮水器，必要时设保温箱，采用加热地板、红外线灯、热风器等提高局部环境温度。分娩栏长度为2.2～2.3米，宽度为1.3～2.0米（母猪限位区宽度为0.55～0.65米）。高床式母猪分娩栏见图8-14。

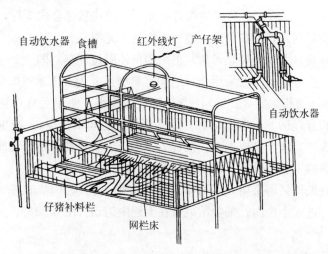

自动饮水器　食槽　　　红外线灯　产仔架

自动饮水器

仔猪补料栏　　　　　网栏床

图 8 - 14　高床式母猪分娩栏示意

283 怎样在农户简易猪舍设置护仔栏？

母猪产仔后，往往因分娩疲劳或体重过大、母性不好等原因，在起卧时，将仔猪压死或踩死。特别是在仔猪出生后 1～3 天内，由于仔猪体弱、不懂躲避，更易出现压死现象。为此，可在猪床靠墙的 3 面，用直径 9～12 毫米的圆木在距地面高 20～30 厘米处安装护仔栏（图 8 - 15），以防母猪沿墙躺卧时，将仔猪压于身下，造成仔猪死亡。

图 8 - 15　简易护仔栏示意

284 怎样在农户简易猪舍设置保温箱？

俗话说，"小猪怕冷，大猪怕热"，在母猪产仔后，如果把整个产房升温，一则母猪不适应，二则多消耗能源，不经济。因此，生产中为仔猪保温的措施就是给仔猪单独创造温暖的小环境，最好的办法是在产房内设置红外线保温箱或红外线保温小室。红外线保温箱可用木制，容积 $1\sim1.5$ 米³，固定于产房一角，留一个仔猪出入口，内挂红外线灯。仔猪保温小室，可在两个相邻产房中间用砖和水泥修建，宽 90 厘米，高 85 厘米，靠产房一侧留一个宽 20 厘米、高 28 厘米的仔猪出入口，上面用木板盖上，地面铺垫草，内挂红外线灯，红外线灯距地面高 $30\sim40$ 厘米，可根据仔猪躺卧处温度随时调节红外线灯泡的高度。仔猪出生后经几次训练，就会习惯出入红外线保温箱或小室，吃完奶后进去休息，需要吃奶时出来。这样，仔猪既不会冻死，又降低了被母猪压死、踩死的风险。

285 怎样制作断奶仔猪保育栏？

仔猪断奶后转入保育栏。保育栏通常由钢筋编织的漏缝底网、围栏、自动料槽和连接卡等组成（图 8-16）。保育栏由支撑架设在粪沟上面，多为双列式或多列式。底网有全漏缝和半漏缝两种，多用冷拔钢筋编织而成，或用钢筋直接焊接，或用异形钢材焊接，或用全塑料漏缝地板。

286 怎样制作生长肥育猪栏？

生长肥育猪栏的形式较多，其隔栏结构有砖、金属及综合式隔栏等形式，地面结构有三合土、砖或水泥地面以及水泥或金属漏缝地板等形式，每头猪所占面积为 $0.9\sim1.0$ 米²，栏高为 $0.9\sim1.0$ 米，多为中间带走道的双列式猪栏。三合土地面导热性小，柔软舒适，但易被粪尿等污染；砖砌地面也存在同样的缺点；水泥地面则太硬，且导热性强，不利于猪的健康。

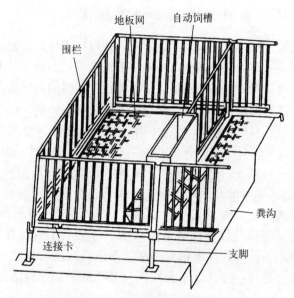

图 8-16　仔猪保育栏示意

漏缝地板的优点是易于清洗和消毒,水泥漏缝地板造价低廉,但损坏后不易维修,金属漏缝地板虽然造价较高,但使用寿命长、维修方便。漏缝地板直接架设在粪沟上(图 8-17),这种结构给管理带来很大的方便,其缺点是猪舍湿度大,有害气体含量高。

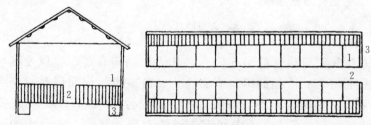

图 8-17　双列式生长肥育猪栏示意
1. 猪栏　2. 走道　3. 粪沟

287 怎样制作猪栏内漏缝地板？

漏缝地板的种类较多，根据采用的材料可分为水泥地板、金属地板、塑料地板等；根据地板形状可分为块状地板、条状地板和网格状地板等。水泥漏缝地板的表面应平整光滑，无蜂窝状疏松孔隙，以免刮伤猪，同时还可避免粪尿积存。漏缝地板应具有足够的强度，以承受猪的重量及机械设施的磨损。金属漏缝地板可分为网格状地板和焊接式条状地板，网格状地板适用于分娩母猪栏和断奶仔猪栏，条状地板则适用于生长肥育猪栏。塑料漏缝地板是以工程塑料压制而成，可以小块拼装组合，使用方便。这种地板导热性小，保温性能好，因此适用于哺乳仔猪的休息区和断奶仔猪保育栏。

288 养猪常用的喂料设备有哪些？怎样使用？

选用什么样的喂料设备，应考虑猪场的规模、资金、劳力、饲料资源和饲料形态等情况。理想的方式是将饲料厂加工的饲料用运输车送入贮料塔，再通过螺旋或其他输送机将饲料直接送进料槽或自动采食箱。

（1）饲料塔 饲料塔多用镀锌钢板压型组装而成（图8-18），容量在2～10吨，贮存时间不宜过长，以2～3天为宜，应考虑气候、饲料含水量等因素。饲料塔各连接处要密封，应安装出气孔和料位提示器。

（2）饲料运输机 运输机是将饲料塔中的饲料输送到猪舍内。分送到饲料车、料槽或自动采食箱内。目前常使用卧式搅龙输送机和链式输送机。卧式搅龙式输送机具有结构简单、适用范围广的特点，既可输送粉料、颗粒料、块状

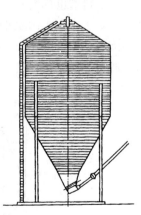

图8-18 饲料塔示意

料，又可通过变换转数改变生产率。

（3）饲料车　饲料车在我国猪场普遍使用，工厂化养猪饲料车仅作为辅助送料设备，将饲料从饲料塔运至定量饲养的配种栏、妊娠栏和分娩栏的猪的料槽。饲料车有手推机动加料车和手推人工加料车。

（4）料槽　料槽的种类较多，大体上可分为普通料槽和自动料槽两类。普通料槽根据其使用材料又可分为水泥料槽和金属料槽（图8-19），水泥料槽坚固耐用，价格低廉，既适合喂干料也适合喂湿拌料。

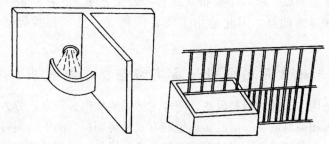

图8-19　普通固定料槽示意

自动料槽也称自动采食箱，一般由饲料箱和料槽两部分组成（图8-20），料槽中的饲料被吃掉后，饲料箱中的饲料会自动添加到料槽内，猪可以在任何时候自由采食，这种方式可大大节省劳动力，适用于机械化养猪。

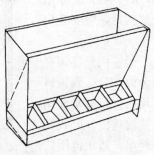

图8-20　自动采食箱示意

289 **养猪常用的饮水设备有哪些？怎样使用？**

猪场的饮水设备有水槽和自动饮水器两种形式。水槽是传统的养猪设备，有水泥槽和石槽等，这种设备投资小，较适合个体和小型猪场，其缺点是必需定时加水，工作量较大，且水的浪费大，卫生条件也差。自动饮水设备一般包括供水管道、过滤器、减压阀及自动饮水器等。自动饮水器可以日夜供水，减少了劳动量，且清洁卫生，一般规模化猪场多采用这种形式。自动饮水器分为吸吮式、杯式、鸭嘴式和乳头式等。目前国内多采用鸭嘴式饮水器和乳头式饮水器。

（1）鸭嘴式饮水器　可供 10～15 头猪饮水，一般安装在饮水区自来水水管上。鸭嘴式饮水器构造简单，由鸭嘴体、阀杆、胶垫、固定弹簧等零件组成（图 8-21）。猪饮水时，将鸭嘴体含在口中口内，挤压阀杆，克服弹簧压力，使阀杆胶垫与水孔偏离，水经饮水器管体流入猪的口腔中；当猪嘴离开阀杆时，阀杆在弹簧作用下，自动回位，饮水器停止供水。常用 9SZY-2.5 型和 9SZY-3.5 型。

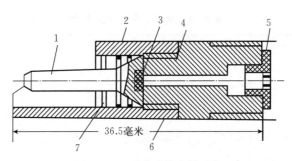

36.5毫米

图 8-21　鸭嘴式饮水器示意

1. 阀杆　2. 弹簧　3. 胶垫　4. 阀体　5. 栅盖　6. 饮水器体　7. 挡圈

（2）乳头式饮水器　可供 10～15 头猪饮水。它是由阀杆、钢球、饮水器体等部件组成。猪饮水时，向上拱动阀杆，抬起钢球后由阀杆形成的两个密封圈被移动，于是水通过错开的间隙流出。猪离开时，钢球和阀杆自动回位，停止供水。用乳头式饮水器时，主管道压力不得大于 19.6 千帕，否则，水流通过饮水器时，将形成喷水现象，对猪的饮水不利。9SZR-9 乳头式饮水器见图 8-22。

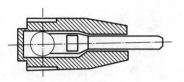

图 8-22　9SZR-9 乳头式
饮水器示意

290 怎样使用猪舍内保温与防暑设备？

为了猪的生理需要，冬夏季节应根据猪的不同情况，做好防寒保暖和防暑降温工作，以利于养猪生产，提高经济效益。

（1）保温　目前养猪生产中，母猪舍、分娩舍和保育猪舍多采用热风炉来保温。热风炉一般每栋猪舍装有 2 个即可。也有使用暖气设备来保温，但这种保温方式成本高。因仔猪要求的温度比较高（30～35℃），应特制保温箱单独保暖。

（2）防暑　在炎热的夏天除将舍窗打开降温外，还可安装电风扇（吊扇）、排风扇等进行降温。另外，还可以采用喷雾式降温法，这种方法降温快、效果好。猪所需的适宜温度见表 8-1。

表 8-1　猪所需要的适宜温度

类别	适宜温度（℃）	类别	适宜温度（℃）
初生仔猪	30～35	肥猪	15～18
幼猪	27～30	非妊娠母猪	15～20
育成猪（20～40 千克）	24～27	妊娠母猪	11～15
后备猪（41～60 千克）	21～24	公猪	10～12
后备猪（61～90 千克）	18～21		

291 猪场如何进行清粪？

猪场清粪有人工清粪、水冲清粪和机械清粪等几种形式。

个体养殖户及规模较小的猪场一般采用人工清粪方式，即主要靠饲养人员打扫猪舍内的粪便，用车拉到粪场堆积起来进行发酵处理，处理的粪肥可作为农家肥料或养鱼的饲料。

水冲清粪多用于饲养规模较大的封闭式、双列式猪舍，粪尿沟设在猪舍中央通道下面，舍内各猪栏都有暗沟相通，每天用水将猪栏内粪尿冲入粪尿沟，粪尿沟向一端倾斜。然后，再通过总坑道流入舍外的大粪坑中，定期从大粪坑中清出粪尿。

大型规模化猪场多采用机械清粪。机械清粪一般要配合漏缝地板使用，可采用铲式清粪机或刮板式清粪机。另外，也有猪场采用漏缝地板配合水冲清粪。

九、家庭猪场的经营管理

292 家庭猪场的经营管理有何重要性？

从发展的观点看，我国养猪生产逐渐步入规模化生产，猪场规模日趋扩大，市场竞争日趋激烈，单位盈利水平日趋缩小，不均衡市场的超额利润已不复存在。

作为猪场经营者，既要负责全场养猪生产的技术管理，又要担负起市场、销售、流通、消费的全过程经营。在这个过程中，经营活动多种多样、错综复杂。同时，现代化养猪进行集约化生产，生产工艺比较复杂，特别是具有相当规模的养猪场，拥有比较先进的设施，劳动分工细，生产过程中各个环节关系密切，任何一个环节上的失误，都会造成整个生产不能顺利进行。因此，从客观上提出了做好规模猪场经营管理的重要性。在养猪生产中，不仅要重视先进的科学技术，而且要重视科学的经营管理方式，两者缺一不可，只有将先进的科学技术和科学的经营管理有机结合起来，才能更好地提高养猪生产的经济效益。目前有些猪场设备不错，但生产上不去，经济效益不佳，甚至亏损严重，究其根本原因就在于经营管理不善。在养猪生产中，总要耗费人力、物力和财力，想要用最少的耗费生产又多又好的产品，从而获得最佳的经济效益，这必须做到了解猪场的整个生产过程和产品的市场需求，进行综合分析和判断，随时掌握生产状况和市场动态，并根据所掌握的情况对生产活动给予监督、限制、约束和促进，使之按既定的目标顺利进行，使自己经营的猪场在市场竞争中立于不败之地。

293 家庭猪场经营管理有哪些基本内容？

（1）经营思想　行成于思，猪场管理者首先要有一个正确的经营思想，它是指导猪场生产经营管理活动的"罗盘"，对猪场的生存发展起着决定作用。在市场经济条件下应牢牢把握以下几方面经营观念：

① 市场导向观念　俗话说有市场就有财路。满足市场需求是猪场经营的出发点，只有把握现有需求，寻找潜在需求，做到以销定产、适销对路、人无我有、人有我好、人好我新，这种以市场为导向，稳定中求创新的市场观念才是猪场经营立于不败之地的关键。

② 质量加服务观念　现代养猪不再是计划经济条件下的粗糙生产，质量就是信誉，信誉是企业的生命。此外，家庭猪场只靠以质取胜还不够，市场竞争激烈的今天还必须有优质的服务，"酒香不怕巷子深"的年代已经成为过去，良好的品质加上优质的服务才能赢得更大的市场。

③ 信息观念　家庭猪场应利用计算机联网、农业信息中心、政府相关部门、民间组织和各种中介组织、新闻媒体等了解市场供求状况、本行业竞争对手、国家宏观政策及相关产品信息，这样才能做出正确的市场预测。相反，在信息不清、经营者心中无数的情况下，经营不是冒险就是失策。

④ 竞争观念　竞争是市场经济的必然产物。竞争的实质是猪场间科学技术之争、是经营管理水平之争，归根结底是人才之争。竞争就意味着优胜劣汰，肉猪市场日趋走向成熟，市场竞争日趋激烈。因此，经营者应制订正确的竞争策略，使自己处于主动和优势地位。

⑤ 创新观念　家庭猪场应重视科学知识的学习和实践总结，增加产品的科技含量，通过科学的饲养方法提高产量。更应根据市场热点，利用先进的科学技术进行产品创新。在重视环保、绿色食品的今天，应该通过科学的方法增加产品的营养含量，降低抗生素残留及有害元素的含量。

⑥ 法制观念 猪场的所有经营活动都必须在政策法规许可范围内进行，经营者应自觉遵守和维护法制。此外，应学会利用法律保护自己的合法权益，处理好经济纠纷。

（2）经营策略 家庭猪场必需根据正确的经营思想，确定相应的经营策略，在市场经济条件下，总的来说应做到以市场为导向，在市场预测的基础上稳扎稳打，靠质量取胜、靠服务取胜、靠科技取胜、靠创新取胜。

（3）经营决策 猪场的经营决策必须以经营思想为指南，结合自身实际情况对为实现目标所采取的措施做出选择与决定，它包括经营方向、生产规模、饲养方式、猪种选择、猪舍建筑等。

① 经营方向 兴办猪场首先遇到的就是经营方向问题——要办什么样的猪场？是办综合性的，还是办专业化的；是养种猪，还是养商品猪。种猪场技术含量比较大；综合性的猪场经营范围较广，规模较大，需要财力、物力较多，要求饲养技术、经营管理水平较高。至于具体办哪种类型猪场，主要取决于所在地区条件、产品销路和家庭自身的经济、技术实力，在做好市场预测的基础上，慎重考虑并做出明确决定。

② 生产规模 经营方向确定以后，紧接着应研究猪场的生产规模，以便做到适度规模经营。作为养猪业，其产品不同于工业品，不管行情好与坏都不能长期积压，适度选择生产规模可缓冲市场行情对生产的冲击。

一般来说，不同的猪场规模大小各有利弊。规模大的猪场，可以选择先进的工艺和设备，便于组织专业化大批量生产，实现较高的效率，获得高质量的产品，做到消耗小、成本低，在市场上具有较强的竞争力，容易产出"拳头产品"。而规模小的猪场，投资少、收效快、对建设条件要求不高，且适应性强，可以利用分散的自然资源，调动各方面的积极性，做到就地生产、就地销售，减少运输，也便于根据市场变化灵活组织生产。

新建的家庭猪场究竟办多大规模，养多少头猪合适，要从投资能力、饲料来源、猪舍条件、技术力量、管理水平、产品销量等诸多方面综合考虑、确定。如果条件差一些，猪场的规模可以适当小一些，如养猪 200～300 头，待积累一定的资金，取得一定的饲养和经营经验之后，再逐渐增加饲养数量。如果投资大，产品需求量多，饲料供应充足，管理者具备一定的饲养和经营经验，猪场规模可以建得大一些，以便获得更多的盈利。但是，猪场的规模一旦确定，绝不能盲目增加饲养数量、提高饲养密度，否则，易造成猪群生长速度慢、死亡率提高，造成经济损失。

（4）猪种选择　目前猪的品种有许多，在选择猪的饲养品种时，要根据经营方向、环境特点等，在经济效益上进行总体对比再做决定。一般饲养肉猪，应尽量选择生长速度快、瘦肉率高、抗病力强、饲料报酬高的杂交猪。

（5）猪舍建筑　在实际生产中，要根据生产规模、资金状况等确定猪舍建筑形式和规格。

家庭猪场资金有限，猪舍建筑可因陋就简，就地取材，注重实用。可以建封闭式猪舍，也可以建半开放式或开放式猪舍，有的地方也可以利用塑料大棚养猪，总的要求是猪舍冬暖夏凉，通风良好。

294 引进种猪应注意什么？

在经营家庭猪场过程中，需要随时引进种猪，以保证猪群的血液更新。在引种时应注意以下几个问题：

（1）要严防疫病传入　引种之前，必需详细了解种猪产区的疫情，确认无病才能引进。同时，还要考虑引进的种猪在当地的自然条件下容易发生什么疫病，如有些南方猪种引入东北以后易发生气喘病等，必须注意预防，以免疫病传播。种猪引入后，不能立即放入猪群中，至少要隔离饲养观察 30 天，确定无病后再混群。

（2）要考虑血缘关系　引来的种猪相互间不能有血缘关系，并应带回种猪血统卡片，保存备查。

（3）引种数量不宜过多　在一般情况下，较大型的家庭猪场引进两三个不同特点的优良品种就够用了。小型猪场引进一两个品种的公猪，有计划地与本地母猪进行经济杂交，提供具有杂种优势的肥育仔猪就可以了。引进过多的品种，容易造成乱配，血统混杂。

（4）引进的种猪应适应当地的自然条件　从外地引进的种猪，有时会发生不适应的现象，表现为容易发病、不能进行正常繁殖等，给生产带来损失。在这种情况下，可实行间接引种。如内江猪引入东北后，开始表现为不适应、怕冷、易患气喘病，管理跟不上去的常出现死亡。因此，东北地区的猪场要引入内江猪做父本，不用直接到四川去引进，可从本地区其他猪场或华北地区引种。因为这样的种猪，已在北方条件下经受了一段风土驯化，比较容易适应当地条件。

（5）要考虑当地饲养水平　因为引入品种在当地除了杂交改良本地猪外，还要进行纯种繁育，如适应性不好，就可能出现纯种退化现象。最好先少量引种进行杂交试验，找出杂交效果好的品种以后，再大量引入种猪。

295 怎样做好家庭猪场的产品调查和预测？

为了办好猪场，猪场经营者应树立市场观念，在进行经营决策前必须以市场调查与预测为基础，掌握市场需求与市场信息。根据调查资料进行定性、定量分析，对其发展趋势和发展状况做出正确估计和判断。

（1）市场目标的确定　市场调查的内容范围极为广泛，不可能也没有必要一次进行所有内容的调查。这是因为漫无边际的泛泛调查解决不了什么问题，而且不同内容的调查具有不同的要求，要采用不同的方法。因此，在进行市场调查之前，应明确调查的目标和目的，即弄清为什么要进行调查、调查什么问题。

（2）市场调查　市场调查是指运用科学的方法，以开拓市场、增进销售为目的，有计划地、系统地、客观地搜集、整理和分析市场营销的历史、现状及其发展趋势等情报资料的活动。

①市场调查的类型　根据不同的目的，市场调查可分为3种主要类型：

Ⅰ.探索性调查　它是指在情况不明时所进行的调查。这种调查研究的特点是面广而不深，是探索情况的调查，因而适合于准备开办家庭猪场的经营者，为是否投资或投资规模的确定做准备。

Ⅱ．描述性调查　它是指如实详细地、全面地对调查对象所进行的调查。这种调查的特点是广度不大，而深度较深，它要求实事求是描述市场情况。这样的调查往往用于猪场在选择是扩大再生产还是缩减生产规模之时。

Ⅲ．因果关系调查　它是为了弄清问题的原因与结果之间的关系，搜寻有关自变因素与因变因素的资料，分析其相互关系的调研活动。因果关系调查可分为两类：一类是由果探因的追溯性调查，另一类是由因测果的预测性调查。一般根据因果关系调查，可探究造成某种供求状态的原因及根据影响供求的因素来预测产品价格的未来趋势。

② 市场调查的一般程序　市场调查必需按照一定的科学程序，有目的、有计划地分阶段进行，并保证调查的准确性。市场调查一般按如下步骤进行：

Ⅰ．确定调查目标。

Ⅱ．搜集调查资料。

Ⅲ．整理分析调查资料。

Ⅳ．得出调查结论，写出调查报告。

③ 市场调查的内容　市场环境调查，包括政治、经济、社会文化以及环境等；市场需求调查，包括市场规模、市场需求变化及其原因、潜在需求等；消费者情况调查，包括消费者基本状况，如消费者构成、经济状况、购买数量、地区分布等；竞争情况及其发展趋势调查，包括竞争对手总体情况（如竞争对手数量、地区分布、生产规模）和竞争对手竞争力（如经营管理水平、生产技术水平及装备状况、资金雄厚程度、产品质量及服务水平、市场占有率、潜在竞争对手等）；生产技术及产品发展趋势调查，包括新技术和新产品的发展趋势等；本养猪场市场营销组合策略适应情况的调查，包括产品调查（如产品形象、产品所处生命周期的阶段、新产品开发、服务项目等）、价格调查（如产品价格对销售量的影响、

影响产品价格的因素、产品处于生产周期不同阶段的价格策略、消费者对价格调整的适应程度等）和销售渠道调查（如本养猪场产品进入市场的渠道、路线和运输方式、中间商情况）；促销措施调查，包括促销方式、广告媒体、广告效果、公共关系等。

④ 市场调查方法　市场调查的方法很多，制订正确的市场调查方法，是家庭猪场以较小的花费，取得较好调查效果的重要保证。一般来说，市场调查的方法可以分为总体调查法和具体调查法两大类。

Ⅰ. 总体调查法　总体调查法是在市场调查总体规划时使用的方法，可分为全面调查和抽样调查两种：

a. 全面调查法　亦称为普遍调查法，它是根据调查的目标和任务，无一例外地向调查对象的全体进行普遍调查的一种方法。优点是可以获得全面情况与资料；缺点是工作量浩大，时间花费大。

b. 抽样调查法　是从全部的调查对象中抽取一部分具有代表性的对象进行调查，并根据调查结果推算全体的一种方法。优点是省费用、收效快；缺点是容易产生误差。主要应用于小范围的需求情况调查、供给情况调查及消费者情况调查等。

Ⅱ. 具体调查法　在市场调查中无论是普查还是抽样，最后都要有具体实施，调查技术的具体应用就是具体的调查方法。主要包括询问法、观察法和试验法。

a. 询问法　主要通过直接面谈、电话交谈、问卷留置调查、通信等方法或获取调查信息。

b. 观察法　分为直接观察和间接观察，前者直接派人对调查对象进行观察，后者利用间接渠道反映痕迹进行分析。

c. 试验法　又称试销法，利用试验市场获得市场信息资料，家庭猪场在开发新品种时可以使用。

（3）市场预测

① 市场预测的内容　市场预测的内容比较广泛，凡是能够引起市场变化的因素，都可以是预测的内容。但是，预测又不能盲目地进行，必须有一定的重点性和针对性，具体来说，一般市场预测

主要包括以下几个方面：

Ⅰ．预测产品生产的发展变化情况。通过掌握现有生产同类产品的猪场数量、能力，并了解它们在预测期内发展的潜力，预测今后一段时期内该产品的供应量及发展趋势。

Ⅱ．预测市场需要变化的情况。

Ⅲ．预测城乡消费者的消费习惯、消费结构和消费心理的变化情况。

Ⅳ．预测市场价格变化情况。

Ⅴ．预测同类产品进出口贸易情况。

Ⅵ．预测国家法律、政策和国际政治的变化对市场商品供求的影响。

Ⅶ．预测本地区猪场变化情况，包括猪场数量、规模及分布等。

② 市场预测的程序

Ⅰ．确定预测问题和预测目标。

Ⅱ．拟定预测计划。预测计划包括预测工作的组织领导、人员力量配备、信息搜集的方法及范围、工作进度与期限、经费预算与控制措施等。

Ⅲ．搜集与整理有关信息资料。要根据预测的问题和要达到的目标，认真决定要收集的信息及资料的内容、范围和数量，既要注意收集和预测对象直接有关的资料，又要注意收集对预测对象未来会造成重大影响的间接因素资料。例如，投资者想兴办一个中等规模的家庭商品猪场，需要获得以下信息：现有商品猪存栏量、当地居民收入水平、相关产品及替代产品价格（如豆粕、玉米、猪肉等的价格）、政府部门相关规定、猪肉进出口情况、竞争者情况等。在收集资料的同时，随时进行资料的整理、统计和归纳，为具体预测做好准备。

Ⅳ．选择预测方法。预测方法很多，不同的预测方法适用于不同的预测对象。

Ⅴ．建立数学模型并进行预测计算。对经过鉴定、筛选和整理后的数据资料,通过定性和定量分析,找出事物发展变化的规律,建立数学模型。然后将所获得的资料数据代入数学模型进行计算,求出预测结果,并分析预测误差,找出误差原因。

Ⅵ. 做出预测报告。

③ 市场预测的方法 市场预测的方法很多,这里只介绍 5 种简便易行的方法。

Ⅰ. 直观判断法 又称经验判断法,包括专家评议法、管理人员评议法及销售人员评议法等。它主要指业务熟悉、具有经验和富有综合能力的专家、管理、销售人员,凭直觉、经验和过去、现在的销售状况来判断市场的发展趋势。这种方法简便易行,适用于不同规模、类型的猪场,尤其是缺乏历史资料而预测因素又比较多的新建猪场。其缺点是不够精确,运用时要谨防遗漏,避免产生失误。

Ⅱ. 市场调查预测法 是主要通过市场调查,进行预测产品销售形势的一种方法。这种方法适于缺乏数据、没有资料(如新产品),或者资料不完备,或者预测的问题不能进行定量分析,只能采取定性分析(如对消费者心理的分析)的研究对象。

Ⅲ. 实销趋势分析法 是根据过去实际销售增长的趋势(即百分比),推算下期预测值的一种方法。它不考虑市场变化的其他因素,适用于比较稳定的趋势预测,其计算公式为:

$$X_{t+1} = X_t \times \frac{X_t}{X_{t-1}}$$

式中:X_{t+1} 为下期销售预测值;X_t 为本期销售实际值;X_{t-1} 为上期销售实际值。

例如:某城市 2016 年实际销售猪肉 2 480 万千克,2017 年实际销售猪肉 2 560 万千克,预测 2018 年猪肉销售量。

则:

$$X_{2018} = X_{2017} \times \frac{X_{2017}}{X_{2016}}$$

$$= 2 560 \times \frac{2 560}{2 480}$$

$$= 2 642.6 \text{(万千克)}$$

即：该城市 2018 年猪肉的预测销售量为 2 642.6 万千克。

Ⅳ. 基数叠加分析法　又叫因素分析法，是从分析与商品销售有关因素的变化入手进行预测的一个方法。即将各种与商品销售密切相关的影响因素用函数（常用百分比）表示，从而预测下期商品的销售量。其计算公式为：

$$Y_{t+1} = Y_t \times (1 + a\% + b\% + c\% + d\% + \cdots)$$

式中：Y_{t+1} 为下期销售预测值；Y_t 为本期实际销售量；a、b、c、d 等为影响商品销售量的多种因素。

例如：某城市 2017 年实际销售猪肉 2 560 万千克。据分析，2018 年影响猪肉销售的因素有 4 个：①市民食用鸡蛋可减少猪肉销售量 5%；②由于市民收入水平的上升，猪肉销售量可增加 6%；③产品打入外贸市场，增加销售量 10%；④农民养猪户自食量增加，减少销售量 3%。预测 2018 年该城市猪肉的销售量。

则：$Y_{2018} = Y_{2017} \times (1 + a\% + b\% + c\% + d\%)$

$\qquad = 2\ 560 \times (1 - 0.05 + 0.06 + 0.10 - 0.03)$

$\qquad = 2\ 764.8$（万千克）

即：该城市 2018 年猪肉的预测销售量为 2 764.8 万千克。

Ⅴ. 季节变动分析法　在养猪生产中，猪肉的产量和销售量往往随季节的变化而波动，这种波动是由自然气候或社会因素所引起的，通常呈现为一定变动形式的循环。

例如：某猪场 2013 年第一季度到 2017 年第四季度生猪实际销售额见表 9-1 所示。已知 2018 年第一季度生猪实际销售额为 69 万元，预测第二、第三、第四季度的销售额。

表 9-1　2013—2017 年各季度猪肉实际销售额（万元）

年份	季度				合计
	一	二	三	四	
2013	55.00	37.40	27.60	35.00	155.00
2014	53.00	39.60	28.60	36.80	158.00
2015	49.00	38.80	26.20	34.00	148.00

（续）

年份	季度				合计
	一	二	三	四	
2016	56.60	40.00	31.40	38.80	166.80
2017	55.20	42.80	30.00	37.00	165.00
合计	268.80	198.60	143.80	181.60	792.80

$$总平均销售额=\frac{总销售额}{总季度数}=\frac{792.80}{20}=39.64（万元）$$

2013—2017 年各季度平均销售额及其占总平均销售额的比重见表 9 - 2。

表 9 - 2　各季度平均销售额及其占总平均销售额的比重

季度	一	二	三	四	季度总平均销售额
季度平均销售额（万元）	53.76	39.72	28.76	36.32	39.64
各季度平均销售额占总平均销售额的比重	1.356 2	1.002 0	0.725 5	0.916 2	

2018 年第二季度销售额：

$$X_2=\frac{69.00}{1.356\ 2}\times1.002\ 0=50.979（万元）$$

2018 年第三季度销售额：

$$X_3=\frac{69.00}{1.356\ 2}\times0.725\ 5=36.912（万元）$$

2018 年第四季度销售额：

$$X_4=\frac{69.00}{1.356\ 2}\times0.916\ 2=46.614（万元）$$

296 怎样做好家庭猪场的计划管理？

（1）生产经营计划　猪场的生产经营计划是指为了实现猪场的经营目标，对猪场的生产经营活动及所需的资源从时间和空间上做出的具体统筹安排的工作，是指导生产过程中供、产、销的行动纲领。任何规模的猪场都要按财力、物力、人力及市场需求等客观情况，编制生产经营计划，进行有计划的经营管理，以提高猪场的经济效益。生产经营计划有很多种，按计划的时间可分为长远计划、年度计划和阶段性计划；按计划的性质可分为生产计划、种猪配种分娩计划、猪群周转计划、饲料供应计划、卫生防疫计划、产品销售计划和经营财务计划等。各种计划之间相互联系、相互补充，形成一个良好的体系，以提高最终的经营效果。根据家庭猪场的经营规模和实际情况，主要应做好以下几个计划。

① 生产计划　生产计划主要是指事先对猪场的生产品种、产品产量、产品产值做出规划，以便指导生产。

Ⅰ.产品品种计划　确定猪场主要生产哪些产品，主产品有哪些，副产品有哪些，以及各自的产量与产值情况等。产品计划可参考表9-3填制。

表9-3　产品生产计划

产品项目	月　　份												合计	上年合计
	1	2	3	4	5	6	7	8	9	10	11	12		

Ⅱ.产品产量计划　产量计划包括猪场的总产量计划和单位产量计划，总产量计划是指猪场在某一年度或生产周期内争取实现的产品总量。它反映了猪场的经营规模和生产水平等状况。总产量包括种猪产仔总头数及销售重量、肉猪出栏总重量等。单位产量是指每头种猪产仔数、每头肉猪产肉量等。

Ⅲ.生产产值计划　产值计划根据利润计划和产量计划来制订，是指猪场在年度内养猪所要达到的产值目标。其计算方法为：

饲养肉猪总产值＝出栏猪总重量×单价＋死亡和淘汰猪重量×
单价＋期末存栏猪重量×单价＋副产品产值

② 经营财务计划　家庭猪场的经营财务计划即根据猪场自身的资源情况、社会需求动态、竞争情况和生产能力制订经营目标和

经营利润，充分利用现有资源，达到利润最大化。在财务计划中，除考虑资金周转速度、资金利用率、资金产出率外，最重要的应是猪场的利润计划和成本计划。

Ⅰ．利润计划　猪场的经营计划是以利润计划为中心来进行的。猪场的利润计算方法如下：

$$营利＝总产值－生产费用$$
$$利润＝营利－税金$$

Ⅱ．产品成本计划　成本计划是猪场经营财务计划的重要组成部分，通过成本分析可以控制费用开支，节约各种费用消耗等。一般成本计划的编制主要以成本项目计划为主，对主要的成本项目提出指标，并同上年进行比较，以反映成本结构的变化情况（表9－4、表9－5）。

表9－4　肉猪生产成本计划表示例Ⅰ

成本项目		第一季度		第二季度		第三季度		第四季度		全年	
		上年	计划	上年	计划	上年	计划	上年	计划	上年	计划
人工消耗	人工费用										
生产资料消耗	饲料费										
	仔猪费										
	燃料和动力费										
	医药费										
	低值易耗品										
	摊销费										
	固定资产折旧										
	维修费										
	共同生产费										
	其他费用										
	主产品成本										
	副产品成本										
	主产品单位成本										

表9-5 肉猪生产成本计划表示例Ⅱ

主产品名称	养猪头数	计划单产	计划总产量	单位成本		总成本		计划任务	
				上年	计划	按上年实际的单位成本计算	按计划单位成本核算	上年完成	今年

一般来说，产品成本分为人工成本和物质成本，人工成本包括工资、福利费、奖金和其他形式的劳动报酬；物质成本包括除人工费用以外的全方面费用。计算产品成本时采用以下几个公式：

养猪产品成本＝人工费用＋各种物质费用＋

固定资产折旧费＋其他费用

主产品成本＝饲养总成本－副产品收入

主产品单位成本＝主产品总成本÷产品产量

③ 产品销售计划 它是保证猪场产品全部售出的计划，是编制年度生产计划的主要依据，是实现产值计划和利润计划的重要保证。在产品销售计划中，主要规定了产品销售量、销售时间、销售渠道、销售收入及销售方针。产品销售计划参见表9-6。

表9-6 产品销售计划表示例

产品名称	产品产量	年初结存量	年末结存量	销售量	产品单价	销售收入	销售费用	销售渠道	销售时间	销售利润	备注

在编制猪场产品销售计划时，需要预计产品的销售量和销售收入。

计划年度可供销售的产品量＝计划年度产品的生产量＋

计划年初产品的结存量－

计划年末产品的结存量

计划年度的销售收入＝计划年度产品的销售量×单位产品销售价格

④ 猪群周转计划 对全年各月份存栏的各类猪数及周转情况做出较准确的计划，这是制订其他计划的基础。猪群按性别、年龄和用途，可分为哺乳仔猪、育成猪、后备猪、检定母猪、基础母猪、种公猪和生长肥育猪。后备母猪是从满 4 月龄的育成猪中选出，后备 4～6 个月，用于补充检定母猪，检定母猪经过第一次分娩，检定合格后转为基础母猪，基础母猪一般可使用 4～5 年，即每年淘汰率为 20％～25％。母猪在 8～10 月龄开始配种，妊娠期为 114 天，哺乳期为 45～60 天，断奶后 10 天内可配种。一年产仔 2 窝，每窝产活仔猪 8～10 头，50 天断奶体重为 11～15 千克。生长肥育猪饲养期为 5～6 个月，体重为 100～120 千克时出栏。后备公猪从满 4 月龄的育成猪中选出，后备期为 6～8 个月，用于补充种公猪。种公猪从 10～12 月龄开始使用，一般可使用 3～4 年，即每年淘汰率为 30％左右。在季节性集中配种条件下，按照 1 头成年公猪在一个配种季节可负担 15～20 头母猪，青年公猪负担 10～15 头母猪定制配种定额。因此，在编制猪群周转计划时，应掌握以下资料：

Ⅰ. 猪场计划年初的猪群结构。

Ⅱ. 计划年内购入或转入种公猪栏内的种公猪月份和头数。

Ⅲ. 计划期内应淘汰的种公猪、基础母猪、检定母猪的月份和头数。

Ⅳ. 计划期内检定母猪转入基础母猪的月份和头数。

Ⅴ. 计划期内后备母猪转入检定母猪的月份和头数。

Ⅵ. 计划年繁殖仔猪的月份和头数。

Ⅶ. 计划期内，4 月龄幼猪转入后备母猪和育肥猪的月份和头数。

Ⅷ. 计划期内应出售仔猪、幼猪、后备母猪和育肥猪的月份和头数。

猪群周转计划参见表 9-7。

表9-7 猪群周转计划表示例（头）

猪群		上年末结存数	计划年度月份												计划年末结存数
			1	2	3	4	5	6	7	8	9	10	11	12	
哺乳仔猪	0～2月龄														
育成猪	2～4月龄														
后备猪	♂/♀														
检定母猪	月初头数														
	转入														
	转出														
	淘汰														
基础母猪	月初头数														
	转入														
	淘汰														
基础公猪	月初头数														
	转入														
	淘汰														
生长肥育猪	2～4月龄														
	4～6月龄														
月末结存															
出售种猪															
出售仔猪															
出售肥育猪															

⑤种猪配种分娩计划 制订猪群种猪配种分娩计划应阐明计划年度内全场所有繁殖母猪每月（周）的配种、分娩情况，以及断奶的猪数和商品猪的出售头数。它是各项计划的基础，是猪群周转与生产指标考核的依据。制订该计划，必须掌握年初的猪群结构、上年度末母猪妊娠情况、母猪分娩方式（是常年分娩还是季节分娩）、母猪计划淘汰数量与时间以及母猪分娩胎数等有关资料。同时，还应考虑猪场所处的地理环境条件、圈舍设备、饲养管理水平、饲料

供应状况等。小规模的家庭猪场，应尽可能避开最冷与最热季节产仔，以利于母猪安全分娩、仔猪存活和生长发育。

⑥ 饲料计划　根据各月份各类猪的存栏数和贮料条件，制订出饲料采购计划。各类猪的饲料定额，在基本不用其他辅料的情况下，可参考表9-8。年度饲料计划参见表9-9。

表9-8　每头猪所需饲料量示例

猪别与条件	配合饲料（千克）	平均粗蛋白质（%）
公猪，常年配种	700～800	15
母猪，年产2窝	800～900	14
仔猪，补料	20～30	18
后备猪、肥育猪（15～100千克）	300～350	14

表9-9　年度饲料计划示例（千克）

饲料种类	月　份												合计
	1	2	3	4	5	6	7	8	9	10	11	12	

⑦ 卫生防疫计划　猪场的卫生防疫计划是根据卫生防疫要求而制订的，其主要内容包括防疫对象、防疫时间、防疫药品和数量等。防治的对象是影响猪体健康的疾病。防疫时间分定期和不定期两种。定期防疫为每年春、秋两次全场性防疫；不定期防疫是指时间不固定的防疫。消毒药液要及时更新，工作服应定时熏蒸。卫生防疫计划需要在各饲养阶段的饲养员配合下，由防疫员组织实施。

（2）生产管理

① 人员的安排与使用　在生产中，养猪对技术的要求较高，因此，必需充分发挥技术人员、管理人员和饲养人员的积极性，根

据猪场的实际情况合理安排和使用劳动力，使各类人员之间合理分工和配合，人尽其力，猪尽其能，物尽其用。

② 劳动定额 劳动定额通常是指一个中等劳动力（或一个作业组）在正常生产条件下，在一个工作日所完成的工作量。猪场的劳动定额一般要根据本场机械化水平及环境条件而定，把繁殖、成活、增重、出栏和各种消耗指标落实到各作业组或个人，充分发挥劳动者的积极性，责、权、利关系明确，真正做到多劳多得。

③ 生产记录 在生产中，工作记录对总结养猪的经验教训和经济核算等都是非常重要的，因而要坚持做好记录统计工作，特别是仔猪和育成猪，每天都要按要求做好生产记录，做到日清月结。一般记录统计表包括增重记录、防疫记录、投药记录、饲料消耗记录等（表9-10至表9-13）。

表9-10　猪群体重增重情况记录

年　　　月

称重周龄	称重日期	称重只数	总重量	平均体重	记事

表9-11　防疫记录

预定接种日期	预定接种日龄	实际接种日期	负责接种人	接种病名	疫苗种类	接种方法	疫苗厂家	疫苗批号	疫苗有效期限	单价	用量	金额	备注

表 9-12 猪群投药记录

日期 自	日期 止	日龄	药品名	成分	厂家	使用方法	诊断病名	治疗效果	单价	用量	金额	意见

表 9-13 猪群饲料消耗记录

日期	当日猪数	饲料消耗总量 粉料(千克)	饲料消耗总量 颗粒料(千克)	饲料消耗总量 青饲料(千克)	饲料消耗总量 添加剂(克)	每头平均消耗量 粉料(千克)	每头平均消耗量 颗粒料(千克)	每头平均消耗量 青饲料(千克)	每头平均消耗量 添加剂(克)	记事

297 怎样做好家庭猪场的经济核算？

(1) 经济核算的前提条件

① 实行财务计划管理，编制合理的财务定额。

② 建立健全财务制度，设置会计科目，处理会计凭证，登记会计账册等。

③ 配备会计人员，根据家庭猪场的经营规模决定是否分工核算。

④ 有一定数量的可自行支配的长期使用的生产经营资金。

⑤ 有业务往来。

(2) 资金核算 资金核算涉及面广，发生频繁，既涉及材料采购、工资支出、费用开支、往来结算等业务；又关系到家庭猪场经营资金的运用合理性问题。在资金核算过程中，包括固定资金的核算和流动资金的核算。流动资金核算在于促进家庭猪场节约使用流动资金，加速资金周转速度。用以表明流动资金周转速度的指标称为流动资金周转率，可以用两个指标来表示：

① 以一年内流动资金完成的周转次数表示。计算公式如下：

年周转次数＝年度销售收入总额÷年度流动资金平均占用额

年度销售收入总额应根据现行制度的规定计算确定。年度流动资金平均占用额的计算公式是：

月度平均占用额＝（月初余额＋月末余额)÷2

季度平均占用额＝本季度三个月平均占用额之和÷3

年度平均占用额＝本年四个季度平均占用额之和÷4

② 以流动资金周转一次所需天数表示。计算公式如下：

周转一次所需天数＝365÷一年周转次数

（3）养猪生产费用核算　养猪生产的费用核算主要包括劳动消耗核算、物资消耗核算、初期存栏价值核算和利息核算等。

① 劳动消耗核算　其内容包括交付给饲养、配种、防疫、饲料生产、加工人员的工资和福利费等开支。计算支付产品的工资，是用工资单价乘以投到该产品的总用工数。

工资单价计算公式如下：

工资单价＝实际支付工人的工资福利费总额÷实际投入生产工数

② 物资消耗核算　饲料，包括各种饲料的消耗和金额。垫草，包括栏内所用垫草的数量和金额。燃料，包括猪场生产所用燃料费用。医疗费，包括预防和治疗疾病所耗医疗费。折旧费，房舍及其他设备的折旧费。

③ 初期存栏价值　包括根据初期猪场全部存栏猪的重量所做出的估计价值，以及本期内购入的种猪价值。

④ 利息　包括借款利息和自有资金应获利息。一般养猪户，只把当年借款所付利息计入成本，对自有资金不计利息支出，这是不合理的。因为自有资金如不用于养猪，存入银行是有利息收入的，因此应把养猪生产占用的自有资金计算支出，并把这部分利息计入成本。

⑤ 其他费用 包括猪场内不属于上述费用的其他支出。

（4）猪群成本核算 猪群成本核算包括猪的活重成本核算和猪的增重成本核算。

① 猪的活重成本核算 猪的活重是指年末存栏猪的活重和本年内离群猪活重的总和，不包括生产中死亡猪的活重。

猪群全年活重＝年终存栏猪活重＋本年内离群猪的活重（不包括生产中死亡猪的活重）

猪群全年活重总成本＝年初存栏猪的价值＋购入及转入猪的价值＋全年饲养费用－全年粪肥价值

猪每千克活重成本＝猪群全年活重总成本÷猪群全年活重

② 猪的增重成本核算 主要计算增加单位重量的成本。

猪群的总增重＝期内存栏猪活重＋期内离群猪的活重（不包括死亡猪在内）－期内购入转入和期初结转猪的活重

猪群每千克增重成本＝［猪群全部饲养费用（包括死亡猪在内）－副产品收入］÷猪群的总增重（千克）

③ 成年猪群成本核算

生产总成本＝直接生产费用＋共同生产费用＋管理费

产品成本＝生产总成本－副产品收入

单位产品成本＝生产总成本÷产品数量

④ 仔猪成本核算 包括基础母猪和种公猪的全部饲养费用。一般以断奶仔猪活重总量除以基础猪群的饲养总费用（减去副产品收入），即得仔猪每千克活重成本。

仔猪每千克活重成本＝（年初结存未断奶仔猪价值＋当年基础猪群饲养费用－副产品收入）÷（当年断奶仔猪转群时总重量＋年末结存未断奶仔猪总重量）

注意：计算活重成本时，要减去粪肥价值（粪肥作为副产品收入）。直接生产费用包括劳动消耗和物资消耗。共同生产费用包括领导和技术人员工资、设施设备折旧费、运输费及其他应摊派的费用。副产品收入指粪肥收入及配种收入等。

（5）利润核算　养猪生产不只要获得量多质优的猪肉、仔猪和种猪，更主要的是获得高额利润。利润核算包括对利润额和利润率的核算。

① 利润额　指猪场利润的绝对数量。它分为总利润和产品销售利润。总利润是指猪场在生产经营中的全部利润。产品销售利润是指产品销售后所产生的利润。

产品销售利润＝销售收入－生产成本－销售费用－税金

总利润额＝销售利润＋营业外收支净额

营业外收支净额是指与猪场生产经营无关的收入差额。营业外的收入包括罚金收入、固定资产租出收入、生产技术传授收入及其他非生产性收入，营业外的支出包括猪场职工的劳动保险和物资保险费用、积压物资销价损失、职工补贴及其他非生产性支出。

② 利润率　猪场的规模大小不同，仅以利润额的绝对量难以准确反映猪场的经营管理水平。用利润率进行比较，才能客观地反映出真实情况。将利润与资金、产值、成本进行对比，得出反映猪场经营管理状况的 3 项指标：资金利用率、产值利润率和成本利润率。

资金利用率：它综合反映了猪场资金消耗和资金占用与利润的比率关系。在保证生产需要的前提下，应尽量减少资金的占用，以取得较高的资金利用率。

资金利用率＝年总利润额÷占用的固定资金和流动资金总额×100％

产值利润率：它反映了猪场每 100 元产值所实现的利润多少。产品成本和营业外收入对利润的影响可在这一指标中得以反映，但不能反映猪场的资金消耗和资金占用程度。

产值利润率＝年总利润额÷年总产量×100％

成本利润率：指猪场一年中所取得的利润总额与猪场一年的成本总额的比率关系。它反映了每 100 元成本在一年内创造了多少利润，成本利润率越高，说明猪场效益越好。这一指标较全面地反映了猪场的经营状况。

298 家庭猪场在经营管理过程中如何签订和利用有关合同？

在家庭猪场的经营管理过程中，必然涉及多方面的民事法律关系。比如，饲料的购买、肉猪的销售、仔猪和种猪的购买、猪舍的兴建、技术设备的购买等。要想使这些民事法律行为得到有利的保护，必然要用合同这种形式来进行规范。合同，又称契约，有广义和狭义之分。《中华人民共和国民法典》规定，合同是平等主体的自然人、法人，其他组织之间设立、变更、终止民事权利义务关系的协议。按照规定，凡民事主体之间设立、变更、终止民事权利义务关系的协议都是合同。合同是一种协议，但合同不同于协议书。协议书可能只是一种意向书，并不涉及双方的具体权利义务。

（1）签订合同的作用

① 签订合同是保护经营者合法权益的必要手段　在家庭猪场的经营过程中，由于业务往来的需要，必然要涉及多方当事人，如饲料供应商、肉猪承销商。通过签订合同与他们确定权利义务关系是最有效的办法，因为合同一经依法签订，便告成立，具有法律约束力，如果对方违反法律义务和合同约定的义务，经营者可以诉诸法律，保护自己的合法权益。

② 签订合同能够增强家庭猪场的预见性，避免盲目性　在市场经济条件下，市场对资源配置的基础性作用得到充分有效的发挥。在猪场的经营过程当中，通过签订合同参与资源的供给是必然的选择。一方面保证多种原料的供应，另一方面保证多种产品的销售，保持家庭猪场各环节经营的连续性和稳定性，加强预见性，避免盲目，使整个生产经营的各环节才能有序进行。

③ 签订合同是加强家庭猪场经营管理的主要手段　这一点主要体现在家庭猪场在签订合同之后，必然要积极主动地保证合同的履行，否则，就要承担违约责任。因此，必然会加强经济核算，千

方百计地做好经营管理，降低生产成本，提高劳动生产率。使家庭猪场的经营管理得到改善，经济效益得到提高。

（2）合同的内容　家庭猪场签订合同的种类很多，但其内容并不复杂，由当事人进行约定。现根据《中华人民共和国民法典》的规定，以"仔猪定购合同"为例加以说明。

仔猪订购合同

供方（甲）：某种猪场　　　　　　合同编号：×××

需方（乙）：某养猪场　　　　　　签订地点：×××

　　　　　　　　　　　　　　　　签订时间：×××

　　鉴于乙方为满足生产肉猪的需要与甲方达成定期购买仔猪的合同，双方达成协议如下：

第一条　甲方为乙方提供××品种××仔猪××头。

第二条　每头仔猪单价×元，合计金额×元。

第三条　甲方分批供应，供货日期分别为：×年×月；×年×月。

第四条　甲方提供的仔猪必须有××质量检验机构出具的质量证明，保证种源，检验费由甲方自负。

第五条　甲方于合同规定的供货日期送货到乙方猪场所在地，费用风险由甲方自负。

第六条　货款以现金支付，货到付款。

第七条　乙方在合同生效之日起，10日内支付甲方××元定金。

第八条　甲方因故不能准时交货或数量不足，乙方的经济损失由甲方赔偿，每头仔猪×元。

第九条　乙方因故不要或延迟进猪，必须提前2个月通知甲方，此期间给甲方造成的损失由乙方赔偿，每头仔猪×元。

第十条　甲方应给仔猪注射××疫苗，如在免疫期×月内发生×病，甲方负责赔偿经济损失××元。

第十一条 如仔猪饲养一段时间后，乙方发现有质量问题（如品种不纯），经有关质量检验部门鉴定后，认为属实，则甲方赔偿乙方经济损失××元。

第十二条 本合同在履行过程中如发生争议，由当事人双方协商解决。协商不成，由××仲裁委员会仲裁。

甲方：单位名称　　　　　　乙方：单位名称

单位地址　　　　　　　　　单位地址

法定代表人　　　　　　　　法定代表人

委托代理人　　　　　　　　委托代理人

电话　　　　　　　　　　　电话

开户银行　　　　　　　　　开户银行

账号　　　　　　　　　　　账号

邮政编码　　　　　　　　　邮政编码

有效期限×年×月×日至×年×月×日

从上述仔猪定购合同的内容来看，合同必须具备以下主要条款：

① 当事人的名称或姓名和住所　合同是双方或多方当事人之间的协议，当事人是谁，住在何处或营业场所在何处应予明确。在合同事物当中，这一条款往往列在合同的首部。如上例中，甲方是××，乙方是××。

② 标的　标的是合同法律关系的客体，是当事人权利义务共同指向的对象，它是合同不可缺少的条款，如上例中标的为仔猪。

③ 数量　数量是以数字和计量单位来衡量标的的尺度。数量是确定标的的主要条款。在合同实务中，没有数量条款的合同是不具有效力的合同。在大宗交易的合同中，除规定具体的数量条款以外，还应规定损耗的幅度和正负尾差。

④ 质量　质量是标的的内在素质和外观形态的综合，包括标的的名称、品种、规格、标准和技术要求等。在合同实物中，质量条款能够按国家质量标准进行约定的，则按国家质量标准进行

约定。

⑤ 价款或酬金　又称价金，是取得标的物或接受劳务的一方当事人所支付的代价，如上例中的合计金额××。

⑥ 履行的期限、地点和方式　合同的履行期限，是指享有权利的一方要求对方履行义务的时间范围。它既是享有权利一方要求对方履行合同的依据，也是检验负有履行义务的一方是否按期履行或延迟履行的标准。履行地点是指合同当事人履行和接受履行规定合同义务的地点，如提货和交货地点。履行方式是指当事人采取什么办法履行合同规定的义务，如交款方式、验收方法及产品包装等。

⑦ 违约责任　违约责任是指违反合同义务应当承担的民事责任。违约责任条款的设定，对于监督当事人自觉、适当地履行合同，保护非违约方的合法权益具有重要意义。但违约责任不以合同规定为条件，即使合同未规定违约条款，只要一方违约，且造成损失，就要承担违约责任。

⑧ 解决争议的方法　是指在纠纷发生后以何种方式解决当事人之间的纠纷，如上例中第十二条。当然，合同未约定这条款的，不影响合同的效力。

另外，可以在合同中约定其他条款。值得一提的是合同中有关担保的问题，《中华人民共和国民法典》规定，担保可以以合同的形式出现，也可以是合同中的担保条款，双方当事人可以自行选择适用形式。如果单独订立担保合同，如保证合同、定金合同、抵押合同、质押合同，具体条款可参照《中华人民共和国民法典》的规定。

（3）合同的履行　合同的履行是指合同生效后，双方当事人按照约定全面履行自己的义务，从而使双方当事人的合同目的得以实现的行为。在合同履行过程中要遵循诚实信用和协作履行的原则，对合同约定不明确的内容按照《中华人民共和国民法典》做如下处理：合同生效后，当事人就质量、价款或者报酬、履行地点等内容没有约定或者约定不明确的，可以协议补充；不能达成补充协议的，按照合同有关的条款或者交易习惯确定。如果当事人仍不能确定有关合同的内容，使用下列规定：

① 质量要求不明确的，按照国家标准、行业标准履行；没有国家标准的、行业标准的，按照通常标准或者符合合同目的的特定标准履行。

② 价款或者报酬不明确的，按照订立合同时履行地的市场价格履行，依法应当执行政府定价或者政府指导价的，按照规定履行。

③ 履行地点不明确的，给付货币的在接受货币一方所在地履行；交付不动产的，在不动产所在地履行；其他标的，在履行义务一方所在地履行。

④ 履行期限不明确的，债务人可以随时履行，债权人也可以随时请求履行，但应该给对方必要的准备时间。

⑤ 履行方式不明确的，按照有利于实现合同目的的方式履行。

⑥ 履行费用的负担不明确的，由履行义务一方负担。

（4）合同的变更和解除 合同的变更是指合同内容的变更。合同变更的条件有：原已存在合同关系；合同内容已发生变化；合同变更须依当事人协议或依法律直接规定及裁决机构裁决，有时依形成债权人的意思表示；须遵守法律要求的方式。

合同的解除是指合同有效成立以后，应当事人一方的意思表示或者双方协议，使基于合同发生的债权债务关系归于消灭的行为。合同解除分为约定解除和法定解除。

约定解除分为两种情况，一是在合同中约定了解除条件，一旦该条件达成，合同解除；二是当事人未在合同中约定解除条件，但在合同履行完毕前，经双方协商一致解除合同。

法定解除是指出现了法律规定的解除事由：

① 因不可抗力致使不能实现合同目的，当事人可以解除合同。

② 在履行期限届满之前，当事人一方明确表示或者以自己的行为表示不履行主要债务的，对方可以解除合同。

③ 当事人一方迟延履行主要债务，经催告后在合理期限内仍未履行的，对方可以解除合同。

④ 当事人一方迟延履行债务或者有其他违约行为致使履行会严重影响订立合同所期望的经济利益的，对方可不经催告解除合同。

⑤ 法律规定的其他情形。

在合同解除后，尚未履行的，不得履行；已经履行的，根据履行情况和合同的性质，当事人可以要求恢复原状或采取其他补救措施，并有权要求赔偿损失。

299 农户养猪应注意哪些问题？

为了提高养猪的经济效益，养殖户应改变传统的养猪习惯，在养猪过程中需要注意以下几个问题：

（1）选择优良品种　地方品种生长缓慢，饲料报酬低，瘦肉率不高，应采取地方品种的母猪与引进品种的公猪，进行两品种或三品种杂交所生的后代生产商品猪，这种猪生长快，饲料报酬高，瘦肉率也比地方品种猪高，而且耐粗饲，抗病力也较强。

（2）合理配制饲料　应克服饲料单一、营养不全的配制习惯。一般的养猪户应该将各种饲料按比例简单混合喂猪，有条件的家庭猪场可按饲养标准配制饲料。要将熟食改为生的湿拌料喂猪，这样既可节约燃料，又使饲料中的营养物质不被破坏。

（3）改善饲喂方式　传统的吊架子肥育法，猪生长缓慢，延迟出栏。应该改为直线肥育法，以节约饲料，提高出栏率。

（4）提倡圈养　许多农户就在庭院内养猪，没有猪圈。这样做既不卫生，又容易得传染病。因此，要进行圈养，要有简易的保温、降温设备。

（5）添加饲料添加剂　目前各种各样的饲料添加剂都有，虽说对养猪业的发展起了一定的促进作用，但是伪劣产品也不少。任何饲料添加剂均应经过试喂后确实有效，才能大量使用。

（6）购买优质仔猪　尽量到正规养猪场购买仔猪，注意挑选优质的仔猪，避免购入患病猪。

（7）适时出栏　根据猪的生长发育规律，肉猪在体重 100 千克以内，生长速度快、瘦肉率高、饲料消耗少；体重 150 千克以后，生长缓慢、饲料报酬低。因此，商品猪的适宜出栏体重以100千克左右为最佳。

300 提高养猪经济效益的主要途径有哪些？

现代猪场经营的基本准则是养猪生产必须与社会发展相适应，以取得盈利为主要目的，其产品应是低成本、高质量，适合市场需要的。为此，要增加猪场的经济效益，既要制订正确的经营决策，使产品具备市场竞争能力，销路通畅，又要采用先进的科学技术，提高产量、降低成本，同时，还要抓好生产中的饲养管理工作。

（1）制订正确的经营决策　作为养猪企业，要使养猪获得较高的经济效益，必须重视生产前的经营决策，制订出长期的战略目标，使猪场有明确的发展方向，避免和减少生产中的盲目性，保持生产和市场需求相适应。正确的经营决策应根据主观、客观条件，扬长避短，发挥自己的优势，因地制宜地建立生产结构，合理地配置猪群结构，这样才能提高猪场产品产量和质量，降低养猪成本，增加猪场盈利。

（2）增强猪场竞争能力　当今市场的竞争是人才的竞争、科学技术的竞争，要提高猪场的经济效益，必须引进市场竞争机制，重视人才，重视知识。

（3）重视科学技术，提高技术水平　目前，发达国家社会生产率的提高，60%是靠科学技术进步取得的。在养猪生产中，特别是在大规模饲养的条件下，饲养良种猪是增加经济收入的基础，猪群生产性能的高低首先取决于猪群的遗传潜力，不同品种的遗传潜力大不相同。在生产实践中，肉猪生产应注意选用高产、适应性强、饲料报酬高的商品杂交猪。合理配料是增加经济效益的关键。养猪最大的开支是饲料，饲料费用占养猪成本的60%左右，在养猪生产中，怎样合理利用饲料，避免饲料浪费，降低饲料成本是一个关键环节。实践证明，饲喂全价饲料，肉猪生长速度快，饲料报酬高，抗病力强，无营养缺乏症。科学管理是增加经济效益的保证，猪群的遗传潜力只有在良好的环境下才能充分发挥。因此，在生产中要给猪群创造适宜的生活环境，做好防疫工作，保证猪健康无病，发挥出最佳生产性能。

（4）加强猪场的经营管理　猪场要增加经济效益，就必需由生产型向经营型转变，在内部做好经济核算，讲求经济效益，面向市场，加强对市场的研究，将生产、加工和销售紧密地联系在一起，改善经营管理，增强竞争能力。在猪场的管理体制上，应实行场长负责制，并建立和健全相应的岗位责任制和经济责任制。

图书在版编目（CIP）数据

养猪疑难 300 问 / 席克奇等编著 . —北京：中国农业出版社，2023.5
（养殖致富攻略·疑难问题精解）
ISBN 978 - 7 - 109 - 26674 - 2

Ⅰ.①养…　Ⅱ.①席…　Ⅲ.①养猪学－问题解答
Ⅳ.①S828 - 44

中国版本图书馆 CIP 数据核字（2020）第 041138 号

中国农业出版社出版
地址：北京市朝阳区麦子店街 18 号楼
邮编：100125
责任编辑：刘　伟　　文字编辑：尹　杭
版式设计：王　晨　　责任校对：周丽芳
印刷：中农印务有限公司
版次：2023 年 5 月第 1 版
印次：2023 年 5 月北京第 1 次印刷
发行：新华书店北京发行所
开本：880mm×1230mm　1/32
印张：13.5　　插页：4
字数：380 千字
定价：46.00 元

彩图 1-1　东北民猪

彩图 1-2　金华猪

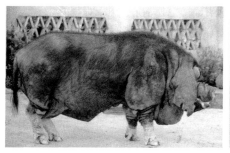

彩图 1-3　太湖猪

彩图 1-4　两广小花猪

彩图 1-5　内江猪

彩图 1-6　荣昌猪

彩图 1-7　合作猪

彩图 1-8　陆川猪

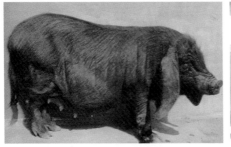
彩图 1-9 八眉猪

彩图 1-10 宁乡猪

彩图 1-11 香 猪

彩图 1-12 哈白猪

彩图 1-13 新金猪

彩图 1-14 新淮猪

彩图 1-15 三江白猪

彩图 1-16 上海白猪

彩图 1-17　北京黑猪

彩图 1-18　湖北白猪

彩图 1-19　长白猪

彩图 1-20　大约夏猪

彩图 1-21　杜洛克猪

彩图 1-22　皮特兰猪

彩图 1-23　汉普夏猪

彩图 1-24　巴克夏猪

彩图1-25　苏白猪

彩图7-1　猪瘟：全身皮肤呈紫红色，衰弱，后躯麻痹，起立困难

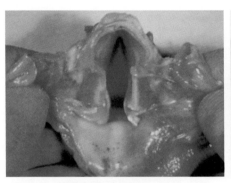

彩图7-2　猪瘟：急性型猪瘟病例的喉部软骨常有新鲜的出血点

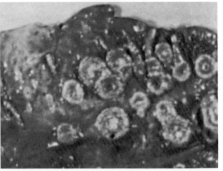

彩图7-3　猪瘟：大肠淤血，呈暗红色，肠黏膜表面出现大小不一的钮扣状肿块

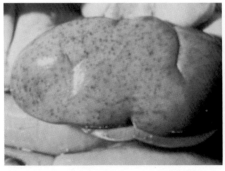

彩图7-4　猪瘟：肾脏表面的严重出血斑点

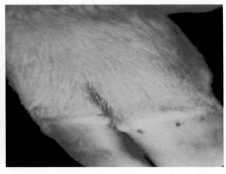

彩图7-5　猪口蹄疫：病初，蹄冠交界处皮肤充血、水肿，表面有一些小水疱

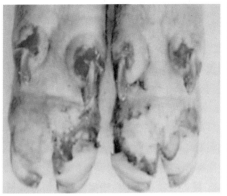

彩图 7-6　猪口蹄疫：蹄底、副趾的水疱破裂，形成大面积溃烂，部分蹄匣坏死脱落

彩图 7-7　猪蓝耳病：两耳及鼻端淤血呈蓝紫色

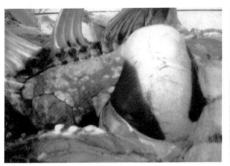

彩图 7-8　猪蓝耳病：大叶性肺炎

彩图 7-9　猪轮状病毒感染：病猪排黄白色糊状稀便

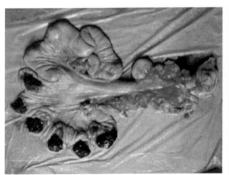

彩图 7-10　猪细小病毒感染：子宫内黑褐色的肿块为木乃伊化死胎

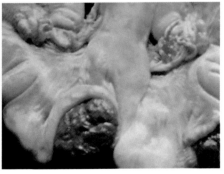

彩图 7-11　猪细小病毒感染：子宫（内有木乃伊胎）黏膜轻度出血，发生卡他性炎症

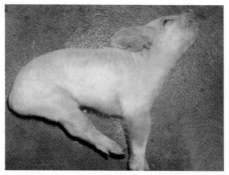

彩图 7-12　猪伪狂犬病：病猪有神经症
　　　　　 状，四肢呈划水状

彩图 7-13　猪伪狂犬病：肾表面有大量
　　　　　 点状出血和灰白色坏死灶

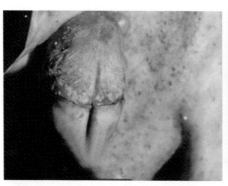

彩图 7-14　猪水疱病：蹄冠部皮肤粗糙，
　　　　　 出现小水疱和浅表性溃疡

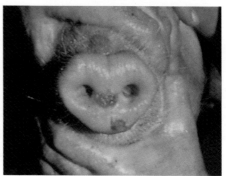

彩图 7-15　猪水疱病：仔猪鼻镜及唇部
　　　　　 常见有水疱、结痂和溃疡

彩图 7-16　猪流行性感冒：病猪发热，
　　　　　 恶寒怕冷，常聚集成堆

彩图 7-17　猪流行性感冒：肺充血、水
　　　　　 肿，有局灶性暗红色的肺炎
　　　　　 病灶

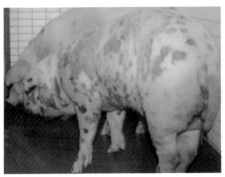

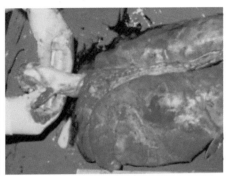

彩图 7 - 18　猪丹毒：病猪身上布满暗褐　　彩图 7 - 19　猪肺疫：肺脏膨隆、充血、
　　　　　　　色斑疹，并有结痂形成　　　　　　　　　　　　水肿，有明显的肺炎病灶

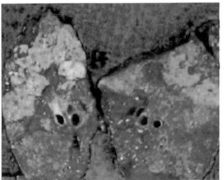

彩图 7 - 20　猪传染性胸膜肺炎：从病猪　　彩图 7 - 21　猪传染性胸膜肺炎：肺切面
　　　　　　　的鼻孔流出血色样的渗出物　　　　　　　　　呈大理石样花纹

彩图 7 - 22　猪链球菌病：病猪倒地，四　　彩图 7 - 23　猪链球菌病：肺脏淤血，右
　　　　　　　肢抽搐、摆动，呈游泳状　　　　　　　　　　肺叶有脓肿

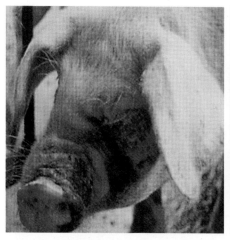
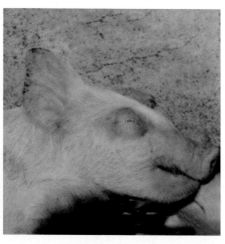

彩图 7-24　猪传染性萎缩性鼻炎：鼻端　　彩图 7-25　猪水肿病：眼睑浮肿，睁眼
　　　　　向病侧歪斜，形成歪鼻子　　　　　　　　困难

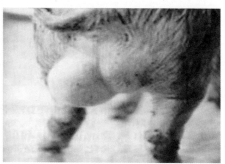

彩图 7-26　猪水肿病：心房冠状沟水肿　　彩图 7-27　猪布鲁氏菌病：种公猪睾丸
　　　　　　　　　　　　　　　　　　　　　　　炎，一侧或两侧睾丸肿大

彩图 7-28　猪佝偻病：病猪腿软，不能站立